国家自然科学基金（52074302）
和北京市自然科学基金（8212015）资助

人因工程：行为安全的理论、技术与实践

Human Factors Engineering:
Theory, Technique and Practice of Behavioral Safety

佟瑞鹏　杨校毅　著

中国劳动社会保障出版社

图书在版编目（CIP）数据

人因工程 ：行为安全的理论、技术与实践 / 佟瑞鹏，杨校毅著. -- 北京 ：中国劳动社会保障出版社，2024.
ISBN 978-7-5167-6691-0

Ⅰ. TB18

中国国家版本馆 CIP 数据核字第 202499VE79 号

中国劳动社会保障出版社出版发行

（北京市惠新东街 1 号　邮政编码：100029）

*

河北虎彩印刷有限公司印刷装订　　新华书店经销

787 毫米 × 1092 毫米　16 开本　26.5 印张　487 千字

2024 年 11 月第 1 版　　2024 年 11 月第 1 次印刷

定价：78.00 元

营销中心电话：400-606-6496

出版社网址：https://www.class.com.cn

前 言

人因工程（human factors engineering）是一门伴随着社会进步、经济发展、军事装备升级，特别是工业化水平提升而迅速发展的综合性交叉学科，具有强调以人为本、以人为中心的明显特点。

近年来，人因工程虽然发展迅速，但学科本身的理论基础仍较为薄弱，在实际运用中，现有的技术和方法亟须迅速丰富完善。其中，人因失误与人因可靠性是需要解决的关键科学问题之一，因此行为安全（behavioral safety）或为重要议题。行为安全主题的研究是对人因失误与人因可靠性的更深层次探索，贯穿整个人因失误与人因可靠性研究内容的始终，在探究人因失误机制、预防人因失误发生、降低人因失误风险等方面发挥着举足轻重的作用。

本书针对行为安全研究主题，从基础理论、方法技术、工程实践出发，遵循“作用机制揭示—表征规律阐明—评估干预实现”的思维范式循序展开，主要内容包括：系统阐释人因工程的发展现状，明晰人因工程和行为安全的关系，述评行为安全的发展科研动态，指出其现有局限性；借鉴跨学科的理论体系和分析框架，洞察研究新视角，探索研究新范式，革新现有理论，从理论、技术和实践出发，阐释有助于科研阶段性突破的新方向；深入探索组织行为与个体行为交互规律、行为安全“损耗-激励”双路径机理、行为安全“泛场景”数据表征、行为安全概率风险评估、不安全行为靶向干预。

本书关于行为安全研究的学术观点均为著作者率先提出，并进行了较为系统、全面、深入的研究，获得学术界较为广泛的认可，形成了可供借鉴的研究范式。同时，本书也从矿山生产、地铁施工等安全重点行业领域给出了工程实践的典型案例，形成了可供参考的安全管理经验。

本书所涉及研究主题的策划开展、内容的撰写与出版获国家自然科学基金（52074302）和北京市自然科学基金（8212015）资助。本书是对资助基金研究成果的凝练，也是对研究热点和前沿科学技术的探索。

在本书撰写过程中，参考了国内外学者的相关文献，在此向相关作者表示衷心感谢。由于作者水平有限，书中难免存在不足和待商榷之处，敬请广大读者和专家批评指正。

著作者
2024 年 6 月

内容简介

本书融合跨学科的研究范式、理论模型和方法技术，针对行为安全领域的热点和前沿，从理论层面开展了研究探索，在实践层面进行了验证应用。本书主要内容包括人因工程与行为安全、组织行为与个体行为交互规律、行为安全“损耗-激励”双路径机理、行为安全“泛场景”数据表征、行为安全概率风险评估、不安全行为靶向干预方法。

本书紧跟行为安全研究的新动向，可供领域内的专业人员、研究生等借鉴。同时，本书给出工程实践典型案例，可供从事该方面管理的决策者、管理者等参考。

目录

第1章 人因工程与行为安全

作为综合性交叉学科，人因工程的研究越来越受到学术界的关注，其中的人因失误与人因可靠性以及行为安全是该领域的重要议题。本章将述评人因工程、人因失误与人因可靠性、行为安全的理论与实践的发展动态，从而奠定本书的研究基础。

1.1 人因工程

1.1.1 学科概述

1.1.1.1 人因工程基本概念

人因工程（human factors engineering）是伴随着社会经济、军工、科技及工业化水平发展而迅速发展的综合性交叉学科，主要致力于研究人、机器及工作环境之间的相互关系和影响，最终实现提高系统性能且确保人的安全、健康和舒适的目标。

世界各国对人因工程的称呼各不相同，如美国将其称为“人的因素”（human factors）或者“人因工程”（human factors engineering），日本则将其称为“人间工学”，欧洲的国家主要称呼其为“工效学”（ergonomics）。早期，我国对于人因工程的叫法有很多且不统一，如人机工程学、人机学、人机控制学、人类工效学、工效学、宜人学、运行工程学及人–机–环境系统工程等。近些年，为了凸显人在系统中的重要作用，我国学者便主要倾向于使用“人因工程”这一学术名称。

经过近一个世纪的时间，人因工程已从“人的因素”的同义词，逐渐发展成一门独立的综合性交叉学科。然而，因为人因工程涉及的学科、领域过多，所以很难给它下一个明确的定义，目前学术界普遍认可的是国际能源署（International Energy Agency，IEA）在2000年给出的表述：人因工程是一门关心人与系统中其他元素相互作用的工程技术学科，是应用理论、原则、数据和方法进行设计，从而优化人类福祉（human well-being）和整体系统性能的专业。

1.1.1.2 人因工程学科特点

人因工程作为一门工程技术学科，目前主要有如下五个方面特点[1]。

（1）人因工程始终能不断校正思想，引领学科前进

20世纪初，以美国学者泰勒（Taylor）为代表的科学管理学派，把人因工程片面地、孤立地看成人与机器的关系，并强调“人适机”，认为应该以机器为中心，通过培训人的操作技能等迫使人去适应机器。但随着时代的进步，人们逐渐开始整体对待人机关系，认为人、机、环境可以结合为一个整体，主张人与机器互相适应，强调机器应适应人的操作，即“机宜人”，同时辅以培训人的操作技能。人因工程之所以能迅速兴起，就是因为它不是一成不变的，而是伴随着时代的进步，逐渐整合了整体观、系统观，且以当代理论为基础，糅合辩证唯物主义思想，逐渐形成适合自身的指导原则，从而引领学科与时俱进。

（2）人因工程始终以人为中心

人因工程始终认为，在一个系统中，人是最灵动、活跃的因素，人与系统中其他各种因素互相作用，是系统的核心。人因工程着重考虑人的特性，着眼于提高人的工作绩效，防止人的失误，强调人的健康性、舒适性及作业时的安全性及高效性。

（3）人因工程是由设计驱动的应用学科

人因工程涵盖规划、设计、实践、评估、维护、再设计和持续改进等不同阶段。其中，设计阶段是最为关键的，这是因为在大部分事故中，故障的源头都可以追溯到设计阶段。同时，过去的人因工程主要由反应式设计方法驱动，在未来，人因工程会由主动式设计方法驱动。人因工程强调在设计过程中数据和评价的重要性，在设计时要充分认识到个体的差异性，依靠科学的方法、运用客观数据去检验假设，以此进行合理设计。

（4）人因工程以系统的观点考虑问题

人因工程主要使用系统工程的方法，利用各种工程技术手段，使人机系统处于最佳配置。这是因为：一方面，人、事物、过程和环境都不是独立存在的，可以整合为一个整体；另一方面，人同时具有不同特性和不同属性，也可以认为人是一个系统整体。

（5）人因工程涉及多种学科、领域

在人因工程学科发展过程中，涉及生理学、心理学、管理学、工程学等多种学科，同时使用系统学、设计学及控制学等学科的方法和理论。目前，人因工程在制造业、信息技术业、服务业、医疗业等多个行业领域迅速发展。

1.1.1.3　人因工程的价值和意义

通过人因工程的发展，不仅可以综合满足人的多层次需求和改善系统功能，还可以节省企业的资金、消除事故隐患、提升绩效。

在现代制造系统及其技术的研究、开发和应用过程中，人的因素往往会起到很大的作用。美国的一些先进制造技术研究公司在其报告中指出，70%的制造阻力来自人。这些报告一致认为：如果对技术、组织和人的因素有一个事先的综合设计，那么技术的运用就会更成功；在以往运用先进技术时，之所以会不断失败，主要是因为设计者对人因变化缺乏了解，这些变化涵盖设计过程、人机之间作业功能分配、软件人因工程等。所以，在设计开发先进系统时，必须充分考虑人因工程方面的问题。如果一个企业构建的系统忽略了对人因工程的考虑，那么就有极大可能使用户对公司系统产生倦怠及不满心理，使用户和用户交互界面产生不和谐的因素，使人体受到疾病或事故的伤害，甚至使系统整体工作效率变得低下、人员操作频繁失误，从而导致更多事故发生且造成经济损失。

在人机系统设计实践时，设计者常常忽略真实用户的需求，仅把自己看作使用者，从单方面考虑自身的需求。同时，用户在使用系统时又不能理解工程上的约束，常常认为系统能完全了解自己的真实需求，这样就会导致使用者和设计者之间产生矛盾。事实上，人机关系在本质上映射了人人关系[1]，这是因为机器是由人来制造的，其本身就蕴含着设计者与使用者的关系。因此，需要从辩证角度来看待二者之间的对立统一。人因工程始终坚持以人为中心、以人为本，就是在创造产品或系统的过程中使人的生活更加安全、舒适，让科技更加贴近人的日常工作和生活，从一定程度上可以成为设计者和使用者之间科学有效的沟通桥梁。

综上所述，人因工程无论对设计师、工程师还是广大科技产品或系统的用户来说，都有极其重要的价值和意义。

1.1.2 发展动态

1.1.2.1 历史沿革

人因工程的研究起源于 18 世纪后半叶，可将其发展分为四个主要历史时期。

（1）1910 年之前

1857 年，波兰学者亚斯琴布斯基（Jastrzebowski）的关于工效学大纲的研究[2]标志着人因工程的正式出现。在这一时期，伴随着机械化工厂对高利润的追求，工效学研究逐渐集中于机械设计和人机关系这两个方面。从 1881 年开始，泰勒（Tyalor）集中研究了如何改进机器效率的问题，之后他利用不同工具在现场开展了实验，研究人、工具与生产率之间的关系，这就是著名的“铁锹实验”[3]。之后，他关于电报操作员行为和表现的杰出研究，为在工业技能实地研究中使用的实验方法打下基础。

（2）1910 年至 20 世纪 30 年代末

这一时期，泰勒的作品中出现了科学管理方法在工业中的应用[3]。之后，第一次世界大战的爆发极大地刺激了人们对人因工程的研究，越来越多的国家开始重视人因工程，这一时期也普遍被学术界认为是人因工程研究的开端。这一时期，人因工程的主要研究内容发展成为以机器为中心，通过选拔和培训操作人员，使人适应机器从而提高工作效率，并逐渐形成一套以泰勒等人的著作为核心的“泰勒制”和“科学管理体系”理论。在第一次世界大战期间，对人因工程的研究扩展到轮班工作和疲劳的研究，并在整个 20 世纪二三十年代在欧洲和亚洲持续进行，因为人们对心理学在工业健康和安全、人员选择和工业效率方面的应用越来越感兴趣。值得注意的例子还包括美国的“霍桑效应（Hawthorne effect）”研究、苏联的飞机座舱设计分析及欧洲国家的工作研究与工业现场研究。

（3）20 世纪 30 年代末至 1960 年

这一时期，关于人因工程的研究可追溯到 20 世纪 30 代法国《人的工作》（*Le Travail Humain*）杂志的创立，这是一本工效学杂志，比《人体工程学与人为因素》（*Ergonomics and Human Factors*）创刊时间早 20 年。之后，伴随着第二次世界大战的开始，对于军事装备改进的需求极大地刺激了人因工程的发展。出于战争的需求及一连串意外事故的发生——即使对人员进行高强度培训依旧会因为工作强度、人机界面不合理等原因出现事故，尤其是在战斗机驾驶等方面，各国逐渐开始审视人因工程这个研究领域，逐渐认识到人的因素在人机关系中的重要性。于是，当时的发达国家首次在军事领域之中开展了生理学、心理学等与机械设计之间联系的研究，组织了各学科专家进行实验研究，初步构建了人因工程的基本框架。这一时期，出现了大部分个体行为成分的定量模型（如信息理论、信号检测理论、控制理论等），并且建立了许多人体工程学的经典理论，如刺激-反应模型和菲茨定律。同时，这一时期进行了大量关于人因工程定量预测建模的研究。

（4）1960 年至今

从 20 世纪 60 年代开始，随着计算机的普及、自动化的发展及社会科学和人体工程学的融合，人类逐步进入了一个现代化的时代，人因工程越来越多地被各种行业所接受，并在健康和安全监管方面得到国际认可，国际认证已经开始。随着最优控制理论的发展，克莱因曼（Kleinman）等[4]对连续人机系统的建模持续深入研究，这进一步推动了对车辆、飞机和船舶的控制越来越精细直至能够实时预测，人的因素被越来越多地强调用于处理和完成离散的认知任务上。

1.1.2.2　研究的现状及趋势

（1）研究的现状

尽管社会逐渐发展转型到信息化时代，但人因工程依然被国内外研究人员重点关注，其研究内容由早期与工效和职业健康等相关方面，逐步扩展到深入处理人与智能机器交互的复杂问题方面上来。目前，国外对人因工程的研究重点领域依旧聚焦于航天、航海、核能及军工等工业领域，涉及层面极为复杂，并一直在颁布新的标准与规范来协调人机关系，以便解决人机交互问题。例如，美国国家航空航天局（National Aeronautics and Space Administration，NASA）在对大量数据进行总结后，形成了一系列有关各类航天器适人设计的重要标准规范，如《人机整合设计手册》等；同时，美国核管理委员会（Nuclear Regulatory Commission，NRC）及美国联邦航空管理局（Federal Aviation Administration，FAA）分别做出了相关的人因学规定，颁布的相应标准与规范有《人因工程计划评审模型》（NUREG-0711）及《美国联邦航空条例》（NUREG-0700）等。近几年，国外掀起了将人因工程与医疗卫生行业相结合的研究浪潮，借助计算机信息技术带来的红利，利用人因工程加强对骨骼、肌肉等相关人体方面的研究，从而加深对人机系统中的“人的因素”的认识，以便从个体特征角度出发保障工作人员的身心健康，进而提高其工作效率。

国内人因工程科研萌芽较早，以 20 世纪 30 年代陈立的《工业心理学概观》一书的出版为主要标志。可见，我国的人因工程研究比西方国家晚了 20～50 年，真正促使其发展的时间是 1980 年以后，主要通过学习引进西方国家的人因工程及其方法为主。近年来，我国关于人因工程的研究主要集中在“人机交互设计”“机械和数字化设计”“产品设计”之中。在此背景下，基础学科研究已由早期人体测量学转变到认知工效学、神经人因学、认知建模与智能系统交互等，而在应用层面已经从劳动生产、汽车驾驶设计等领域转变为高铁、核能等涉及民生及复杂系统的人因工程分析相关领域。我国自2016年起至2023年，已成功举办了7届人因工程高峰论坛。例如，2023年3月在上海召开的论坛以“铸大国重器，共创美好未来”为主题，围绕“脑认知与行为能力”“智能化与人因工程”“航空航天人因工程”“船舶航海人因工程”“能源与交通人因工程”“医疗健康与人因工程”等分论坛主题，分享了人因工程在相关领域的最新研究成果与实际应用，以推动人因工程为社会、国家乃至世界作出更大的贡献。

（2）研究的趋势

综合而言，目前国内外人因工程的研究与应用发展状况总体良好，主要有三个方面的研究趋势[1]。

1）研究领域不断扩大，应用范围越来越广泛。近几年，随着智能化机器应用的不断普及、科学技术的不断创新，人因工程在时代的引领下也在飞速进步。一方面，人因工程的研究领域已经从传统人机关系及职业健康拓展到人与工程设计、生产技术工艺、方法标准及组织管理等要素的相互协调适应等方面，以及结合信息技术与医药卫生领域对人的反应特征、感知特性及人与机械合理分工等方面，研究领域不断扩大；另一方面，人因工程不再拘泥于在航天、航海、核能等复杂工程系统方面的应用，还利用计算机技术的普及，将人因工程渗透到社会生产生活的方方面面，已经深刻影响到人的衣食住行、学习工作等日常生活之中。

2）与认知科学结合更加紧密。现阶段人因工程的研究重点依旧是人，人是推动人因工程不断发展的直接原因。人因工程紧靠人脑与认知科学领域，利用认知科学对人的意识和思维的认识，为本学科提供了新的重要理论基础和优化设计科学基础。目前，人因工程与认知科学紧密结合形成的神经工效学（neuro-ergonomics）已受到国内外广泛关注。

3）新技术、新方法的应用逐渐增加，未来挑战更加严峻。随着时代发展，工业和社会系统正变得越来越复杂，并长期依赖于更新、更复杂的技术形式。一方面，人工智能、自动化、大数据、物联网等新技术给社会带来了巨大的变化；另一方面，新技术也带来新挑战。例如，人与机器是否能由传统交互模式逐渐转变到基于虚拟现实进行的交互模式，人是否可以在工作中同时控制多台机器，人与机器是否出现新的伦理关系等。这些问题都迫使研究者们根据人因工程基础研究，结合新的技术和方法，建立新型的人机关系，从而创造出新的人机交互模式。

1.1.2.3　研究的局限性

虽然在科学研究方面人因工程的发展趋势良好，但实际上依然有一些问题存在。这些问题在一定程度上使人因工程的研究产生一定的局限性，主要体现在以下四个方面[1]。

（1）未受到企业的足够重视

随着社会经济的发展，人因工程的研究成果逐步成为一个低投入却能带来极高价值的无形资产，对一个企业乃至一个行业都有极大的效益，甚至能为一个企业带来极大的经济利益。正确认识人因工程的潜在价值，对于个人、企业乃至社会都能起到积极促进作用。然而，目前各类企业人员特别是管理层，从成果应用角度上来说，并没有充分认识到人因工程研究的潜在价值。

（2）理论基础依然不够坚实

人因工程学科发展较晚，与传统的其他工程学科等在研究进度上仍有较大差距，自身基础不够坚实、理论广泛且模糊。因为人因工程涉及的学科较多，所以建立一个表述明确且被各交叉学科共同认可的理论体系迫在眉睫。“打铁还需自身硬”，如果没有坚实的理论基础，那么一门学科注定是无法长久的。

（3）方法和技术不能满足应用市场需求

现有的人因工程的方法和技术等不够全面，不足以支撑应用市场需求。例如，在应用市场上需要工效学设计和验证的工具软件，在实际研究中却极为稀少；同时，目前的对于人因工程的评价标准也是不严谨、不准确的。

（4）学科分类问题

因为人因工程涉及的学科较多，导致其研究方向及应用范围十分宽广，在跨学术界进行交流时，很难厘清学科与学科的关系。这就要求在未来需要对人因工程的研究方向和应用范围进行细致的区分，在依托其他传统学科基础之下，形成自己独特的学科优势及方向。

1.1.3　关键科学问题

虽然人因工程这些年发展迅速，但其学科本身的理论基础尚且薄弱，在实际运用中，现有的技术和方法也需要迅速研究完善，以便能解决实际问题中蕴含的关键科学问题。现阶段，人因工程亟须解决的关键科学问题有：人的作业能力及其作用机制；人机交互基本原理；人因设计和系统建模仿真；人因失误与人因可靠性以及行为安全等[1]。

1.1.3.1　人的作业能力及其作用机制

对于一个人机系统，人在系统中的作业能力往往直接决定了工作效率，要想建立一个较完善的人机系统，就必须对人的作业能力进行研究，寻找其变化规律并研究其对整个系统的作用机制。在以往的人机工程中，研究人员多采用“刺激–反应”（stimulus-response，

S-R）之间的链接来开展研究，从人的生理、心理、行为等层面来认识人的作业能力。但在这方面目前还没有建立一个完善的理论框架，以至于在过往的人因工程学科中，对人的作业能力并没有被深入认识。另外，伴随着时代的进步，各种新技术、新方法将会被应用到人因工程的研究之中，这会促进在传统研究的基础上对人的作业能力及其作用机制进行更准确的研究，研究内容主要包括：系统中个人和团体之间作业能力的定义及测评；人的感知、认知及决策能力对绩效的影响机制；不同条件下人的作业能力变化规律等。通过这类研究，甚至能够在微观层面对人的作业能力有一个更清晰直观的认识。

1.1.3.2 人机交互基本原理

人因工程中的人机交互，是研究用户和机器之间交互关系的技术，本质是人机共存，其中的机器既包含了计算机中的软件和操作系统，也包含了日常工作与生活中各种各样的机器。早期的人机交互研究主要是针对机器的简单操作，极少考虑人在交互过程中的作用。随着自动化、智能化时代下信息化、人工智能等新技术的发展普及，人机交互脱离了传统而转变为人机协调、人机互信、人机融合的自然交互。新技术的发展也为人因工程研究带来新的挑战，因为在新技术的引领下，未来必然会带来更多关于人机交互的新问题。这就要求人因工程研究者们必须重新建立人与机器之间的交互模式，从整体上优化人机交互界面，摆脱屏幕限制，加速人机优化智能领域的研究，从而在提升人机交互的绩效和安全性的同时，满足用户的体验，并利用人因工程学将人工智能带入良好的发展轨道上，以避免未知的风险。

1.1.3.3 人因设计和系统建模仿真

将人因设计与测评纳入工程系统的研制过程尤为重要，亟须开发适合设计师使用的人因设计的方法、工具和标准，建立多层级可量化的人因测试与评价方法与规范。当前基于人因学理论的人-系统整合（human-system integration，HSI）设计流程与方法，是基于交互式系统的、以人为中心的、设计过程的国际标准（ISO 13407），已形成自身标准并推广使用，且取得了良好效益。人因工程学科为 HSI 设计提供理论支撑，主要研究内容包括基于人的能力特性的任务分析、人机功能分配原理与方法、可用性及 HSI 评价方法等。此外，为了深化和拓展人因工程的研究与应用，需要建立能够描述、解释和预测人的行为与决策的计算仿真模型，建立 HSI 模型及仿真系统，以及开发相关的人因建模与仿真软件平台。现有模型都对人进行了不同程度的简化与抽象，未来可基于最新的人因工程研究成果和建模理论进行改进，力争能够预测人的行为和决策。

1.1.3.4 人因失误与人因可靠性以及行为安全

人因失误与人因可靠性以及行为安全也都是人因工程研究的关键科学问题。目前，在安全的关键领域，研究者普遍认为，在各类事故总量中，人因失误导致的事故占 50%～

90%。其中，有航海、航天、核电等安全领域的事故研究报告指出，80%以上的事故是与人因失误相关的。如今，伴随着技术的迅速发展，在某种程度上已经开始出现“技术领先于人”的特点，这意味着人的局限性已经越来越明显，特别是机器已经变得高度智能化，人已经慢慢变成机器的“监督控制器”。在这种情况下，人如果产生失误，将会造成严重后果。目前，与人的因素有关的安全风险及一些基础问题已受到较多关注，主要包括：不安全行为与人因失误的表现特征及规律；人机交互及任务环境因素对人因失误的作用途径及机制；人因失误与人因可靠性建模、分析与评估的理论与方法；人因失误的预防、检测、预警与干预一体化系统安全保障理论等。

快速发展的人因失误和人因可靠性研究，使得人们对于自身行为有了足够的理解，并提供了一套至今仍在使用的方法，但人因失误从分析模型上仍然是一个难以定量的结构。在认识到人本身也是作为更广泛的复杂系统运行的一部分后，就必然会促使人们从对单个错误的关注，转向对系统进行整体了解和优化。通过发展人因失误与人因可靠性的理论和方法，可进一步促进人因工程学科的发展，这在很大程度上可以使人的工作与生活更加舒适与便捷，使社会更加积极、健康可持续发展。因此，人因失误与人因可靠性作为人因工程的关键科学问题，在人因安全的研究领域发挥着重要作用。本书将重点关注人因失误与人因可靠性以及行为安全这些科学问题，并在 1.2 节和 1.3 节对其研究动态和研究现状进行详细回顾、述评。

1.2　人因失误与人因可靠性

本节主要从人因失误基础理论出发，进一步回顾人因失误与人因可靠性的知识结构与演化趋势，梳理目前相关研究的局限性并确定未来研究的方向。

1.2.1　人因失误基础理论

1.2.1.1　人因失误的定义

在工作和生活中，“失误”的定义看似十分简单，单凭常识即可显而易见地判断某人的行为失误与否。但在科学的系统研究当中，想要赋予人因失误一个准确的技术定义却是十分困难的，因为应用场景及出发点的不同，对概念的理解定会存在差异。本书总结了一些国内外学者站在各自角度上对人因失误的理解并赋予的定义，见表 1.1。

表 1.1　人因失误的定义

学者	定义
里格比（Rigby）[5]	如果人的行为没有使系统达到或充分达到预期的效果，那么就会被认定是人因失误

续表

学者	定义
斯温（Swain）等[6]	超出系统所接受的或允许范围的人的行为或活动
里森（Reason）[7]	从心理角度对人因失误进行分析，可将其定义为在排除外界因素的干扰下，人们进行了一系列的心理活动或操作，但仍未能达到预期效果
张力 等[8]	在人机系统规定的条件范围内，人为了达到预期目标而产生的行动上的失误。它包括个体的、群体的和组织的失误。其主要表现形式为：未能执行必要的功能；实践了不应该完成的任务；对意外未做出及时的反应；未意识到危险情境；对复杂的认知反应做出了不正确的决策等

1.2.1.2　人因失误的特点

在人因失误中，人是触发事故发生的直接媒介或主要因素。人因失误主要具有如下六个方面的特点。

（1）可重复性

人因失误经常会在不同或相同的条件下重复发生，只要造成人因失误的潜在因素依然存在，人因失误就不可能消除。

（2）隐蔽性、潜在性和不可逆转性

由于人存在认知上的“隧道效应”，很难认识到或发现自己的行为是不恰当或错误的，因此很容易错过最佳的消除时间。而由失误引起的失效具有潜在性，一旦累积或与某种激发条件相结合就会造成更大的事故并且不可逆转。

（3）受特定情境驱使

人在人-机-环境系统中的任何行为都离不开当时的情境，如硬件的失效、信息的错误、制度的缺失、紧迫的压力等及其综合作用都会极大诱发人因失误。

（4）固有的行为变性

一个人在不借助外力环境下，不可能用完全相同的方式（指准确性、精确度等）重复完成一项任务，差异大小造成的绩效波动超出一定限度就会产生人因失误。因此，人固有的行为可变性是产生人因失误的重要原因。

（5）可修复性

虽然人的失误不可避免，但在精心设计的、具有良好反馈系统和安全冗余的条件下，先前发生的人因失误有可能被及时识别、纠正。

（6）主观能动性

人的主观能动性能够帮助人更好地理解、适应和改造人–机–环境系统，因此对人因失误的研究、预防仍要以人为核心展开。

1.2.1.3　人因失误模型及人因失误分类

由于人因失误的自身属性，学者对人因失误研究的出发点和目标不同，会导致人因失误的分类结果各异，缺乏统一的认识。因此，可以通过人因失误的相关模型进一步总结其分类，详细描述见表 1.2。

表 1.2　人因失误模型及人因失误分类

人因失误模型	模型内容	人因失误分类
感知循环模型（perceptual cycle model）	（1）自上而下处理和自下而上处理相互驱动的周期性感知模型 （2）活动模式在特定环境中设定个人的期望 （3）期望引导行为寻找特定类型的信息并提供解释手段 （4）在对环境进行采样时，信息会更新和修改模式，从而指导进一步的搜索	按失误产生的原因进行分类： （1）是否激活了不适当的模式 （2）由于缺乏经验（导致不良搜索策略或不良操作，或两者兼而有之），导致架构不完整
激活触发模型（activation trigger schema，ATS）	动作失误归因： （1）未按预期模式操作的事件 （2）触发机制要求满足模式操作的适当条件 （3）说明模式激活的外部来源（如环境）和内部来源（如思想、联想和习惯等）	按动作失误主要来源进行分类： （1）意图形成过程中的失误（对情况进行分类时出现的失误，或由模糊或不完全指定的意图造成的失误） （2）模式失误（情况分类失误） （3）描述失误（意图说明不明确或不完整） （4）模式的无意激活（由于无关的原因激活不属于当前操作序列的模式） （5）模式的激活或衰退的丢失 （6）错误触发（在不适当的时间触发正确激活的架构） （7）触发失败（未能调用活动架构）
技能/规则/知识框架（skill, rule and knowledge framework, SRK）	建议在以下三个级别下处理信息： （1）基于技能。行为由学习和储存的行为模式控制，使其快速、毫不费力地发生在意识控制之外 （2）基于规则。存储在内存中的规则是否用于设置行动计划 （3）基于知识。有意识地规划和解决问题，以确定在不熟悉或不寻常情况下的适当反应	按基于信息处理水平的失误进行分类： （1）基于技能的失误与力量、空间或时间协调的可变性有关 （2）基于规则的失误包括对情况的错误分类或识别、与任务的错误关联或回忆过程中的记忆失误 （3）基于知识的失误与目标选择有关

续表

人因失误模型	模型内容	人因失误分类
人信息处理的执行–评估循环模型（execution-evaluation cycle model of human information processing）	包括七个行动阶段（前四个为执行阶段，后三个为评估阶段）： （1）形成目标 （2）形成意图 （3）指定操作 （4）执行操作 （5）感知环境的状态 （6）解读环境现状 （7）评估结果	按人和系统之间存在不匹配而发生的失误进行分类： （1）执行失误。与系统给人员提供的操作机会和人员行为意向间的契合程度有关 （2）评估失误。与系统实际的交互可能性和人员感知的交互可能性间的匹配程度有关
通用错误建模系统（generic error modelling system，GEMS）	GEMS 提供了一种在 SRK 模型中定义的每个性能级别上对失误进行分类的方法，并添加了故意行为（违规）； 失误可能发生在每个性能级别，或者与不适当的性能级别操作相关	按不安全行为进行分类： （1）基于技能的失误（疏忽和过失），通常与注意力有关 （2）基于规则的失误，包括错误使用好规则或应用了坏规则 （3）基于知识的失误，包括不完整、不准确的理解，或者是认知上的偏见 （4）违规行为，包括常规违规、特殊违规或破坏行为
人的信息处理模型（human information processing model）	（1）环境刺激首先被短期感觉储存并处理，然后分别经历感知、决策和反应选择，最后进入反应执行阶段 （2）有限的注意力资源用于支持加工，短期记忆和工作记忆都会影响感知、决策和反应 （3）反馈回路存在于对环境刺激的反应机制中，这种机制会影响系统如何接收处理和响应这些刺激	按失误发生后的不同处理阶段进行分类： （1）感知 （2）记忆 （3）决策 （4）响应 （5）执行
情境控制模型（contextual control model）	（1）专注于解释联合认知系统内表现出的功能 （2）考虑联合系统（包括人和技术）如何在应对更广泛环境中的事件的同时，实现其目标 （3）显示对当前形势的理解下，如何指导和控制所采取的行动，以及所采取的行动如何与所收到的信息一起反馈，反过来指导、控制和修改当前的理解	按主要成分进行分类： （1）能力。系统可根据公认的需求和要求，确定并应用于某一特定情况下的可能行动或响应 （2）控制。表现的有序性和能力的运用方式 （3）结构。系统对动作发生情况的了解或假设，类似于模式，是解释信息和选择动作的基础

1.2.2 人因失误与人因可靠性的知识结构与演化趋势

目前，以“human error（人因失误）”或“human reliability（人因可靠性）”作为检索主题词，将时间区间设置为 2000—2022 年，在科学网（Web of Science，WOS）核心库中的科学引文索引（扩展版）、社会科学引文索引子数据库中进行数据检索［仅选择以英文发表的原始文章作为初始数据，排除会议记录、书籍和评论等。因为本书的研究对象为复杂工业系统，所以筛选并去除医学类别的文献，如 surgery（外科手术）、medical information（医学信息学）等；同时，通过仔细阅读摘要及全文，删除其他不相关文献］，最终得到 581 篇相关文献，其中包含 15 722 条有效的参考文献。

使用知识图谱可视化分析工具（CiteSpace）中的作者合作网络功能及文献总共被引用（以下简称“共被引”）分析功能完成数据分析，然后构建作者合作网络图谱，可以了解复杂工业系统人因失误与人因可靠性研究领域的国际主要研究力量。通过构建文献的共被引网络分析，可得出该研究领域的知识基础。对文献共被引网络进行聚类，可获得知识基础与研究前沿的映射关系，可进行可视化分析该领域的研究前沿热点。最终运用突发性探测方法识别共被引网络中具有突变特征的论文，可进一步得出研究的新兴领域与演化趋势。

1.2.2.1　知识结构

（1）国际主要研究力量

为清楚了解复杂工业系统人因失误与人因可靠性研究领域内的主要研究力量，将发文量 5 篇作为阈值，运用 CiteSpace 绘制该研究领域内作者合作网络图谱，如图 1.1 所示。其中，连线反映两名作者的合作强度及他们首次合作的年份。同时，总结发文量排名前 10 的作者及其所属机构和国家，形成复杂工业系统人因失误与人因可靠性研究力量分布，见表 1.3。

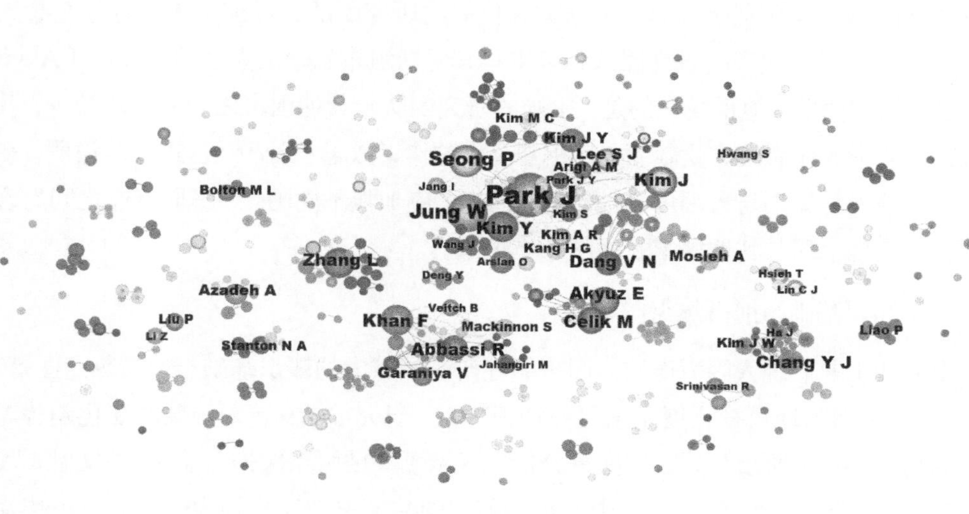

图 1.1　复杂工业系统人因失误与人因可靠性研究领域内作者合作网络图谱

表 1.3 复杂工业系统人因失误与人因可靠性研究力量分布

序号	研究团队代表作者	机构	国家	发文量	排序
1	帕克（Park J）	韩国原子能研究院	韩国	39	A
2	荣格（Jung W）	韩国原子能研究院	韩国	28	B
3	成（Seong P）	韩国科学技术院	韩国	20	C
4	可汗（Khan F）	纽芬兰纪念大学	加拿大	19	D
5	张力（Zhang L）	南华大学、湖南工学院	中国	17	E
6	金载焕（Kim J）	韩国原子能研究院	韩国	17	E
7	金永灿（Kim Y）	韩国原子能研究院	韩国	17	E
8	阿库兹（Akyuz E）	伊斯坦布尔理工大学	土耳其	15	F
9	切利克（Celik M）	伊斯坦布尔理工大学	土耳其	14	G
10	阿巴斯（Abbassi R）	澳大利亚海事学院、麦考瑞大学	澳大利亚	13	H
11	常（Chang Y J）	美国核管理委员会	美国	11	I
12	丹格（Dang V N）	保罗谢勒研究所	瑞士	11	I
13	金钟铉（Kim J）	韩国原子能研究院	韩国	10	J

从图 1.1 和表 1.3 可以看出，在复杂工业系统人因失误与人因可靠性研究领域内发表至少 5 篇论文的作者可分成 16 个主要的研究团队。其中，最大的合作团队由韩国原子能研究院和韩国科学技术院的帕克（Park）、荣格（Jung）、成（Seong）等组成，这些作者既是发文量最多的学者，也是该领域内合作强度最大的学者。而且，该研究团队与瑞士保罗谢勒研究所的丹格（Dang）也保持着较强的合作关系。另外研究成果比较多的是以中国南华大学和湖南工学院的张力为代表的研究团队、以加拿大纽芬兰纪念大学的可汗（Khan）为代表的研究团队和以土耳其伊斯坦布尔理工大学的阿库兹（Akyuz）为代表的研究团队。值得注意的是，中国的研究团队与其他国家之间的合作较少；其余的研究团队中的作者发文量较少，且相互合作的作者数量也较少。这进一步说明，在复杂工业系统人因失误与人因可靠性研究领域内，应加强不同国家、不同行业之间的合作交流，尤其是中国与其他国家之间的合作关系。

（2）知识基础与前沿热点

由复杂工业系统人因失误与人因可靠性研究领域内的知识基础与前沿热点图谱（见图 1.2）可以清晰地可视化展示该研究知识基础－研究前沿－新兴领域的演化趋势。其中，如图 1.2（a）所示为共被引文章分析，显示了共被引频次排名前 12 的文献，发表时间集中在 2014—2016 年。其中，排名前三的共被引文章分别为#1～#3，由埃克曼（Ekanem）等[9]、常（Chang）等[10]、马克奇扬（Mkrtchyan）等[11]完成，主要研究人因数据、贝叶斯网络在人因可靠性分析（human reliability analysis，HRA）中的应用。

使用 CiteSpace 对文献共被引网络进行聚类命名，能有效映射研究前沿：共生成 48 个聚类，如图 1.2（b）所示为关键词聚类分析，其中展示了 12 个主要聚类，聚类序号越小，说明其中包含的文献数量越多，在研究领域内越重要。这进一步反映出，人因失误与人因可靠性的研究热点和前沿是 HRA、人因失误数据及依赖性评估等。

从图 1.2（c）可以看出，人因可靠性评估（human reliability assessment）、应急操作程序（emergency operating procedures）、空中交通管制（air traffic control）等在早期受到较高关注，近年来人因失误概率（human error probability）、HRA（human reliability analysis）、动态概率模拟（dynamic probabilistic simulation）等受到较高关注，关键词时间分布更加凸显了这些研究主题为前沿性热点。

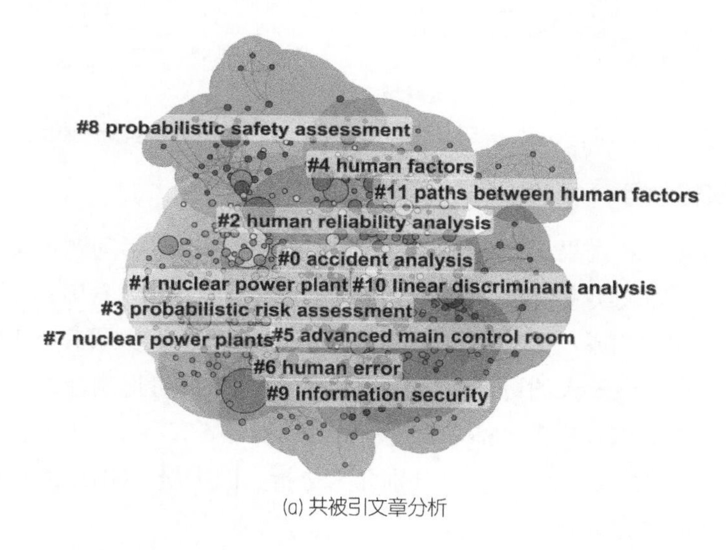

(a) 共被引文章分析

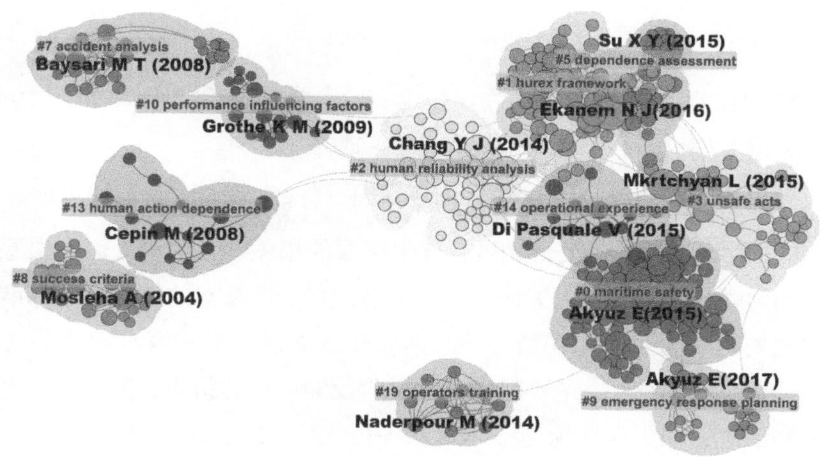

(b) 关键词聚类分析

关键词	年份	研究力量	开始	结束	趋势
human reliability assessment	2000	3.02	**2000**	2006	
emergency operating procedures	2001	4.2	**2001**	2007	
air traffic control	2002	5.72	**2002**	2012	
commission	2003	2.76	**2003**	2010	
probabilistic safety assessment	2004	3.55	**2004**	2008	
errors	2004	3.26	**2004**	2008	
error	2007	3.21	**2007**	2013	
human error	2000	3.78	**2009**	2012	
design	2002	3.06	**2010**	2013	
nuclear power plants	2001	3.21	**2011**	2014	
validation	2001	4.57	**2013**	2016	
heart	2013	4.16	**2013**	2015	
risk analysis	2013	3.87	**2013**	2015	
reliability quantification techniques	2013	3.28	**2013**	2015	
fuzzy logic	2007	2.83	**2014**	2016	
maritime safety	2015	3.01	**2015**	2018	
organizational factors	2016	3.82	**2016**	2018	
optimization	2016	3.05	**2016**	2017	
reliability	2014	4.11	**2017**	2019	
quantification	2008	2.65	**2018**	2019	
model	2010	5.97	**2019**	2020	
human error probability	2006	3.86	**2019**	2020	
human reliability analysis (hra)	2007	3.03	**2019**	2020	
dynamic probabilistic simulation	2011	2.84	**2019**	2020	
crew response	2019	2.65	**2019**	2020	

(c) 关键词时间分布分析

图 1.2　复杂工业系统人因失误与人因可靠性研究领域内的知识基础与前沿热点图谱

1.2.2.2　演化趋势

结合文献计量分析结果，发现 HRA 是主要研究热点，包括问题定义、任务建模、人因失误分析、人因失误量化和失误管理建议等 5 个阶段。可以看出，人因失误研究与人因可靠性研究相辅相成，且人因可靠性研究包括人因失误相关研究，其最终目的是保障人的可靠性。有效保障人的可靠性的基础是满足 HRA 的可追溯性，而可追溯性的实现得益于人因失误的深入分析，取决于人因失误机制的研究深度。因此，基于 581 篇文献及其 15 722 条有效的参考文献，可分别深入分析人因失误、HRA 的相关文献，全面归纳梳理该领域的研究内容。

（1）人因失误

1）人因失误的发展阶段。人因失误作为一个科学概念起源于 20 世纪 40 年代，跨越下列 3 个关键时期。

第一个时期是 1900 年至第二次世界大战后期。这一时期，心理动力学家弗洛伊德（Freud）和许多行为主义学者及格式塔心理学学派的相关学者都对人因失误感兴趣。在早期的心理动力学研究中，人因失误作为一种客观的、可观察的绩效衡量标准使用；行为主义学研究对可观察到的错误指标感兴趣；知觉失误是格式塔心理学学派研究的一个常见课题。第二次世界大战是人因失误发展阶段的一个转折点，其间部署的设备和技术使得理解和解决人因失误成为当务之急。1942 年，美国人因工程学创始人查帕尼斯（Chapanis）研究了波音 B-17 的控制系统。这项关于人因失误的开创性研究工作，不仅减少了飞行员失误，也促使学术界开始了更多关于人因失误的正式研究。

第二个时期是第二次世界大战后期到 1980 年。自第二次世界大战后期开始，控制论和计算机等新领域的语言和隐喻在新兴认知心理学领域的人因失误新概念中得以表达。例如，信息处理模型明确了不同认知信息处理单元执行不同功能的想法，使人类能够处理来自环境的信息并对这些信息采取行动。

第三个时期是 1980 年至今。自 1980 年以来，学术界开始深入探究人因失误背后的原因，而不再仅仅是将其作为一种现象。在这一时期，环境和其他系统因素被认为是导致人因失误的重要原因，同时学术界也开始关注复杂系统的动态性在人因失误中所起的作用。

结合工业发展的四个阶段、人因失误的研究重点及相关研究中提出的人机关系变化，以时间节点为统一划分依据，我们可以对人因失误研究的发展历程进行总结，如图 1.3 所示。由图 1.3 可知，人因失误研究主要分析人机交互关系下的人因失误发生原因，即人因失误机制。伴随着工业革命从工业 1.0（机械化时代）向工业 4.0（智能化时代）的逐步发展，人机关系也从人机匹配陆续发展到人机交互、人机协同，未来将发展为人机融合。因此，在智能化时代背景下，新的人机关系下的人因失误机制研究将成为未来复杂工业系统人因失误领域的重要研究方向之一。

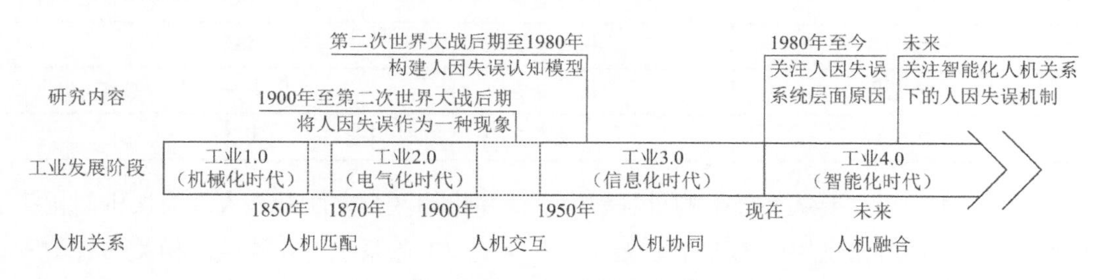

图 1.3　人因失误研究的发展历程

2）人因失误机制。人因失误机制是研究人因可靠性的理论基础。对历史灾难性事故原因的认识，经历了从技术失效、人的失误到组织失误的过程。最初针对技术失效发展的故障树和事件树分析技术，能模拟事故的发展历程，但缺乏分析的指导性框架，不同的分析人员可能得到不同的分析结果。1979 年美国三哩岛核电站事故之后，学术界开始认为灾难性事故的发生源于人因失误，人被看作问题的起源，并对人因失误开展了广泛的研究。综合人因失误的内容与发展历史，可以从不同的研究视角将人因失误机制概括为机械论视角、个体视角、交互视角和系统视角。

①机械论视角。机械论视角关注技术，以确定性的方式看待人的行为。以工程原理为基础，这一观点认为，人的行为可以在一定程度上被预测，人因失误的可靠性可以通过计算量化。作为一种简化论观点，机械论视角采用微观观点，并与预防故障的安全思维保持一致。

②个体视角。这种观点可以被概念化为解决不良个体行为，偏重于对单个人因失误机制的描述。目前的个体失误模型都是基于假设和经验建立起来的，对操作人员的复杂认知过程的认识可以说仍不尽如人意。

③交互视角。该视角认为人因失误是结果，人因失误的产生是由其上游的因素（如工作环境和组织因素）引起的。该视角有时被称为“简单系统思维”，它确实考虑了系统对行为的影响，但通常以线性或机械的方式展开分析，并且仅限于组织情境。

④系统视角。这一观点以系统理论和复杂性科学为基础，对跨多个组织的系统行为有更广泛的看法，并承认更广泛的社会影响。它可以与交互视角加以区分，因为它将系统本身作为分析单元（通常考虑组织边界以外的元素），重点考虑非线性相互作用，通常将事故视为“系统故障”。

通过以上分析，可将人因失误机制研究视角的主要区别汇总列于表1.4中。

表1.4 人因失误机制研究视角的主要区别

研究视角	人的行为的典型概念	典型分析单元
机械论视角	相对复杂	微观——人
个体视角	相对复杂	微观——人
交互视角	相对复杂	中观——人和组织
系统视角	复杂	宏观——系统

目前，学术界主要从外部影响机制和内部认知机制两个方面开展人因失误机制相关研究。在外部影响机制中，核电、航天、航海等复杂工业系统研究领域的相关学者均发现，情境状态、个体因素和组织因素等是造成人因失误的重要原因。而这些研究均是以人的外部影响因素为起点、以人因失误为终端开展的，且仅纳入个别因素，并未探究多因素耦合交互作用下的人因失误机制。

在内部认知机制方面，学者主要通过构建认知模型来反映人的内部认知过程与人因失误的关系。目前，应用较为广泛的认知模型主要包括信息处理模型[12]、决策阶梯模型[13]和班组情境下的信息、决策和动作（information decision and action in crew context，IDAC）模型[14]。虽然这些认知模型可以从认知心理的宏观角度探究人因失误的内部机制，但是仍缺乏人的内部神经机制和生理机制对人因失误影响的相关研究。

此外，在智能化时代背景下，由于新的人机交互关系所带来的任务类型、工作环境及认知功能的变化而造成的人因失误变化等，都会直接影响研究结果、结论及干预对策。因此，在新的人机交互关系下，人的神经生理因素、认知心理因素、外部影响因素等综合作用下的人因失误机制还需要进行深入探究。

（2）HRA

HRA 的研究内容主要包括 HRA 方法改进、绩效影响因子（performance influencing factors，PIFs）辨识、人因失误概率评估与风险评价等。

1）HRA 方法改进。自 20 世纪 60 年代至今，学术界已经开发了几十种 HRA 方法，且新的方法仍在开发中。根据研究重点的不同，将现有的 HRA 方法划分为基于任务、基于认知、基于仿真、基于模型共四类，总结见表 1.5。

表 1.5　HRA 方法总结

时期	方法类别	代表性方法	主要应用领域
20 世纪 60 年代至 20 世纪 80 年代后期	基于任务	人失误率预测技术（technique for human error rate prediction，THERP）	核电、航海
		人失误评价和减少技术（human error assessment and reduction technique，HEART）	核电、航空航天、铁路、石化、航海
20 世纪 90 年代至 21 世纪初	基于认知	认知可靠性和失误分析方法（cognitive reliability and error analysis method，CREAM）	石化、核电、高铁、航海、航空航天
		标准化的设备分析风险 – HRA（standardized plant analysis risk-human reliability analysis，SPAR-H）	核电、石油、航海
	基于仿真	机组情境下的信息、决策和动作（information，decision and action in crew context，IDAC）模型	核电、航海、航空航天、电力
		人–机一体化设计和分析系统（man-machine integration design and analysis system，MIDAS）	航空航天
2010 年至今	基于模型	菲尼克斯（Phoenix）方法	核电
		Phoenix – 石油炼化作业（petroleum refining operations，Phoenix-PRO）方法	石油
		石油 – HRA（Petro-HRA）	石油

①基于任务的 HRA 方法。该类方法假设人与机械和电子元件一样，具有内在局限性和失效率。人的任务被分解为一系列具体的子任务，然后针对具体的子任务通过专家判断对基本的人因失误概率进行赋值，在不确定性范围内考虑环境因素，即用 PIFs 对人因失误概率进行修正，最后计算整个任务的失效概率。

尽管基于任务的 HRA 方法被广泛使用，但其仍存在诸多局限性，概括起来表现在 9 个方面：一是将 HRA 类比于硬件可靠性分析，只能类似于硬件可靠性分析的分解技术；二是强调人因失误的定量评价胜于定性分析，但缺乏详细任务分析的指导；三是侧重可观察到的人的行为的分析，却很少考虑问题空间的内在结构及动态特性；四是对人的认知/决策过程的分析是一个“黑箱”方法，缺少对认知失误的说明，并在识别失误的原因和减少失误的策略方面存在局限性；五是对人因失误的分类和 PIFs 的分类是不充分的；六是 HRA 过程中没有充分考虑组织因素对人的绩效和安全的影响；七是缺少

PIFs 与人因失误的因果关系的理论；八是人因失误建模与量化存在局限性，如在失误的相关性、失误恢复的识别与建模方面；九是缺乏数据对分析结果进行验证。

②基于认知的 HRA 方法。在该类方法中，HRA 研究进入了新阶段。该类方法结合认知心理学，以人的认知可靠性模型为研究热点，强调情境环境对人的认知可靠性影响的重要作用。尽管该类方法在传统的 HRA 方法上有所改进，但还是存在诸多局限性，具体表现为 6 个方面：一是数据不足，需要专家判断；二是专家判断没有标准；三是对 PIFs 的考虑欠充分，没有充分考虑组织管理因素的影响；四是缺少对组织和人因失误之间的因果关系的认识；五是缺乏实验验证；六是未能说明人的行为与环境的动态交互特性。

③基于仿真的 HRA 方法。随着计算机技术的发展，在前两类 HRA 方法逐渐发展和完善的过程中，出现了具有明显不同特征、功能和局限性的 HRA 方法，即基于仿真的 HRA 方法。传统的 HRA 方法都以运行事件静态的任务分析作为绩效建模的基础，依靠实证和专家判断得来的数据进行绩效估计。而基于仿真的 HRA 方法是一个动态的建模系统，利用虚拟场景、虚拟环境及虚拟人来模拟实际环境中人的绩效，提供一个 HRA 建模和量化的动态性描绘的基础，说明了复杂人机系统中人机动态交互的特性。基于仿真的 HRA 方法试图克服基于任务的和基于认知的 HRA 方法的局限性，尝试建立一种基于模拟的动态 HRA 方法，但是仍具有 5 个方面的局限性：一是不能处理所有的（技能型、规则型和知识型）行为；二是没有全面考虑各种 PIFs 对人的行为的影响，缺乏组织因素是如何影响人因可靠性的理论基础；三是缺乏对人的认知过程的动态性以及人机交互、PIFs 动态性的真实描绘；四是在仿真计算和数据的可用性方面一直存在局限性；五是使用一个完全不同于故障树/事件树方法的框架，因此只能应用于特定的、风险严重的事故序列的分析。

④基于模型的 HRA 方法。这类方法主要是基于贝叶斯网络模型构建，目的是为解决前三类方法中存在的关于 HRA 定性和定量阶段分析结果的不一致、不可追溯和不可再现等问题。同时可以看出，目前前三类方法已在各种复杂工业系统中得以成熟应用，而本类方法相对较新，目前应用领域较少，未来可考虑进一步验证基于模型的 HRA 方法在其他复杂系统领域的适用性。此外，可考虑在现有 HRA 方法的基础上，结合新的人因失误机制相关研究内容以及不同复杂工业系统的运行情境，进一步开发适用于工业 4.0 时代智能化人机交互关系的、基于现实情境（集任务、认知、仿真、模型于一体）的第五类 HRA 方法。

2）PIFs 辨识。有效评估并降低人因失误概率的前提是辨识人因失误的影响因素，即绩效影响因子，也称为绩效塑造因素（performance shaping factor，PSF），本书统一将其称为 PIFs。目前，学术界已经提出许多 PIFs 的分类，以突出人因失误的影响因素并调整基本的人因失误概率。总结相关研究，可以将 PIFs 归纳为三种类型：一是在各种 HRA 方法（如 IDAC 模型、CREAM、SPAR-H、HEART、THERP 和 Phoenix 方法等）中使用 PIFs，对人的可靠性进行建模。其建模过程中，会考虑 PIFs 的因果依赖关系。二是构建人因数据库以归纳各种 PIFs，如场景创作、描述和汇报应用数据库、人因可靠性数据提取框架等。三是构建 PIFs 分类法，如构建基于数据的 PIFs 层次结构。

3）人因失误概率评估与风险评价。在人因失误概率评估研究中，学者们主要基于 HRA 方法和 PIFs 分类，收集人因失误数据开展人因失误的评估、预测等工作，进而为减少和预防复杂工业系统的人因失误提供依据，并且在人因失误概率评估中考虑各 HRA 变量之间的依赖性。

以此为基础开展的人因失误风险评价也是 HRA 的主要研究内容之一。在人工系统的可靠性和安全性评价中，不仅要关注由硬件失效引起的风险，而且要关注由人因失误引起的风险。在 HRA 的研究中，典型 HRA 方法都只是提供人因失误概率以满足可靠性分析的基本需求，还没有考虑人因失误对系统安全的影响，从而导致在发掘真正的人因失误模式方面存在局限性，没有满足系统安全或风险分析的目标。为了有效确定人因失误风险对系统安全的影响，相关学者开始从事这方面的研究，最初是基于硬件失效模式和影响分析（failure modes and effects analysis，FMEA）的原理开展人因失误模式，以及基于影响和严重度分析方法研究来识别人因失误模式的优先性。例如，人因失误严重度分析方法中的人因失误临界分析（human error criticality analysis，HECA），先是由人因失误概率乘以失误影响概率得到人因失误模式的严重度指标值，然后考虑失误后果对人的安全或系统的损失并确定相应的等级，最后通过构建人因失误严重度矩阵来识别关键的人因失误模式。HECA 不仅考虑了人因失误概率，而且考虑了人因失误影响概率及失误后果的严重度，并将上述指标整合到人因失误风险评价模型中来评估人因失误或任务的风险优先性。但是上述方法没有考虑相关指标的相对权重，并且没有对人因失误的风险重要性等级进行分类，因而难以合理确定人因失误风险的重要性。

目前和未来智能化发展带来的新的数字化、高度自动化的人机界面及现代工厂操作条件的变化，对传统 HRA 方法及 PIFs 分类提出挑战。目前缺乏大量的经验数据，尤其是与数字化、高度自动化的人机界面相关的与人的神经生理相关的人因失误新数据。这些都是在 HRA 未来研究工作中需要考虑和解决的问题。

综上所述，复杂工业系统人因失误和人因可靠性研究的主要贡献者来自韩国、中国、美国、英国、加拿大、瑞士、土耳其等国家，研究领域主要集中在核电、航海、航空航天等行业，不同国家、不同行业之间关于人因失误和人因可靠性研究的合作有待加强。人因失误和人因可靠性研究经过长期发展，已形成若干研究聚类，主要有#0 模拟数据、#1 人为因素、#2 HRA 等。整个共被引文献网络、网络聚类及突发性分析，反映出该研究领域从注重定性研究到注重定量研究的演化历程，并反映出人因失误数据、HRA 变量的依赖性评估等是该研究的前沿热点。对于研究内容的深入分析可以得出以下结论：未来在人因失误机制、HRA 方法、PIFs 辨识、人因失误数据收集、人因失误概率评估和预测等方面，均应注重和考虑智能化工业发展所带来的新变化和新挑战。

1.2.2.3 目前研究的局限性和未来研究的方向

人因失误和人因可靠性研究对于提高不同复杂系统（包括设计、制造、运行和维护）的安全性和可靠性至关重要，尽管目前研究取得了突破性进展，但仍存在如下三方面的局限性。

（1）现阶段在人因失误机制方面，虽然已有研究表明外界压力、人的状态、环境等会对其产生影响，但并没有足够的理论去研究综合因素对人因失误的影响。此外，随着社会和技术的发展，人机交互逐渐变化为人机协同，多人团队的工作形式更为常见，但目前的研究很少关注人机（尤其是智能化工业）团队的人因失误发生机制。因此，建议未来研究可以开发适用于新的人机交互方式的综合人因失误机制模型。

（2）在 HRA 方面，目前已经建立了许多理论模型，但建立的模型依旧较为简单化且不能确定人因失误发生的不确定性，主要体现为如下三点。

一是人因失误数据问题。HRA 的基础是获取人因行为数据，这在目前研究上存在局限性。一方面，目前缺乏客观数据。建议在未来的研究中，使用更多或新的系统监控设备，以更高效和有效的方式收集多源人因数据。另一方面，HRA 中的许多任务严重依赖专家判断来生成可靠性数据，往往存在不确定性。因此，建议使用各种不确定性理论，如毕达哥拉斯模糊集和概率语言术语集等，有效地操控专家判断中的不确定性。

二是在数字化环境中的适用性问题。现有 HRA 方法在数字化环境中的适用性经常受到质疑。未来的研究应着眼于开发先进的 HRA 模型，以在数字化系统中对操作员进行 HRA。

三是新兴技术在 HRA 有很大的改进空间。未来工作的另一个可能方向是采用人工智能等工具来解决人因失误问题，人因失误概率的估计方法可以通过神经网络来实现，以考虑人为误差的波动。此外，开发计算机辅助工具来执行相关文献中描述的 HRA 算法无疑是一个重要方向，这样从业者就能更轻松地实现 HRA，从而更有效地管理大型复杂系统。

（3）目前研究内容缺乏人因失误内在机制会对系统安全边界的影响等问题。由于系统复杂的结构和功能，人与设备或系统之间存在复杂交互作用，使人因失误模式对系统的影响很难做出明确的评估。因此，需要发展新的人因失误风险评估模型来模拟这种不确定性，以比较精确地评估人因失误风险对系统安全的影响，从而识别出关键的 PIFs。

1.3　行为安全

对于行为安全的研究，学术界主要从不安全行为和安全行为两个主题展开。对于不安全行为，大量学者探究了其中的诱导因素、形成机理，进而提出防控方法，这契合于安全研究中"为什么会出错"的思维范式；对于安全行为，同样有大量学者追溯其促成因素，进而更好地提升生产实践的安全绩效，这契合于安全研究中"如何使其正确"的思维范式。在生产实践活动中，在同一场景下，从业人员的不安全行为、安全行为一般会同时存在；并且对于同一名从业人员，也会出现不安全、安全两种行为。因此，对于行为安全的管理，既需要预控不安全行为，有力提升不安全行为的干预效果，又需要塑造安全行为，有效维持安全行为的可持续性。本节将重点阐述行为安全这一重要议题的理论基础和研究动态，为进一步解决人因失误问题、提升人因可靠性与系统安全性奠定科学基础。

1.3.1　行为安全理论基础

1.3.1.1　行为理论的分类

（1）狭义的行为理论

狭义的行为理论建立在行为科学的基础上，由行为主义和操作条件反射机制概念化可以得到，行为结果可以强化人的行为，理论基础包括目标理论和刺激－行为－结果（activator-behavior-consequence，ABC）模型。目标理论认为，行为的产生是某种动机驱使的结果。ABC 模型是行为安全管理过程中实施干预应遵循的主要依据，其中：A 为促动因子，先于行为出现，促使行为的产生；B 为行为，是个体产生的可观测的动作；C 为结果，后于行为出现，是能够改变将来发生行为的概率事件。类似于目标设置理论，ABC 模型首先通过设定目标使个体形成行为动机，即存在先导条件（A），从而促使行为（B）的发生；之后通过绩效，即存在行为的后果（C），为个体的行为提供反馈，矫正个体行为。在心理学领域，该过程被称为强化。有关学者已将狭义的行为理论应用于各个行业，并发现此方法在现场管理中是可靠的。但是，仍有学者认为此方法将行为的产生全归因于外部的目标和结果，这与其他行为理论差别较大。

（2）广义的行为理论

在广义的行为理论研究领域中，对于行为安全和行为模式进行了更充分且深入的研究。广义的行为理论主要分为以下四种。

1）刺激－个体－反应－完成（stimulate-organism-recation-achievement，S-O-R-A）行为模式。S-O-R-A 行为模式来源于华生（Watson）提出的刺激（S）－反应（R）学习理论，融合了斯金纳（Skinner）将行为分为 S 型和 R 型两类的研究成果，如图 1.4 所示。

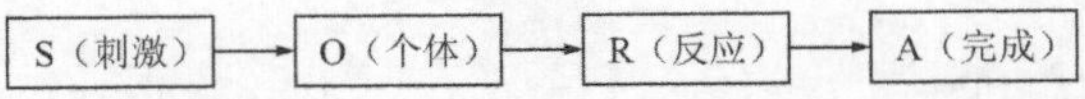

S（刺激）→ O（个体）→ R（反应）→ A（完成）

图 1.4　S-O-R-A 行为模式

其中：S 代表外界刺激，不仅包括温度、光照、噪声、湿度等环境因素，还包括日常生活习惯等对个体的刺激；O 代表个体的独有特征，包括性格、价值观、知识能力等；R 代表行为反应，既包括内在的心理反应，也包括外在的运动、语言等；A 表示行为的完成，特指个体采取的积极或消极的行为影响。

2）场理论。莱温（Lewin）提出场理论，将人看作一个场，人的行为是个体和所处环境（场）相互作用的结果，基本公式为：

$$B = f[P,E] = f(LSP)$$

式中：B表示个体行为；P表示影响个体的因素，包括性格、动机、情感、性别、年龄等心理和生理特征；E表示环境因素，包括社会环境和自然环境等；LSP表示场，包括个体和心理环境。

3）知信行（knowledge attitude belief/practice，KAP）理论模型。KAP 模型来源于健康教育学，如图 1.5 所示。

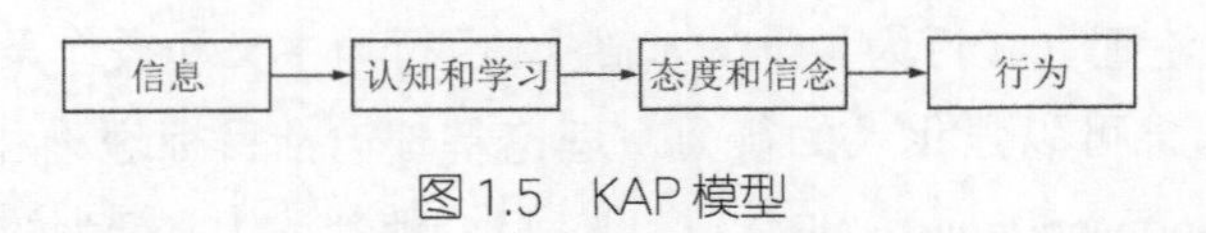

图 1.5　KAP 模型

知信行是知识、态度、信念和行为的简称，其中：知是行为产生的基本环节，代表认知和学习；信是行为产生的动力，代表态度和信念；行是行为的实现，代表个体的行为。

4）计划行为理论（theory of planned behavior，TPB）。阿杰恩（Ajzen）在理性行为理论（theory of reasoned action，TRA）的基础上提出 TPB[15]。该理论认为，任何因素对行为的影响，都受 TPB 模式中行为态度、主观规范、感知行为控制的影响，模型框架如图 1.6 所示。

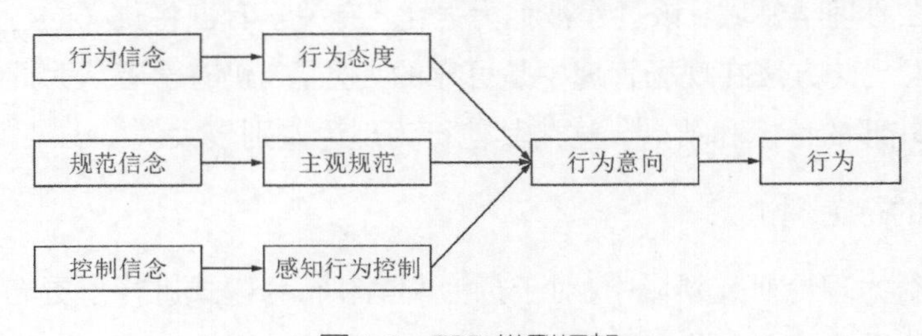

图 1.6　TPB 模型框架

TPB 认为，个人行为意向由三个因素共同决定：第一，个人自身的内在因素，即对某项行为的态度；第二，个人的外在因素，即影响采取某项行为的主观规范；第三，时间和机会因素，也即个人行为知觉控制。该理论的模型对行为意向具有很强的预测能力，简洁且可操作性强。

1.3.1.2 各行为理论的对比分析

将上述五种行为理论进行对比分析，见表 1.6。

表 1.6 各行为理论的对比分析

行为理论	理论基础	结构组成			运行路径
		外因	内因	结果	
ABC 模型	刺激反应理论	√		√	简单链式
S-O-R-A 行为模式	刺激反应理论	√	√	√	简单链式
场理论	心理学场理论	√	√	√	网状
KAP 模型	健康教育学	√	√	√	简单链式
TPB	理性行为理论	√	√	√	复杂链式

如表 1.6 所列，ABC 模型和 S-O-R-A 行为模式的理论来源是刺激反应理论，即人的行为活动是意识和行为受到刺激后的结果表现。两者运行路径也都是简单链式，但区别在于，ABC 模型中主要探讨行为结果和外部目标两种刺激对于行为的影响，而 S-O-R-A 行为模式包含的内容则更为全面。场理论在借鉴了心理学的基础上，用公式的形式表现行为发生机制，包含的要素丰富，结构也更为复杂。KAP 模型来源于健康教育学，但是随着研究的发展，模型和理论更加成熟，成为行为科学研究的通用理论模型。TPB 来源于 TRA，TRA 来源于社会心理学，故 TPB 更倾向于探究行为态度和主观规范对行为的影响，但之后也将个体缺陷、情感和环境、资源等内外控制因素加入其中。

1.3.1.3 行为安全理论研究的重点

行为安全理论研究的重点在于如何减少个体的不安全行为并维持安全行为。狭义的行为安全旨在通过设置目标和绩效反馈来实现，因人的行为被认为是认知的产物，故广义的行为安全基于认知科学对行为的发生机理进行了大量研究。林加德（Lingard）等[16]借助事故发生模型，得出四种认知失效导致的不安全行为，即未发现危险、未认知到行为的危险性、选择不安全行为、未规避危险；凯尼斯（Kines）[17]在瑟利模型的基础上又加入了新的认知失效环节——不知道安全的工作行为。相关学者也通过建立认知模型来探究人因失误的产生过程，不同的认知模型对于认知过程和行为产生的划分过程不尽相同。综合来看，行为的产生过程如图 1.7 所示。

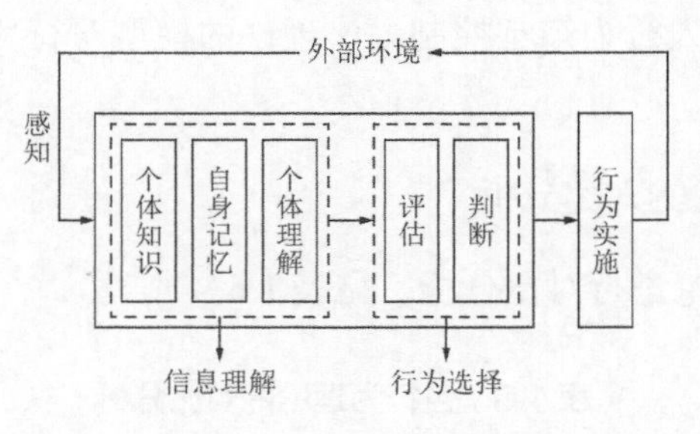

图 1.7 行为的产生过程

1.3.2 行为安全理论的研究动态

自 20 世纪初以来，工业生产过程中个体行为与事故率之间的关系便受到了关注，这可以视为行为安全理论研究的起始。自此，学术界针对行为安全主题开展了大量的研究，取得了丰硕的成果。现有研究主要遵循的思维模式是“环境–心理–行为”，研究主题主要涉及行为安全基础理论的构建、影响因素的挖掘、模型方法的探索、实践应用的开展等方面。虽然相关研究涵盖煤矿、非煤矿山的资源开采，房屋、道路、地铁等建设施工，石油、化工等行业生产加工，以及公路、水运、航空交通运输等领域，但仍可以从与不安全行为相关的研究、与安全行为相关的研究两个主题角度总结现有的研究动态。

1.3.2.1 与不安全行为相关的研究

针对该主题，学术界开展了大量研究，主要集中于不安全行为的定义、分类、影响因素等方面。

（1）不安全行为的定义

关于不安全行为的定义，不同的学者有不同的理解，目前尚未形成统一的界定。由于研究目的、研究内容的不同，往往从不同视角对不安全行为进行定义，常见的视角包括事故致因视角、人因失误视角、环境匹配度视角及行为意愿视角。不安全行为各视角的定义总结归纳见表 1.7。

表 1.7 不安全行为各视角的定义总结归纳

视角	序号	定义
事故致因视角	1	是一种不恰当行为，有可能导致事故发生
	2	不按照操作规程进行的行为，有可能导致事故

续表

视角	序号	定义
事故致因视角	3	是一种人为错误，可以导致事故发生
	4	引起事故或与事故发生有密切关系的行为
	5	从行为结果来看，是可能或已经造成伤害或导致事故的行为
	6	从发生状态来看，是过去发生的，并且其结果是已造成或可能造成事故
	7	违反安全规则的行为，以及可能引起事故的行为
	8	与事故有关的人的行为，又称事故倾向性行为
	9	与要求或规定不符，行为产生的结果超过可接受范围
人因失误视角	1	由遗传、社会等因素造成作业人员行为上的缺点和错误发生
	2	不按照预先确定的要求进行的人因失误，会造成不良后果
	3	偏离理想过程而导致不可接受后果的行为，由个人或班组成员产生
	4	在生产过程中发生，超出可接受界限而导致现实与预期结果背离的行为
	5	与预期效果背离的人因失误，该失误与其他因素无关，完全由人为因素造成
	6	一种人因失误行为，发生于作业人员的生产与操作过程中，是导致事故发生的直接原因
环境匹配度视角	1	在工作需求–资源模型中提出“环境–心理–行为”的关系链条，受个人安全能力的影响，环境变化会导致作业人员心理资源的变化，从而诱发不安全行为
	2	在付出–回馈失衡模型中指出，环境失衡导致不安全行为的发生
行为意愿视角	1	可进一步划分为失误与违章
	2	疏忽行为、冒险行为等引发事故的行为
	3	不按操作规程进行而导致安全事故发生的行为，包括直接与间接作用
	4	具体包括具有主观意愿的冒险行为及受主观规范、安全知识、组织管理等因素影响而导致的疏忽行为和遗忘行为

（2）不安全行为的分类

从不同的视角对不安全行为进行分类，有助于进一步探究其发生机理，明确其致因因素，从而更有针对性地对其制定预控策略。由于研究目的、研究对象、研究方法的不同，不同学者对不安全行为的分类呈现多元化趋势。总体来看，不安全行为的分类方法有工程分类法、心理认知分类法和基于行为外在表现的分类法。

1）工程分类法。工程分类法是目前研究不安全行为常用的分类方法，指的是着眼于整个工程项目，从作业流程、操作程序、工艺流程等环节对其进行分类。典型的不安全行为工程分类法见表 1.8。

表 1.8　典型的不安全行为工程分类法

序号	分类来源	结果
1	斯温（Swain）等[6]	执行型失误与遗漏型失误，共 2 类
2	哈默尔（Hammer）[18]	执行型、顺序型、质（数）型等，共 7 类
3	里格比（Rigby）[5]	决策错误、判断错误、操作错误、违章指挥、违规操作等直接不安全行为，侥幸心理、安全能力不足、心理生理状态不佳等原因导致的间接不安全行为，共 2 类
4	桑米基尔（Sanmiquel）等[19]	规章或技能差错、执行型或遗漏型失误，共 2 类
5	王文先[20]	导致事故发生、未导致事故发生、扩大事故损失的不安全行为，共 3 类
6	李乃文 等[21]	从行为原因出发，包括由管理失误、系统失误、行为失误导致的不安全行为，共 3 类
7	张孟春 等[22]	直接导致事故的不安全行为与间接导致事故的不安全行为，共 2 类

2）心理认知分类法。伴随着心理学理论的发展及其与工程管理理论的融合，以及安全心理学与职业健康心理学不断发展，许多学者从心理认知的层面对不安全行为进行分类。典型的不安全行为心理认知分类法见表 1.9。

表 1.9　典型的不安全行为心理认知分类法

序号	分类结果	内容描述
1	技能型不安全行为	行为或活动中的感觉–运动表现。这几乎是一种本能的认知反应，不涉及有意识的注意或控制
	规则型不安全行为	在熟悉的工作环境中，以目标为导向的表现。它通常由以前的成功经验中选择的操作规则或程序控制
	知识型不安全行为	在不熟悉的情况下，由目标控制的表现。在这种情况下，操作者需要根据总体目标和对环境的分析，检索学到的知识进行诊断、决策和规划
2	非意向型不安全行为	在执行头脑中设定好的目标计划过程中发生的失误，包括疏忽或遗忘
	意向型不安全行为	建立意向计划中的失误，包括错误和违反
3	无意型不安全行为	没有经过有目的的选择过程而直接做出的不安全行为，如习惯性违规行为
	有意型不安全行为	做出行为前明知此行为与安全规章偏离，有导致事故发生的危险，但仍采取行动

续表

序号	分类结果	内容描述
4	无意识型不安全行为	无意识状态下（如意识不清或丧失）发生的行为
	有意识型不安全行为	意识清醒的状态下发生的不安全行为
5	无意型不安全行为	不知道行为的正确与否，未意识到行为与规定相偏离
	故意型不安全行为	明知故犯的行为，在有意识的状态下做出的目的性行为
	随意型不安全行为	不考虑行为可能带来的后果，仅凭主观意愿做出的行为

3）基于行为外在表现的分类法。在实际工作中，通过某些方法对行为进行观测，并根据行为的表现形式进行分类，有助于找出不安全行为的发生原因，从而进行监督及控制，这就是基于行为外在表现的分类法。这种方法在实际工作中操作性很强，因此应用得较多。典型的基于行为外在表现的分类法见表 1.10。

表 1.10　典型的基于行为外在表现的分类法

序号	分类来源	分类结果
1	GB 6441—1986[23]	未使用个体防护工具、使用不安全设备、机器运转时进行维修工作、不安全装束等，共 13 类
2	国际劳工组织[24]	安全意识不足，在有事故隐患的场所工作；不考虑设备运行的客观条件，操作速度不符合标准；使用不安全设备作业，不按操作规程使用工具；无监督情境下，违规操作设备；使用危险工具或危险操作设备；不按安全规定使用或不使用个体防护装置，共 6 类
3	任玉辉[25]	工具与分配、人员反应、个体防护设备、程序与秩序，共 4 类
4	梁振东[26]	有痕不安全行为与无痕不安全行为，共 2 类
5	张力 等[8]	群体失误、个体失误、组织失误，共 3 类

（3）不安全行为的影响因素

不安全行为是较为复杂的研究对象，其影响因素众多。国内外学者针对不同的行业、不同的对象，通过理论研究、实验、仿真模拟等方法对不安全行为的影响因素做了大量研究。综合各方面的研究成果，可从内部与外部两个层面阐述不安全行为的影响因素。其中，内部影响因素与个体因素相对应，外部影响因素包括组织因素与环境因素。不安全行为的影响因素分类如图 1.8 所示。

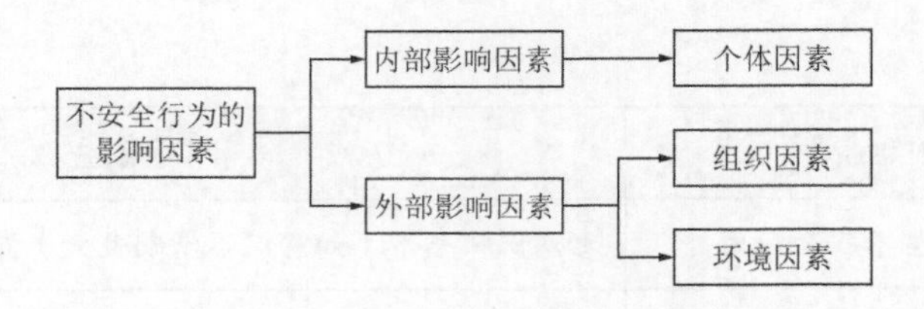

图1.8　不安全行为的影响因素分类

1）内部影响因素。不安全行为内部影响因素与行为人个体因素密切相关，包括其个体特征、生理因素、心理因素、安全技能共四类，详见表1.11。

表1.11　不安全行为内部影响因素

内部影响因素	因素类别	具体因素
个体因素	个体特征	性别
		年龄
		性格
		工作经验
	生理因素	工作倦怠、疲劳
		身体健康状况
		生物节律
		记忆力
	心理因素	安全态度
		个人情绪
		心理资本
		工作压力
	安全技能	安全知识
		安全意识
		安全习惯
		风险感知
		自我效能

2）外部影响因素。不安全行为外部影响因素包括个体所处的组织因素与环境因素。其中，组织因素主要包括企业文化与安全管理体系共两类；环境因素包括家庭、工

作环境、设备设施共3类，详见表1.12。

表1.12 不安全行为外部影响因素

外部影响因素	因素类别	具体因素
组织因素	企业文化	安全文化
		安全氛围
	安全管理体系	安全领导力
		沟通反馈
		安全教育
		安全监管
		安全投入
环境因素	家庭	工作–家庭冲突
		生活幸福感
	工作环境	噪声
		高温
		照明
		工作时间
		安全风险
	设备设施	安全设备设施

综上所述，目前学者已对不安全行为的影响因素开展了广泛讨论，尽管不同学者得到的结果不尽相同，但综合各研究的结果可以发现，内部影响因素在不安全行为的发展过程中起主要作用，而外部影响因素可以作为远端前因，以内部影响因素为中介因素对不安全行为产生影响，也可以直接作用于不安全行为。

1.3.2.2 与安全行为相关的研究

相较于不安全行为，安全行为研究的兴起较晚，但学术界也开展了丰富的研究，主要集中于安全行为的分类、影响因素及测量手段等方面。

对于安全行为的分类，被学术界广泛接受的是二分法，即将安全行为区分为安全遵从（safety compliance）行为、安全参与（safety participation）行为[27]，具体内容见表1.13。2013年，马丁内斯–科尔科莱斯（Martínez-Córcoles）等提出应增加风险行为维度[28]。

2020 年，胡小文 等[29]提出应将安全遵从行为继续细分为深度遵从（deep compliance）和浅度遵从（surface compliance）。然而，现有的主流分法仍为二分法。

表 1.13　二分法的具体内容[27, 29, 30]

安全行为分类	定义	特征	具体行为
安全遵从行为	个体为维持工作场所的安全而必须执行的核心安全行为	①具有组织强制性，从业人员必须执行 ②消除已发现的隐患，管控预期风险 ③保障自身安全健康不受侵害，也不侵害他人安全健康 ④直接助益于组织安全结果	履行安全生产责任，遵守安全操作规程，以安全的方式开展工作等
安全参与行为	对工作场所的安全可能没有直接贡献，但有利于发展支持安全环境的行为	①具有个体自愿性，推荐从业人员执行 ②消除已发现的隐患，管控预期出现的风险 ③有利于自身和他人安全健康 ④主要体现为对组织安全结果的间接贡献	自主学习安全知识，主动帮助同事，自愿参加安全会议等

对于安全行为的影响因素，类似于学术界对不安全行为的研究，亦可分为人口学、人格特质、生理、心理等内部影响因素，以及组织、物质环境、社会环境等外部影响因素。然而，对于安全行为，学术界更侧重于对心理资本、安全动机、安全态度等内部影响因素，以及安全领导力、安全氛围、安全培训等外部影响因素作用的探讨。

对于安全行为的测量手段，主要包含自陈法和观察法。然而，学术界主流的做法是采用自陈式量表进行测量，其中，尼尔（Neal）等从安全遵从行为和安全参与行为两个维度开发的量表被广泛采用[30]。随后，学者们也持续对该量表进行了完善，如维诺德库马尔（Vinodkumar）等[31]以及德阿蒙（DeArmond）等[32]。

1.3.3　行为安全管理的研究动态

得益于行为安全理论的发展，行为安全管理的研究也从 20 世纪 70 年代逐渐兴起。在生产实践中，主要是依据安全行为观察法，以人工监督为主要手段，同时辅以信息技术措施，开展行为安全管理。现有行为安全管理的方法已在煤炭开采、建筑施工、石油化工、机械制造等行业应用中取得较好的效果。

1.3.3.1　行为安全管理的发展阶段

行为安全管理的发展历程大体可划分为如下三个阶段。

第一阶段，以 20 世纪 70 年代为起点，持续至 20 世纪 80 年代中期。本阶段的特征是实施自上而下驱动的监督指导，由安全管理人员于现场直接观察从业人员的作业行为，持续地给予反馈，并开展正向激励或负向惩罚以进行干预。然而，这种管理的效果持续性不强，随着干预强度的减弱或措施的移除，从业人员的行为便会出现偏差。

第二阶段，以20世纪80年代后期为起点，至20世纪90年代中期。本阶段的特征是将从业人员作为核心，基于点对点（个体对个体）或工作小组（班组）实施行为观察监督，并给予反馈。在这一阶段，从业人员的参与度获得提高，对行为安全的认知理解也不断加深。然而，依然存在将行为矫正的压力都施加于从业人员而忽略管理层作用的缺点，容易造成行为安全管理与从业人员密切相关，而与管理层相关性甚微的误解。

第三阶段，以20世纪90年代后期为起点至今。得益于安全文化的出现，本阶段的特征是建立起管理层和从业人员群体之间的伙伴关系，经由两者互动合作以协同促进行为改善。由从业人员观察特定工作区域内或工作小组（班组）内所有人的作业行为，并由管理层定期检视自身与安全相关的领导行为。在这种管理模式下，无论是从业人员群体或是管理层，都会定期收到反馈，并且对于表现突出者会有物质奖励或非物质激励。

1.3.3.2　分行业行为安全管理概览

基于行为安全管理在煤炭开采、建筑施工、石油化工、机械制造等行业的应用，依据不同行业的特性描述，本书选取了国内外一些行业代表性学者，以了解不同行业行为安全管理应用现状，见表1.14。

表1.14　不同行业行为安全管理应用现状

行业	行业属性	行业代表性学者
煤炭开采	煤矿开采从业人员的工作场所狭小，工作环境错综复杂，瓦斯浓度、矿压、湿度、通风等都是关键问题	李乃文[33]、栗继祖[34]、佟瑞鹏[35]、傅贵[36]
建筑施工	建筑施工从业人员多在高处作业，且施工场地不安全因素众多，是极易引发事故的高危行业	方东平[37]、乔杜里（Choudhry）[38]、李恒[39]
石油化工	石油化工有经济命脉之称，这类高危行业的生产有行业规模庞大、系统复杂、高危险性等特点，发生泄漏、火灾、爆炸等重大事故的可能性也相当大	修景涛[40]、赵强[41]
机械制造	机械制造是我国甚至世界重要的产业，多涉及机械损伤等职业危害	埃尔曼（Hermann）[42]、沃恩（Vaughen）[43]
其他	交通运输业、核工业和一些中小型企业等	盖勒（Geller）[44]、凯拉（Kaila）[45]

1.3.3.3　现有行为安全管理的成功因素

现有行为安全管理能获得成功并被广泛应用，可主要总结为以下七个方面的因素。

第一，聚焦个体可被观测的行为，关注个体产生的具体行为，分析行为产生的原因，进而经由探究分析，获取干预措施。

第二，以外部影响因素为视角，解释行为产生的原因，进而促进行为改善。相较于关注内部影响因素，影响个体行为的外部影响因素（如噪声、安全文化）更便于观察，且在实施管理的过程中更为高效。

第三，以促动因子作为先导激励行为的发生，以结果为目标引导行为。可以借助ABC模型予以阐释，安全行为观察法正是依托ABC模型来制定管理措施的，这样才使得对作业人员行为指导与矫正具备有效性。

第四，采用正向后果激励行为。相较于采用批评、惩罚等负向后果管控行为，安全行为观察法主要采用鼓励、奖励等正向后果激励个体产生安全行为。

第五，实施闭环管理提升行为干预效果。其中，最具代表性的是采用循环行动（define, observe, intervene and test，DOIT）法，将干预过程划分为界定干预的目标行为、观察与收集行为数据、实施措施干预目标行为、检查干预效果四个步骤。

第六，以自身理论为驱动，持续吸收其他理论予以自我更新。尽管在行为安全管理中广泛应用的是DOIT法，但也不断吸收其他理论和方法，从而更好地应对不同的生产情境、工作对象及作业行为。

第七，考虑个体的内在感受与态度制定干预措施实施策略。干预措施往往会造成个体情绪状态的变化，因此，在实施干预前预估干预措施实施引起的个体感受就显得尤为重要。通常情况下，采取正向激励措施而非负向惩罚手段能够获得更好的效果。

此外，良好的安全文化也是在组织中成功实施行为安全管理的必要条件。当安全文化水平与干预措施不匹配时，将难以达到预期的干预效果。只有安全文化在组织中达到一定成熟度时，行为干预方案才能有效发挥作用。

1.3.4 行为安全研究现状述评

1.3.4.1 行为安全理论的局限性

行为安全理论主要包括行为科学中的刺激-反应理论、理性行为理论、心理学理论和健康教育学理论等。行为安全理论包含的内容趋于全面，但也存在一些局限性，主要体现在以下四个方面。

第一，行为安全理论的内容较为丰富，行为产生路径也很复杂，但是对其机制的解释尚不完整，未实现标准化的表述；每一种理论或模型都具有针对性，对于不同行业或工作属性的人群不具有普适性。

第二，伴随新技术在生产生活中的普及与应用，新的风险（如社会心理因素、职业心理因素等）因素随之不断出现，直接或间接影响着个体的行为安全。然而，现有行为安全管理中并未充分考虑这类因素，与之相关的研究亦处于起步阶段。

第三，目前基于认知科学探究不安全行为产生的心理机制是学术界研究的主流，对内部生理机制及心理与生理交互影响机制的探讨，以及对行为安全内外部演进机理的研究相对不足。

第四，现有研究多从认知、事故致因理论、仿真三个角度来描述不安全行为产生过程，对于每个认知环节的机理缺乏深入分析。此外，缺乏数据表征导致缺乏对各类影响因素及行为安全机理的系统定量检验。

1.3.4.2 行为安全管理的局限性

行为安全管理在获取成功并在各行业被广泛应用的同时，其局限性也逐渐凸显，主要体现在以下五个方面。

第一，可能造成受害者被过度责备的现象，进而形成谴责文化。究其根源，行为干预中将个体视为减少伤害与防控事故的责任主体，即使在工作环境中出现不可控、难以保障安全的因素，也期望个体在所有时间内和所有工作情境中都能产生完美的安全行为。

第二，由于强调个体行为这一造成伤害和事故的直接原因，有时会弱化和忽略环境的作用，低估良好而安全的环境对行为的塑造作用。

第三，由于采取自下而上的管理模式，更关注表层原因，因而可能忽略能够影响行为的更为深层次的因素，如组织因素等。

第四，由于在管理过程中进行正向管理，通常以零伤害、零事故为条件，以物质、非物质的奖励为激励，因而可能导致工作过程中个体过于追求安全而变得谨小慎微，会发生瞒报险兆事件或轻伤事故的现象，造成风险因素甚至隐患被隐瞒，易孕育更大的事故而酿成悲剧。

第五，管理时效性不强，干预效果的可持续性不佳。一方面，在开展行为干预过程中，当管理措施实施一定周期后，行为提升便会陷入瓶颈；另一方面，当干预措施减弱或终止之后，对个体行为控制的效果也会减弱。

1.4 人因工程与行为安全的关系

通过以上对人因工程、人因失误与人因可靠性、行为安全等研究内容的梳理，总结人因工程与行为安全之间的关系如图 1.9 所示。可见，人因失误与人因可靠性是人因工程学科的关键内容之一，行为安全是人因失误与人因可靠性研究的重要议题。

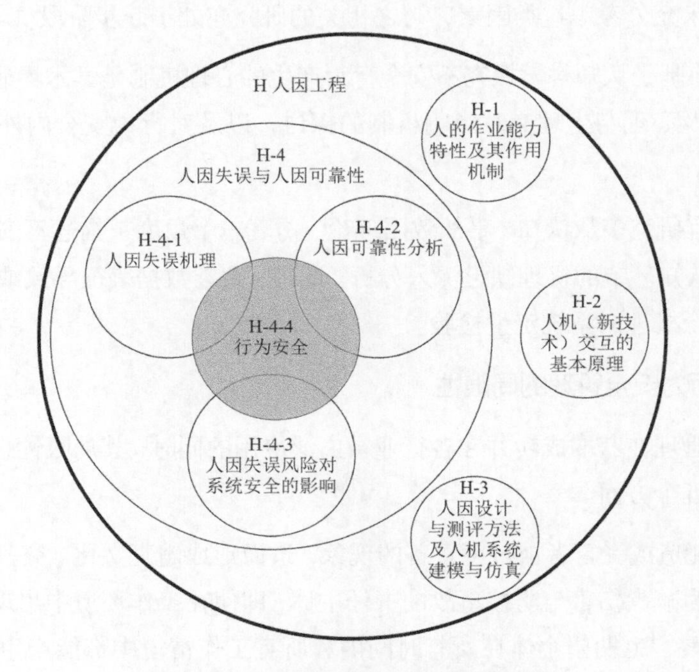

图 1.9　人因工程与行为安全的关系

具体来讲，由以上研究综述可知，在核电、航空、石油化工等复杂系统中，必须对系统可能发生的失效/人因失误进行广泛深入的研究以预防或减少灾难性事故的发生，保护人民的生命和财产安全。随着科学技术的发展，系统变得更加复杂和自动化，但不管系统自动化程度有多高，人在系统的设计、安装、操作和维修等过程中依然发挥重要作用。科学技术的进步使设备的可靠性得到很大提高，降低了设备的失效率，却提高了人的相对失误率。因此，如前文所述，人因失误已成为引发事故最根本的原因之一。

HRA 是减少人因失误发生和失误后果影响的不可或缺的系统化方法。如何识别人因失误机制，找到引发失误的根本原因，从而采取有效的对策预防或减少人因失误等是 HRA 研究的重要内容。有效的 HRA 技术能减少因人的不安全行为而导致的系统失效的机会，从而降低事故发生率。总的来说，HRA 是针对人因失误进行的更深层研究，它是以分析、预测、减少与防止人失误为核心研究内容，对人的可靠性进行定性与定量的分析和评价。

安全性主要是指人因失误风险对系统安全的影响及如何运用行为安全管理措施来控制人因失误或降低人因失误风险。在人机系统的可靠性和安全评价中，不仅要关注由硬件失效引起的风险，而且要关注由人因失误引起的风险。对人因失误和人因可靠性的研究可以解决人因失误的辨识、分析及其概率的估计，可以满足 HRA 的基本需求，但是不能满足系统安全或风险分析的目标。因此，需要在人因失误和人因可靠性的基础上进一步对人因失误进行更深层次的研究，探究人因失误风险对系统安全的影响。同时，如何发挥行为安全管理措施在人因失误与人因可靠性以及人因失误风险等全过程研究中的重要作用，也是需要重点关注的问题。

因而，人因失误、HRA 与行为安全研究是人因失误研究领域密不可分、紧密衔接的研究主题，其中人因失误是研究的起点和核心，人因失误机制是理论基础；HRA 研究是对人因失误的深层次研究，可在人因失误机制的基础上开展人因失误风险评估并提出有效干预人因失误、降低人因失误风险的针对性方法；行为安全是对人因失误与人因可靠性的更深层次研究，其贯穿于人因失误机制、人因可靠性和人因失误风险研究的过程中，其中对于诱导因素、形成机理的研究与人因失误机制研究内容相互影响和补充，行为安全管理的研究内容与人因可靠性与人因失误风险的研究内容互为佐证。

1.5 本书研究重点

通过上述分析可知，面向人因工程，应主要关注行为安全这一关于人因失误与人因可靠性方面的重要议题。借鉴跨学科的理论体系和分析框架，本书旨在洞察研究新视角，探索研究新范式，并革新现有理论。简而言之，本书的研究主要包括以下五个方面内容。

（1）组织行为与个体行为的交互规律

在开展个体行为安全研究时，组织因素不容忽略，组织行为与个体行为之间的交互作用以及彼此影响关系尤其值得深入探究。然而，面向安全生产领域，从组织行为角度出发对不安全行为的分析相对欠缺，组织行为和个体行为的关联路径尚待进一步探究。因此，本书首先系统梳理组织行为和个体行为的概念、结构，然后引入“群体安全行为”来构建组织行为和个体行为的交互模型，阐明组织行为影响个体不安全行为的驱动机制，以及个体行为影响组织行为的反馈机制，进而揭示了组织行为和个体行为交互的动态演化规律。最后，以煤矿为案例研究对象，对所建模型进行验证。

（2）行为安全的“损耗-激励”双路径机理

近些年，职业健康心理学领域的损耗过程和激励过程被引入行为安全的研究中，但该主题的研究仍处于起步阶段，目前尚未有学者系统地整合行为安全相关的预测因素和职业心理因素，也未深入揭示这些因素与行为表征间的双路径作用机制，更未进行充分的实证研究。因此，本书延续职业健康心理学“损耗-激励”双路径的思维，开展行为安全“损耗-激励”双路径机理研究，系统分析行为安全损耗过程和激励过程的预测因素、职业心理因素及其与行为表征之间的作用机制，揭示行为安全的双路径作用机理，并以矿工为对象开展实证研究。

（3）行为安全“泛场景”数据表征

行为安全数据表征的实现，需要海量行为安全数据的支撑。因此，亟须深度挖掘行为安全数据，为行为安全更深层次的研究奠定数据基础。目前，学术界已提出一些数据挖掘方法，但面对容量庞大的安全生产数据，这些方法的能力显得相对不足，信息加工分析不够深入，制约了数据内在价值的充分提取，也忽视了数据应用与安全管理的关联性。因此，本书采用“泛场景”这一新的思维角度和数据挖掘方法，旨在深度分析安全生产数据，有效释放数据价值，从多维度刻画安全科学内在特征规律，进一步剖析和挖掘场景图像的内在价值，并以地铁施工工人为研究对象开展实证研究。

（4）行为安全概率风险评估

个体行为的影响因素具有多源性、复杂性、不确定性和随机性，行为安全的结果通常表现为“安全”和“不安全”两种状态。从风险的视角切入，引入概率风险理论可以更科学地阐释行为安全影响因素及其结果的不确定性。然而，针对行为安全研究主题，概率风险的应用范式尚需明晰，行为安全概率风险评估的实施程序与方法尚待系统化梳理。因此，本书基于不确定性、灵敏度分析、概率风险评估等概念提出行为安全概率风险相关理论，进而提出行为安全概率风险评估的具体实施程序，并据此开展矿工安全行为及地铁施工工人不安全行为的概率风险评估研究。

（5）不安全行为靶向干预方法

在企业安全管理过程中，提升个体行为安全水平的有效手段为行为安全干预，即通过强化个体的安全行为、消除不安全行为来实现。现有研究大多基于行为安全观察法对作业人员的不安全行为进行观察、分析和矫正，在行为干预的精确度、针对性和有效性方面仍有待提升。因此，本书借鉴医学领域的“靶向”理念，提出不安全行为的“靶向干预”这一概念，构建作业人员不安全行为靶向干预模式，明晰不安全行为靶向干预的循环流程。基于此，针对地铁施工工人的不安全行为，精准定位靶向干预节点；依据这些干预节点制定具体的靶向干预策略，进而开展实证应用并评估靶向干预效果。

1.6 本章小结

本章面向人因工程学科，针对人因工程关键内容中的人因失误与人因可靠性以及行为安全，基于理论基础与文献综述，系统梳理了现有研究动态，得出如下三个方面的结论。

（1）人因工程作为一门综合性交叉学科，解决的关键科学问题主要包括人的作业能力及作用机制，人机交互基本原理，人因设计和系统建模仿真，人因失误与人因可靠性等。且在当前复杂系统快速发展的背景下，人因失误与人因可靠性这样的关键科学问题的研究更加重要。

（2）人因失误与人因可靠性这样的关键科学问题的研究内容主要包括人因失误机制研究、HRA 研究、人因失误风险评价及行为安全研究等。其中，行为安全研究贯穿整个人因失误与人因可靠性研究内容的始终，在探究人因失误机制、预防人因失误发生、降低人因失误风险等方面发挥了重要作用。

（3）对于行为安全的研究，主要是遵循“环境–心理–行为”的思维模式，从不安全行为、安全行为两个主题角度开展。针对不安全行为，现有研究主要集中于不安全行为的概念、影响因素、形成机理及防控方法等方面；针对安全行为，现有研究主要集中于安全行为的分类、影响因素及测量手段等方面。

本章参考文献

[1] 陈善广，李志忠，葛列众，等. 人因工程研究进展及发展建议[J]. 中国科学基金，2021, 35(2): 203-212.

[2] JASTRZEBOWSKI W. An outline of ergonomics or the science of work basedon the truths drawn from the science of nature[J]. Przyroda i Przemysl(Nature and Industry), 1857, 29: 1 857.

[3] TAYLOR F W. The principles of scientific management[M]. Harper & Brothers, 1919.

[4] KLEINMAN D L, BARON S, LEVISON W H. An optimal control model of human response part I: theory and validation[J]. Automatica, 1970, 6(3): 357-369.

[5] RIGBY L. The nature of human error[Z]. American society of quality control monograph of annual technical conference transactions of the ASQC. Milwaukee; International Marketing and Rights, 1970: 783-786.

[6] SWAIN A D, GUTTMANN H E. Handbook of human-reliability analysis with emphasis on nuclear power plant applications. Final report[R]. Albuquerque, NM(USA): Sandia National Labs, 1983.

[7] REASON J. Human error[M]. Cambridge University Press, 1990.

[8] 张力，王以群，邓志良. 复杂人机系统中的人因失误[J]. 中国安全科学学报，1996, (6): 38-41+37.

[9] EKANEM N J, MOSLEH A, SHEN S H. Phoenix–a model–based human reliability analysis methodology: qualitative analysis procedure[J]. Reliability Engineering & System Safety, 2016, 145: 301–315.

[10] CHANG Y J, BLEY D, CRISCIONE L, et al. The SACADA database for human reliability and human performance [J]. Reliability Engineering & System Safety, 2014, 125: 117-133.

[11] MKRTCHYAN L, PODOFILLINI L, DANG V N. Bayesian belief networks for human reliability analysis: a review of applications and gaps[J]. Reliability Engineering & System Safety, 2015, 139: 1-16.

[12] WICKENS C D, HELTON W S, HOLLANDS J G. Engineering psychology and human

performance[M]. Routledge, 2021.

[13] RASMUSSEN J. Skills, rules, and knowledge; signals, signs, and symbols, and other distinctions in human performance models[J]. IEEE Transactions on Systems, Man, and Cybernetics, 1983, SMC-13(3): 257-266.

[14] CHANG Y H J, MOSLEH A. Cognitive modeling and dynamic probabilistic simulation of operating crew response to complex system accidents Part 1: overview of the IDAC model[J]. Reliability Engineering & System Safety, 2007, 92(8): 997-1 013.

[15] AJZEN I. The theory of planned behavior[J]. Organizational Behavior and Human Decision Processes, 1991, 50(2): 179-211.

[16] LINGARD H, ROWLINSON S. Behavior-based safety management in Hong Kong's construction industry[J]. Journal of Safety Research, 1997, 28(4): 243-256.

[17] KINES P. Case studies of occupational falls from heights: cognition and behavior in context[J]. Journal of Safety Research, 2003, 34(3): 263-271.

[18] HAMMER J M. Human factors of functionality and intelligent avionics. In: Handbook of Aviation Human Factors, F, 1999[C].

[19] SANMIQUEL L, FREIJO M, EDO J, et al. Analysis of work related accidents in the Spanish mining sector from 1982-2006[J]. Journal of Safety Research, 2010, 41(1): 1-7.

[20] 王文先. 对不安全行为的分析与控制[J]. 中国矿业, 2003, (7): 35-37.

[21] 李乃文, 牛莉霞. 矿工工作倦怠、不安全心理与不安全行为的结构模型[J]. 中国心理卫生杂志, 2010, 24(3): 236-240.

[22] 张孟春, 方东平. 建筑工人不安全行为产生的认知原因和管理措施[J]. 土木工程学报, 2012, 45(S2): 297-305.

[23] 国家标准局. 企业职工伤亡事故分类: GB 6441—1986[S]. 北京: 中国标准出版社, 1986.

[24] ILO. Occupational safety and health glossary [EB/OL].https://www.ilo.org/publications/occupational-safety-and-health-glossary[1993-01-01].

[25] 任玉辉. 煤矿员工不安全行为影响因素分析及预控研究[D]. 北京: 中国矿业大学(北京), 2014.

[26] 梁振东. 煤矿员工不安全行为影响因素及其干预研究[D]. 北京: 中国矿业大学(北京), 2012.

[27] NEAL A, GRIFFIN M A, HART P M. The impact of organizational climate on safety climate and individual behavior[J]. Safety Science, 2000, 34(1-3): 99-109.

[28] MARTÍNEZ-CÓRCOLES M, GRÓCIA F J, TOMAS I, et al. Empowering team leadership

and safety performance in nuclear power plants: A multilevel approach[J]. Safety Science, 2013, 51(1): 293-301.

[29] HU X W, YEO G, GRIFFIN M. More to safety compliance than meets the eye: differentiating deep compliance from surface compliance[J]. Safety Science, 2020, 130.

[30] NEAL A, GRIFFIN M A. A study of the lagged relationships among safety climate, safety motivation, safety behavior, and accidents at the individual and group levels[J]. Journal of Applied Psychology, 2006, 91(4): 946-953.

[31] VINODKUMAR M N, BHASI M. Safety management practices and safety behaviour: assessing the mediating role of safety knowledge and motivation[J]. Accident Analysis and Prevention, 2010, 42(6): 2 082-2 093.

[32] DEARMOND S, SMITH A E, WILSON C L, et al. Individual safety performance in the construction industry: development and validation of two short scales[J]. Accident Analysis and Prevention, 2011, 43(3): 948-954.

[33] 李乃文，季大奖．行为安全管理在煤矿行为管理中的应用研究[J]．中国安全科学学报，2011，21(12)：115-121.

[34] 禹敏，李月皎，栗继祖，等．行为安全管理在煤矿安全生产管理中的应用研究[J].中国煤炭，2016，42(3)：102-105+109.

[35] 佟瑞鹏，李春旭，李阳．煤矿安全管理行为评估方法研究[J]．中国安全科学学报，2015，25(11)：129-133.

[36] 殷文韬，傅贵，祝楷，等．煤矿事故预防行为安全方法的设计与实现[J]．煤矿安全，2016，47(3)：228-230+233.

[37] ZHANG M Z, FANG D P. A continuous behavior-based safety strategy for persistent safety improvement in construction Industry[J]. Automation in Construction, 2013, 34: 101-107.

[38] CHOUDHRY R M. Behavior-based safety on construction sites: a case study[J]. Accident Analysis and Prevention, 2014, 70: 14-23.

[39] LI H, LU M, HSU S-C, et al. Proactive behavior-based safety management for construction safety improvement[J]. Safety Science, 2015, 75: 107-117.

[40] 修景涛．行为安全管理的探索与实践[J]．中国安全生产科学技术，2008，(4)：164-167.

[41] 赵强．行为安全管理工具应用与研究[D]．成都：西南交通大学，2012.

[42] HERMANN J A, IBARRA G V, HOPKINS B L. A safety program that integrated behavior-based safety and traditional safety methods and its effects on injury rates of

manufacturing workers[J]. Journal of Organizational Behavior Management, 2010, 30(1): 6-25.

[43] VAUGHEN B K, LOCK K J, FLOYD T K. Improving operating discipline through the successful implementation of a mandated behavior-based safety program[J]. Process Safety Progress, 2010, 29(3): 192-200.

[44] GELLER E S. Behavior-based safety and occupational risk management[J]. Behavior Modification, 2005, 29(3): 539-561.

[45] KAILA H L. Behavior-based safety programs improve worker safety in India[J]. Ergonomics in Design, 2010, 18(4): 17-22.

第 2 章 组织行为与个体行为交互规律

个体行为安全的研究需放在特定的组织中，组织行为与个体行为之间存在交互作用、彼此影响的关系。本章将探究组织行为对个体行为的驱动机制，揭示个体行为对组织行为的反馈机制，并阐述两者之间的交互规律。

2.1　组织行为和个体行为理论

2.1.1　组织行为理论

2.1.1.1　组织行为的概念

组织是为实现一定目标而建立的、能够比个人更有效工作的群体或社会实体。组织的本质是一个社会系统，其重要特征是内部的不同层级、不同个体之间存在着相互联系、相互作用的关系，且具备制度化的分工关系和统治关系。组织行为是指组织在实现其目标过程中所表现出来的各种行为，是众多相互作用的个体行为在组织层面上涌现的结果。本章结合研究目的，以组织安全行为作为组织行为的表征来开展组织行为和个体行为的交互规律研究。

查阅文献发现，对于组织安全行为的概念并未形成统一的共识，不同研究者对于组织安全行为在概念的使用上并不统一。组织安全行为定义的界定可追溯到 1995 年，潘家怡 等[1]明确了企业安全行为的概念，包括安全教育培训事项，设备设施的购买、维护、保养工作，以及安全生产检查、考核及奖惩工作，为组织安全行为概念的发展提供借鉴。自 2005 年以后，国内有学者开始用“组织安全行为”这一概念，并给出定义。尽管现有研究中对于组织安全行为的概念尚未统一，但其核心内涵基本相同，如国内学者刘素霞 等[2]认为，组织安全行为是企业为实现其经营目标，投入一定的资源来保证生产经营活动安全、有序开展；张仕廉 等[3]认为，组织安全行为是组织为确保安全生产所投入的人力、物力和财力的总和；胡艳 等[4]认为，组织安全行为是企业为实现企业目标、保障生产活动而投入资源到安全领域的一系列经济活动，涵盖安全氛围和安全投入两个方面内容；傅贵[5]提出，组织安全行为反映组织整体的安全文化、安全管理体系的完善程度或运行情况，不是某个员工（可以是任何级别）个人的行为。傅贵对组织安全行为的定义被较多研究人员所认可。

经由上述分析，结合研究目的，本书将研究在宏观范畴或者宏观层次的组织行为，更接近傅贵提出的概念及定义，即组织整体的安全文化、安全管理体系的完善程度或者其运行情况。并且，本书研究的组织安全行为仅限于企业安全管理的范畴，书中提到的组织行为或组织行为与个体行为的交互规律均指该层面的组织安全行为概念。

2.1.1.2　组织行为的结构

现有文献对组织行为维度的划分并未统一，不同研究人员所选维度大多基于不同研究内容及行业特征。例如，刘素霞 等[2]将组织行为划分为安全管理行为、安全培训行为、安全预防行为共三个维度；张仕廉 等[3]分别从人的行为和施工过程的视角划分组织行为维度，基于人的行为视角将组织行为分为决策行为和管理行为，基于施工过程的视角将组织行为分为事前预防行为、施工过程管理行为和事故处置行为；李书全 等[6]将组织行为分为安全管理行为和安全业务行为，根据其内涵的复杂性，前者可细分为安全组织行为、安全计划行为及安全监督行为，后者可细分为安全执行行为和安全预防行为。

本书以开展个体行为安全管理的视角，对近年关于组织行为的相关文献进行系统性梳理，提取文献中关于组织行为相关表述的研究内容，对其进行系统性分析，识别出关键的组织行为构成要素和相关的测量题项，并按照不同维度的出现频率进行排序，结果如下：第一是安全教育培训（安全宣传教育、安全培训），主要衡量安全宣传教育、安全培训活动的开展情况，涉及培训的对象、内容、方式、形式和效果，以及宣传教育形式等；第二是安全监督检查（安全检查与整改、安全检查与反馈、安全监督、安全监督行为），主要衡量安全检查的作用、安全检查的落实程度以及整改和反馈情况等；第三是安全事故管理（危险源与应急管理、事故调查与处理），包括事中处置行为和事后处置行为，主要衡量应急物资和设备的情况、事故现场应急措施的响应和及时有效的处置情况，以及事故发生后对事故情况的汇报、调查、统计、报告，对事故进行处理、警示、整改、善后等；第四是安全资金投入，包括安全生产活动费用、安全设备设施费用、安全奖励费用等；第五是安全责任落实，主要包括安全责任书的签订情况、对安全责任的熟悉程度、安全责任的落实程度等。

因此，根据学术界对组织行为的研究，结合专家研讨调查，本书归纳出组织行为结构的五个维度，分别是安全教育培训、安全责任落实、安全监督检查、安全资金投入、安全事故管理。

（1）安全教育培训

安全教育培训是企业安全管理的一项重要内容。通过安全教育培训不仅能提升企业员工的安全知识和操作技能，还能增强其风险辨识和应对危机的能力，有助于员工安全素养和安全意识的提升，塑造员工的安全行为，遏制员工的不安全行为。因此，企业需要定期开展多种形式的安全教育培训，强化各级人员的安全知识、安全技能、安全责任感，自觉落实安全责任，并对教育培训结果进行考核，以确保安全教育培训的效果，从而提升员工的安全操作水平和安全管理水平。

（2）安全责任落实

企业应依法建立健全全员安全责任制，调动全体员工的积极性和创造性，改善工作场所安全生产环境，形成人人学安全、人人知安全、人人守安全的局面，提高整体安全生产水平。安全责任制是一套制度体系，涉及企业各级领导、各职能部门及相关岗位人员，是企业一项基本的安全制度，为企业有效落实安全生产主体责任提供了制度保障。企业必须认真履行安全主体责任，把安全责任落实到具体岗位和人员，建立健全安全责任体系。其中，岗位责任落实是企业安全责任制的核心内容，是企业最重要的安全管理制度。企业通过建立健全安全责任制，明确员工各自的岗位职责，完善奖惩机制、签订安全责任书等制度，能够促进安全责任的落实。

（3）安全监督检查

安全监督检查是指组织对日常生产活动进行的安全检查，是企业安全生产的一项保障措施。企业需要充分发挥安全检查管理部门的职能，建立规范化、专业化的安全检查制度，贯彻落实相关法律法规、企业安全规章制度及相关措施，定期排查企业事故隐患并做好检查记录，及时通报相关人员做出整改并复查整改情况，对企业安全生产过程及时进行监督、纠正。安全监督检查能够督促企业安全责任的落实，促进安全管理体系在组织行为层面的具体落实，保障企业的安全工作。

（4）安全资金投入

安全资金投入是企业在生产经营过程中用于保证安全生产条件所使用的安全技术措施费、安全教育培训费、劳动防护用品费、应急救援设备购置费、安全设备购置和维护费及安全奖励费等资金的总和。企业应当依法保障安全资金投入，安全资金投入费用的使用应当符合规定，要做到专款专用，以保障企业安全条件的改善。安全资金投入为组织开展其他安全活动提供资金保障，是组织行为的一个重要维度。

（5）安全事故管理

安全事故管理分为应急救援管理和事故后管理。应急救援管理是对突发事件应急处置的全过程进行管理，涉及计划、组织、指挥、协调、控制等一系列活动，旨在预防、控制及消除突发事件，并降低由此造成的人员伤亡、财产损失及环境破坏。应急救援管理是企业安全管理过程中必须考虑的重要内容，通过应急救援预案的编制、培训和演练能够有效提高企业应急处置能力，专业的应急救援队伍和应急救援装备为应急救援工作的顺利开展提供了重要保障。事故后管理涵盖对事故情况的报告、调查、处理和档案资料管理和事故警示教育等内容。通过开展安全事故管理工作，能够客观评估企业的安全状况，了解事故发生的过程，深入挖掘事故背后的原因和规律，从事故中吸取教训，为开展事故预测、控制和预防类似事故的发生提供策略。

针对上述组织行为的 5 个维度，可更进一步地获得每个维度的组织行为子维度，以确定组织行为构成，详见表 2.1。

表 2.1　组织行为构成

组织行为维度	组织行为子维度
安全教育培训（PX）	制订合适的安全教育培训计划
	落实安全教育培训计划实施方案
	开展安全教育培训活动
	提供充足的安全教育培训经费
安全责任落实（ZR）	制定合适的安全方针或目标
	进行合理的人力资源配置
	制定有效的安全责任制及管理程序文件
	履行岗位安全责任

续表

组织行为维度	组织行为子维度
安全监督检查（JC）	提供科学的现场指导
	有效监督整改措施的落实情况
	有效监督检查设备及环境安全状况
	有效监管危险物品
	有效监督规章制度的落实效果
	有效监督或参与隐患排查过程
	有效监督作业记录情况
安全资金投入（TR）	配置相关设施资源
	合理布置工艺设备及作业环境
	配备安全防护设备设施及检测设备
安全事故管理（SG）	报告安全事故
	制定应急预案
	采取恰当的应急措施
	布置应急逃生设施
	改善应急沟通渠道

2.1.2 个体行为理论

面向行为安全，针对个体行为，现有研究可以按照与不安全行为相关的研究、与安全行为相关的研究两个主题进行划分，这方面内容可参考本书第 1 章相关内容，在此不再赘述。

本章选取不安全行为作为个体行为结果的表征，原因有三个方面：一是安全行为和不安全行为是互为对立面的关系。二是针对不安全行为的研究是行为安全研究的主流，关注员工不安全行为研究有利于挖掘不安全行为形成机制，采取针对性措施降低个体不安全行为，促使不安全行为向安全行为方向转化，从而实现组织安全目标。三是如果个体行为普遍表现出安全行为，说明组织行为实施效果良好；反之，当个体行为普遍表现出不安全行为，则亟须通过组织行为的调整对不安全行为进行干预，以更好地实现组织安全目标。

对于不安全行为的结构，本书将其划分为服从性不安全行为和参与性不安全行为。服从性不安全行为是指员工必须执行而没有去执行的行为，包括不遵守安全规章制度及操作规程、不规范使用安全防护设备设施等。服从性不安全行为类似于任务行为。参与性不安全行为是指员工不积极参与能够改进安全的相关活动，包括不参加安全会议、不参与安全沟通和讨论、不主动对同事提供帮助和监督同事的行为、学习或模仿同事的不安全行为等。参与性不安全行为不会对安全绩效产生直接影响，但不利于企业形成良好的安全氛围。

2.2　组织行为与个体行为交互模型

2.2.1　群体安全行为的引入

为构建组织行为与个体行为交互模型，本书引入"群体"的概念，以此视角来分析组织行为和个体行为之间的关系，即基于组织–群体–个体三者之间的特殊关系，构建组织行为和个体行为交互模型。

群体是由两个及以上具有共同目标的个体构成的一个组合体，他们彼此依赖、相互影响。与组织不同，群体内部并不需要制度化的分工关系和统治关系。由于个体活动具有社会性的特征，安全生产过程中的员工除了以个体的形式存在之外，还以群体的形式存在。在群体中，员工并不是独立存在的，他们彼此之间有一定的依赖性，同时也受到群体的影响。员工个体通常以生产班组、生产区队等任务型群体的形式完成日常工作任务，其心理状态与行为方式容易受到群体的影响。企业内部不同部门、不同层级、不同岗位之间形成了一定的社会联系网络，其中一线员工和管理人员、员工和员工之间也构成了具有一定网络结构的群体。

群体行为源于群体中具有复杂特征的个体行为及不同个体之间的相互作用，是由群体中相互影响、相互作用的个体组成的集合体所进行的相关活动。对于群体行为的研究需引入群体动力理论，是勒温（Lewin）在20世纪40年代首次提出的。该理论借鉴物理学中磁场的概念来解释人的内在动力、特征及环境与人的行为之间的关系，通过融合社会场和心理场视角，关注个体与群体之间、群体成员之间及群体与环境之间的互动过程，说明个体行为产生的方向和强度是其内在动力和特征与其感知到的外在环境力量共同作用的结果，并提出了以下公式：

$$B = f(P \cdot E) \tag{2.1}$$

式中，B代表个体行为产生的方向和强度；P代表个体的内在动力和特征；E代表个体感知到的外在环境力量。

群体动力理论指出，群体成员之间的各种力量并不是相对独立的，群体与个体之间、个体与个体之间存在相互影响和作用的关系[7]。群体动力是存在于群体内部的一种动力特征，能够反映群体中多种群体动力因素对个体的影响力和作用力，是刺激个体行为产生的环境变量和动力来源，对个体行为的方向起引导作用，能够揭示群体活动的方向。

群体动力的研究需考虑影响群体活动动向的因素即群体动力要素。国内外学者针对群体动力要素的研究主要涉及教育、煤矿、建筑施工等行业，包括群体规范、群体沟通、群体压力、群体凝聚力、群体激励、群体领导、群体感染力等因素[8,9]。考虑到不同群体动力要素之间可能存在一定影响关系，根据研究目的，本书经过专家探讨最终选取群体规范、群体沟通和群体激励三个群体动力因素来分析群体行为、个体行为和组织行为之间的影响关系。在行为安全相关研究中，群体安全规范和群体安全激励分别作为群体规范和群体激励的具体表征形式；群体安全规范、群体沟通、群体安全激励能够影响群体安全行为的方向，称为群体行为驱动因素。

群体安全规范是指群体内与安全相关的行为标准和行为规则，能够约束和指导个体的行为。群体安全规范是群体规范的一部分，符合群体规范的一般特点和功能。与群体规范类似，群体安全规范也分为正式的和非正式的安全规范，其中，正式的安全规范是组织明文规定的安全行为准则，如法律法规、规章制度和操作规程等；非正式的安全规范是群体内部自发形成的文化、风俗等行为标准。群体安全规范能够约束或指导群体成员行为回归到安全行为规范的准则上，趋向于安全行为规范化。

群体沟通是指群体成员之间利用信息、知识、情报或意见等进行沟通交流，并在沟通交流的过程中相互影响、相互妥协，最终趋于一致的过程。群体沟通的形式包括管理者之间的交流沟通、上下级之间的管理沟通及同事之间的平行沟通。由于外界环境的变化，群体需要及时沟通信息、相互协调配合，设置合理的群体目标和决策，科学地组织、指挥、协调、控制生产过程。完整的沟通过程包括两个过程，即信息的传递过程和反馈过程。信息传递是从信息发出者到达接收者，信息反馈是信息接收者将结果传达给信息发出者。在沟通过程中，会涉及三种方式，即个体与个体之间、个体与群体之间、群体与群体之间。沟通的结果是个体之间的观点、看法相互影响并进行及时调整。个体之间的相互沟通是决定其安全行为的关键因素。

群体安全激励是指群体对个体的某种安全行为进行激励，从而调动群体成员的自觉性和积极主动性，实现组织的安全目标。群体安全激励能够促进个体塑造其安全行为、遏制其不安全行为，激励的强度能够直接影响个体安全行为水平。企业需要充分利用群体安全激励机制、方法和载体去调动个体的工作积极性，自觉履行岗位安全责任，实现组织安全目标。安全奖惩是常见的安全激励方法。

2.2.2 组织行为与个体行为交互模型构建

依据群体动力理论，群体成员在群体规范的指导和约束下，为实现共同目标开展一系列的任务实施过程，在该过程中群体成员个体的意识、态度、动机、行为等能够影响群体行为[10]。根据收敛理论，群体行为是由个体行为在互相影响、叠加和促进的过程中不断进行模仿、反思和传染而形成的，即群体行为是个体行为相互作用的结果。毛海峰[11]最早研究了群体行为的前因变量，指出群体行为与个体行为、群体规范等因素高度相关。因此，个体行为是影响群体行为的重要因素之一。

社会互动理论表明，在一定的社会关系背景下，人与人、人与群体、群体与群体等在心理或行为上是相互影响、相互作用的动态过程，社会互动本质上是信息的加工、传播和利用的过程。依据该理论，个人的学习和发展离不开与他人的互动过程，群体中个体通过社会互动获取信息，既有安全信息互动也有不安全信息互动。个体通过言语、表情、动作等一系列方式传递不安全行为信息，不安全行为信息的互动越频繁，个体则越可能跟随群体中多数人实施不安全行为。群体内个体之间广泛存在着复杂的信息传播和信息共享，具有动态性、实时性和交互性等特点，通过个体之间的信息互动过程能够影响其行为意向和实际行为。社会互动理论关注个体与个体、个体与群体、群体与群体之间的互动，这种互动及互动双方的相互影响是“重要他人”“群体环境”影响个体行为及个体行为影响“群体环境”的有力依据。

社会交换理论主张人的一切活动和社会关系以奖赏和报酬为导向，基于等价互惠原则，人们在互动中保持着高质量的、紧密的关系。社会交换关系主要存在于个体与个体、个体与组织、组织与组织之间。根据社会交换理论，个体行为会受到某种交换活动的支配，即特定行为可视为一种交换结果。按照等价互惠原则，个体和群体对于组织提供的安全教育培训、安全投入等行为做出回报或回馈，有助于形成组织行为产生群体安全行为、组织行为产生个体安全行为的理论假设。

社会认知理论指出人和周围的环境存在持续互动，人的认知或环境会影响人的行为，强调个体的认知、主体行为及社会环境三要素之间存在一种动态的交互影响关系。个体不仅通过自己的经验学习，而且通过观察别人的行为方式和他们取得的成果来学习。社会认知理论的核心是三元交互理论，即由个体、行为和环境三要素之间的交互影响关系构成了个体行为的三元交互模型[12]。三元交互理论中个体、行为及环境之间的关系如图 2.1 所示，个体、环境共同作用于行为，且个体与环境之间也会交互作用，环境因素也会对个体的认知产生影响。随着研究的逐步深入，该理论也被成功应用到组织行为、学习、职业选择等方面。社会认知理论的个体–行为–环境三元交互模型对于从系统的角度研究组织层面与个体层面相互作用后对行为的影响提供了重要的理论参考，为解释个体与环境之间的作用关系提供了有力的理论支持。

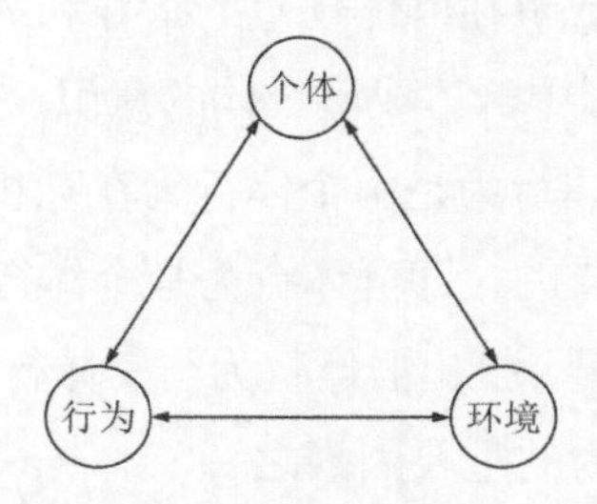

图 2.1　三元交互理论中个体、行为及环境之间的关系

通过以上理论分析可知，个体不安全行为的演变是在一个动力学领域中进行的，群体成员的每一个行为决策，尤其是不安全行为，都受到个体内部需求和群体环境因素的合力影响。组织行为的实施能够影响群体环境，进而影响群体安全行为；而群体环境能够影响个体的心理状态，进而影响个体的行为意向和实际行为。最终，个体行为的结果会通过动态的群体环境反馈到组织行为中，形成一个相互作用的闭环。

由此，从组织–群体–个体的视角来构建组织行为和个体不安全行为交互模型，如图 2.2 所示。该交互模型包括驱动机制和反馈机制两个过程，其中驱动机制反映了组织行为影响个体不安全行为的过程，反馈机制反映了个体不安全行为影响组织行为的过程。

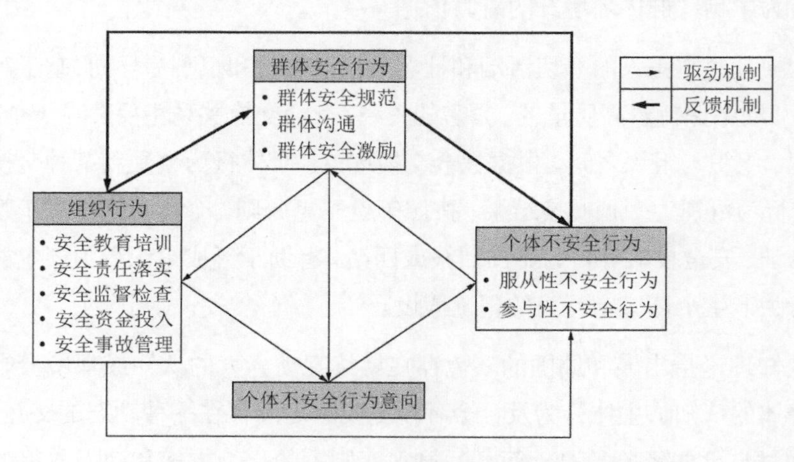

图 2.2　组织行为和个体不安全行为交互模型

（1）驱动机制

驱动机制是个体行为发生的动力机制，揭示了在组织行为的影响下个体行为的决策过程，为个体行为的形成提供了动力来源。组织行为能够影响群体环境进而影响群体安

全行为，同时也是刺激个体行为发生的环境变量。个体在日常安全生产中通常与其他同事进行分工协作，能够直观感受到群体内部动力要素，并及时做出行为反应。个体在群体环境中受群体行为的影响，导致个体的心理状态发生变化。群体行为能够影响个体不安全行为意向，进而影响其实际不安全行为。总之，组织行为除了能够作用于群体，也能作用于个体，还能够影响个体的不安全行为意向，进而影响个体的实际不安全行为。

（2）反馈机制

反馈机制是指个体实施不安全行为后，这些行为能够通过影响群体环境的动态变化，进而对群体安全行为和组织行为产生影响。当个体表现出不安全行为时，在与他人进行社会互动的过程中，能够通过言语、表情、动作等一系列方式传递不安全行为信息。如果群体中大多数成员实施不安全行为，个体会受到这种群体行为的影响，表现出群体性特征，从而导致群体安全行为状态的变化。此外，个体不安全行为能够影响群体行为，而群体成员所表现出来的群体安全行为能够对组织行为产生影响，促进组织行为发生转变。

以上模型可以概括如下：组织通过实施安全教育培训、安全监督检查等行为，能够积极影响群体安全行为。群体安全行为的实施为个体塑造了一个安全的群体环境，这个环境能够影响个体的不安全行为意向，进而减少个体的不安全行为。同时，组织行为也能够通过影响个体不安全行为意向来减少个体不安全行为，以上过程称为驱动机制。

同时，个体不安全行为在社会互动的影响下，能够影响群体环境的安全状况，进而对群体安全行为产生负面影响。群体安全行为的实施有助于组织行为的实现，个体不安全行为也能对组织安全产生影响，以上过程称为反馈机制。

驱动机制和反馈机制共同构成了组织行为和个体不安全行为交互模型，该模型反映了组织、群体和个体三者之间的动态变化关系，以及它们如何相互影响和相互作用。

2.3 工程实践与应用

前文构建了组织行为与个体行为的交互模型，本节以煤矿生产为例，结合煤矿矿工所处工作环境，基于前文所建模型，发展模型假设、开展模型调查、进行模型验证，从而完成组织行为与个体行为交互规律的实证研究。

2.3.1 发展模型假设

2.3.1.1 不安全行为在社会人口学变量上的差异假设

社会人口学变量对个体不安全行为具有影响作用。叶新凤[13]提出，学历对矿工的不安全行为没有显著影响，而工龄对矿工的安全遵从行为和安全参与行为有显著影响。武淑平[14]研究了人因失误影响因素及管理对策，结果表明，工龄与人因失误呈负相关关系。陈红 等[15]采用结构方程模型研究煤矿重大事故中故意违章行为的影响因素，结果表明，工龄和受教育程度与矿工违章行为有显著影响关系。程恋军[16]通过研究矿工不安全行为形成机制及其双重效应，得出年龄和工龄对矿工不安全行为具有显著影响，而受教育程度对矿工不安全行为无显著影响。王丹 等[17]指出，年龄和工作经验与员工安全行为呈正相关关系，且年龄和工作经验与安全行为的维度，即安全遵从行为与安全参与行为均呈正相关关系，而受教育程度与安全行为无显著关系。王璟[18]通过研究矿工安全心理资本与不安全行为的关系，发现学历对矿工的不安全行为有显著影响关系。

基于以上分析，本书提出以下假设（H01、H02 和 H03）。

H01：个体不安全行为与年龄呈负相关关系。

H01-1：服从性不安全行为与年龄呈负相关关系。

H01-2：参与性不安全行为与年龄呈负相关关系。

H02：个体不安全行为与学历呈负相关关系。

H02-1：服从性不安全行为与学历呈负相关关系。

H02-2：参与性不安全行为与学历呈负相关关系。

H03：个体不安全行为与工龄呈负相关关系。

H03-1：服从性不安全行为与工龄呈负相关关系。

H03-2：参与性不安全行为与工龄呈负相关关系。

2.3.1.2 驱动机制研究假设

（1）组织行为对个体不安全行为的影响关系

通过对组织中管理者的行为进行干预，能够同时提高煤矿矿工的行为绩效。薛韦一 等[19]提出，组织安全管理行为对有效改善个体不安全心理、不安全行为具有显著作用。刘素霞 等[2]提出，组织的安全管理行为、安全预防行为和安全培训行为等对员工安全行为均有显著影响，通过改善组织安全管理状况对降低员工的不安全行为具有重要作用，例如通过安全培训能够促进员工对安全规定的遵守程度。祖海尔 等[20]的研究表明，改善组织的安全监督检查实践有助于提高员工的行为绩效。企业安全监督检查体系的建立和实施对于操作人员的自主安全行为有着正向的影响关系，而安全监督检查不力则会助长违规行为的发生。企业员工对安全管理活动的信任会通过心理安全和归属感对安全参与行为产生积极影响。除此之外，组织安全管理和安全投入也能够显著提升员工安全遵守和安全参与水平，进而减少不安全行为的产生。

基于以上分析，本书提出以下假设（H1）。

H1：组织行为及其维度对个体不安全行为具有显著的负向影响。

H1-1：组织行为及其维度对服从性不安全行为具有显著的负向影响。

H1-2：组织行为及其维度对参与性不安全行为具有显著的负向影响。

（2）群体安全行为在组织行为和个体不安全行为之间的中介作用

1）组织行为对群体安全行为的影响。组织行为的实施需要依靠组织成员的个体行为或群体行为，组织行为反过来也对群体行为产生影响。企业通过开展安全教育培训、安全监督检查、安全责任落实等一系列组织行为措施，能够塑造良好的组织安全氛围，有助于在群体范围内形成群体安全氛围，产生群体内部作用力，能够潜在影响员工的行为选择，有利于群体安全行为的形成。

企业通过制定完善的安全教育培训相关规章制度，包括对新入职员工的三级安全教育制度及安全教育培训结果的考核激励制度等规章制度，有助于形成群体安全规范，指导和约束培训者和被培训者的行为。通过建立健全煤矿安全教育培训体系，优化培训内容、策略和培训方式，结合工程现场培训和双向沟通的教育培训方法，向员工传达涉及其利益的企业相关信息，能够促进员工自觉遵守企业安全规章制度，使员工认识到群体成员之间沟通交流对于组织行为绩效的重要性，促进员工与员工之间形成良好的人际关系。此外，通过建立全面的安全教育培训评估标准及考核激励制度，能够激发员工的工作积极性和安全责任感。

《中华人民共和国安全生产法》强调生产经营单位主要负责人的职责，规定要建立健全并落实本单位安全生产责任制及加强安全生产标准化建设。安全生产责任制是在安全生产法律法规和相关标准的要求下，根据生产经营单位不同岗位的性质、特点和工作内容，明确不同部门和岗位的安全生产责任。通过群体成员之间的沟通交流，确保员工与员工之间职责明确、分工协作，通过加强安全教育培训、强化管理考核和完善奖惩机制等方式，能够激发群体成员认真履行自身安全生产责任的积极性和主动性，建立“层层负责、人人有责、各负其责”的安全工作体系。因此，安全责任制有助于生产经营单位加强安全制度，规范和约束群体成员的行为。生产经营单位在落实安全责任制的过程中，能够有效促进群体成员之间的沟通交流，完善相关激励制度。

安全监督检查能够促进企业员工自觉遵守企业规章制度、安全操作规程等安全行为规范，有利于提升员工的安全行为水平。通过全面排查“三违”（违章指挥、违规作业和违反劳动纪律）等事故隐患并做好隐患排查及隐患整改情况记录，做到“横向到边、纵向到底”的安全监督检查，有助于提升安全监管效能。安全监督检查过程能够促进群体成员的协调和沟通交流，消除员工的抵触情绪，使群体成员之间互相提醒、互相学习、互相监督，有助于员工更加明确其安全职责。安全监督检查结果能够为群体安全激励的实施提供依据，进而通过对优秀团体和个人进行奖励，对因管理不善造成事故的团体和个人进行处罚，逐步完善考评激励机制和安全责任制的落实。

安全资金投入是企业为保证安全条件所使用的所有资金总和，包括安全技术措施费、安全教育培训费、劳动防护用品费、应急救援设备购置费、安全设备购置和维护费、安全奖励费等。安全资金投入的目的是建立健全企业规范化、标准化的规章制度，约束和指导企业员工的行为；安全教育培训费的投入有助于企业为员工提供安全教育培训，培训过程能够促进员工之间的沟通交流、形成良好的人际关系；安全奖励投入是安全资金投入的重要部分，通过建立完善的考核奖惩机制，合理分配安全奖惩费用的使用来调动员工工作的积极性，对群体安全激励的实施和运行起到重要作用。

安全事故管理涉及应急救援管理和事故后管理，往往需要多部门、多人员共同参与，有利于促进群体安全行为的形成。应急救援管理是对突发事件应急处置的全过程进行动态的、持续的管理过程，重点强化应急准备和第一时间应急处置工作，包括制定科学有效的突发事件应急预案、建立全天候值班制度等，确保事故报警、指挥通信系统工作状态良好。突发事件应急预案的建立、培训和演练过程需要员工之间的沟通、交流和协作，明确员工各自的安全责任，促使员工主动遵守行为规范。事故后管理是与事故的调查、处理、报告、档案管理和警示教育等事故预防相关的管理活动，有助于完善事故报告程序。事故发生后，企业应按照“四不放过”（事故原因未查清不放过、责任人员未处理不放过、整改措施未落实不放过、有关人员未受到教育不放过）原则对事故原因进行调查分析，明确事故责任，落实事故整改措施。企业须建立并完善生产安全事故处理细则，规范企业对事故责任人的事故处理行为，促使员工遵守企业安全行为规范。针对事故原因及事故处理情况对员工开展事故警示教育，能够促进员工与员工之间的沟通交流，督促员工自觉遵守法律法规、规章制度和操作规程等安全行为规范。

基于以上分析，本书提出以下假设（H2）。

H2：组织行为及其维度对群体安全行为具有显著的正向影响。

H2-1：组织行为及其维度对群体安全规范具有显著的正向影响。

H2-2：组织行为及其维度对群体沟通具有显著的正向影响。

H2-3：组织行为及其维度对群体安全激励具有显著的正向影响。

2）群体安全行为对个体不安全行为的影响。群体成员的个体行为会受到群体安全规范的制约，同时也会受周围同事行为的影响，在相互影响、相互作用、相互促进过程中不断进行反射，使群体成员的行为表现出一定的相似性，进而形成群体行为。因此，群体行为是个体行为的产物，是群体成员之间社会互动的结果。

群体安全规范是通过群体成员的语言及行动内化为个体认知而影响个体的行为，群体行为规范能够影响企业员工的不安全行为意向。祁慧 等[21]的研究表明，群体规范的性质和强度是决定违章行为产生和扩散的关键因素。群体安全规范也能够通过影响员工的安全能力、安全态度等来控制其不安全行为。

群体沟通有利于形成良好的安全氛围，激发员工的工作热情、积极主动性和责任感，促使群体成员明确和落实其责任，消除自身的负面情绪及化解工作中产生的矛盾，影响员工的工作态度，促进员工遵守行为规范。因此，群体沟通有利于增强员工的安全行为，有利于在群体内形成良好的人际关系，对促进群体成员的安全行为具有积极作用。

群体安全激励能够为员工创造良性的竞争环境，激发员工工作的积极性、创造性及主动提高自身素质的意愿，引导员工自觉遵守企业规章制度，形成良好的群体安全规范，保持符合群体期望的行为习惯，有利于群体工作过程的安全性和高效性。而高效的激励结果又促使组织对群体激励的投入，更加有利于安全氛围的形成。总之，群体沟通和群体安全激励能够通过影响员工的安全意识和安全动机，进而影响员工的不安全行为。

基于以上分析，本书提出以下假设（H3 和 H4）。

H3：群体安全行为对个体不安全行为具有显著的负向影响。

H3-1：群体安全行为对服从性不安全行为具有显著的负向影响。

H3-2：群体安全行为对参与性不安全行为具有显著的负向影响。

H3a：群体安全规范对个体不安全行为具有显著的负向影响。

H3a-1：群体安全规范对服从性不安全行为具有显著的负向影响。

H3a-2：群体安全规范对参与性不安全行为具有显著的负向影响。

H3b：群体沟通对个体不安全行为具有显著的负向影响。

H3b-1：群体沟通对服从性不安全行为具有显著的负向影响。

H3b-2：群体沟通对参与性不安全行为具有显著的负向影响。

H3c：群体安全激励对个体不安全行为具有显著的负向影响。

H3c-1：群体安全激励对服从性不安全行为具有显著的负向影响。

H3c-2：群体安全激励对参与性不安全行为具有显著的负向影响。

H4：群体安全行为在组织行为和个体不安全行为之间起中介作用。

H4-1：群体安全行为在组织行为和服从性不安全行为之间起中介作用。

H4-2：群体安全行为在组织行为和参与性不安全行为之间起中介作用。

（3）不安全行为意向在组织行为和个体不安全行为之间的中介作用

安全监督检查、安全教育培训可以作用于员工的安全态度和主观规范，进而影响员工不安全行为意向。梁振东[22]通过构建组织及环境因素与矿工不安全行为意向及其行为之间的结构方程模型，发现不安全行为意向与安全装备、安全理念、违章处罚、安全管理行为等显著相关。

根据人际行为理论、计划行为理论等经典的社会行为理论，个体行为受到行为意向的直接影响，即个体的行为意向对其行为具有显著的预测作用，是实际行为的有效预测变量，且行为人的行为意向越强，则行为越容易发生。总之，员工的不安全行为意向与其不安全行为呈显著相关性。

基于以上分析，本书提出以下假设（H5、H6 和 H7）。

H5：组织行为对不安全行为意向具有显著的负向影响。

H5a：安全教育培训对不安全行为意向具有显著的负向影响。

H5b：安全责任落实对不安全行为意向具有显著的负向影响。

H5c：安全监督检查对不安全行为意向具有显著的负向影响。

H5d：安全资金投入对不安全行为意向具有显著的负向影响。

H5e：安全事故管理对不安全行为意向具有显著的负向影响。

H6：不安全行为意向对不安全行为具有显著的正向影响。

H6-1：不安全行为意向对服从性不安全行为具有显著的正向影响。

H6-2：不安全行为意向对参与性不安全行为具有显著的正向影响。

H7：不安全行为意向在组织行为和个体不安全行为之间起中介作用。

H7-1：不安全行为意向在组织行为和服从性不安全行为之间起中介作用。

H7-2：不安全行为意向在组织行为和参与性不安全行为之间起中介作用。

（4）群体安全行为、不安全行为意向的关系及链式中介作用

1）群体安全行为与不安全行为意向的关系。群体动力能够通过影响员工的心理安全感，进而影响员工的不安全行为意向。通过群体安全规范能够影响员工的不安全行为意向，而群体沟通和群体安全激励能够激发员工的工作积极性和工作责任感，对员工的安全意识和安全动机产生影响，从而影响员工的不安全行为意向和实际行为。

群体成员之间的信息沟通交流能够影响员工的安全动机和安全态度，进而影响其安全行为。因此，通过多次安全提醒或安全警告的形式，能够提高员工的安全态度和安全意识。通过群体沟通能够促使员工对工作场所环境中所发生事故或未遂事件进行交流，以增强员工对不安全行为危险度的认识，以及员工按照规章制度规范操作，促进企业对工作环境安全条件进行完善。

群体安全激励是群体对个体的某种安全相关行为进行激励的过程，有助于调动个体的自觉性和积极性，实现安全生产的组织目标。激励的强度能够影响个体行为的积极性，且这种积极性可以通过行为结果来进行观测。根据安全生产行业标准《企业安全文化建设导则》，在组织内树立安全典范或榜样，能够发挥安全态度和安全行为的示范作用。根据班杜拉（Bandura）[23]的社会学习理论，通过群体安全激励在群体中树立行为榜样，不仅能影响群体成员的安全态度，引导员工遵守安全行为规范，成员个体也能通过观察、学习和模仿来改善自己的行为，提升自己的安全行为能力。

基于以上分析，本书提出以下假设（H8）。

H8：群体安全行为对不安全行为意向具有显著的负向影响。

H8a：群体安全规范对不安全行为意向具有显著的负向影响。

H8b：群体沟通对不安全行为意向具有显著的负向影响。

H8c：群体安全激励对不安全行为意向具有显著的负向影响。

2）群体安全行为、不安全行为意向的链式中介作用。根据前文的理论分析过程提出的假设 H4，即群体安全行为在组织行为和个体不安全行为之间起中介作用，以及假设 H7，即不安全行为意向在组织行为和个体不安全行为之间起中介作用，结合群体安全行为与不安全行为意向之间关系的假设 H8，本书认为：组织行为通过影响群体安全行为进而影响员工的不安全行为意向，不安全行为意向最终引起员工的不安全行为，即群体安全行为、不安全行为意向在组织行为和个体不安全行为之间的关系中起链式中

介作用。

基于以上分析，本书提出以下假设（H9）。

H9：群体安全行为、不安全行为意向在组织行为和个体不安全行为之间起链式中介作用。

H9-1：群体安全行为、不安全行为意向在组织行为和服从性不安全行为之间起链式中介作用。

H9-2：群体安全行为、不安全行为意向在组织行为和参与性不安全行为之间起链式中介作用。

综上所述，驱动机制中各变量之间的关系，即驱动机制假设模型如图 2.3 所示。

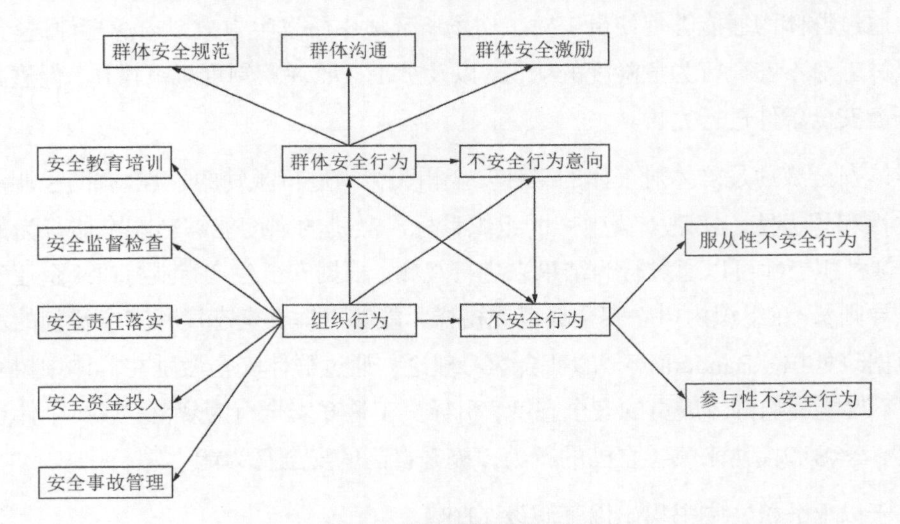

图 2.3　驱动机制假设模型

2.3.1.3　反馈机制研究假设

（1）个体不安全行为对群体安全行为的影响关系

煤矿矿工群体以农民工为主，矿工个体间关系密切，个体行为容易被他人的行为所影响，进而影响群体行为。周丹 等[24]提出，群体成员之间存在“示范-模仿”现象，群体成员通过模仿某些个体行为，促使该个体行为呈现群体特征，并且向频发的群体行为转变。阿恩（Ahn）等[25]通过研究提出，个体行为是促进群体行为产生的关键因素。陶施（Tausch）等[26]的研究也表明，个体行为是影响员工群体行为的重要因素，当个体行为变化时，能够影响其他群体成员的行为认知、主观感受和行为倾向，最终影响群体行为。张磊 等[27]研究了个体行为对群体行为的影响作用，验证了群体效能和群体反思分别在工人个体行为与群体行为之间起跨层次中介作用和跨层次调节作用。

根据社会认知理论，个体与其周围的环境持续互动，个体除了通过自己的经验学习，还通过观察别人的行为方式及其取得的成果进行学习，当群体中的个体状态和行为特征变化时，能够对群体产生影响。个体与群体安全规范之间存在相互影响、相互作用的关系，个体的行为变化受群体安全规范的制约，而群体安全规范在群体成员之间的交互过程中一直处于持续动态的发展变化中。由于个体的受教育程度和操作技能水平不同，不同成员个体对群体安全规范的理解和认识程度存在差异，且群体成员之间在沟通交流的过程中，也会影响其他人对群体安全规范的理解和认识，最终使得群体成员对群体安全规范的理解达到一个动态平衡的状态。达到平衡状态的群体安全规范得到了群体成员的认同，成员中的个体共同遵守这种群体安全规范，在其指导、控制和约束下完成日常安全生产活动。

根据社会互动理论，当群体中的个体尤其是具有一定影响力的个体（如班组长，带班师傅和操作技能熟练、经验丰富的工人等）出现不安全行为时，在社会互动的作用下，能够通过言语、表情、动作等一系列方式将不安全行为信息、情报、知识等传递给其他个体，进而影响其他个体的行为。在群体沟通、群体感染力等群体环境的影响下，其他个体可能跟随群体中大多数成员实施不安全行为，表现出群体性特征，从而导致群体安全行为状态的变化，表现出群体不安全行为，能够对群体安全规范产生负面影响，不利于整个群体行为向更积极、更安全的方向发展。因此，在社会互动的影响下，个体不安全行为可能对群体安全激励产生影响，如影响激励的方向和强度。

基于以上分析，本书提出以下假设（H10）。

H10：个体不安全行为及其维度对群体安全行为具有显著的负向影响。

H10-1：个体不安全行为及其维度对群体安全规范具有显著的负向影响。

H10-2：个体不安全行为及其维度对群体沟通具有显著的负向影响。

H10-3：个体不安全行为及其维度对群体安全激励具有显著的负向影响。

（2）个体不安全行为对组织行为的影响关系

组织行为的实施需要依靠组织成员的个体行为或群体行为来实现。根据组织支持理论，组织中的员工个体感受到组织支持时，会在工作中表现出更加良好的状态投入工作，这有利于组织行为工作的顺利开展。根据社会交换理论，人与人之间关系建立的基础依赖于自我利益，主要通过交换来完成个体间的互动，交换双方遵循互惠性原则，即当一方获取另一方资源时必须进行回报，而上述关系同样适用于群体和组织。因此，个体和组织之间从本质上说也是一种交换关系，二者通过交换形成依赖和互动关系。根据社会互动理论，员工个体的不安全行为能够在社会互动的影响和作用下传递给其他个体，呈现群体不安全行为特征，这不利于组织行为的实施。

基于以上分析，本书提出以下假设（H11）。

H11：个体不安全行为及其维度对组织行为具有显著的负向影响。

（3）群体安全行为在个体不安全行为和组织行为之间的中介作用

群体安全规范涉及企业的各种安全规章制度和安全操作规程，其中对员工的安全生产责任也作出了明确规定，使各级生产人员都能分担安全责任，有利于群体成员认真履行自己的安全责任，确保群体成员职责明确、分工协作，根据群体安全规范来约束自己的行为，保障安全工作的顺利进行。群体沟通是群体成员之间交流信息、意见的过程，通过群体沟通能够帮助企业管理者和员工明确各自的目标和任务，并在沟通、反馈的过程中互相学习、互相监督，促进安全工作任务的完成。良好的群体沟通能够促进员工之间的感情，激发员工的工作积极性和满意度，增强员工对组织的忠诚度和安全责任感，促进企业安全目标的实现。群体安全激励能够促使员工认真完成本岗位安全任务，积极履行其所在岗位安全职责，在满足个体安全需要的同时实现组织安全目标。

煤矿企业安全生产法律法规、安全操作规程等能够帮助其员工识别工作场所存在的危险因素，预测员工的行为安全状态并解决安全问题，为员工的行为操作提供指南，对安全教育培训起到促进作用。通过群体沟通能够识别安全工作过程中可能存在的风险因素，发现员工安全知识和技能方面的薄弱环节，并反馈到企业管理层，为企业开展安全教育培训提供素材和方向。同时，通过班前会、交流会等沟通形式促进群体成员积极发言、沟通交流培训心得，并结合各自的实际工作交流培训内容，有助于加强安全教育培训的效果。群体安全激励是群体通过一定措施激发员工安全动机和行为的过程，有助于提升群体安全教育培训的实效、整个群体的安全行为动机及群体成员的安全行为能力。煤矿班组是最常见的群体形式，在班组长的带领下组织安全活动，对安全操作熟练且重视安全的员工给予表扬、嘉奖，在群体中树立安全典范，邀请他们给其他成员讲解安全操作要领并进行示范操作，可以提升群体成员的安全知识和安全操作技能，使其及时了解未按照安全操作规程进行操作可能带来的风险。通过这种群体安全激励的方式，在群体中树立安全行为典范或对员工不安全行为进行处罚，能够促进安全教育培训的落实，有利于提高群体成员的安全知识和安全操作技能，提高群体安全行为能力。

企业的安全监督检查制度能够约束安全检查人员的行为，确保相关法律法规、规章制度及相关措施得到落实。煤矿矿工群体通过举办经验交流会、班务讨论会、培训学习心得交流会等形式积极开展群体沟通，这不仅增强了员工对监督检查的配合度，还促使员工对监督检查过程中发现的危险源及时整改。此外，员工还可以定期总结工作中遇到的安全问题，并通过群体成员的沟通交流，共同辨识工作岗位上存在的事故隐患。群体沟通不仅充分发挥了集体的智慧，提出针对性的整改措施和方案，从而有助于企业安全监督检查工作的落实。

通过群体安全激励，对不安全行为进行批评、处罚，企业能够进一步加大安全监督检查工作力度。这不仅提高了员工的安全操作意识和态度，还有效降低了“三违”的发生。同时，群体安全激励也促进了相关法律法规、企业安全规章制度及相关措施的贯彻落实，增强了员工履行安全责任的自觉性，为企业安全工作的顺利进行提供了有力保障。

赫克（Huck）等[28]通过研究企业群体规范和经济激励的关系，发现群体规范不但能在行为决策中起约束力和指导作用，而且还能影响和改变经济体系中的激励效应。针对员工出现不安全行为进而导致事故的情况进行深入研究，能够有效分析导致事故发生的直接因素，挖掘事故背后的潜在因素，找出导致事故的关键因素。

根据《中华人民共和国安全生产法》及其他相关法律法规的规定，结合企业实际情况，通过对导致事故的关键因素进行控制来制定和完善企业安全生产规章制度、操作规程和方法，指导和约束员工的行为，在一定程度上能够促进企业安全制度建设工作。通过群体沟通能够及时了解生产活动过程中存在的风险因素及可能带来的后果、员工个体劳动防护情况、员工遵守安全操作规程情况、设备设施的工作运转情况、应急救援设备使用情况等，并将以上信息反馈给组织管理者，能够促使组织行为的改变，对安全资金在安全技术措施费、安全教育培训费、劳动防护用品费、应急救援设备购置费、安全设备购置和维护费、安全奖励费等方面的投入比例做出及时调整，保障组织安全工作的顺利开展。总之，群体激励能够激发员工工作积极性、主动性，有助于企业安全绩效的提升，而良好的激励效果又能够促使组织增加对群体激励在安全资金投入的比例。

企业制定科学的应急预案，能够约束和指导救援人员按照应急预案的要求来履行自己的职责，有助于应急救援工作迅速、有序、高效地开展。《生产安全事故应急预案管理办法》为煤矿等企业开展生产安全事故应急预案管理工作提供了行为规范，确保生产安全事故应急处置的高效性。此外，企业建立的全天候值班制度，能够确保及时收到事故报警，为事故发生后第一时间做出应急响应提供保障。在应急救援管理过程中，通过员工之间的沟通交流能够促进应急预案的建立和完善，保障培训和演练的效果，明确员工各自的岗位责任，降低事故损失，提升应急救援管理效能。通过群体安全激励对行为表现起表率作用的员工进行奖励并树立安全典范，能够引领其他员工自觉遵守行为规范，在应急救援过程中积极履行岗位安全责任，有利于应急处置过程动态管理的高效性。在事故后管理阶段，通过建立明确的事故报告程序、安全事故处理细则等群体安全规范来指导和约束员工的行为，有助于安全事故管理的顺利进行。

因此，群体沟通贯穿于生产活动的各个环节，通过群体沟通能够促进事故调查人员全面了解事故发生、发展的过程，以及事故相关信息、事故原因分析、事故处理和事故警示教育等情况。这种沟通有助于事故的调查、分析、报告、处理等安全事故管理相关活动的开展，从而推动员工自觉遵守法律法规、规章制度和操作规程。

同时，通过群体安全激励机制，可以对违反安全操作规程导致事故的人员进行处罚，起到警示作用。此外，可利用事故学习等活动对其他员工进行安全教育，激励员工更好地履行自身的安全生产责任，以预防类似事故的再次发生。

基于以上分析，本书提出以下假设（H12 和 H13）。

H12：群体安全行为及其维度对组织行为具有显著的正向影响。

H13：群体安全行为在个体不安全行为影响组织行为的关系中起中介作用。

综上所述，驱动机制中各变量之间的关系，即反馈机制假设模型如图 2.4 所示。

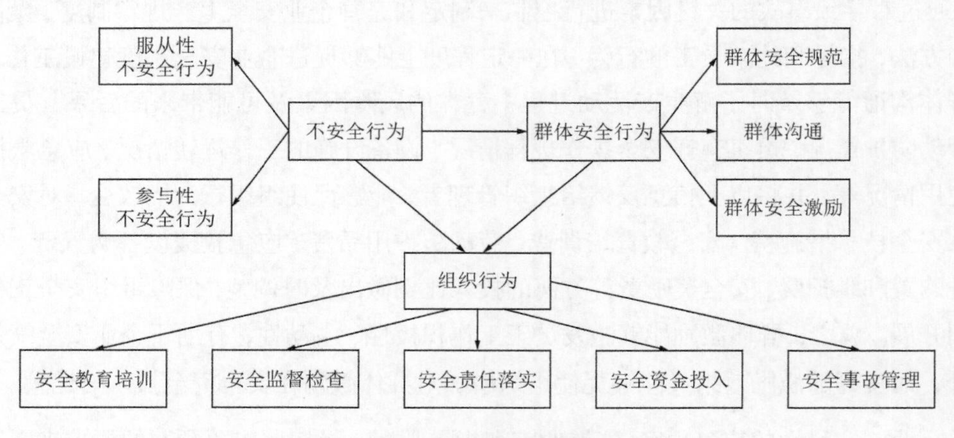

图 2.4　反馈机制假设模型

2.3.2　开展模型调查

2.3.2.1　模型要素的调查问卷

问卷首先向被调查者阐明本次调查的目的、内容及相关保密约定，之后是问卷的主体内容，包括被调查者个人信息、组织行为量表、群体安全行为量表、不安全行为意向量表、不安全行为量表。

（1）被调查者个人信息

问卷第一部分是统计被调查者个人信息，参考了国内外学者对煤矿矿工安全行为或不安全行为相关研究中对于人口统计学变量题项的设置方式，主要包括被调查者的年龄、学历、工龄等信息。

（2）组织行为量表

本书将组织行为分为安全责任落实、安全教育培训、安全监督检查、安全资金投入、安全事故管理 5 个维度，对于煤矿组织行为变量每个维度的测量题项，主要参考张仕廉 等[3]以及张舒[29]的研究成果及本课题组先前发表的论文成果，编制了适合调查煤矿组织行为水平的量表，包括 22 个题项。其中：安全责任落实维度包括 3 个测量题项，如“我明确自己的安全责任”等；安全教育培训维度包括 5 个测量题项，如“矿上为我们提供了安全知识和操作技能等方面的教育培训”等；安全监督检查维度包括 4 个测量题项，如“通过矿上的安全监督检查，能够发现现场存在的各种风险”等；安全资金投入维度包括 4 个测量题项，如“矿上有专门的资金用于为员工购买劳动防护用品”等；安全事故管理维度包括 6 个测量题项，如“矿上定期组织了事故应急救援演练”等。

（3）群体安全行为量表

本书选择群体安全规范、群体沟通、群体安全激励作为群体安全行为的 3 个维度，并参考国内外相关成熟量表，依据标准化量表开发程序开发群体安全行为量表。以下分别对每个维度题项来源做详细介绍。

1）群体安全规范。对于群体安全规范，不同学者根据自己的研究目的有不同的测量视角。李静[30]根据群体规范的 3 个功能，即群体行为导向功能、群体支持功能和评价、控制功能，从群体动力视角来测量群体安全规范。刘灿[31]从作业程序的视角出发来测量煤矿生产班组群体安全规范，包括班前准备、接班、作业和交班 4 个维度。程恋军 等[32]和刘晴[33]从计划行为理论的视角，把群体安全规范分为指令性规范和示范性规范（指令性规范是群体态度的体现，示范性规范是群体行为的体现），并分别测量两类规范对工人行为意向的影响。

从计划行为理论的角度出发，指令性规范和示范性规范这两个维度的量表题项得到了广泛应用，并且经验证表明已相对成熟。因此，本书参考程恋军 等[32]和刘晴[33]的研究中设置的指令性规范和示范性规范的测量题项，结合相关专家意见对相关题项进行修改，自行编制了群体安全规范量表，包括 6 个题项，如“我若制止工友的违章或者不安全行为，工友不会因此心怀不满”等。

2）群体沟通。对于群体沟通变量，本书主要参考以往成熟量表，主要是程南[34]在研究群体动力要素对矿工不安全行为的影响时开发的量表，该量表由 4 个题项构成，如“工作中，我经常和同事分享安全知识和信息”等。

3）群体安全激励。对于群体安全激励的测量，本书主要参考程南[34]在研究群体动力要素对矿工不安全行为的影响时开发的量表，该量表由4个题项构成，如“对于员工不安全行为，矿上会给予惩罚”等。

（4）不安全行为意向量表

根据福格蒂（Fogarty）等[35]的研究结论，可从可能性和需要性两个方面对行为意向进行测量，这在煤矿领域得到了广泛的实践应用，刘海滨 等[36]在此基础上进一步完善了不安全行为意向量表。本书对不安全行为意向的测量，主要参考刘海滨 等[36]所提出的不安全行为意向量表，包括4个题项，如“我有可能不按作业规程工作”等。

（5）不安全行为量表

对不安全行为的测量，本书在参考王璟[18]、沈小清[37]、程南[34]等学者采用的不安全行为量表相关题项的基础上，通过咨询专家及与煤矿矿工进行交流，对原始题项进行修正或完善，形成了不安全行为初始量表。其中，服从性不安全行为测量由10个题项构成，如“我在工作中没有严格遵守安全规章制度”“我在工作中没有规范使用安全防护设备”等；参与性不安全行为测量由8个题项构成，如“我不积极参加安全会议”“我不积极提出改善企业安全的建议”等。

针对上述变量的初始量表，经过信度检验、内容效度检验、探索性因子分析、验证性因子分析等后得到修正和完善，最终形成了各个正式量表，见表2.2～表2.5。

表2.2　组织行为的正式量表

维度	编号	题项内容
安全责任落实（ZR）	ZR1	我们按矿上要求签订了安全责任书
	ZR2	我明确了自己的安全责任
	ZR3	矿上认真落实了岗位安全责任
安全教育培训（PX）	PX1	矿上会定期进行安全教育培训
	PX2	对新进、转岗和轮岗员工及危险性作业或新设备使用，矿上会提供培训
	PX3	我对矿上的安全教育培训非常满意
	PX4	矿上为我们提供了安全知识和操作技能等方面的教育培训
	PX5	通过矿上开展的安全教育培训，能够使我清晰地辨识出工作中的各种危险
安全监督检查（JC）	JC1	领导会经常提醒员工遵守安全规章制度，对不遵守者给予一定的处罚

续表

维度	编号	题项内容
安全监督检查（JC）	JC2	通过矿上的安全监督检查，能够发现现场存在的各种风险
	JC3	矿上经常开展现场安全监督检查并如实记录检查结果
	JC4	矿上对安全隐患能够做到及时整改
安全资金投入（TR）	TR1	矿上有专门的资金用于购买安全设备、设施
	TR2	矿上有专门的资金用于为员工购买劳动防护用品
	TR3	矿上有专门的资金用于员工安全奖励
安全事故管理（SG）	SG1	事故发生后，矿上各级部门按流程及时汇报了事故情况
	SG2	根据事故调查结果，矿上进行了公正的处理和赔偿
	SG3	针对事故暴露出的问题，矿上进行了深刻的事故总结分析
	SG4	矿上配备了足够的应急救援物资和设备
	SG5	矿上定期组织了事故应急救援演练

表2.3　群体安全行为的正式量表

维度	编号	题项内容
群体安全规范（GF）	GF1	我周围大多数人认为应该实施安全行为
	GF2	我若制止工友的违章或者不安全行为，工友不会因此心怀不满
	GF3	我若在安全方面表现出积极主动性，会得到工友和领导的赞赏和推崇
	GF4	我经常被自己喜欢或崇拜的人的行为所感染
	GF5	我会经常参考其他工友的群体行为
群体沟通（GT）	GT1	工作中，我经常和同事分享安全知识和信息
	GT2	我经常和领导沟通我的工作
	GT3	生活中，我经常和同事情感互动、沟通交流
	GT4	我所在的工作群体拥有一个良好的沟通交流氛围
群体安全激励（JL）	JL1	矿上有完善的安全绩效考核制度
	JL2	矿上经常开展安全评比活动，对安全表现进行奖励
	JL3	班组长或其他管理人员会经常表扬我们的安全行为
	JL4	对于员工不安全行为，矿上会给予惩罚

表 2.4 不安全行为意向的正式量表

维度	编号	题项内容
不安全行为意向（YX）	YX1	我有可能不按作业规程工作
	YX2	我有可能不按要求佩戴或使用劳动防护用品
	YX3	我有可能忽视一些安全警示或预警信息
	YX4	我有可能在无安全技术措施的情形下工作

表 2.5 不安全行为的正式量表

维度	编号	题项内容
服从性不安全行为（UUB）	UUB1	我在工作中没有严格遵守安全规章制度
	UUB2	我在工作中没有严格遵守安全操作程序
	UUB3	我在工作中没有严格执行安全生产指令
	UUB4	我有时没有考虑安全而冒险作业
	UUB5	我在工作中没有规范使用劳动防护用品
	UUB6	我在工作中没有及时汇报安全工作情况
	UUB7	我在上班前和工作中不酗酒，时刻保持清醒
	UUB8	在工作任务压力大的情况下，我有时会忽视安全
	UUB9	每当完成工作任务时，我很少清理我的工作区域
参与性不安全行为（PUB）	PUB1	我不积极参与安全目标的制定
	PUB2	我不积极参与安全规程的更新、修订
	PUB3	我不积极参加安全会议
	PUB4	我不积极提出改善企业安全的建议
	PUB5	我不积极为同事提供安全支持与帮助，对同事的不安全行为没有及时提醒、制止或纠正
	PUB6	我不积极参与安全目标的修订

2.3.2.2 问卷调查与数据分析

（1）正式调查

本书选取河南某矿业集团下属两个煤矿（E 矿和 N 矿），借助问卷星平台发放调查问卷，调查对象为各煤矿的通风、运输、机电、掘进、综采等多个部门的一线员工、班组长、管理者，共回收问卷 1 286 份。在正式调查过程结束后，通过反向测试题、答题时间控制等方法对原始问卷数据进行筛选，以尽可能删除回收到的无效问卷数据。同时，根据阿尔雷克（Alreck）[38]的建议，对于连续 5 道题打分一致的情况也视为无效问卷并排除掉。最终，本次调查筛选出无效问卷共计 214 份，有效问卷为通过正式调查得到的 1 072 份，有效问卷回收率为 83.36%。调查对象基本资料统计结果见表 2.6。

表 2.6 调查对象基本资料统计结果

人口统计学变量	统计类别	问卷数量/份	百分比/%	累计百分比/%
年龄	30 岁及以下	223	20.8	20.8
	31～40 岁	530	49.4	70.2
	41～50 岁	200	18.7	88.9
	51 岁及以上	119	11.1	100
学历	小学及以下	39	3.6	3.6
	初中	152	14.2	17.8
	高中及中专	503	46.9	64.7
	大专	244	22.8	87.5
	本科及以上	134	12.5	100
工龄	1 年及以下	46	4.3	4.3
	2～3 年	89	8.3	12.6
	4～6 年	111	10.4	22.9
	7～9 年	242	22.6	45.5
	10 年及以上	584	54.5	100

（2）正式量表检验

1）正态性检验。对于收集的调查数据，需首先开展正态性检验，这是对调查数据进行深入分析的前提。表征调查数据符合正态性分布的常用指标有峰度和偏度，当调查数据的偏度系数和峰度系数绝对值小于 2 时，则调查数据大体上是服从正态分布的。运用 SPSS 22.0 软件，对本书中所涉及变量中的测量题项进行偏度和峰度检验，检验结果见表 2.7。结果表明，正式调查获取的样本数据近似服从正态分布。

表 2.7 偏度和峰度检验结果

量表	分量表	题项	偏度		峰度	
			统计量	标准误	统计量	标准误
组织行为	安全责任落实	ZR1	−1.113	0.075	0.346	0.149
		ZR2	−1.226	0.075	0.395	0.149
		ZR3	−1.297	0.075	0.788	0.149
	安全教育培训	PX1	−1.103	0.075	0.724	0.149
		PX2	−1.112	0.075	0.529	0.149
		PX3	−1.014	0.075	0.274	0.149
		PX4	−1.033	0.075	0.522	0.149
		PX5	−1.112	0.075	0.520	0.149
	安全监督检查	JC1	−1.171	0.075	0.764	0.149
		JC2	−1.156	0.075	0.607	0.149
		JC3	−0.996	0.075	0.190	0.149
		JC4	−1.079	0.075	0.505	0.149
	安全资金投入	TR1	−1.122	0.075	0.078	0.149
		TR2	−1.072	0.075	0.094	0.149
		TR3	−1.047	0.075	−0.089	0.149
	安全事故管理	SG1	−1.358	0.075	1.096	0.149
		SG2	−1.502	0.075	1.573	0.149
		SG3	−1.451	0.075	1.348	0.149
		SG4	−1.540	0.075	1.756	0.149
		SG5	−1.414	0.075	1.331	0.149
群体安全行为	群体安全规范	GF1	−0.719	0.075	−0.806	0.149
		GF2	−0.947	0.075	−0.221	0.149
		GF3	−0.939	0.075	−0.232	0.149
		GF4	−0.876	0.075	−0.476	0.149
		GF5	−0.923	0.075	−0.306	0.149

续表

量表	分量表	题项	偏度		峰度	
			统计量	标准误	统计量	标准误
群体安全行为	群体沟通	GT1	−0.891	0.075	−0.367	0.149
		GT2	−0.852	0.075	−0.437	0.149
		GT3	−0.863	0.075	−0.388	0.149
		GT4	−0.883	0.075	−0.444	0.149
	群体安全激励	JL1	−1.102	0.075	0.256	0.149
		JL2	−1.103	0.075	0.252	0.149
		JL3	−0.993	0.075	−0.098	0.149
		JL4	−1.090	0.075	0.213	0.149
不安全行为意向	—	YX1	0.094	0.075	−1.459	0.149
		YX2	0.118	0.075	−1.441	0.149
		YX3	0.121	0.075	−1.449	0.149
		YX4	0.090	0.075	−1.463	0.149
不安全行为	服从性不安全行为	UUB1	0.534	0.075	−0.782	0.149
		UUB2	0.611	0.075	−0.675	0.149
		UUB3	0.604	0.075	−0.706	0.149
		UUB4	0.529	0.075	−0.811	0.149
		UUB5	0.549	0.075	−0.803	0.149
		UUB6	0.457	0.075	−0.788	0.149
		UUB7	0.574	0.075	−0.836	0.149
		UUB8	0.478	0.075	−1.020	0.149
		UUB9	0.256	0.075	−1.120	0.149
	参与性不安全行为	PUB1	0.569	0.075	−0.622	0.149
		PUB2	0.476	0.075	−0.768	0.149
		PUB3	0.658	0.075	−0.542	0.149
		PUB4	0.537	0.075	−0.739	0.149
		PUB5	0.475	0.075	−0.794	0.149
		PUB6	0.322	0.075	−1.348	0.149

2）信度检验。本书根据总量表和分量表的信度值来判断量表的可靠度和稳定性。具体而言，以总量表的信度值即克隆巴赫系数（Cronbach's α）值应不低于0.7、分量表的信度值应不低于0.6作为量表信度检验的判断标准。相关变量的正式量表信度检验结果见表2.8，各个变量的Cronbach's α值均大于0.7，说明正式调查量表的信度较好。

表2.8　信度检验结果

量表名	题项数	Cronbach's α值
组织行为	20	0.915
群体安全行为	13	0.888
不安全行为意向	4	0.952
不安全行为	15	0.940

3）效度检验。本书首先对量表数据进行因子分析适用性检验，即抽样适合性（Kaiser-Meyer-Olkin，KMO）检验和巴特莱特（Bartlett）球形检验，当二者满足要求时方可进行因子分析，检验结果见表2.9，各量表的KMO检验值均大于0.7，Bartlett球形检验的p值均达到显著性水平（$p = 0.000$），且卡方值较大，说明正式调查量表数据适合做因子分析。

表2.9　KMO检验和Bartlett球形检验结果

量表名	KMO检验	Bartlett球形检验		
		近似卡方（χ^2）	*df*	Sig.
组织行为	0.910	13 941.583	136	0.000
群体安全行为	0.902	12 160.475	78	0.000
不安全行为意向	0.875	4 387.024	6	0.000
不安全行为	0.934	13 417.724	105	0.000

①组织行为量表验证性因子分析。对组织行为变量做验证性因子分析，并结合拟合优度指标及判断标准对适配性进行判断，模型拟合的各类指标见表2.10。可见，各项指标均符合要求，反映了组织行为的5个维度因子结构及其量表具有科学性和合理性。组织行为量表验证性因子分析结构如图2.5所示。

表2.10　组织行为量表模型拟合的各类指标

拟合指标	判断标准	评价结果	适配性判断
χ^2/df	[1,5]	2.289	是

续表

拟合指标	判断标准	评价结果	适配性判断
RMR	< 0.05	0.026	是
GFI	> 0.9	0.967	是
IFI	> 0.9	0.987	是
TLI	> 0.9	0.984	是
CFI	> 0.9	0.987	是
PNFI	> 0.7	0.823	是
PCFI	> 0.7	0.831	是
RMSEA	< 0.08	0.035	是

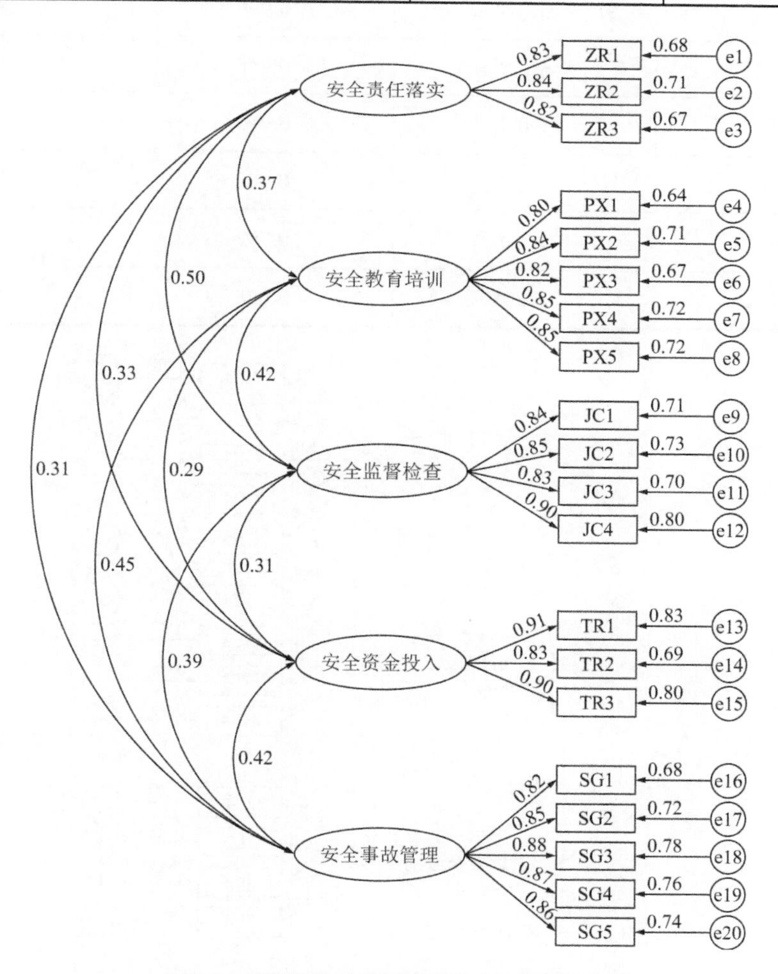

图2.5　组织行为量表验证性因子分析结构

②群体安全行为量表验证性因子分析。对群体安全行为变量做验证性因子分析，并结合拟合优度指标及判断标准对适配性进行判断，模型拟合的各类指标见表 2.11。可见，各项指标均符合要求，反映了群体安全行为的 3 个维度因子结构及其量表具有科学性和合理性。群体安全行为量表验证性因子分析结构如图 2.6 所示。

表 2.11 群体安全行为量表模型拟合的各类指标

拟合指标	判断标准	评价结果	适配性判断
χ^2/df	[1,5]	1.819	是
RMR	<0.05	0.027	是
GFI	>0.9	0.984	是
IFI	>0.9	0.996	是
TLI	>0.9	0.995	是
CFI	>0.9	0.996	是
PNFI	>0.7	0.788	是
PCFI	>0.7	0.792	是
RMSEA	<0.08	0.028	是

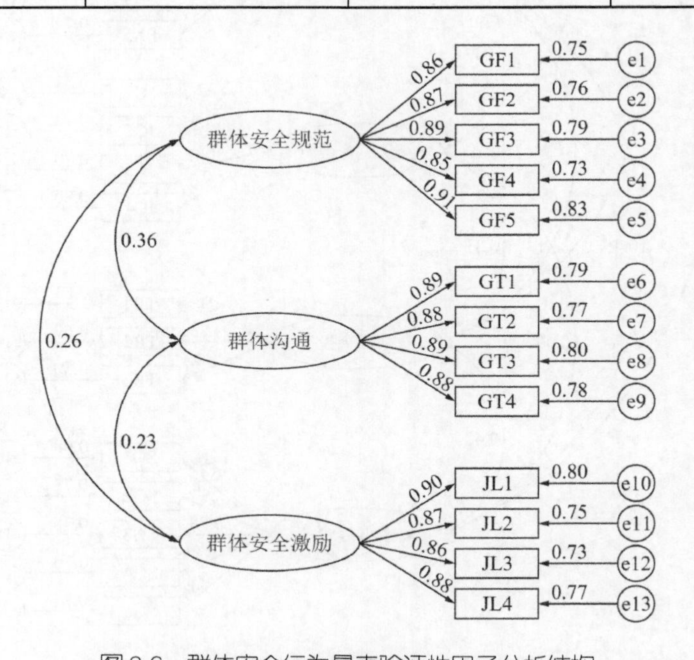

图 2.6 群体安全行为量表验证性因子分析结构

③不安全行为意向量表的验证性因子分析。对不安全行为意向变量做验证性因子分析，并结合拟合优度指标及判断标准对适配性进行判断，模型拟合的各类指标见表2.12。可见，各项指标均符合要求，反映了不安全行为意向的结构及其量表具有科学性和合理性。不安全行为意向量表验证性因子分析结构如图2.7所示。

表2.12　不安全行为意向量表模型拟合的各类指标

拟合指标	判断标准	评价结果	适配性判断
χ^2/df	[1,5]	1.171	是
RMR	< 0.05	0.006	是
GFI	> 0.9	0.999	是
IFI	> 0.9	0.995	是
CFI	> 0.9	0.992	是
RFI	> 0.9	0.998	是
RMSEA	< 0.08	0.013	是

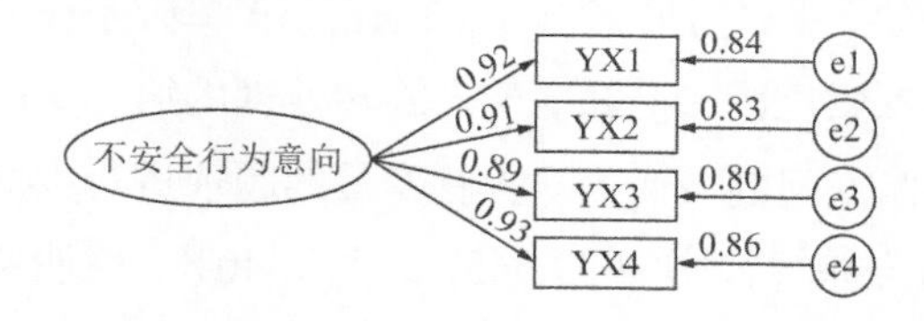

图2.7　不安全行为意向量表验证性因子分析结构

④不安全行为量表验证性因子分析。对不安全行为变量做验证性因子分析，并结合拟合优度指标及判断标准对适配性进行判断，模型拟合的各类指标见表2.13。可见，各项指标均符合要求，反映了不安全行为的 2 个维度因子结构及其量表具有科学性和合理性。不安全行为量表验证性因子分析结构如图2.8所示。

表2.13　不安全行为量表模型拟合的各类指标

拟合指标	判断标准	评价结果	适配性判断
IFI	> 0.9	0.920	是
TLI	> 0.9	0.906	是
CFI	> 0.9	0.920	是
PNFI	> 0.7	0.775	是
PCFI	> 0.7	0.780	是

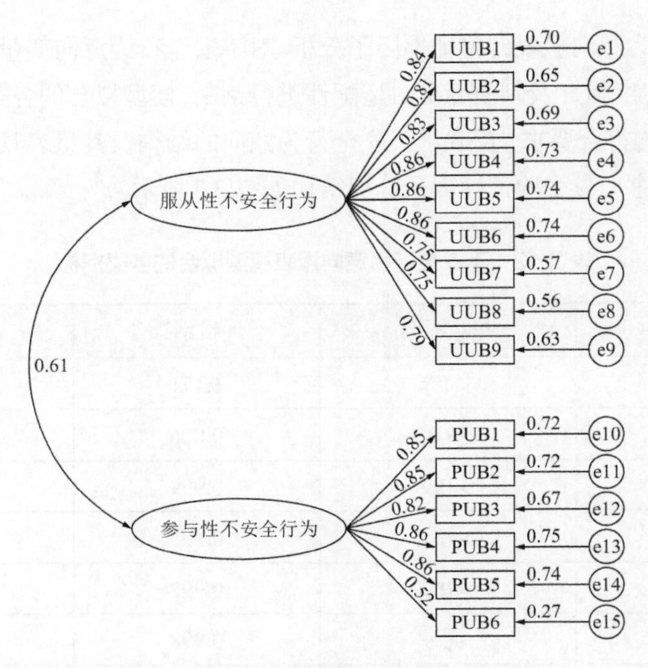

图2.8　不安全行为量表验证性因子分析结构

4）共同方法偏差检验。本书采用哈曼（Harman）单因子检验方法检验共同方法偏差问题，对所有题项做探索性因子分析，若未旋转处理的第一个因子的方差解释率低于40%，则说明共同方法偏差问题可接受。所有变量的题项进行共同方法偏差检验结果见表2.14，第一个因子的方差解释率为33.645%，低于40%，说明共同方法偏差问题在可接受范围内。

表2.14　共同方法偏差检验结果 %

成分	初始特征值			提取载荷平方和		
	总计	方差	方差解释率	总计	方差	方差解释率
1	17.495	33.645	33.645	17.495	33.645	33.645
2	3.747	7.206	40.850	3.747	7.206	40.850
3	2.833	5.448	46.298	2.833	5.448	46.298
4	2.752	5.293	51.591	2.752	5.293	51.591
5	2.556	4.915	56.506	2.556	4.915	56.506
6	2.338	4.496	61.002	2.338	4.496	61.002
7	2.221	4.270	65.272	2.221	4.270	65.272
8	1.968	3.784	69.057	1.968	3.784	69.057

续表

成分	初始特征值			提取载荷平方和		
	总计	方差	方差解释率	总计	方差	方差解释率
9	1.766	3.396	72.453	1.766	3.396	72.453
10	1.685	3.240	75.693	1.685	3.240	75.693
11	1.422	2.734	78.427	1.422	2.734	78.427

（3）变量描述性统计分析

1）组织行为量表描述性统计分析。组织行为量表描述性统计分析见表 2.15。可见，5 个维度中，安全事故管理的均值最高，均值为 4.215；其次是安全责任落实，均值为 4.108；安全资金投入最低，为 3.956。组织行为的各维度测量题项的均值差异不大。

表 2.15　组织行为量表描述性统计分析

维度	均值	标准差	题项	均值	标准差
安全责任落实	4.108	1.034	ZR1	4.050	1.158
			ZR2	4.145	1.184
			ZR3	4.128	1.152
安全教育培训	4.093	0.889	PX1	4.102	1.006
			PX2	4.082	1.067
			PX3	4.086	1.028
			PX4	4.069	1.016
			PX5	4.124	1.012
安全监督检查	4.031	0.979	JC1	4.041	1.093
			JC2	4.032	1.123
			JC3	4.042	1.064
			JC4	4.008	1.097
安全资金投入	3.956	1.159	TR1	3.955	1.280
			TR2	3.956	1.233
			TR3	3.955	1.265

续表

维度	均值	标准差	题项	均值	标准差
安全事故管理	4.215	0.950	SG1	4.156	1.100
			SG2	4.259	1.045
			SG3	4.210	1.090
			SG4	4.233	1.071
			SG5	4.216	1.052

2）群体安全行为量表描述性统计分析。群体安全行为量表描述性统计分析见表2.16。可见，3个维度的均值差异不大。其中，群体安全激励的均值最大，均值为3.980；其次是群体安全规范，均值为3.873；群体沟通的均值最低，为3.849。群体安全行为各维度测量题项的均值差异均不大。

表2.16　群体安全行为量表描述性统计分析

维度	均值	标准差	题项	均值	标准差
群体安全规范	3.873	1.140	GF1	3.750	1.331
			GF2	3.890	1.255
			GF3	3.910	1.231
			GF4	3.870	1.283
			GF5	3.950	1.209
群体沟通	3.849	1.147	GT1	3.840	1.266
			GT2	3.830	1.260
			GT3	3.850	1.236
			GT4	3.880	1.245
群体安全激励	3.980	1.066	JL1	3.990	1.166
			JL2	3.970	1.179
			JL3	3.970	1.179
			JL4	3.980	1.173

3）不安全行为意向量表描述性统计分析。不安全行为意向量表描述性统计分析见表2.17。可见，其均值为2.823，在不安全行为意向4个测量题项中均值差异不大。

表2.17　不安全行为意向量表描述性统计分析

维度	均值	标准差	题项	均值	标准差
不安全行为意向	2.823	1.400	YX1	2.830	1.510
			YX2	2.830	1.491
			YX3	2.810	1.494
			YX4	2.820	1.496

4）不安全行为量表描述性统计分析。不安全行为量表描述性统计分析见表2.18。可见，两个维度的均值差异不大。其中，参与性不安全行为的均值略高于服从性不安全行为的均值，两者的均值分别为2.462和2.421。

表2.18　不安全行为量表描述性统计分析

维度	均值	标准差	题项	均值	标准差
服从性不安全行为	2.421	1.056	UUB1	2.380	1.236
			UUB2	2.360	1.246
			UUB3	2.350	1.232
			UUB4	2.350	1.230
			UUB5	2.360	1.205
			UUB6	2.480	1.244
			UUB7	2.380	1.277
			UUB8	2.470	1.326
			UUB9	2.640	1.328
参与性不安全行为	2.462	1.037	PUB1	2.370	1.194
			PUB2	2.420	1.205
			PUB3	2.330	1.206
			PUB4	2.390	1.216
			PUB5	2.480	1.245
			PUB6	2.790	1.488

（4）变量的差异性分析

根据前文对相关变量的描述性统计分析结果，以下考虑不同年龄、学历、工龄人口统计学变量特征对相关变量是否存在差异性影响，采用单因素分析方法来研究相关变量在年龄、学历、工龄人口统计学特征上的差异性。

1）变量在年龄上的差异性分析。将年龄作为独立因素的分组变量，将组织行为的各维度、群体安全行为的各维度、不安全行为意向、不安全行为的各维度作为检验变量，分析各变量在年龄上是否存在显著差异，检验结果见表 2.19。可见，除了安全资金投入在年龄上没有显著差异（$p > 0.05$）之外，其余变量在年龄上的差异均显著。

表 2.19　各变量在年龄上的差异性检验结果

变量	平方和		*df*	均方	*F*	显著性
安全责任落实	组间	58.128	3	19.376	18.664	0.001
	组内	1 108.711	1 068	1.038	—	—
	总计	1 166.838	1 071	—	—	—
安全教育培训	组间	30.602	3	10.201	13.341	0.000
	组内	816.619	1 068	0.765	—	—
	总计	847.220	1 071	—	—	—
安全监督检查	组间	46.496	3	15.499	16.893	0.005
	组内	979.863	1 068	0.917	—	—
	总计	1 026.359	1 071	—	—	—
安全资金投入	组间	61.999	3	20.666	16.022	0.570
	组内	1 377.587	1 068	1.290	—	—
	总计	1 439.586	1 071	—	—	—
安全事故管理	组间	58.561	3	19.520	22.944	0.035
	组内	908.641	1 068	0.851	—	—
	总计	967.201	1 071	—	—	—
群体安全规范	组间	54.157	3	18.052	14.426	0.000
	组内	1 336.429	1 068	1.251	—	—
	总计	1 390.586	1 071	—	—	—
群体沟通	组间	65.866	3	21.955	17.462	0.007

续表

变量		平方和	df	均方	F	显著性
群体沟通	组内	1 342.803	1 068	1.257	—	—
	总计	1 408.670	1 071	—	—	—
群体安全激励	组间	45.755	3	15.252	13.903	0.000
	组内	1 171.564	1 068	1.097	—	—
	总计	1 217.319	1 071	—	—	—
不安全行为意向	组间	186.461	3	62.154	34.723	0.000
	组内	1 911.712	1 068	1.790	—	—
	总计	2 098.173	1 071	—	—	—
服从性不安全行为	组间	139.850	3	46.617	47.181	0.000
	组内	1 055.216	1 068	0.988	—	—
	总计	1 195.066	1 071	—	—	—
参与性不安全行为	组间	185.034	3	61.678	68.202	0.003
	组内	965.843	1 068	0.904	—	—
	总计	1 150.877	1 071	—	—	—
不安全行为	组间	156.137	3	52.046	72.073	0.000
	组内	771.225	1 068	0.722	—	—
	总计	927.362	1 071	—	—	—

2）变量在学历上的差异性分析。将学历作为独立因素的分组变量，将组织行为的各维度、群体安全行为的各维度、不安全行为意向、不安全行为的各维度作为检验变量，分析各变量在学历上是否存在显著差异，检验结果见表2.20。可见，安全监督检查和安全资金投入在学历上无显著差异，其余变量在学历上均有显著差异。

表2.20　各变量在学历上的差异性检验结果

变量		平方和	df	均方	F	显著性
安全责任落实	组间	85.917	4	21.479	21.203	0.000
	组内	1 080.922	1 067	1.013	—	—
	总计	1 166.838	1 071	—	—	—

续表

变量		平方和	*df*	均方	*F*	显著性
安全教育培训	组间	26.456	4	6.614	8.598	0.023
	组内	820.765	1 067	0.769	—	—
	总计	847.220	1 071	—	—	—
安全监督检查	组间	55.151	4	13.788	15.148	0.482
	组内	971.208	1 067	0.910	—	—
	总计	1 026.359	1 071	—	—	—
安全资金投入	组间	180.408	4	45.102	38.218	0.150
	组内	1 259.178	1 067	1.180	—	—
	总计	1 439.586	1 071	—	—	—
安全事故管理	组间	69.940	4	17.485	20.793	0.008
	组内	897.262	1 067	0.841	—	—
	总计	967.201	1 071	—	—	—
群体安全规范	组间	120.235	4	30.059	25.247	0.006
	组内	1 270.351	1 067	1.191	—	—
	总计	1 390.586	1 071	—	—	—
群体沟通	组间	64.430	4	16.107	12.785	0.000
	组内	1 344.240	1 067	1.260	—	—
	总计	1 408.670	1 071	—	—	—
群体安全激励	组间	99.171	4	24.793	23.659	0.009
	组内	1 118.148	1 067	1.048	—	—
	总计	1 217.319	1 071	—	—	—
不安全行为意向	组间	205.467	4	51.367	28.958	0.002
	组内	1 892.707	1 067	1.774	—	—
	总计	2 098.173	1 071	—	—	—
服从性不安全行为	组间	214.333	4	53.583	58.296	0.000
	组内	980.733	1 067	0.919	—	—
	总计	1 195.066	1 071	—	—	—

续表

变量		平方和	df	均方	F	显著性
参与性不安全行为	组间	223.814	4	55.953	64.399	0.000
	组内	927.063	1 067	0.869	—	—
	总计	1 150.877	1 071	—	—	—
不安全行为	组间	217.926	4	54.481	81.941	0.000
	组内	709.436	1 067	0.665	—	—
	总计	927.362	1 071	—	—	—

3）变量在工龄上的差异性分析。将工龄作为独立因素的分组变量，将组织行为的各维度、群体安全行为的各维度、不安全行为意向、不安全行为的各维度作为检验变量，分析各变量在工龄上是否存在显著差异，检验结果见表2.21。可见，安全事故管理在工龄上差异不显著，其余变量在工龄上差异均显著。

表2.21 各变量在工龄上的差异性检验结果

变量		平方和	df	均方	F	显著性
安全责任落实	组间	25.306	4	6.326	5.913	0.000
	组内	1 141.532	1 067	1.070	—	—
	总计	1 166.838	1 071	—	—	—
安全教育培训	组间	9.960	4	2.490	3.173	0.033
	组内	837.260	1 067	0.785	—	—
	总计	847.220	1 071	—	—	—
安全监督检查	组间	18.929	4	4.732	5.012	0.051
	组内	1 007.430	1 067	0.944	—	—
	总计	1 026.359	1 071	—	—	—
安全资金投入	组间	90.781	4	22.695	17.954	0.000
	组内	1 348.805	1 067	1.264	—	—
	总计	1 439.586	1 071	—	—	—
安全事故管理	组间	44.126	4	11.032	12.752	0.290
	组内	923.075	1 067	0.865	—	—

续表

变量		平方和	*df*	均方	*F*	显著性
安全事故管理	总计	967.201	1 071	—	—	—
群体安全规范	组间	56.941	4	14.235	11.389	0.000
	组内	1 333.645	1 067	1.250	—	—
	总计	1 390.586	1 071	—	—	—
群体沟通	组间	60.730	4	15.183	12.018	0.000
	组内	1 347.939	1 067	1.263	—	—
	总计	1 408.670	1 071	—	—	—
群体安全激励	组间	58.334	4	14.583	13.426	0.022
	组内	1 158.985	1 067	1.086	—	—
	总计	1 217.319	1 071	—	—	—
不安全行为意向	组间	145.682	4	36.421	10.903	0.000
	组内	1 952.491	1 067	1.830	—	—
	总计	2 098.173	1 071	—	—	—
服从性不安全行为	组间	207.872	4	51.968	56.169	0.000
	组内	987.194	1 067	0.925	—	—
	总计	1 195.066	1 071	—	—	—
参与性不安全行为	组间	195.050	4	48.762	54.434	0.016
	组内	955.827	1 067	0.896	—	—
	总计	1 150.877	1 071	—	—	—
不安全行为	组间	201.642	4	50.410	74.117	0.000
	组内	725.720	1 067	0.680	—	—
	总计	927.362	1 071	—	—	—

（5）相关性分析

采用皮尔逊（Pearson）相关性分析来分析变量之间的相关程度，各变量之间的相关性分析结果如图 2.9 所示。其中，“*”表示变量之间相关性的显著性水平p小于 0.05。

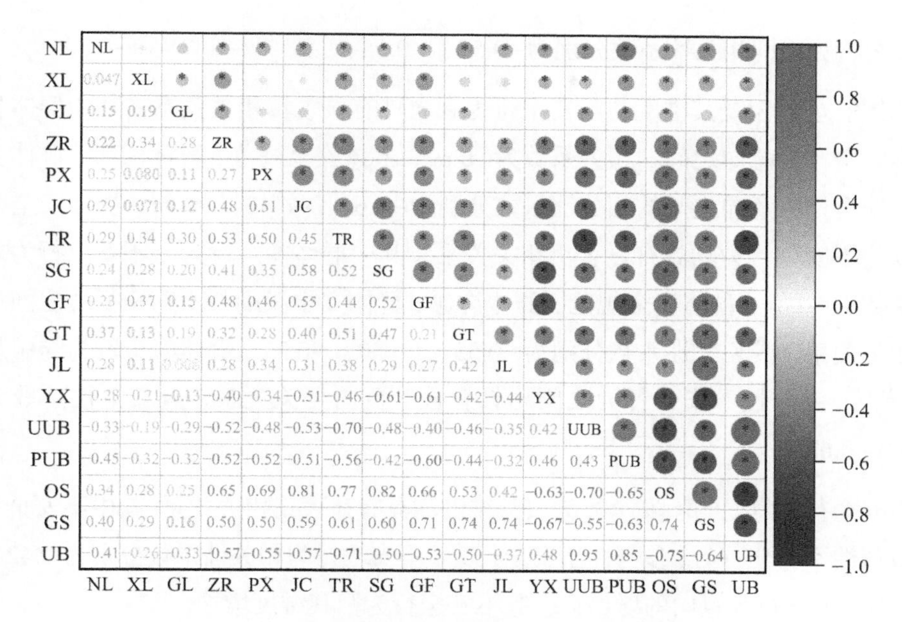

图 2.9　各变量之间的相关性分析结果

由图 2.9 可知，被调查者个人信息包括年龄（NL）、学历（XL）和工龄（GL），其中年龄与服从性不安全行为、参与性不安全行为、不安全行为之间均具有负向相关关系，其相关性系数分别为−0.33、−0.45、−0.41，即年龄的增加会引起不安全行为及其维度降低。学历与服从性不安全行为、参与性不安全行为、不安全行为之间均具有负向相关关系，其相关性系数分别为−0.19、−0.32、−0.26，即随着学历升高，员工的服从性不安全行为、参与性不安全行为、不安全行为水平会下降。工龄与服从性不安全行为、参与性不安全行为、不安全行为之间均具有负向相关关系，其相关性系数分别为−0.29、−0.32、−0.33，即工龄越长的员工，其服从性不安全行为、参与性不安全行为、不安全行为水平下降。因此，本书的假设 H01、H02、H03、H01-1、H01-2、H02-1、H02-2、H03-1、H03-2 得到支持。

组织行为及其维度与群体安全行为均具有显著正相关关系。具体而言，组织行为与群体安全行为的相关系数为 0.74，安全责任落实、安全教育培训、安全监督检查、安全资金投入、安全事故管理与群体安全行为之间相关性系数分别为 0.50、0.50、0.59、0.61 和 0.60。组织行为及其维度与不安全行为意向均具有显著负相关关系。具体而言，组织行为与不安全行为意向具有显著的负相关关系，相关系数为−0.63，安全责任落实、安全教育培训、安全监督检查、安全资金投入、安全事故管理与不安全行为意向之间相关性系数分别为−0.40、−0.34、−0.51、−0.46 和−0.61。组织行为及其维度与不安全行为之间均具有显著负相关关系。具体而言，组织行为与不安全行为之间的相关系数为−0.75，安全责任落实、安全教育培训、安全监督检查、安全资金投入、安全事故管理与不安全行为之间相关性系数分别为−0.57、−0.55、−0.57、−0.71 和−0.50。

群体安全行为及其维度与不安全行为意向具有显著负相关关系，其中群体安全行为与不安全行为意向之间的相关系数为−0.67，群体安全规范、群体沟通、群体安全激励与不安全行为意向之间的相关性系数分别为−0.61、−0.42、−0.44。群体安全行为及其维度与不安全行为均具有显著负相关关系，其中群体安全行为与不安全行为之间的相关系数为−0.64，群体安全规范、群体沟通、群体安全激励与不安全行为之间均具有负向相关关系，其相关性系数分别为−0.53、−0.50、−0.37。群体安全行为与服从性不安全行为、参与性不安全行为之间均具有显著负向相关关系，其相关性系数分别为−0.55、−0.63。

不安全行为意向与不安全行为及其维度均具有显著正相关关系，其中不安全行为意向与服从性不安全行为、参与性不安全行为、不安全行为相关性系数分别为 0.42、0.46、0.48，即不安全行为意向的增加会引起不安全行为及其维度增加。

2.3.3 进行模型验证

接下来，采用层次回归分析方法来分析各变量之间的影响关系。文献调查表明，煤矿工人的人口统计学变量（年龄、学历和工龄）能够影响其不安全行为的产生。因此，本书将年龄、学历和工龄作为控制变量引入回归模型，以排除这些变量对煤矿工人不安全行为潜在影响的干扰，从而提高模型的可信度。

2.3.3.1 驱动效应分析

（1）驱动机制中各变量之间影响关系的回归分析

1）组织行为对个体不安全行为的作用分析。组织行为及其维度对个体不安全行为作用的回归分析结果见表 2.22。模型 1 表示以不安全行为作为因变量，以年龄、学历、工龄为控制变量的基础模型，结果表明，年龄、学历、工龄对不安全行为均具有显著的负向影响关系。因此，假设 H01、H02、H03 得到支持。在模型 1 的基础上分别加入自变量组织行为和组织行为各维度，得到模型 2 和模型 3，结果表明，组织行为对个体不安全行为具有显著的负向影响关系，回归系数（β）为−0.452；组织行为的 5 个维度对不安全行为均具有显著的负向影响作用且影响作用存在差异性，其中安全责任落实、安全教育培训、安全监督检查、安全资金投入、安全事故管理对不安全行为具有显著的负向影响，β分别为−0.087、−0.126、−0.147、−0.170、−0.127，说明安全资金投入对不安全行为的影响作用最大，其次为安全监督检查，而安全责任落实对不安全行为的影响作用最小。因此，假设 H1 得到支持。

表 2.22　组织行为及其维度对个体不安全行为作用的回归分析结果

因变量		不安全行为		
		模型 1	模型 2	模型 3
控制变量	年龄	−0.336***	−0.220***	−0.220***
	学历	−0.303***	−0.199***	−0.197***
	工龄	−0.324***	−0.258***	−0.253***
自变量	组织行为	—	−0.452***	—
	安全责任落实	—	—	−0.087***
	安全教育培训	—	—	−0.126***
	安全监督检查	—	—	−0.147***
	安全资金投入	—	—	−0.170***
	安全事故管理	—	—	−0.127***
拟合指标	R	0.384	0.554	0.557
	R^2	0.383	0.553	0.554
	F	222.297***	331.645***	167.314***

注：***代表$p < 0.001$；**代表$p < 0.01$；*代表$p < 0.05$。

组织行为及其维度对个体不安全行为的各个维度（对服从性不安全行为和参与性不安全行为）作用的回归分析结果见表 2.23。模型 1 表示以服从性不安全行为作为因变量，以年龄、学历、工龄为控制变量的基础模型，结果表明，年龄、学历、工龄对服从性不安全行为均具有显著的负向影响关系。因此，假设 H01-1、H02-1、H03-1 得到支持。在模型 1 的基础上分别加入自变量组织行为和组织行为各维度，得到模型 2 和模型 3，结果表明，组织行为对服从性不安全行为具有显著的负向影响关系，β为−0.404；组织行为的 5 个维度对服从性不安全行为均具有显著的负向影响作用且影响作用存在差异性，其中安全责任落实、安全教育培训、安全监督检查、安全事故管理对服从性不安全行为均具有显著的负向影响，β分别为−0.077、−0.120、−0.126、−0.107，说明安全监督检查对服从性不安全行为的影响作用最大，其次为安全事故管理，安全责任落实对服从性不安全行为的影响作用最小，而安全资金投入对服从性不安全行为的负向影响作用不显著。因此，假设 H1-1 得到部分支持。

模型 4、模型 5 和模型 6 是组织行为及其各维度对参与性不安全行为作用的回归分析结果。模型 4 是以参与性不安全行为作为因变量，以年龄、学历、工龄为控制变量的基础模型，结果表明，年龄、学历、工龄对参与性不安全行为均具有显著的负向影响关系。因此，假设 H01-2、H02-2、H03-2 得到支持。在模型 4 的基础上分别加入自变量组织行为和组织行为各维度得到模型 5 和模型 6，结果表明，组织行为对参与性不安全行为具有显著的负向影响关系，β为−0.404；组织行为的 5 个维度对参与性不安全行为均具有负向影响作用且影响作用存在差异性，其中安全责任落实、安全教育培训、安全监督检查、安全资金投入对参与性不安全行为具有显著的负向影响，β分别为−0.077、−0.120、−0.126、−0.147，说明安全资金投入对参与性不安全行为的影响作用最大，其次为安全监督检查，安全责任落实对参与性不安全行为的影响作用最小，而安全事故管理对参与性不安全行为的负向影响作用不显著，β为−0.107。因此，假设 H1-2 得到部分支持。

表 2.23　组织行为及其维度对个体不安全行为各维度作用的回归分析结果

因变量		服从性不安全行为			参与性不安全行为		
		模型 1	模型 2	模型 3	模型 4	模型 5	模型 6
控制变量	年龄	−0.269***	−0.165***	−0.165***	−0.343***	−0.241***	−0.241***
	学历	−0.263***	−0.170***	−0.167***	−0.278***	−0.187***	−0.185***
	工龄	−0.293***	−0.234***	−0.230***	−0.279***	−0.222***	−0.218***
自变量	组织行为	—	−0.404***	—	—	−0.396***	—
	安全责任落实	—	—	−0.077**	—	—	−0.077**
	安全教育培训	—	—	−0.107***	—	—	−0.120***
	安全监督检查	—	—	−0.134***	—	—	−0.126***
	安全资金投入	—	—	−0.067	—	—	−0.147***
	安全事故管理	—	—	−0.117***	—	—	−0.107
拟合指标	R	0.532	0.648	0.650	0.579	0.683	0.685
	R^2	0.283	0.419	0.422	0.336	0.467	0.469
	F	140.776***	192.637***	97.07***	179.948***	233.292***	117.195***

注：***代表$p < 0.001$；**代表$p < 0.01$；*代表$p < 0.05$。

2）组织行为对群体安全行为的作用分析。组织行为及其维度对群体安全行为作用的回归分析结果见表 2.24。模型 1 表示以群体安全行为作为因变量，以年龄、学历、工龄作为控制变量的基础模型，模型 2 和模型 3 表示在模型 1 中分别加入自变量组织行为和组织行为各维度，结果表明，组织行为能够显著正向影响群体安全行为（$\beta = 0.376$，$p < 0.001$）。因此，假设 H2 得到支持。组织行为的 5 个维度，即安全责任落实（$\beta = 0.075$，

$p < 0.05$）、安全教育培训（$\beta = 0.061$，$p < 0.05$）、安全监督检查（$\beta = 0.124$，$p < 0.001$）、安全资金投入（$\beta = 0.123$，$p < 0.001$）、安全事故管理（$\beta = 0.162$，$p < 0.001$）对群体安全行为均具有显著的正向影响作用且各维度对群体安全行为的影响作用不同，其中安全事故管理维度对群体安全行为的影响作用最大，其次为安全监督检查，而安全教育培训对群体安全行为的影响作用最小。因此，假设 H2 得到支持。

表 2.24　组织行为及其维度对群体安全行为作用的回归分析结果

因变量		群体安全行为		
		模型 1	模型 2	模型 3
控制变量	年龄	0.227***	0.130***	0.129***
	学历	0.223***	0.136***	0.132***
	工龄	0.197***	0.142***	0.137***
自变量	组织行为	—	0.376***	—
	安全责任落实	—	—	0.075*
	安全教育培训	—	—	0.061*
	安全监督检查	—	—	0.124***
	安全资金投入	—	—	0.123***
	安全事故管理	—	—	0.162***
拟合指标	R	0.415	0.539	0.542
	R^2	0.172	0.290	0.294
	F	74.08***	109.030***	55.294***

注：***代表$p < 0.001$；**代表$p < 0.01$；*代表$p < 0.05$。

组织行为及其维度对群体安全行为各维度作用的回归分析结果见表 2.25。模型 1 表示以群体安全规范为因变量，以年龄、学历、工龄为控制变量的基础模型，结果表明，年龄、学历、工龄对群体安全规范均具有显著的正向影响关系。在模型 1 的基础上分别加入自变量组织行为和组织行为各维度得到模型 2 和模型 3，结果表明，组织行为对群体安全规范具有显著的正向影响关系（$\beta = 0.299$，$p < 0.001$）。因此，假设 H2 得到支持。组织行为的 5 个维度中，安全责任落实（$\beta = 0.080$，$p < 0.05$）、安全监督检查（$\beta = 0.113$，$p < 0.001$）、安全资金投入（$\beta = 0.088$，$p < 0.01$）、安全事故管理（$\beta = 0.107$，$p < 0.001$）对群体安全规范均具有显著的正向影响作用，其中安全监督检查对群体安全规范的影响水平最高，其次为安全事故管理，安全责任落实的影响最小，而安全教育培训对群体安全规范的影响作用不显著。因此，假设 H2-1 得到部分支持。

表 2.25　组织行为及其维度对群体安全行为各维度作用的回归分析结果

因变量		群体安全规范			群体沟通			群体安全激励		
		模型 1	模型 2	模型 3	模型 4	模型 5	模型 6	模型 7	模型 8	模型 9
控制变量	年龄	0.158***	0.081**	0.080**	0.180***	0.107***	0.109***	0.161***	0.091**	0.089**
	学历	0.189***	0.120***	0.116***	0.145***	0.080**	0.075**	0.147***	0.085**	0.084**
	工龄	0.143***	0.099***	0.096***	0.144***	0.103***	0.094***	0.147***	0.108***	0.107***
自变量	组织行为	—	0.299***	—	—	0.283***	—	—	0.270***	—
	安全责任落实	—	—	0.080*	—	—	−0.001	—	—	0.097**
	安全教育培训	—	—	0.049	—	—	0.017	—	—	0.089**
	安全监督检查	—	—	0.113***	—	—	0.112***	—	—	0.044
	安全资金投入	—	—	0.088**	—	—	0.113***	—	—	0.074*
	安全事故管理	—	—	0.107***	—	—	0.166***	—	—	0.089**
拟合指标	R	0.315	0.417	0.420	0.302	0.398	0.411	0.292	0.382	0.384
	R^2	0.099	0.174	0.176	0.091	0.158	0.169	0.085	0.146	0.147
	F	39.171***	56.109***	28.379***	35.831***	50.120***	27.080***	33.187***	45.536***	22.923***

注：***代表$p < 0.001$；**代表$p < 0.01$；*代表$p < 0.05$。

模型 4 表示以群体沟通为因变量，以年龄、学历、工龄为控制变量的基础模型，结果表明，年龄、学历、工龄对群体沟通均具有显著的正向影响关系。在模型 4 的基础上分别加入自变量组织行为和组织行为各维度得到模型 5 和模型 6，结果表明，组织行为对群体沟通具有显著的正向影响关系（$\beta = 0.283$，$p < 0.001$）。因此，假设 H2 得到支持。组织行为的 5 个维度中，安全监督检查（$\beta = 0.112$，$p < 0.001$）、安全资金投入（$\beta = 0.113$，$p < 0.001$）、安全事故管理（$\beta = 0.166$，$p < 0.001$）对群体沟通均具有显著的正向影响作用，其中安全事故管理对群体沟通的影响作用最大，安全监督检查、安全资金投入对群体沟通的影响作用强度基本相同，而安全教育培训和安全责任落实对群体沟通的影响作用不显著。因此，假设 H2-2 得到部分支持。

模型 7 表示以群体安全激励作为因变量，以年龄、学历、工龄为控制变量的基础模型，结果表明，年龄、学历、工龄对安全激励均具有显著的正向影响关系。在模型 7 的基础上分别加入自变量组织行为和组织行为各维度得到模型 8 和模型 9，结果表明，组织行为对群体安全激励具有显著的正向影响关系（$\beta = 0.270$，$p < 0.001$）。因此，假设

H2 得到支持。组织行为的 5 个维度中，安全责任落实（$\beta = 0.097$，$p < 0.001$）、安全教育培训（$\beta = 0.089$，$p < 0.001$）、安全资金投入（$\beta = 0.074$，$p < 0.001$）、安全事故管理（$\beta = 0.089$，$p < 0.001$）对群体安全激励均具有显著的正向影响作用，这 4 个维度对群体安全激励的影响作用强度差别不大，其中安全责任落实对群体安全激励的影响作用强度相对较大，安全资金投入对群体安全激励的影响作用相对较小，而安全监督检查对群体安全激励的影响作用不显著。因此，假设 H2-3 得到部分支持。

3）群体安全行为对个体不安全行为的作用分析。群体安全行为及其各维度对个体不安全行为作用的回归分析结果见表 2.26。模型 1 表示以不安全行为作为因变量，以年龄、学历、工龄为控制变量的基础模型。在模型 1 的基础上分别加入自变量群体安全行为和群体安全行为各维度得到模型 2 和模型 3，结果表明，群体安全行为对不安全行为具有显著的负向影响关系，β为-0.465，群体安全行为的 3 个维度对不安全行为均具有显著的负向影响作用且影响作用存在差异性，其中群体安全规范、群体沟通、群体安全激励对不安全行为具有显著负向影响，β分别为-0.237、-0.235、-0.192，说明群体安全规范对不安全行为的影响作用最大，其次为群体沟通。因此，假设 H3、H3a、H3b、H3c 均得到支持。

表 2.26　群体安全行为及其各维度对个体不安全行为作用的回归分析结果

因变量		不安全行为		
		模型 1	模型 2	模型 3
控制变量	年龄	-0.336^{***}	-0.231^{***}	-0.226^{***}
	学历	-0.303^{***}	-0.199^{***}	-0.196^{***}
	工龄	-0.324^{***}	-0.232^{***}	-0.228^{***}
自变量	群体安全行为	—	-0.465^{***}	—
	群体安全规范	—	—	-0.237^{***}
	群体沟通	—	—	-0.235^{***}
	群体安全激励	—	—	-0.192^{***}
拟合指标	R	0.384	0.563	0.756
	R^2	0.383	0.562	0.571
	F	222.297^{***}	344.008^{***}	236.307^{***}

注：***代表$p < 0.001$；**代表$p < 0.01$；*代表$p < 0.05$。

群体安全行为及其维度对个体不安全行为的各维度（服从性不安全行为和参与性不安全行为）作用的回归分析结果见表 2.27。模型 1 表示以服从性不安全行为作为因变量，以年龄、学历、工龄为控制变量的基础模型。在模型 1 的基础上分别加入自变量群体安全行为和群体安全行为各维度得到模型 2 和模型 3，结果表明，群体安全行为能够显著负向影响服从性不安全行为（$\beta = -0.426$，$p < 0.001$），且群体安全行为的 3 个维度，即群体安全规范（$\beta = -0.199$，$p < 0.001$）、群体沟通（$\beta = -0.245$，$p < 0.001$）、群体安全激励（$\beta = -0.165$，$p < 0.001$）对服从性不安全行为均具有显著的负向影响作用，且影响作用存在差异性；群体沟通对服从性不安全行为影响最大，其次是群体安全规范，群体安全激励对服从性不安全行为的影响最小。因此，假设 H3a-1、H3b-1、H3c-1 和 H3-1 得到支持。

表 2.27　群体安全行为及其维度对个体不安全行为各维度作用的回归分析结果

因变量		服从性不安全行为			参与性不安全行为		
		模型 1	模型 2	模型 3	模型 4	模型 5	模型 6
控制变量	年龄	-0.269^{***}	-0.173^{***}	-0.167^{***}	-0.343^{***}	-0.254^{***}	-0.251^{***}
	学历	-0.263^{***}	-0.168^{***}	-0.166^{***}	-0.278^{***}	-0.190^{***}	-0.186^{***}
	工龄	-0.293^{***}	-0.209^{***}	-0.205^{***}	-0.279^{***}	-0.202^{***}	-0.199^{***}
自变量	群体安全行为	—	-0.426^{***}	—	—	-0.392^{***}	—
	群体安全规范	—	—	-0.199^{***}	—	—	-0.228^{***}
	群体沟通	—	—	-0.245^{***}	—	—	-0.153^{***}
	群体安全激励	—	—	-0.165^{***}	—	—	-0.178^{***}
拟合指标	R	0.532	0.659	0.665	0.579	0.680	0.685
	R^2	0.283	0.434	0.442	0.336	0.463	0.469
	F	140.776^{***}	204.248^{***}	140.806^{***}	179.948^{***}	229.858^{***}	156.612^{***}

注：***代表$p < 0.001$；**代表$p < 0.01$；*代表$p < 0.05$。

模型 4 是以参与性不安全行为作为因变量，以年龄、学历、工龄为控制变量的基础模型。在模型 4 的基础上分别加入群体安全行为、群体安全行为各维度得到模型 5 和模型 6，结果表明，群体安全行为能够显著负向影响参与性不安全行为（$\beta = -0.392$，$p < 0.001$），且群体安全行为的 3 个维度，即群体安全规范（$\beta = -0.228$，$p < 0.001$）、群体沟通（$\beta = -0.153$，$p < 0.001$）、群体安全激励（$\beta = -0.178$，$p < 0.001$）对参与性不安全行为均具有显著的负向影响作用，且影响作用存在差异性。因此，假设 H3a-2、H3b-2、H3c-2 和 H3-2 得到支持。

同时，也说明群体安全规范对参与性不安全行为影响最大，其次是群体安全激励，而群体沟通对参与性不安全行为的影响最小。

4）不安全行为意向对个体不安全行为的作用分析。不安全行为意向对个体不安全行为及其各维度作用的回归分析结果见表 2.28。模型 1、模型 2 是不安全行为意向对个体不安全行为作用的回归分析结果，模型 3、模型 4 是不安全行为意向对服从性不安全行为作用的回归分析结果，模型 5、模型 6 是不安全行为意向对参与性不安全行为作用的回归分析结果。模型 1、模型 3 和模型 5 均是只包含控制变量的基础模型，在此基础上，以不安全行为意向为自变量加入模型中得到模型 2、模型 4 和模型 6，结果表明，不安全行为意向能够显著正向影响个体不安全行为，β为 0.357。因此，假设 H7 得到支持。不安全行为意向对服从性不安全行为具有显著的正向影响关系，β为 0.332。因此，假设 H7-1 得到支持。不安全行为意向对参与性不安全行为具有显著的正向影响关系，β为 0.294。因此，假设 H7-2 得到支持。同理，假设 H6、H6-1、H6-2 经验证得到支持。

表 2.28 不安全行为意向对个体不安全行为及其各维度作用的回归分析结果

因变量		不安全行为		服从性不安全行为		参与性不安全行为	
		模型 1	模型 2	模型 3	模型 4	模型 5	模型 6
控制变量	年龄	-0.336^{***}	-0.246^{***}	-0.269^{***}	-0.185^{***}	-0.343^{***}	-0.268^{***}
	学历	-0.303^{***}	-0.230^{***}	-0.263^{***}	-0.195^{***}	-0.278^{***}	-0.218^{***}
	工龄	-0.324^{***}	-0.260^{***}	-0.293^{***}	-0.234^{***}	-0.279^{***}	-0.227^{***}
自变量	不安全行为意向	—	0.357^{***}	—	0.332^{***}	—	0.294^{***}
拟合指标	R	0.384	0.700	0.532	0.612	0.579	0.638
	R^2	0.383	0.490	0.283	0.375	0.336	0.407
	F	222.297^{***}	256.387^{***}	140.776^{***}	159.893^{***}	179.948^{***}	183.438^{***}

注：***代表$p < 0.001$；**代表$p < 0.01$；*代表$p < 0.05$。

5）组织行为、群体安全行为对不安全行为意向的作用分析。组织行为及其各维度、群体安全行为及其各维度对不安全行为意向作用的回归分析结果见表 2.29。模型 1 表示以不安全行为意向作为因变量，以年龄、学历、工龄作为控制变量的基础模型，结果表明，年龄、学历、工龄对不安全行为意向均具有显著的负向影响关系。模型 2 和模型 3 表示在模型 1 的基础上分别加入自变量组织行为和组织行为各维度，结果表明，组织行为能够显著、负向影响不安全行为意向（$\beta = -0.383$，$p < 0.001$），且组织行为的 5 个维度，即安全责任落实（$\beta = -0.097$，$p < 0.01$）、安全教育培训（$\beta = -0.096$，$p < 0.01$）、安全监督检查（$\beta = -0.171$，$p < 0.001$）、安全资金投入（$\beta = -0.078$，$p < 0.01$）、安全事故管理（$\beta = -0.112$，$p < 0.001$）对不安全行为意向均具有显著的负向影响关系，其

中安全监督检查对不安全行为意向的影响水平最高，安全事故管理、安全资金投入对不安全行为意向的影响作用最小，因此，假设H5，H5a、H5b、H5c、H5d、H5e得到支持。模型4表示在模型1的基础上加入群体安全行为，结果表明，群体安全行为能够显著负向影响不安全行为意向，β为−0.468。因此，假设H8得到支持。模型5表示在模型1的基础上加入自变量群体安全行为各维度，结果表明，群体安全规范、群体沟通、群体安全激励对不安全行为意向具有显著的负向影响关系，β分别为−0.237、−0.227、−0.193。因此，假设H8a、H8b、H8c得到支持。至此，假设H8、H8a、H8b、H8c均得到支持。

表2.29 组织行为及其各维度、群体安全行为及其各维度对不安全行为意向作用的回归分析结果

因变量		不安全行为意向				
		模型1	模型2	模型3	模型4	模型5
控制变量	年龄	−0.254***	−0.156***	−0.155***	−0.148***	−0.145
	学历	−0.205***	−0.117***	−0.115***	−0.100***	−0.099
	工龄	−0.179***	−0.123***	−0.125***	−0.087**	−0.084
自变量	组织行为	—	−0.383***	—	—	—
	安全责任落实	—	—	−0.097**	—	—
	安全教育培训	—	—	−0.096**	—	—
	安全监督检查	—	—	−0.171***	—	—
	安全资金投入	—	—	−0.078**	—	—
	安全事故管理	—	—	−0.112***	—	—
	群体安全行为	—	—	—	−0.468***	—
	群体安全规范	—	—	—	—	−0.237***
	群体沟通	—	—	—	—	−0.227***
	群体安全激励	—	—	—	—	−0.193***
拟合指标	R	0.411	0.540	0.545	0.592	0.592
	R^2	0.169	0.291	0.297	0.35	0.351
	F	72.284***	109.656***	56.024***	143.584***	96.02***

注：***代表$p < 0.001$；**代表$p < 0.01$；*代表$p < 0.05$。

（2）驱动机制中介效应检验

为了进一步验证上述逐步回归分析的结果以及更好探索不安全行为意向、群体安全行为是如何发挥中介作用的，对相关中介作用开展Bootstrap分析。本书运用SPSS 22.0

的 process 插件功能，根据海斯（Hayes）[39]提出的 Bootstrap 法的模型 4，在 95%置信水平下，选择迭代次数为 5 000 次，观测最终结果。根据 Bootstrap 法计算结果，当自变量影响因变量的间接效应的 95%置信区间不包含 0 时，说明中介效应显著。当自变量影响因变量的直接效应的 95%置信区间包含 0 时，说明中介变量起完全中介作用；反之，直接效应的 95%置信区间不包含 0 时，说明中介变量起部分中介作用。

1）不安全行为意向的中介效应分析。不安全行为意向在组织行为与个体不安全行为之间起中介效应的 Bootstrap 分析结果见表 2.30。间接效应的区间估计值为[−0.255,−0.173]，区间不存在包含 0 的现象，说明组织行为通过个体不安全行为意向对不安全行为影响的中介效应显著。直接效应的区间估计值为[−0.704,−0.568]，区间不存在包含 0 的现象，说明组织行为对个体不安全行为的直接效应显著。因此，不安全行为意向在组织行为影响个体不安全行为的关系中起部分中介作用，假设 H7 得到支持。

表 2.30　不安全行为意向在组织行为与个体不安全行为之间起中介效应的 Bootstrap 分析结果

路径	组织行为—不安全行为意向—个体不安全行为					
直接效应	效应	SE	t	p	LLCI	ULCI
	−0.636	0.032	−18.361	0.000	−0.704	−0.568
间接效应	效应	Boot SE	Boot LLCI	Boot ULCI	—	—
	−0.212	0.021	−0.255	−0.173	—	—

不安全行为意向在组织行为与服从性不安全行为之间起中介效应的 Bootstrap 分析结果见表 2.31。间接效应的区间估计值为[−0.272,−0.171]，区间不存在包含 0 的现象，说明组织行为通过个体不安全行为意向对服从性不安全行为影响的中介效应显著。直接效应的区间估计值为[−0.701,−0.540]，区间不存在包含 0 的现象，说明组织行为对服从性不安全行为的直接效应显著。因此，不安全行为意向在组织行为影响服从性不安全行为的关系中起部分中介作用，假设 H7-1 得到支持。

表 2.31　不安全行为意向在组织行为与服从性不安全行为之间起中介效应的 Bootstrap 分析结果

路径	组织行为—不安全行为意向—服从性不安全行为					
直接效应	效应	SE	t	p	LLCI	ULCI
	−0.624	0.043	−14.544	0.000	−0.701	−0.540
间接效应	效应	Boot SE	Boot LLCI	Boot ULCI	—	—
	−0.221	0.026	−0.272	−0.171	—	—

不安全行为意向在组织行为与参与性不安全行为之间起中介效应的 Bootstrap 分析

结果见表 2.32。间接效应的区间估计值为[−0.248,−0.156]，区间不存在包含 0 的现象，说明组织行为通过个体不安全行为意向对参与性不安全行为影响的中介效应显著。直接效应的区间估计值为[−0.736,−0.571]，区间不存在包含 0 的现象，说明组织行为对参与性不安全行为的直接效应显著。因此，不安全行为意向在组织行为影响参与性不安全行为的关系中起部分中介作用，假设 H7-2 得到支持。

表 2.32　不安全行为意向在组织行为与参与性不安全行为之间起中介效应的 Bootstrap 分析结果

路径	组织行为—不安全行为意向—参与性不安全行为					
直接效应	效应	SE	*t*	*p*	LLCI	ULCI
	−0.653	0.042	−15.599	0.000	−0.736	−0.571
间接效应	效应	Boot SE	Boot LLCI	Boot ULCI	—	—
	−0.200	0.023	−0.248	−0.156	—	—

2）群体安全行为的中介效应分析。群体安全行为在组织行为与个体不安全行为之间起中介效应的 Bootstrap 分析结果见表 2.33。间接效应的区间估计值为[−0.337,−0.248]，区间不存在包含 0 的现象，说明组织行为通过群体安全行为对个体不安全行为影响的中介效应显著。直接效应的估计值为[−0.622,−0.496]，区间不存在包含 0 的现象，说明组织行为对个体不安全行为的直接效应显著。因此，群体安全行为在组织行为影响个体不安全行为的关系中起部分中介作用，假设 H4 得到支持。

表 2.33　群体安全行为在组织行为与个体不安全行为之间起中介效应的 Bootstrap 分析结果

路径	组织行为—群体安全行为—个体不安全行为					
直接效应	效应	SE	*t*	*p*	LLCI	ULCI
	−0.559	0.032	−17.450	0.000	−0.622	−0.496
间接效应	效应	Boot SE	Boot LLCI	Boot ULCI	—	—
	−0.289	0.023	−0.337	−0.248	—	—

群体安全行为在组织行为与服从性不安全行为之间起中介效应的 Bootstrap 分析结果见表 2.34。间接效应的区间估计值为[−0.351,−0.248]，区间不存在包含 0 的现象，说明组织行为通过群体安全行为对服从性不安全行为影响的中介效应显著。直接效应的估计值为[−0.628,−0.468]，区间不存在包含 0 的现象，说明组织行为对服从性不安全行为的直接效应显著。因此，群体安全行为在组织行为影响服从性不安全行为的关系中起部分中介作用，假设 H4-1 得到支持。

表 2.34　群体安全行为在组织行为与服从性不安全行为之间起中介效应的 Bootstrap 分析结果

路径	组织行为—群体安全行为—服从性不安全行为					
直接效应	效应	SE	t	p	LLCI	ULCI
	−0.548	0.041	−13.449	0.000	−0.628	−0.468
间接效应	效应	Boot SE	Boot LLCI	Boot ULCI	—	—
	−0.298	0.026	−0.351	−0.248	—	—

群体安全行为在组织行为与参与性不安全行为之间起中介效应的 Bootstrap 分析结果见表 2.35。间接效应的区间估计值为[−0.334,−0.227]，区间不存在包含 0 的现象，说明组织行为通过群体安全行为对参与性不安全行为影响的中介效应显著。直接效应的区间估计值为[−0.654,−0.498]，区间不存在包含 0 的现象，说明组织行为对参与性不安全行为的直接效应显著。因此，群体安全行为在组织行为影响参与性不安全行为的关系中起部分中介作用，假设 H4-2 得到支持。

表 2.35　群体安全行为在组织行为与参与性不安全行为之间起中介效应的 Bootstrap 分析结果

路径	组织行为—群体安全行为—参与性不安全行为					
直接效应	效应	SE	t	p	LLCI	ULCI
	−0.576	0.040	−14.479	0.000	−0.654	−0.498
间接效应	效应	Boot SE	Boot LLCI	Boot ULCI	—	—
	−0.277	0.027	−0.334	−0.227	—	—

（3）链式中介效应检验

本书根据海斯（Hayes）[39]开发的 SPSS-PROCESS 插件的模型 6，以年龄、学历、工龄为控制变量，以组织行为为自变量，以个体不安全行为为因变量，以群体安全行为和不安全行为意向为链式中介变量。采用 Bootstrap 抽样方法来分析链式中介效应，对研究样本进行有放回的多次反复抽样，抽样次数选取 5 000 次，置信水平为 95%，分析结果见表 2.36 和表 2.37。

表 2.36　链式中介直接效应的 Bootstrap 分析结果

路径	直接效应					
	效应	SE	t	p	LLCI	ULCI
组织行为—个体不安全行为	−0.496	0.033	−15.020	0.000	−0.561	−0.431

表 2.37 链式中介间接效应的 Bootstrap 分析结果

路径	间接效应			
	效应	Boot SE	Boot LLCI	Boot ULCI
总计	−0.352	0.025	−0.404	−0.302
组织行为—群体安全行为—个体不安全行为	−0.245	0.022	−0.289	−0.203
组织行为—不安全行为意向—个体不安全行为	−0.063	0.013	−0.090	−0.040
组织行为—群体安全行为—不安全行为意向—个体不安全行为	−0.044	0.009	−0.062	−0.029

组织行为影响个体不安全行为的直接效应为−0.496，区间估计值为[−0.561,−0.431]。而在组织行为影响个体不安全行为的间接效应中，以群体安全行为为中介变量的路径，其间接效应为−0.245，区间估计值为[−0.289,−0.203]；以不安全行为意向为中介变量的路径，其间接效应为−0.063，区间估计值为[−0.090,−0.040]；以群体安全行为和不安全行为意向为中介变量的路径，其间接效应为−0.044，区间估计值为[−0.062,−0.029]；组织行为影响个体不安全行为的所有间接效应总计为−0.352，区间估计值为[−0.404,−0.302]。因此，群体安全行为和不安全行为意向在组织行为对个体不安全行为的负向影响效应中的链式中介作用成立，假设 H9 得到支持。

对组织行为影响服从性不安全行为效应进行 Bootstrap 分析，置信水平为 95%，分析结果见表 2.38 和表 2.39。

表 2.38 组织行为影响服从性不安全行为直接效应的 Bootstrap 分析结果

路径	直接效应					
	效应	SE	t	p	LLCI	ULCI
组织行为—服从性不安全行为	−0.481	0.042	−11.396	0.000	−0.564	−0.398

表 2.39 组织行为影响服从性不安全行为间接效应的 Bootstrap 分析结果

路径	间接效应			
	效应	Boot SE	Boot LLCI	Boot ULCI
总计	−0.364	0.031	−0.426	−0.305
组织行为—群体安全行为—服从性不安全行为	−0.251	0.026	−0.306	−0.202
组织行为—不安全行为意向—服从性不安全行为	−0.067	0.016	−0.099	−0.037

续表

路径	间接效应			
	效应	Boot SE	Boot LLCI	Boot ULCI
组织行为—群体安全行为—不安全行为意向—服从性不安全行为	−0.047	0.010	−0.068	−0.028

组织行为影响服从性不安全行为的直接效应为－0.481，区间估计值为[−0.564,−0.398]。而在组织行为影响服从性不安全行为的间接效应中，以群体安全行为为中介变量的路径，其间接效应为−0.251，区间估计值为[−0.306,−0.202]；以不安全行为意向为中介变量的路径，其间接效应为−0.067，区间估计值为[−0.099,−0.037]；以群体安全行为和不安全行为意向为中介变量的路径，其间接效应为−0.047，区间估计值为[−0.068,−0.028]；组织行为影响个体不安全行为的所有间接效应总计为−0.364，区间估计值为[−0.426,−0.305]。因此，群体安全行为和不安全行为意向在组织行为影响服从性不安全行为关系中的链式中介作用成立，假设 H9-1 得到支持。

对组织行为影响参与性不安全行为效应进行 Bootstrap 分析，置信水平为 95%，分析结果见表 2.40 和表 2.41。

表 2.40　组织行为影响参与性不安全行为直接效应的 Bootstrap 分析结果

路径	直接效应					
	效应	SE	t	p	LLCI	ULCI
组织行为—参与性不安全行为	−0.518	0.041	−12.532	0.000	−0.600	−0.437

表 2.41　组织行为影响参与性不安全行为间接效应的 Bootstrap 分析结果

路径	间接效应			
	效应	Boot SE	Boot LLCI	Boot ULCI
总计	−0.335	0.029	−0.396	−0.279
组织行为—群体安全行为—参与性不安全行为	−0.236	0.027	−0.295	−0.187
组织行为—不安全行为意向—参与性不安全行为	−0.058	0.014	−0.087	−0.032
组织行为—群体安全行为—不安全行为意向—参与性不安全行为	−0.041	0.010	−0.060	−0.023

组织行为影响参与性不安全行为的直接效应为－0.518，区间估计值为[−0.600,−0.437]。而在组织行为影响参与性不安全行为的间接效应中，以群体安全行为

为中介变量的路径，其间接效应为−0.236，区间估计值为[−0.295,−0.187]；以不安全行为意向为中介变量的路径，其间接效应为−0.058，区间估计值为[−0.087,−0.032]；以群体安全行为和不安全行为意向为中介变量的路径，其间接效应为−0.041，区间估计值为[−0.060,−0.023]；组织行为影响个体不安全行为的所有间接效应总计为−0.335，区间估计值为[−0.396,−0.279]。因此，群体安全行为和不安全行为意向在组织行为影响参与性不安全行为关系中的链式中介作用成立，假设 H9-2 得到支持。

2.3.3.2 反馈效应分析

（1）反馈机制中各变量之间关系的回归分析

1）个体不安全行为对群体安全行为的回归分析。个体不安全行为及其维度对群体安全行为的回归分析结果见表 2.42。模型 1 表示以群体安全行为作为因变量，以年龄、学历、工龄为控制变量的基础模型。在模型 1 的基础上分别加入自变量个体不安全行为和个体不安全行为各维度得到模型 2 和模型 3，结果表明，个体不安全行为（$\beta = -0.625$，$p < 0.001$）对群体安全行为具有显著的负向影响关系，且服从性不安全行为（$\beta = -0.371$，$p < 0.001$）和参与性不安全行为（$\beta = -0.349$，$p < 0.001$）对群体安全行为均具有显著的负向影响作用，说明服从性不安全行为比参与性不安全行为对群体安全行为的影响作用更大。因此，假设 H10 得到支持。

表 2.42 个体不安全行为及其维度对群体安全行为的回归分析结果

因变量		群体安全行为		
		模型 1	模型 2	模型 3
控制变量	年龄	0.227^{***}	0.016	0.007
	学历	0.223^{***}	0.034	0.029
	工龄	0.197^{***}	−0.005	−0.009
自变量	个体不安全行为	—	-0.625^{***}	—
	服从性不安全行为	—	—	-0.371^{***}
	参与性不安全行为	—	—	-0.349^{***}
拟合指标	R	0.415	0.642	0.645
	R^2	0.172	0.413	0.416
	F	74.08^{***}	187.471^{***}	151.947^{***}

注：***代表$p < 0.001$；**代表$p < 0.01$；*代表$p < 0.05$。

个体不安全行为及其维度对群体安全行为各维度的回归分析结果见表 2.43。模型

1、模型 4、模型 7 分别是以群体安全行为的 3 个维度为因变量，以年龄、学历、工龄为控制变量的基础模型。模型 2、模型 5、模型 8 分别是在模型 1、模型 4、模型 7 的基础上以群体安全行为的 3 个维度为因变量，以个体不安全行为为自变量得到的模型。结果表明，个体不安全行为对群体安全规范（$\beta = -0.486$，$p < 0.001$）、群体沟通（$\beta = -0.480$，$p < 0.001$）、群体安全激励（$\beta = -0.392$，$p < 0.001$）均具有显著的负向影响关系，且个体不安全行为对群体安全行为各维度的影响作用存在差异性，其中个体不安全行为对群体安全规范、群体沟通、群体安全激励的影响强度依次降低。

表 2.43　个体不安全行为及其维度对群体安全行为各维度的回归分析结果

因变量		群体安全规范			群体沟通			群体安全激励		
		模型 1	模型 2	模型 3	模型 4	模型 5	模型 6	模型 7	模型 8	模型 9
控制变量	年龄	0.158***	−0.005	−0.017	0.180***	0.019	0.021	0.161***	0.029	0.020
	学历	0.189***	0.041	0.035	0.145***	0.000	0.001	0.147***	0.028	0.023
	工龄	0.143***	−0.015	−0.020	0.144***	−0.011	−0.010	0.147***	0.020	0.016
自变量	个体不安全行为	—	−0.486***	—	—	−0.480***	—	—	−0.392***	—
	服从性不安全行为	—	—	−0.261	—	—	−0.337***	—	—	−0.210***
	参与性不安全行为	—	—	−0.307***	—	—	−0.200***	—	—	−0.246***
拟合指标	R	0.315	0.495	0.500	0.302	0.483	0.483	0.292	0.424	0.428
	R^2	0.099	0.245	0.250	0.091	0.233	0.233	0.085	0.180	0.183
	F	39.171***	86.417***	71.239***	35.831***	81.095***	64.872***	33.187***	58.423***	47.789***

注：***代表$p < 0.001$；**代表$p < 0.01$；*代表$p < 0.05$。

模型 3、模型 6、模型 9 分别是以群体安全行为的 3 个维度为因变量，以个体不安全行为的 2 个维度为自变量得到的回归分析模型。结果表明，模型 3 中参与性不安全行为对群体安全规范具有显著的负向影响作用（$\beta = -0.307$，$p < 0.001$），而服从性不安全行为对群体安全规范的影响作用不显著，可能的原因是群体安全规范的形成和变化需要一定时期，煤矿企业中的服从性不安全行为在短期内可能并未引起群体安全规范的显著变化。因此，假设 H10-1 得到部分支持。模型 6 和模型 9 中个体不安全行为各维度对群体沟通和群体安全激励均具有显著的负向影响，且影响程度存在差异性。具体而言，服

从性不安全行为（$\beta = -0.337$，$p < 0.001$）对群体沟通的影响强度高于参与性不安全行为（$\beta = -0.200$，$p < 0.001$）对群体沟通的影响，而服从性不安全行为（$\beta = -0.210$，$p < 0.001$）对群体安全激励的影响强度弱于参与性不安全行为（$\beta = -0.246$，$p < 0.001$）对群体安全激励的影响。因此，假设 H10-1 得到部分支持，H10-2、H10-3 得到支持。

2）个体不安全行为、群体安全行为对组织行为的回归分析。个体不安全行为及其维度、群体安全行为及其维度对组织行为的回归分析结果见表 2.44。模型 1 是只包含控制变量的基础模型，结果显示，控制变量年龄（$\beta = 0.258$，$p < 0.001$）、学历（$\beta = 0.230$，$p < 0.001$）和工龄（$\beta = 0.146$，$p < 0.001$）对组织行为的影响显著。模型 2 是在控制变量的基础上加入自变量个体不安全行为得到的回归分析模型，结果显示，个体不安全行为对组织行为具有显著的负向影响关系（$\beta = -0.611$，$p < 0.001$）。模型 3 是以组织行为为因变量，以个体不安全行为各维度为自变量得到的回归方程模型，结果显示，服从性不安全行为（$\beta = -0.341$，$p < 0.001$）和参与性不安全行为（$\beta = -0.369$，$p < 0.001$）对组织行为均具有显著的负向影响。因此，假设 H11 得到支持。模型 4 是在控制变量的基础上加入群体安全行为得到的回归方程模型，结果显示，群体安全行为对组织行为具有显著的正向影响关系（$\beta = 0.379$，$p < 0.001$）。模型 5 是在控制变量的基础上加入群体安全行为的各个维度得到的回归方程模型，结果显示，群体安全行为各维度，即群体安全规范（$\beta = 0.197$，$p < 0.001$）、群体沟通（$\beta = 0.180$，$p < 0.001$）、群体安全激励（$\beta = 0.188$，$p < 0.001$）对组织行为均具有显著的正向影响。因此，假设 H12 得到支持。

表 2.44　个体不安全行为及其维度、群体安全行为及其维度对组织行为的回归分析结果

因变量		组织行为				
		模型 1	模型 2	模型 3	模型 4	模型 5
控制变量	年龄	0.258^{***}	0.052^{*}	0.039	0.172^{***}	0.164^{***}
	学历	0.230^{***}	0.045	0.038	0.145^{***}	0.139^{***}
	工龄	0.146^{***}	-0.052^{*}	-0.057^{*}	0.071^{**}	0.064^{*}
自变量	个体不安全行为	—	-0.611^{***}	—	—	—
	服从性不安全行为	—	—	-0.341^{***}	—	—
	参与性不安全行为	—	—	-0.369^{***}	—	—
	群体安全行为	—	—	—	0.379^{***}	—
	群体安全规范	—	—	—	—	0.197^{***}
	群体沟通	—	—	—	—	0.180^{***}
	群体安全激励	—	—	—	—	0.188^{***}

续表

因变量		组织行为				
		模型 1	模型 2	模型 3	模型 4	模型 5
拟合指标	R	0.409	0.630	0.635	0.535	0.549
	R^2	0.167	0.397	0.404	0.286	0.301
	F	71.468***	175.573***	144.288***	106.747***	76.473***

注：***代表$p < 0.001$；**代表$p < 0.01$；*代表$p < 0.05$。

（2）反馈机制中介效应检验

本书根据海斯（Hayes）[39]开发的 SPSS-PROCESS 插件的模型 4，以组织行为为自变量，以个体不安全行为为因变量，以群体安全行为为中介变量，开展 Bootstrap 分析，结果见表 2.45。直接效应的区间估计值为[−0.441,−0.352]，区间不存在包含 0 的现象，说明个体不安全行为对组织行为影响的直接效应显著。间接效应的区间估计值为[−0.095,−0.034]，区间不存在包含 0 的现象，说明个体不安全行为通过群体安全行为影响组织行为的中介效应显著。因此，群体安全行为在个体不安全行为影响组织行为的影响关系中起部分中介作用，假设 H13 得到支持。

表 2.45　群体安全行为在个体不安全行为与组织行为之间中介效应的 Bootstrap 分析结果

路径	个体不安全行为—群体安全行为—组织行为					
直接效应	效应	SE	t	p	LLCI	ULCI
	−0.397	0.023	−17.450	0.000	−0.441	−0.352
间接效应	效应	Boot SE	Boot LLCI	Boot ULCI	—	—
	−0.065	0.016	−0.095	−0.034	—	—

2.3.3.3　研究结果讨论

（1）驱动机制研究结果讨论

在组织行为对个体不安全行为影响的验证中，本书研究发现，组织行为对个体不安全行为有显著的负向影响作用，这与刘素霞 等[2]、佟瑞鹏 等[40]、薛韦一 等[19]的研究结果一致。对于组织行为各维度对个体不安全行为的影响关系中，安全资金投入（$\beta = -0.170$，$p < 0.001$）和安全监督检查（$\beta = -0.147$，$p < 0.001$）对个体不安全行为的影响较大。本书将个体不安全行为进一步划分为服从性不安全行为和参与性不安全行为，

组织行为对服从性不安全行为的影响略大于其对参与性不安全行为的影响程度。在组织行为及其维度影响个体不安全行为各维度的回归分析中，安全监督检查和安全教育培训对服从性不安全行为和参与性不安全行为均具有较大的负向影响作用，而安全资金投入对服从性不安全行为的影响作用不显著，安全事故管理对参与性不安全行为的影响作用也不显著。

本书引入群体安全行为和不安全行为意向两个变量来解释驱动机制，从新的视角解释了组织行为对个体不安全行为的影响关系，验证了群体安全行为和不安全行为意向在组织行为影响个体不安全行为的关系中均起中介作用。在此基础上进一步以服从性不安全行为和参与性不安全行为为因变量进行中介效应的检验，结果表明群体安全行为或不安全行为意向在组织行为影响服从性不安全行为的关系中均起中介作用，群体安全行为或不安全行为意向在组织行为影响参与性不安全行为的关系中均起中介作用，即群体安全行为和不安全行为意向在组织行为影响个体不安全行为各维度的关系中均起中介作用。

本书在验证了群体安全行为和不安全行为意向的中介作用的基础上，又进一步验证了二者的链式中介效应是否成立，结果发现二者的链式中介效应也成立，即组织行为能够通过影响群体安全行为，然后通过不安全行为意向影响个体不安全行为。在组织行为影响个体不安全行为的链式中介效应检验中，Bootstrap 分析结果表明，群体安全行为、不安全行为意向在组织行为影响个体不安全行为关系中的链式中介效应（组织行为—群体安全行为—不安全行为意向—个体不安全行为）成立，说明组织行为能够影响群体安全行为，同时群体安全行为又能影响不安全行为意向，最终影响个体不安全行为。以个体不安全行为为因变量的链式中介效应分析结果表明，模型的直接效应显著，这说明群体安全行为和不安全行为意向在组织行为影响个体不安全行为的关系中并不是完全中介作用，组织行为除通过群体安全行为和不安全行为意向影响个体不安全行为之外，还可能直接影响或者通过其他因素间接影响个体不安全行为。链式中介效应检验结果表明，群体安全行为与不安全行为意向在组织行为影响个体不安全行为的关系中发挥着显著的链式中介作用，组织行为水平的提升能够正向影响群体安全行为，群体安全行为能够降低不安全行为意向进而影响个体不安全行为。

本书在验证组织行为影响个体不安全行为的链式中介效应检验基础上，分别以服从性不安全行为和参与性不安全行为为因变量进行链式中介效应的检验。结果表明，群体安全行为和不安全行为意向在组织行为影响服从性不安全行为的关系中起链式中介作用，但群体安全行为和不安全行为意向在组织行为影响服从性不安全行为的关系中并不是完全中介作用；群体安全行为和不安全行为意向在组织行为影响参与性不安全行为的关系中起链式中介作用，但群体安全行为和不安全行为意向在组织行为影响参与性不安全行为的关系中并不是完全中介作用。这说明组织行为对服从性不安全行为的影响、组织行为对参与性不安全行为的影响并不能完全被群体安全行为和不安全行为意向所解释，除了群体安全行为和不安全行为意向外，可能还存在其他的影响机制。

（2）反馈机制研究结果讨论

在个体不安全行为影响组织行为的验证中，本书研究发现，个体不安全行为对组织行为具有显著的负向影响关系（$\beta = -0.611$，$p < 0.001$），这与张书莉 等[41]及傅贵 等[42]对于个体行为对组织行为的反馈影响关系的论述一致。本书通过中介效应分析明晰了个体不安全行为影响组织行为的作用路径和作用强度，进一步分析不安全行为各维度对组织行为的影响作用，结果表明，服从性不安全行为和参与性不安全行为对组织行为均具有显著的负向影响，且影响程度存在差异性，其中参与性不安全行为（$\beta = -0.369$，$p < 0.001$）对组织行为的影响程度高于服从性不安全行为（$\beta = -0.341$，$p < 0.001$），可能的原因是参与性不安全行为涉及人的主动性行为，参与性不安全行为水平越高，越不利于组织形成良好的安全氛围，越不利于组织行为水平的提升。

在个体不安全行为影响组织行为的机制分析中，本书创新性地引入群体安全行为变量来探究个体不安全行为影响组织行为的机制。结果表明，群体安全行为在个体不安全行为影响组织行为的关系中起部分中介作用。个体不安全行为影响组织行为的直接效应的区间估计值为[−0.441,−0.352]，区间不包含 0，说明个体不安全行为对组织行为影响的直接效应显著。间接效应的区间估计值为[−0.095,−0.034]，区间不包含 0，说明个体不安全行为通过群体安全行为影响组织行为的中介效应显著。个体不安全行为对组织行为影响的直接效应和间接效应均显著，即个体不安全行为既能对组织行为水平产生直接影响，又能通过影响群体安全行为水平进而对组织行为水平产生影响。

根据回归分析和中介效应分析结果，当个体不安全行为水平增高时，能够导致群体安全行为水平降低，进而使组织行为水平降低。导致这种现象的原因可能是在社会互动的影响下，员工个体将不安全行为信息传递给其他员工，在从众心理的影响下，其他员工也容易出现不安全行为，呈现群体不安全行为特征。而组织行为的实施需要组织中个体或群体成员来完成，个体不安全行为水平的增高或群体安全行为水平降低，不利于组织行为的实施。这与陶施（Tausch）等[43]、张磊 等[27]的研究结果一致。

2.3.4 组织行为与个体行为交互规律仿真

如前所述，本章选取个体不安全行为作为个体行为结果的表征。为综合考虑煤矿组织行为与个体不安全行为之间的交互影响过程随时间变化的规律，以下采用系统动力学（system dynamics，SD）的方法，利用 Vemsim 软件平台构建系统动力学仿真模型，以模型中相关变量作为研究变量，并将其统归于一个整体的系统内，通过建立煤矿组织行为与个体不安全行为交互影响系统，对其交互影响过程及演化规律进行仿真模拟，进一步揭示煤矿组织行为和个体不安全行为交互作用过程中的动态演化规律。

2.3.4.1 系统动力学建模准备

（1）系统动力学建模的目的

系统动力学是 1958 年由美国麻省理工学院的福里斯特（Forrester）教授首次提出的方法，该方法融合了系统论、控制论和非线性动力理论对系统动态行为进行仿真建模，适用于研究非线性、多重反馈、多变的复杂系统[44]。系统动力学模型的特征之一是变量之间具有复杂的相互作用，且变量之间的非线性关系和反馈回路能够导致复杂的、不确定的系统行为。该建模方法最初用于企业生产及库存管理的仿真研究，后来广泛用于研究煤矿、建筑施工、交通运输等行业的行为安全管理问题。本书利用系统动力学来研究煤矿组织行为和个体不安全行为之间交互影响的动态演化过程，进一步探讨组织行为和个体不安全行为交互影响过程中相关变量的演化趋势，为煤矿行为安全管理提供对策和建议。系统动力学建模的目的主要有以下三点。

1）根据煤矿组织行为和个体不安全行为之间交互影响系统中各变量之间的因果关系，构建系统因果关系图和存量流量图。

2）通过对系统存量流量图的仿真模拟，了解煤矿组织行为和个体不安全行为之间交互影响的动态演化规律，有助于预测煤矿各层级行为安全水平的变化情况。

3）通过驱动机制情境和反馈机制情境的仿真分析，揭示相关变量之间交互影响的动态演化规律，为提高煤矿行为安全管理水平提供有效的解决途径。

（2）系统动力学建模的适用性

煤矿组织行为和个体不安全行为之间的交互影响过程是一个动态的复杂系统，需要用系统的视角去分析二者交互影响的动态过程。通过采用系统动力学方法建模比较适合研究煤矿组织行为和个体不安全行为之间交互影响的过程，主要原因包括以下三个方面。

1）系统动力学方法适用于研究非线性、多回路、有反馈机制的复杂系统问题。煤矿组织行为和个体不安全行为之间交互影响过程涉及各变量之间的复杂作用关系，在该过程中，行为的动态演化并非简单的线性问题。通过系统动力学方法研究该问题，有利于揭示煤矿组织行为和个体不安全行为交互影响的复杂非线性作用过程。

2）系统动力学方法适用于研究具有动态性、时间累计效应的问题。煤矿组织行为和个体不安全行为之间的交互影响是一个动态的长期过程，该过程涉及的影响因素大多数和时间高度相关。例如，群体安全规范的形成需要一定的时间，往往是一个比较缓慢的过程，个体状态也是动态变化的，导致其不安全行为具有时间刻度，具体表现为，在某个时刻、某种条件下，由于某些因素的影响，煤矿矿工表现出不安全行为。因此，考虑到煤矿组织行为和个体不安全行为之间交互影响过程具有动态性、长期性等特点，采用系统动力学方法能够通过在建立系统动力学存量流量图模型时，设定变动时间的步长来满足系统的动态变化性。

3）系统动力学方法适用于研究数据精确度要求不高的系统性问题。系统动力学方法借助计算机仿真技术来探索煤矿组织行为和个体不安全行为交互影响的动态演化规律，虽然采用的调查问卷数据在一定程度上具有主观性，但足以说明煤矿组织行为和个体不安全行为交互影响过程中各个变量的动态变化趋势。

（3）系统边界的确定

为使煤矿组织行为和个体不安全行为交互影响的系统动力学模型构建具有可操作性，能够反映真实情况，本书提出如下假设作为基本前提。

1）仅按照现有的煤矿组织行为与个体不安全行为交互模型中涉及的变量进行系统动力学模型构建，暂不考虑交互模型以外的其他因素的影响。

2）模型中的状态变量是指各变量水平值。例如，个体不安全行为指的是煤矿矿工的不安全行为水平。

3）模型中变量之间的影响是即时的，变量的取值范围只在同一仿真周期内连续。

2.3.4.2 系统动力学模型构建

（1）构建因果关系图

在确定系统边界的基础上，对系统结构进行分析，可识别出系统因素之间的因果关系，构建因果关系图。因果关系图有助于准确把握各个变量之间的因果关系，正确建立变量的方程及存量流量图。根据前文中对各变量之间的影响关系分析，本书构建了煤矿组织行为和不安全行为之间交互影响的因果关系图（见图 2.10），以反映系统的逻辑结构。

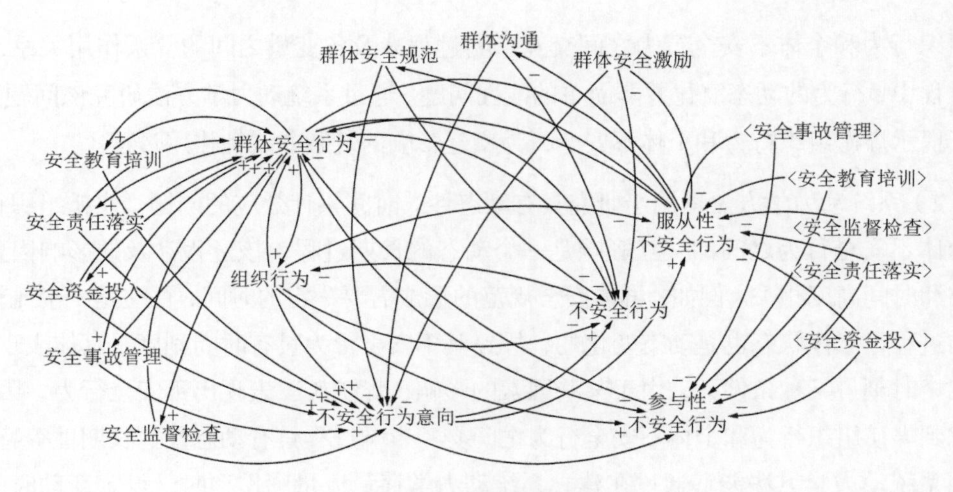

图2.10　因果关系图

本书的研究目的是探究煤矿组织行为和个体不安全行为之间的动态交互作用过程，但由于模型中变量之间的影响关系复杂，因此系统反馈回路较多，以上根据变量之间的影响关系得到的因果关系图是一个具有多条反馈回路的“反馈系统”。因此，以下选择安全教育培训变量，以安全教育培训为起点筛选系统反馈回路。由于该变量涉及的回路较多，以下考虑选择因果关系图中反馈回路长度大于或等于 7 的反馈回路来说明系统中的反馈回路，通过梳理得出如下系统内部主要的反馈回路。

回路（1）：安全教育培训↑—不安全行为意向↓—服从性不安全行为↓—群体安全规范↑—不安全行为↓—组织行为↑—参与性不安全行为↓—群体安全行为↑—安全教育培训。

回路（2）：安全教育培训↑—服从性不安全行为↓—群体沟通↑—不安全行为意向↓—不安全行为↓—组织行为↑—参与性不安全行为↓—群体安全行为↑—安全教育培训。

回路（3）：安全教育培训↑—服从性不安全行为↓—群体安全规范↑—不安全行为意向↓—不安全行为↓—组织行为↑—参与性不安全行为↓—群体安全行为↑—安全教育培训。

回路（4）：安全教育培训↑—不安全行为意向↓—服从性不安全行为↓—群体安全激励↑—不安全行为↓—组织行为↑—参与性不安全行为↓—群体安全行为↑—安全教育培训。

回路（5）：安全教育培训↑—服从性不安全行为↓—群体安全规范↑—不安全行为↓—组织行为↑—不安全行为意向↓—参与性不安全行为↓—群体安全行为↑—安

全教育培训。

回路（6）：安全教育培训↑—服从性不安全行为↓—群体沟通↑—不安全行为↓—组织行为↑—不安全行为意向↓—参与性不安全行为↓—群体安全行为↑—安全教育培训。

回路（7）：安全教育培训↑—不安全行为意向↓—服从性不安全行为↓—群体沟通↑—不安全行为↓—组织行为↑—参与性不安全行为↓—群体安全行为↑—安全教育培训。

回路（8）：安全教育培训↑—服从性不安全行为↓—群体安全激励↑—不安全行为↓—组织行为↑—不安全行为意向↓—参与性不安全行为↓—群体安全行为↑—安全教育培训。

回路（9）：安全教育培训↑—服从性不安全行为↓—群体安全激励↑—不安全行为意向↓—不安全行为↓—组织行为↑—参与性不安全行为↓—群体安全行为↑—安全教育培训。

以上复杂的反馈回路中，包括了各因素之间的相互关联及其作用，为后文的系统动力学存量流量图的构建奠定了结构基础。

（2）建立系统变量集

根据煤矿组织行为和个体不安全行为交互模型中涉及的变量及前文所确定的系统边界，并结合系统动力学仿真的特性，将模型中涉及的变量类型划分为状态变量、速率变量和辅助变量，以建立系统变量集。系统模型中变量类型及其具体变量见表 2.46。

表 2.46　系统模型中变量类型及其具体变量

变量类型	具体变量
状态变量	组织行为（Z_{OS}）
	群体安全行为（Z_{GS}）
	不安全行为意向（Z_{UBI}）
	不安全行为（Z_{UB}）
速率变量	组织行为变化量（S_{OS}）
	群体安全行为变化量（S_{GS}）
	不安全行为意向变化量（S_{UBI}）
	不安全行为变化量（S_{UB}）

续表

变量类型	具体变量
辅助变量	安全责任落实（F_{ZR}）
	安全教育培训（F_{PX}）
	安全监督检查（F_{JC}）
	安全资金投入（F_{TR}）
	安全事故管理（F_{SG}）
	群体安全规范（F_{GF}）
	群体沟通（F_{GT}）
	群体安全激励（F_{JL}）
	服从性不安全行为（F_{UUB}）
	参与性不安全行为（F_{PUB}）

本书中系统动力学模型建立的变量集只有状态变量、速率变量和辅助变量三种，不包含常量。其中，状态变量又叫存量变量，它随时间的变化而变化，且能够决定系统的状态；速率变量是衡量状态变量变化速率的变量；辅助变量是中间变量，用于描述状态变量和速率变量之间的信息传递和转换。系统模型中的状态变量包括组织行为（Z_{OS}）、群体安全行为（Z_{GS}）、不安全行为意向（Z_{UBI}）、不安全行为（Z_{UB}），速率变量包括组织行为变化量（S_{OS}）、群体安全行为变化量（S_{GS}）、不安全行为意向变化量（S_{UBI}）、不安全行为变化量（S_{UB}），安全责任落实（F_{ZR}）、安全教育培训（F_{PX}）等 10 个变量为辅助变量。

（3）构建存量流量图

系统动力学的存量流量图是在已建立的因果关系图和确定的变量集基础上进一步构建的。因果关系图主要进行定性分析，只是表达系统中各因素间相互作用的动态变化过程，而不是对各因素间作用强度进行定量分析。为了实现对系统中各个因素进行定量分析，根据系统中不同变量类型在系统中的作用及其逻辑关系，构建存量流量图。因此，系统动力学的存量流量图有效弥补了因果关系图在定量分析方面的缺陷。根据前文构建的系统因果关系图以及变量集，结合研究目的和实际的变量内涵，以下依据系统动力学存量流量图构建原理，利用 Vensim 软件建立煤矿组织行为和不安全行为之间交互影响的系统动力学存量流量图，如图 2.11 所示。

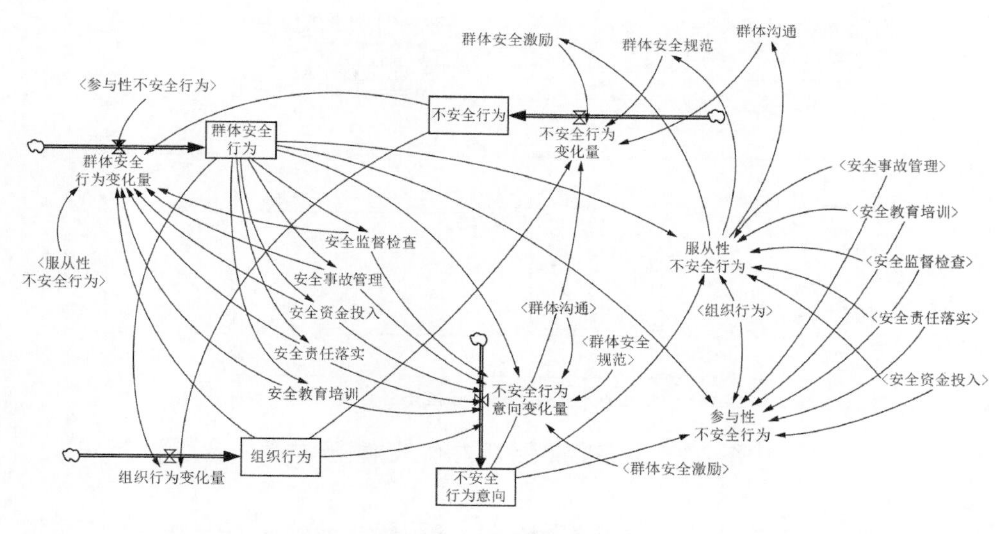

图 2.11　存量流量图

（4）设置系统动力学方程和参数

在前文对因果关系图、系统变量集和存量流量图进行深入分析的基础上，可通过设定仿真模型方程及相关参数完成系统动力学模型的构建。为了使存量流量图具有定量分析的功能，本书将相关变量的模型方程和参数输入模型，结合变量属性、函数和模型实际需求及前文调查问卷中相关变量的均值，经过反复调整和测试，通过专家探讨等形式确定了状态变量的初始值。对于变量之间的影响关系参数，以前文中回归分析得到的系数作为变量之间的影响系数，建立相关变量的函数关系。

本书中构建的系统动力学模型仿真的时间设置为 48 个月，仿真步长设置为 1 个月，利用 Vensim 软件进行仿真模拟，模型中的 4 个状态变量需要输入初始值，并以增量和减量来确定累计效应。例如，状态变量组织行为的初始值输入界面如图 2.12 所示，其速率变量组织行为变化量为 4。速率变量需要分析影响其变化量的因素，如速率变量群体安全行为变化量是由组织行为、安全责任落实、安全教育培训、安全监督检查、安全资金投入、安全事故管理、不安全行为、服从性不安全行为、参与性不安全行为导致的，但这几个变量对群体安全行为变化量具有不同的作用效应，因此需要考虑不同因素对群体安全行为变化量的影响系数。例如，速率变量群体安全行为变化量的模型方程可用式(2.2)表示，其他速率变量的模型方程设置与其类似。速率变量不安全行为意向变化量模型方程的输入界面如图 2.13 所示。

$$S_{GS} = 0.02[0.371Z_{OS} + (0.075F_{ZR} + 0.061F_{PX} + 0.124F_{JC} + 0.123F_{TR} + 0.162F_{SG}) - 0.392Z_{UB} - 0.371F_{UUB} - 0.349F_{PUB}] \tag{2.2}$$

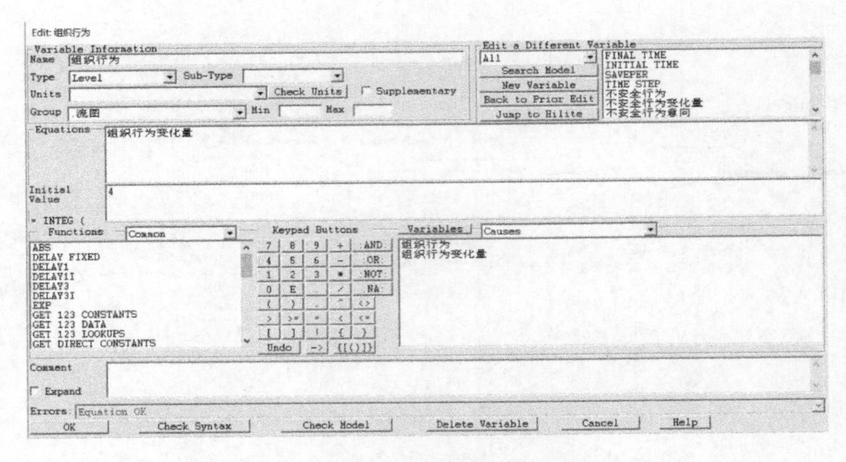

图 2.12　状态变量组织行为的初始值输入界面

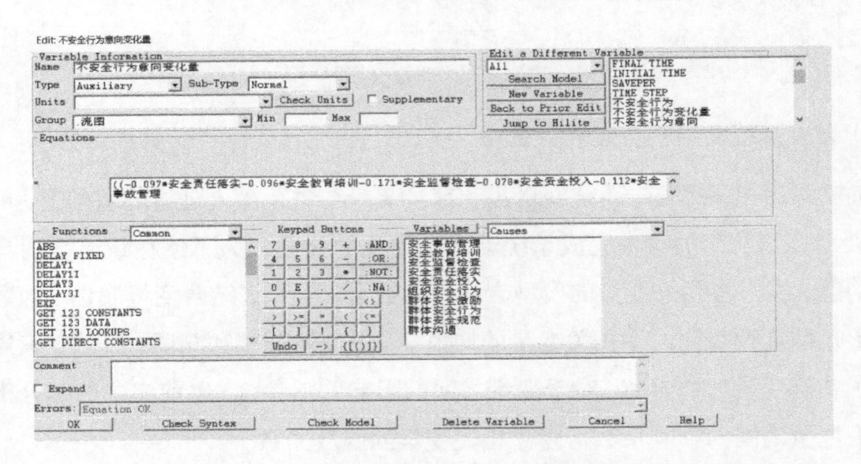

图 2.13　速率变量不安全行为意向变化量模型方程的输入界面

2.3.4.3　系统动力学模型检验

（1）稳健性检验

稳健性检验也叫积分检验，主要检验存量变量是否会随着步长的变化发生剧烈的变动，主要是针对模型的设置问题进行的。针对稳健性检验，本书将步长按照一定比例（增加 75%和减少 75%）做出改变，根据其他变量是否会随着步长的改变而发生剧烈的变动来判断模型的稳健性。若其他变量不会随着步长的改变而发生明显变动，则说明模型稳健性较好；否则，说明模型稳健性较差。以下针对模型的稳健性检验，选择组织行为和群体安全行为两个变量作为示例。步长改变（增加 75%和减少 75%）后，组织行为水平和群体安全行为水平的变化趋势如图 2.14 所示。可见，步长增加 75%和减少 75%后，组织行为水平和群体安全行为水平均没有发生明显的变化，说明模型稳健性较好。

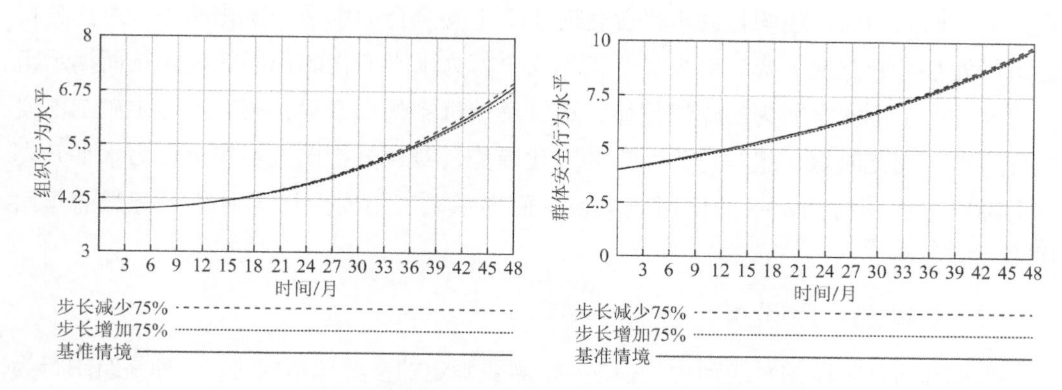

图 2.14　改变步长后组织行为水平和群体安全行为水平的变化趋势

（2）敏感性分析

在系统动力学模型构建完成后，需要开展敏感性分析来检验模型方程的设置是否合理，即通过敏感性分析来了解观测变量对控制变量的敏感程度。在系统模型中选择参与性不安全行为变量作为控制变量，按一定比例对参与性不安全行为水平进行调整（分别设置增加 20%和减少 20%），观测其他变量是否发生明显变化。以下选择组织行为和群体安全行为两个变量作为观测变量，观察其随参与性不安全行为水平调整而变化的敏感程度，变化趋势如图 2.15 所示。可见，当参与性不安全行为水平增加 20%和减少 20%时，说明组织行为和群体安全行为水平与基准情境相比均发生明显的变化。

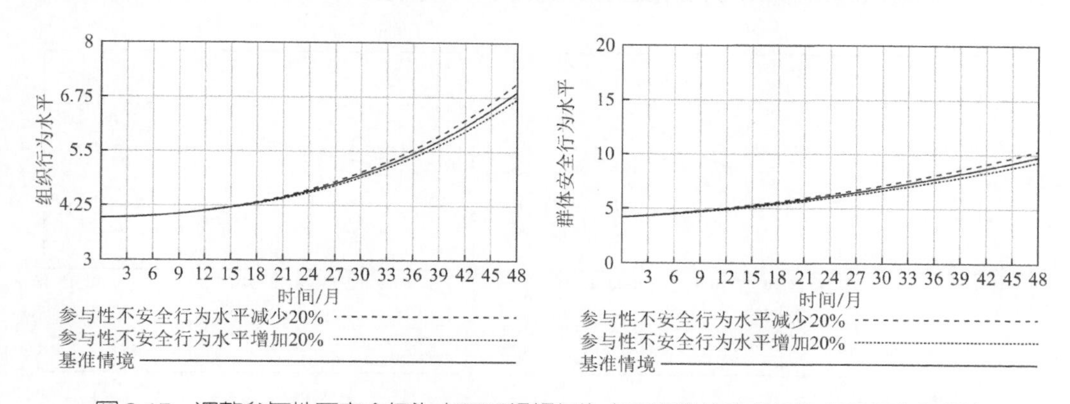

图 2.15　调整参与性不安全行为水平后组织行为水平和群体安全行为水平的变化趋势

2.3.4.4　交互规律系统仿真分析

（1）仿真方案选择

本书基于煤矿组织行为和个体不安全行为交互影响的系统动力学模型，设计基础仿真方案、驱动机制仿真方案和反馈机制仿真方案进行分析。通过基础仿真方案，明确初始状态下煤矿组织行为和个体不安全行为交互影响的基本规律；通过驱动机制仿真方案，探究当煤矿组织行为水平变化时矿工不安全行为水平的演化趋势，对比分析组织行为水平升高或下降时对煤矿矿工不安全行为水平变化的作用效果，从而揭示组织行为对矿工不安全行为的作用规律；通过反馈机制仿真方案，探究当煤矿矿工不安全行为水平变化时煤矿组织行为水平的变化趋势，对比分析矿工不安全行为水平升高或下降时对组织行为水平的作用效果，从而揭示矿工不安全行为对组织行为的作用规律。

（2）基础仿真方案分析

在基础仿真阶段的系统动力学模型中，需要确定的参数包括两种：一种是组织行为水平等相关变量的初始数据，也是系统模型运行所需的基础数据；另一种是确定变量之间影响关系的系数。根据前文对河南某矿业集团下属两个煤矿（E 矿和 N 矿）调查问卷所获得各个变量数据平均值，结合专家意见确定模型中相关变量的初始值，并结合前文对各个变量进行回归分析所得到的回归系数作为模型中相关变量之间的影响关系系数，以初始值和变量之间的影响关系系数作为模型验证的基础数据，从而确定模型变量方程。利用 Vensim 软件进行仿真模拟，仿真周期设置为 48 个月，仿真步长设置为 1 个月，仿真时间单位为月，即“INITIAL TIME = 0，FINAL TIME = 48，TIME STEP = 1，SAVEPER = TIME STEP，Units for Time = Month”。根据模型中变量作用方程和基础数据运行 Vensim 软件，得到煤矿组织行为、群体安全行为、不安全行为意向和员工不安全行为各变量基准情境水平的变化趋势，如图 2.16 所示。

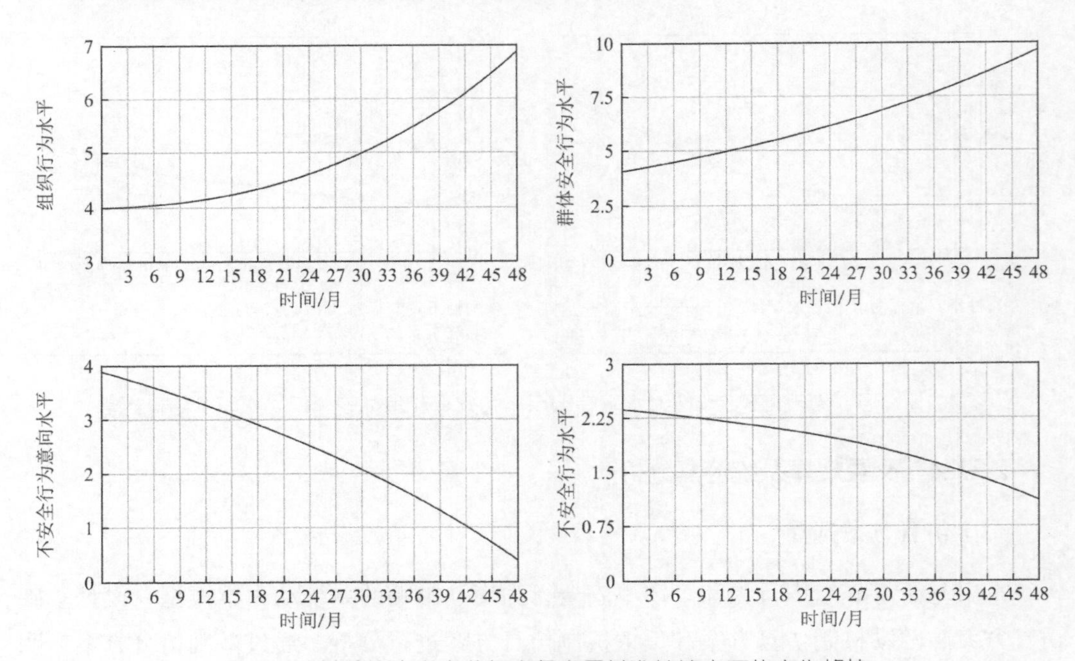

图 2.16　基础仿真方案分析中各变量基准情境水平的变化趋势

由图 2.16 可知，在基准情境下，组织行为水平整体呈现上升趋势，主要分为三个阶段：第一阶段（前 6 个月），组织行为水平总体上保持不变，略有升高。导致这种趋势的原因可能是组织行为措施尚未发挥作用，组织安全规章制度的制定和发布、安全教育培训计划的制订和实施、安全责任制度的落实等均是一个循序渐进的过程，各项组织行为措施的制定和实施可能都需要多个部门、人员的配合、协调和参与，导致组织行为水平在短时期内上升缓慢。第二阶段（第 7 至 36 个月），组织行为水平逐渐转为上升趋势，整体上表现出上升速度逐渐加快的趋势，且该阶段持续时间较长。导致这种趋势的原因可能是随着时间的延长，组织行为措施逐渐发挥作用，各项规章制度逐渐完善，安全教育培训、应急演练等活动逐渐开展，企业安全氛围逐渐形成，组织行为水平逐渐升高。第三阶段（第 37 至 48 个月），组织行为水平继续上升，且上升速度较快。导致这种趋势的原因可能是被调查煤矿企业推行了几个重要举措，促使组织行为水平逐渐升高。例如，该企业于 2021 年下半年开始逐步实行技术改革，通过更新、淘汰落后的设备提高安全生产率。另外，该企业于 2022 年 3 月推行了安全生产事故隐患排查治理制度，随后 2022 年 4 月又发布了推进安全文化建设的通知。以上组织行为措施在一定程度上有助于提升组织行为水平，促进了企业各个部门人员的参与，且在一定时期后反映出实施效果，因此组织行为整体呈现上升趋势。

群体安全行为水平的变化整体呈现上升趋势，上升速度相对较慢。群体安全行为水平的发展整体上可分为两个阶段：第一阶段（前 24 个月），群体安全行为水平的上升速度相对缓慢，随着步长的增大基本上呈线性增大趋势。在该阶段，导致群体安全行为水平增长缓慢的原因可能与组织行为措施尚未充分发挥作用有关。第二阶段（第 25 至 48 个月），群体安全行为水平的上升速度逐渐加快，可能原因一方面是组织安全规章制度的制定和发布、安全教育培训计划的制订和实施、安全责任制度的落实等组织行为措施的逐步实施，为群体成员提供行为安全规范，促进群体安全行为水平的提升。另一方面，导致群体安全行为水平变化趋势的原因，还与被调查煤矿在 2022 年 3 月推行的班组建设指导意见有关，通过以往班组建设经验结合该矿实际提出了“六型班组”建设工作任务，即围绕学习型班组、安全型班组、和谐型班组、技能型班组、创新型班组和节约型班组来提升企业班组建设，该制度的实施有助于提升群体安全行为水平。

不安全行为意向水平变化趋势整体呈现下降趋势，主要分为两个阶段：第一阶段（前 30 个月），不安全行为意向水平下降趋势平缓，基本呈线性趋势。这与初始阶段组织行为措施的实施尚未充分发挥作用有关，此阶段员工的安全知识、安全意识等水平有待提升，不安全行为意向水平表现出较高水平。第二阶段（第 31 至 48 个月），不安全行为意向水平下降趋势逐渐加快。这与组织行为措施发挥作用有关，随着时间的延长，组织各项规章制度（如安全生产事故隐患排查治理制度和班组建设指导意见）逐渐完善，安全教育培训、安全监督检查等活动的开展以及被调查煤矿实行的亲情化管理等，都有助于提升员工的安全意识，促进员工的不安全行为意向水平下降。

不安全行为水平的变化趋势整体表现出下降趋势，且在初始阶段不安全行为水平下降趋势相对平稳，随着步长的增大，不安全行为水平的下降趋势逐渐加快。这与组织行为措施逐渐发挥作用的过程一致。被调查煤矿在 2022 年 5 月发布员工不安全行为管理和监督办法，由于调查期间该制度处于施行的初步阶段，员工不安全行为水平下降速度缓慢，而对不安全行为的管理和监督是一个长期的过程，随着企业对该制度相关措施的逐步施行，员工不安全行为水平下降速度逐步加快。煤矿员工对于企业安全生产事故隐患排查治理制度和班组建设指导意见等新的规章制度需要一个适应和学习的过程，但总体来说，员工通过参与组织开展的安全教育培训和应急演练等活动能够提升自身的安全知识和技能，有助于降低员工不安全行为水平。

（3）驱动机制仿真方案分析

针对驱动机制，按照一定比例改变组织行为水平，即对组织行为水平增加 10%和减少 10%，可在一定的仿真周期内观测群体安全行为水平、不安全行为意向水平、不安全行为水平的变化趋势。下面分别分析改变组织行为水平对群体安全行为水平、不安全行为意向水平和个体不安全行为水平的作用效果仿真变化趋势。

1）在基础仿真的基础上，保持其他变量的输入值不变，分别对组织行为水平增加 10%和减少 10%，观察两种情况下群体安全行为水平是否有显著变化、变化趋势如何，并分析组织行为水平的变化对群体安全行为水平的影响。经 Vensim 软件运行得到改变组织行为水平后群体安全行为水平的仿真变化趋势，如图 2.17 所示。由图 2.17 可知，提升组织行为水平后，群体安全行为水平在整体上有所提升；降低组织行为水平后，群体安全行为水平在整体上会有所下降。这与因果关系图中组织行为正向影响群体安全行为有关。因此，组织行为水平的变化能够引起群体安全行为水平发生相应的变化，具体体现为：当组织行为水平上升时，群体安全行为水平会随着时间延长呈现上升趋势；当组织行为水平降低时，群体安全行为水平会随着时间延长呈现下降趋势。

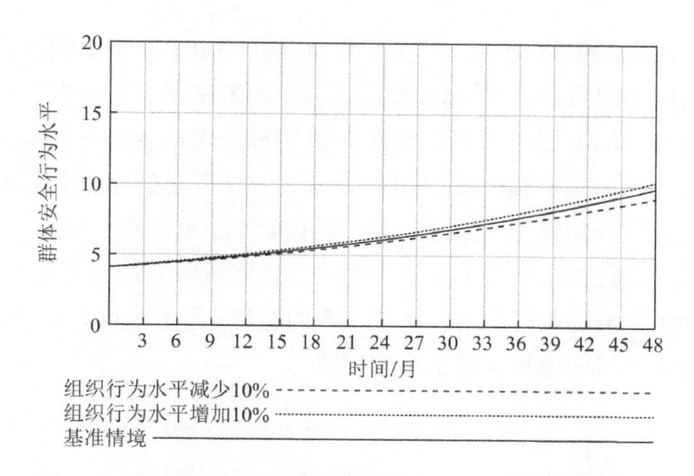

图2.17 改变组织行为水平后群体安全行为水平的仿真变化趋势

2）在基础仿真的基础上，保持其他变量的输入值不变，分别对组织行为水平增加10%和减少 10%，观察两种情况下不安全行为意向水平的变化，分析组织行为水平对不安全行为意向水平发展趋势的影响。经 Vensim 软件运行得到改变组织行为水平后不安全行为意向水平的仿真变化趋势，如图 2.18 所示。由图 2.18 可知，提升组织行为水平后，不安全行为意向水平在整体上有所降低；而降低组织行为水平后，不安全行为意向水平在整体上有所上升。这与前文因果关系图中组织行为负向影响个体不安全行为意向有关。因此，组织行为水平的变化能够引起不安全行为意向水平发生相应的变化，具体表现为：当组织行为水平提升时，不安全行为意向水平会随着时间延长呈现下降趋势；当组织行为水平降低时，不安全行为意向水平会随着时间延长呈现上升趋势。

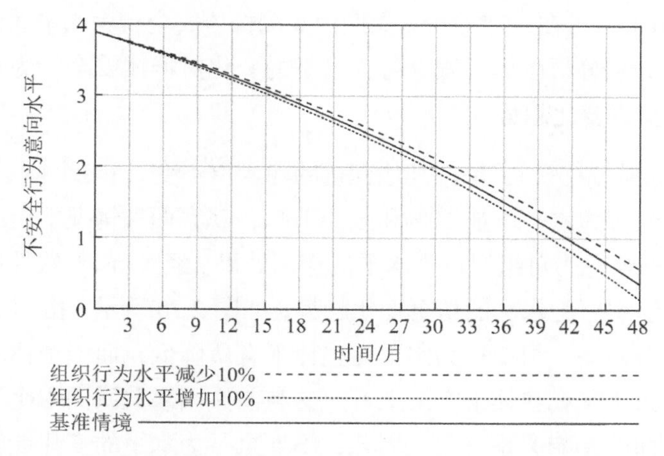

图2.18 改变组织行为水平后不安全行为意向水平的仿真变化趋势

3）在基础仿真的基础上，保持其他变量的输入值不变，分别对组织行为水平增加

10%和减少 10%，观察两种情况下不安全行为水平的变化，分析组织行为水平对个体不安全行为水平的作用效果。经 Vensim 软件运行得到改变组织行为水平后不安全行为水平的仿真变化趋势，如图 2.19 所示。由图 2.19 可知，增加组织行为水平后，不安全行为水平在整体上有所降低；而降低组织行为水平后，不安全行为水平在整体上有所上升。这与因果关系图中组织行为负向影响个体不安全行为有关。因此，组织行为水平的变化能够引起不安全行为水平发生相应的变化，具体表现为：当组织行为水平升高时，个体不安全行为水平会随着时间增长呈现下降的趋势；当组织行为水平降低时，个体不安全行为水平会随着时间增长呈现上升的趋势。

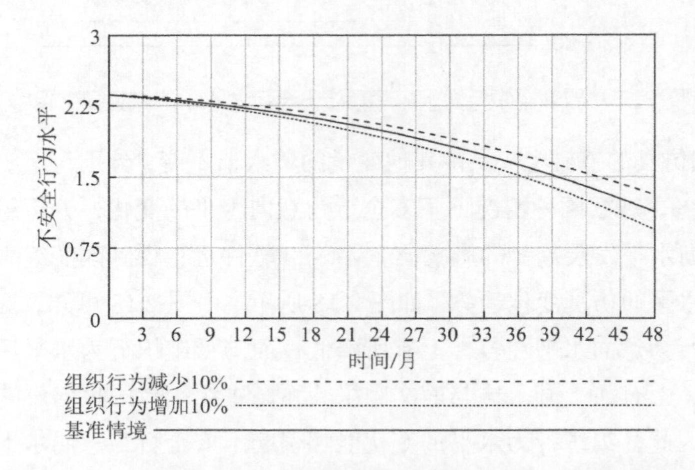

图 2.19　改变组织行为水平后不安全行为水平的仿真变化趋势

（4）反馈机制仿真方案分析

针对反馈机制，按照一定的比例改变不安全行为水平变量，即对不安全行为水平增加 10%和减少 10%，可在一定的仿真周期内观测群体安全行为水平、组织行为水平的变化趋势。下面分别分析个体不安全行为水平的变化对群体安全行为水平和组织行为水平作用效果的仿真变化趋势。

1）在基础仿真的基础上，保持其他变量的输入值不变，改变个体不安全行为水平，分别对个体不安全行为水平增加 10%和减少 10%，观察两种情况下组织行为水平的变化，分析个体不安全行为对组织行为水平的作用效果。经 Vensim 软件运行得到改变不安全行为水平后组织行为水平的仿真变化趋势，如图 2.20 所示。由图 2.20 可知，个体不安全行为水平升高后，组织行为水平在整体上有所降低；而当个体不安全行为水平降低后，组织行为水平在整体上有所上升。这与前文因果关系图中个体不安全行为对组织行为具有负向的影响关系有关。因此，不安全行为水平的变化能够引起组织行为水平发生相应的变化，具体表现为：当个体不安全行为水平升高时，不利于组织行为水平的提升，使得该状态下组织行为水平随时间变化曲线低于基准情境下的组织行为水平演化曲线；当个体不安全行为水平降低时，组织行为水平随着时间变化呈现上升趋势。

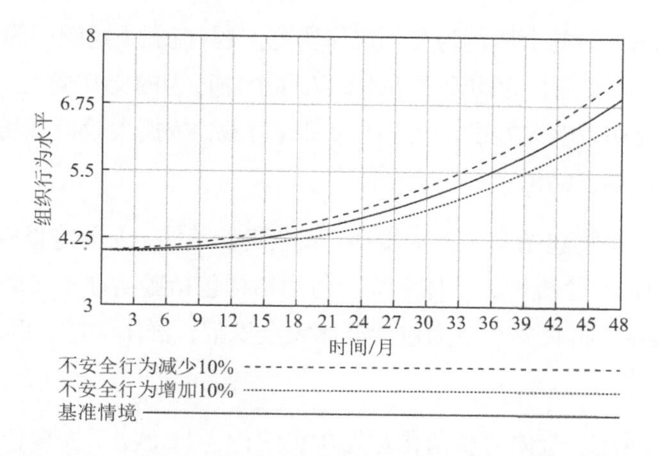

图 2.20　改变不安全行为水平后组织行为水平的仿真变化趋势

2）在基础仿真的基础上，保持其他变量的输入值不变，改变不安全行为水平，即分别对个体不安全行为增加 10%和减少 10%，观察两种情况下群体安全行为水平的变化，分析不安全行为对群体安全行为水平的作用效果。经 Vensim 软件运行得到改变不安全行为水平后群体安全行为水平的仿真变化趋势，如图 2.21 所示。由图 2.21 可知，提升个体不安全行为水平后，群体安全行为水平在整体上有所降低；而降低个体不安全行为水平后，群体安全行为水平在整体上有所上升。因此，个体不安全行为水平的变化能够引起群体安全行为水平发生相应的变化，具体表现为：当不安全行为水平升高时，不利于群体安全行为水平的提升，导致该状态下群体安全行为水平随时间变化曲线低于基准情境下的群体安全行为水平演化曲线；当个体不安全行为水平降低时，会导致群体安全行为水平随着时间变化呈现上升趋势。

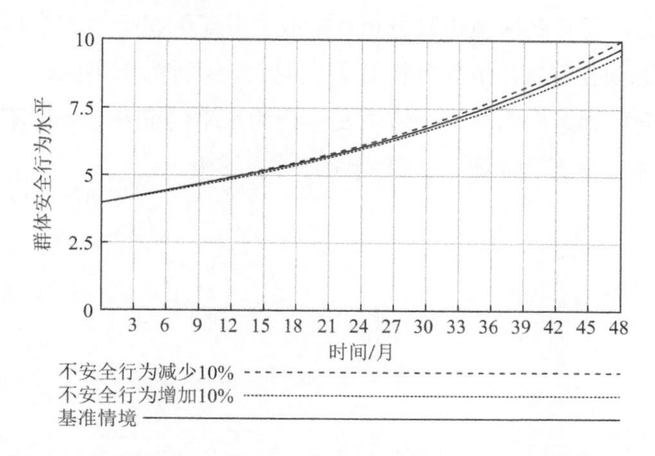

图 2.21　改变不安全行为水平后群体安全行为水平的仿真变化趋势

2.4 本章小结

本章针对组织行为与个体行为交互规律研究主题，梳理了组织行为和个体行为的概念、结构；引入群体安全行为构建了组织行为和个体行为的交互模型。基于此，采用层次回归分析、系统动力学等方法，以煤矿为研究对象，依据大规模现场调查，开展了实证应用研究，得出如下结论：

（1）组织行为结构包括安全教育培训、安全责任落实、安全监督检查、安全资金投入和安全事故管理 5 个维度，个体不安全行为结构包括服从性不安全行为和参与性不安全行为 2 个维度，群体安全行为包括群体安全规范、群体沟通、群体安全激励 3 个维度。

（2）从组织–群体–个体的视角构建煤矿组织行为与个体不安全行为交互模型，并将其解构为驱动机制和反馈机制。其中，驱动机制反映了组织行为影响个体不安全行为的过程，反馈机制反映了个体不安全行为影响组织行为的过程。

（3）以煤矿为研究对象，验证了组织行为和个体不安全行为交互模型。在驱动机制中，组织行为对个体不安全行为具有显著的负向影响关系，群体安全行为在组织行为影响个体不安全行为的关系中起中介作用，不安全行为意向在组织行为影响个体不安全行为的关系中起中介作用，群体安全行为和不安全行为意向在组织行为影响个体不安全行为的关系中起链式中介作用。在反馈机制中，个体不安全行为能够显著负向影响组织行为，群体安全行为在两者关系中起中介作用。

（4）揭示了组织行为和个体不安全行为交互的动态演化规律。采用系统动力学方法构建了煤矿组织行为和个体不安全行为交互影响的系统动力学模型并验证了模型的有效性。通过仿真方案开展情境仿真分析，揭示了煤矿组织行为和个体不安全行为交互作用过程中的动态演化规律。仿真分析结果表明，组织行为水平的改变能引起群体安全行为水平、不安全行为意向水平、个体不安全行为水平的变化，个体不安全行为水平的改变能够导致群体安全行为水平、组织行为水平的变化。

本章参考文献

[1] 潘家怡，张兴强．论企业安全行为[J]．中国安全科学学报，1995(5): 47-49.

[2] 刘素霞，梅强，杜建国，等．企业组织安全行为、员工安全行为与安全绩效：基于中国中小企业的实证研究[J]．系统管理学报，2014，23(1): 118-129.

[3] 张仕廉，许海鸿．建筑施工现场组织及员工安全行为评价[J]．建筑经济，2017，38(1): 53-57.

[4] 胡艳，许白龙．员工薪酬满意度对其安全行为的影响研究[J]．中国安全科学学报，2015，25(5): 8-13.

[5] 傅贵．安全管理学：事故预防的行为控制方法[M]．北京：科学出版社，2013: 82.

[6] 李书全，董静．基于贝叶斯网络的社会资本与组织安全行为概率评估[J]．统计与决策，2018，34(17): 185-188.

[7] 徐晶晶，胡卫平，逯行．在线协同学习的群体动力理论模型、案例设计与实现策略[J]．中国电化教育，2022(3): 81-89.

[8] YU K, CAO Q G, ZHOU L J. Study on qualitative simulation technology of group safety behaviors and the related software platform[J]. Computers & Industrial Engineering, 2019, 127: 1 037-1 055.

[9] YU K, CAO Q G, XIE C Z, et al. Analysis of intervention strategies for coal miners' unsafe behaviors based on analytic network process and system dynamics[J]. Safety Science, 2019, 118: 145-157.

[10] WANG L L, CAO Q G, HAN C G, et al. Group dynamics analysis and the correction of coal miners' unsafe behaviors[J]. Archives of Environmental & Occupational Health, 2021, 76(4): 188-209.

[11] 毛海峰．企业安全管理群体行为与动力理论探讨[J]．中国安全科学学报，2004(1): 45-49.

[12] 晁罡，邹安欣，张树旺，等．传统文化践履型企业的领导：员工伦理互动机制研究[J]．管理学报，2021，18(3): 317-327.

[13] 叶新凤．安全氛围对矿工安全行为影响：整合心理资本与工作压力的视角[D]．徐州：中国矿业大学，2014.

[14] 武淑平. 电力企业生产中人因失误影响因素及管理对策研究[D]. 北京: 北京交通大学, 2009.

[15] 陈红, 祁慧, 汪鸥, 等. 中国煤矿重大事故中故意违章行为影响因素结构方程模型研究[J]. 系统工程理论与实践, 2007(8): 127-136.

[16] 程恋军. 矿工不安全行为形成机制及其双重效应研究[D]. 阜新: 辽宁工程技术大学, 2015.

[17] WANG D, WANG X Q, XIA N N. How safety-related stress affects workers' safety behavior: the moderating role of psychological capital[J]. Safety Science, 2018, 103: 247-259.

[18] 王璟. 矿工安全心理资本与不安全行为的关系研究[D]. 西安: 西安科技大学, 2016.

[19] 薛韦一, 刘泽功. 组织管理因素对矿工不安全心理行为影响的调查研究[J]. 中国安全生产科学技术, 2014, 10(3): 184-190.

[20] ZOHAR D, LURIA G. The use of supervisory practices as leverage to improve safety behavior: a cross-level intervention model[J]. Journal of Safety Research, 2003, 34(5): 567-577.

[21] 祁慧, 张明阳, 陈红. 群体规范对矿工违章行为的作用机制研究[J]. 煤矿安全, 2018, 49(9): 293-296.

[22] 梁振东. 组织及环境因素对员工不安全行为影响的 SEM 研究[J]. 中国安全科学学报, 2012, 22(11): 16-22.

[23] BANDURA A. Self-efficacy: toward a unifying theory of behavioral change[J]. Psychological Review, 1977, 84(2): 191-215.

[24] 周丹, 韩豫, 陆建飞. 建筑工人群体性调查与特性分析[J]. 建筑技术, 2016, 47(2): 182-185.

[25] AHN S, LEE S. Methodology for creating empirically supported agent-based simulation with survey data for studying group behavior of construction workers[J]. Journal of Construction Engineering and Management, 2015, 141(1): 04014065.

[26] TAUSCH N, BECKER J, SPEARS R, et al. Explaining radical group behavior: developing emotion and efficacy routes to normative and nonnormative collective action[J]. Journal of Personality and Social Psychology, 2011, 101(1): 129-148.

[27] 张磊, 孙剑, 董建军. 隧道工人个体行为对群体行为的跨层次研究[J]. 土木工程与管理学报, 2019, 36(4): 185-189+211.

[28] HUCK S, KÜBLER D, WEIBULL J. Social norms and economic incentives in firms[J]. Journal of Economic Behavior & Organization, 2012, 83(2): 173-185.

[29] 张舒. 矿山企业管理者安全行为实证研究[D]. 长沙: 中南大学, 2012.

[30] 李静. 群体动力视角下建筑业管理者不安全行为研究[D]. 重庆: 重庆大学, 2016.

[31] 刘灿. 煤矿生产班组不安全行为及控制研究[D]. 西安: 西安科技大学, 2015.

[32] 程恋军, 仲维清. 群体规范对矿工不安全行为意向影响研究[J]. 中国安全科学学报, 2015, 25(6): 15-21.

[33] 刘晴. 建筑工人安全公民行为驱动机理及引导策略研究[D]. 徐州: 中国矿业大学, 2018.

[34] 程南. 群体动力视角下的煤矿员工不安全行为管理研究[D]. 徐州: 中国矿业大学, 2014.

[35] FOGARTY G, SHAW A. Safety climate and the theory of planned behavior: towards the prediction of unsafe behavior[J]. Accident Analysis & Prevention, 2010, 42(5): 1 455-1 459.

[36] 刘海滨, 梁振东. 基于 SEM 的不安全行为与其意向关系的研究[J]. 中国安全科学学报, 2012, 22(2): 23-29.

[37] 沈小清. 煤矿高层管理者安全领导力对矿工不安全行为的影响[D]. 西安: 西安科技大学, 2020.

[38] 阿尔雷克. 调查研究手册[M]. 王彦, 译. 北京: 中国轻工业出版社, 2008.

[39] HAYES A. Introduction to mediation, moderation, and conditional process analysis: methodology in the social sciences[J]. Kindle Edition, 2013, 193.

[40] 佟瑞鹏, 陈策. 煤矿组织安全行为对个体不安全行为的作用机理研究[J]. 中国安全生产科学技术, 2015, 11(12): 40-45.

[41] 张书莉, 吴超. 安全行为管理“五位一体”模型构建及应用[J]. 中国安全科学学报, 2018, 28(1): 143-148.

[42] 傅贵, 陈奕燃, 许素睿, 等. 事故致因“2-4”模型的内涵解析及第 6 版的研究[J]. 中国安全科学学报, 2022, 32(1): 12-19.

[43] TAUSCH N, BECKER J, SPEARS R, et al. Explaining radical group behavior: developing emotion and efficacy routes to normative and nonnormative collective action[J]. Journal of Personality and Social Psychology, 2011, 101(1): 129-148.

[44] 马国丰, 陆居一. 国内外系统动力学研究综述[J]. 经济研究导刊, 2013(6): 218-219.

第3章 行为安全“损耗–激励”双路径机理

行为安全是多方因素如环境、组织、生理、心理等相互作用的结果。本章将基于安全–Ⅰ、安全–Ⅱ和双路径理论，将行为安全解构为损耗过程和激励过程，并阐释其双路径演化机理。

3.1 安全–Ⅰ、安全–Ⅱ理论和双路径理论

3.1.1 安全科学领域的安全–Ⅰ和安全–Ⅱ思维范式

立足于医疗保健行业，霍尔纳格尔（Hollnagel）最初于 2013 年提出安全–Ⅰ（Safety-Ⅰ）和安全–Ⅱ（Safety-Ⅱ），[1]之后不断扩展到整个安全科学领域的研究，并逐渐辐射至各个不同的行业，如建筑施工、交通运输等行业。

3.1.1.1 安全–Ⅰ和安全–Ⅱ

（1）安全–Ⅰ

学术界通常将安全定义为“没有事故和损失等不期望结果的状

态”；从风险的角度出发，安全是“人们免遭不可接受风险的状态”；霍尔纳格尔（Hollnagel）等基于上述视角，将对“安全”的探究定义为“安全–Ⅰ”。基于安全–Ⅰ，安全是指“不良结果（如事故、伤害）出现频次无穷低的状态”。[1, 2]

安全–Ⅰ关注“事情为什么会出错”。事情之所以会出错，往往是因为系统中存在可识别的故障或系统中某一部分的不良运转，其根源可能是技术、程序、作业人员或组织的问题。因此，事故分析旨在探究不良结果的诱导因素与促成原因，而风险评估旨在评价风险发生的可能性及其影响程度。基于此，安全管理的核心在于当不良事件发生或出现难以接受的风险时，采用“检查和补救”的方法，追溯原因，制定措施，或两者同时进行，以改善现状或消除诱因，最终目标是确保将不良结果出现的频次控制在最低点，或将不良结果出现的频次控制在合理的范围内。在该前提下，安全管理表现为通过统计安全失效的情况或案例，以及统计风险隐患的数量来呈现安全状态。可见，安全管理在这里是一种持续改进的被动式管理方式。

（2）安全–Ⅱ

不同于安全–Ⅰ，安全–Ⅱ将安全的定义从“避免某事情出错”转变为“确保所有事情正确”。具体来说，安全–Ⅱ是“在可预料和不可预料等复杂多变的情况下，保持系统成功运转的能力”。基于安全–Ⅱ，安全是“预期的和可接受的结果出现频次无穷高的状态”。[1, 2]

安全–Ⅱ聚焦于“如何让事情正确”，而事情之所以正确，往往是因为系统性能具有可变性，而系统性能的变化又使得系统产生了应对可预料和不可预料复杂多变情况的能力。因而，系统分析在于解析事情正常运转的原因，风险评估在于探究在何种条件下系统的可变性难以或不可能被监测与管控。因此，安全管理关注日常工作，预测事态的发展和走向，将系统的可变性控制在合理范围之内，以有效应对不可避免的意外，最终确保将安全绩效提升到最高，亦即保证每天的工作都能达到既定的安全标准。在该前提下，通过统计成功和出现预期结果情况与案例的数量来呈现安全状态。可见，安全管理在这里则是一种主动式管理方式。

经过上述阐述与对比分析，可以获得对安全–Ⅰ和安全–Ⅱ的总体概览，见表 3.1。[1, 2]

表 3.1　安全–Ⅰ和安全–Ⅱ的总体概览

维度	安全–Ⅰ	安全–Ⅱ
出发点	事情为什么会出错	如何让事情正确
对安全的理解	不良结果（如事故、伤害）出现频次无穷低的状态	预期的和可接受的结果出现频次无穷高的状态

续表

维度	安全-Ⅰ	安全-Ⅱ
经验学习的来源	从安全失效、不良事件、事故中获得经验教训，关注诱导因素和促成原因	从对日常工作的理解中获得经验知识，聚焦于在日常工作中做出的适时调整和权衡
系统可变性应对	潜在有害因素，通过颁布标准和制定规章予以约束	不可避免的和有用的，需要监测和管控其波动范围
对人为因素的看法	系统中的负担和危险源	系统中必不可少的资源
安全管理的原则	被动式管理，当事故发生、不可接受风险出现时采取应对措施	主动式管理，尝试预测事态的发展和走向，推断事件的发生
安全管理的目标	避免出现问题，将不良结果出现的可能性控制在最低点	确保一切顺利，将预期结果出现的可能性提升至最高点

3.1.1.2 安全-Ⅰ和安全-Ⅱ的综合运用

尽管安全-Ⅰ和安全-Ⅱ有上述诸多区别之处，然而，在各行业的生产实践活动中，两者均同时存在、互为补充，并形成特定的平衡关系，而这种平衡关系又由于行业不同、情境不同而取决于诸多因素，如工作属性、人员经验、组织文化等，并表现出一定的差异性。在安全管理过程中，倘若仅遵循安全-Ⅰ的思维范式，单单关注“为什么事情会出错”，则并不能反映真实的生产实践活动场景，反之亦然。也就是说，安全管理活动的开展，需要综合运用安全-Ⅰ和安全-Ⅱ，根据不同行业，针对不同情境，发挥互补作用，建立共存机制。

对于行为安全亦是如此，如本书第 1 章所述及，针对该主题，学术界主要从不安全行为和安全行为两个方面开展。对于不安全行为，大量学者探究了诱导因素、形成机理，进而提出防控方法，这契合于安全-Ⅰ理论；对于安全行为，同样有大量学者追溯促成因素，进而将其更好地应用于提升生产实践的安全绩效，这契合于安全-Ⅱ理论。同时，在生产实践活动中，在同一场景下，从业人员的不安全行为、安全行为会同时存在；并且，对于同一从业人员，也会出现不安全行为和安全行为。遵循安全-Ⅰ和安全-Ⅱ理论，对于行为安全的管理，既需要预控不安全行为，有力提升不安全行为的干预效果，又需要塑造安全行为，有效维持安全行为的可持续性。

3.1.2 职业健康心理学的双路径研究范式

3.1.2.1 双路径研究范式的引入

“双路径”（dual path）的研究范式隶属于职业健康心理学（occupational health psychology，OHP）领域，指的是预测因素、职业心理因素、结果表征之间相互作用的损耗过程(impairment process)与激励过程(motivational process),在从业者工作中具有一般性、共存性、交互性的特征,是“压抑而又努力”的复杂工作现象。

“损耗过程”由霍基(Hockey)[3]于1993年首次阐释,用以揭示工作中社会、组织、职业等方面的因素耗竭个体的体力与精力,扰乱个体的身心健康,造成职业心理问题,进而导致不利工作结果的现象。“激励过程”由梅杰曼(Meijman)等[4]于1998年首次阐释,用以揭示相同方面的另一类因素缓解损耗过程的影响,益于个体身心健康与职业心理健康,进而促进良好工作表现的现象。萧费利(Schaufeli)等[5]于2004年正式阐明“双路径”。值得说明的是,损耗过程和激励过程两条作用路径并非是对同一现象的双向揭示,也不是可相互抵消或此消彼长的关系,而是一种“既相互影响又不可割裂”的交互作用关系。

在开展双路径研究中,预测因素涵盖社会、组织、职业等多个方面的要素,如安全文化、角色冲突等。在职业心理因素中,极具代表性的是工作倦怠、工作投入,这两者在医疗、教育、服务等非助人行业中被学者们广泛讨论,分别对应于损耗过程、激励过程。随着研究的不断深入,更多的因素被纳入进来,如职业焦虑、心理契约等。对于结果表征,随着组织目标的不同而涉及诸多不同的类型,如请假、缺勤、离职、伤害及事故等。

采用双路径研究范式开展相关研究具有以下五个方面优点:

一是能够系统涵盖工作过程中的预测因素、职业心理因素、结果表征,也能够很好地纳入社会心理风险因素。

二是能够同时关注工作中的正向、负向刺激,系统纳入阻碍和利于良好结果表征出现的各类因素。

三是能够建立“预测因素—职业心理因素—结果表征”的完整作用关系链条,揭示不同层面因素间的作用机理,也可揭示同一维度不同因素间的相互作用关系。

四是能够追溯导致结果表征的深层原因,进而获取综合的、全面的干预措施。已被实践验证的干预措施包括组织调整、工作重塑等。

五是通过组织调整、工作重塑等措施,结果表征的干预效果具有更好的时效性和更长的持续性。

3.1.2.2 双路径分析模型与理论的挖掘

针对损耗过程和激励过程双路径研究,目前主流的分析模型与理论主要有四种:一是工作需求–控制(job demand-control,JD-C)模型;二是由JD-C模型演化而形成的工作需求–控制(支持)[job demand-control(support),JD-C(S)]模型;三是付出–回馈失衡（effort-reward imbalance，ERI）模型；四是工作需求－资源（job demands-resources，JD-R）理论。然而，JD-C 模型、JD-C（S）模型、ERI 模型在解析工作中的双路径现象时有四个方面的不足：一是将因素的影响作用单一化；二是过于简单化，将预测因素、职业心理因素局限在特定范围，不具备通用性；三是将影响因素固定化，也即选取固定的因素描述所有种类的工作情境；四是忽略工作属性的变化，因为在实践生产中，不同工作的复杂程度、技能需求相差甚巨，然而上述模型未能充分考虑这些差异性。

相较于以上三者，JD-R 理论秉承了已有模型的长处，补足了已有模型的短板，并进行拓展，系统整合了工作中的预测因素、职业心理因素及结果表征，阐明了各因素间作用关系，具有很好的启发性，所提出的双路径研究框架具有较强的灵活性。因此，在众多阐释双路径的模型和理论中，JD-R 理论脱颖而出，为探究工作中的双路径现象提供了理想而科学的理论依据。

JD-R 理论由巴克（Bakker）等[6]于 2014 年提出，其基础与内核实质为 JD-R 模型[5,7]。依据 JD-R 理论的分析框架，预测因素为两类工作特征，即工作需求和工作资源。这两类工作特征经由两类职业心理因素（损耗因素、激励因素），通过双路径共同导致结果表征的产生。JD-R 理论的双路径分析的基础框架如图 3.1（a）所示[7]。JD-R 理论也在不断地发展和完善。起初，工作需求被区分为两类，即妨害型和挑战型；之后，个人资源被纳入分析框架，个人需求也被纳入；随后，巴克（Bakker）等提出个体对工作特征改变的“双螺旋”，即衰减螺旋和增益螺旋[7]，并于 2017 年分别将两者规范为自我消沉和工作重塑[8]。发展至今，JD-R 理论的双路径分析的最新框架如图 3.1（b）所示[8]。经由持续完善，JD-R 理论已形成一套较为成熟完善的基本术语和基础假设，详见表 3.2 和表 3.3。

JD-R 理论已被广泛应用于各类预测因素对从业者群体职业心理的影响，以及由此导致的组织结果的探究工作中。同时，个体的行为安全也是组织结果的一种表现形式，加之 JD-R 理论的启发性、分析框架的灵活性，因此在研究行为安全问题时，采用 JD-R 理论也被证明是可行的、合理的且科学的。

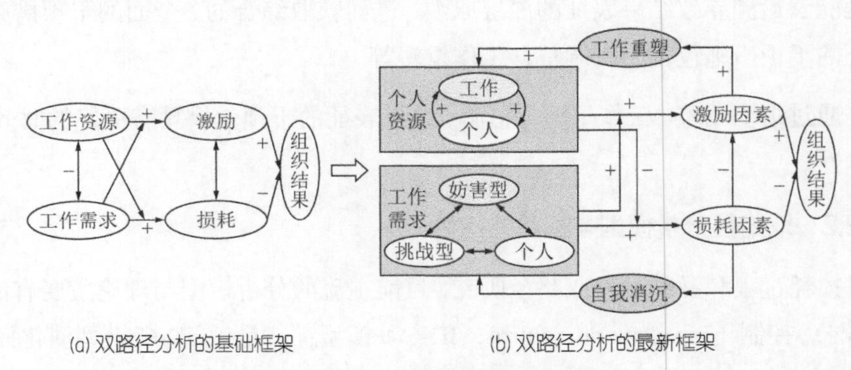

图 3.1 JD-R 理论的双路径分析框架

表3.2　JD-R理论中的基本术语及其含义

术语	英文	含义
工作需求	job demands	工作中身体、心理、社会或组织等方面的要求，这些要求需要持续不断地进行体力或脑力劳动付出，因此与一定的生理或心理的消耗有关
妨害型	hindrance	工作需求或工作环境包含过度或远超预期的约束，该类约束会阻碍或抑制个体有价值目标的实现
挑战型	challenge	工作需求虽消耗个体生理或心理，需个体付出应有的努力，但能促进个体成长并使个体实现成就
个人需求	personal demands	个体为自己设定的工作目标及要求，并为之付出努力，因而也消耗个体生理或心理
工作资源	job resources	工作中身体、心理、社会或组织等方面的资源，这些资源既可能有助于工作目标的达成，又可能减少工作要求及其所带来的生理或心理的消耗，也可能促进个人的成长、学习与发展
个人资源	personal resources	个人对自我控制环境能力强弱的信心
自我消沉	self-undermining	产生阻碍良好工作效果的行为
工作重塑	job crafting	从业者积极主动地改观工作需求和工作资源

表3.3　JD-R理论的基础假设

假设	内容
假设1	所有的工作特征都可以划分为两类：工作需求和工作资源
假设2	“双过程”：工作需求和工作资源在工作中是两种不同的作用过程，即损耗过程和激励过程
假设3	工作资源可以削弱工作需求的负向影响
假设4	在工作需求高时，工作资源对动机激励过程的影响更为显著
假设5	个人资源可以起到与工作资源类似的作用
假设6	工作中的激励因素能正向影响工作结果，工作的损耗因素则负向影响工作结果
假设7	工作重塑或增益螺旋：在工作中受到激励的从业者会积极改变工作需要和工作资源，形成良性循环，获得更高水平的工作及个人资源，甚至获得有效的激励
假设8	自我消沉或衰减螺旋：在工作中受到损耗因素影响的从业者会自我消沉、得过且过，形成恶性循环，进而导致更高的工作需求，甚至造成更高的工作压力

3.2　行为安全双路径理论

3.2.1　行为安全双路径

3.2.1.1　行为安全双路径的研究动态

双路径的研究范式于2010年首次被汉塞兹（Hansez）等[9]扩展到行为安全主题的

研究中，随后学者们又予以跟进研究。学术界的行为安全双路径典型相关研究归纳详见表3.4。

表3.4 学术界的行为安全双路径典型相关研究归纳

作者	文献年份	研究概述	所用模型/理论
汉塞兹（Hansez）等[9]	2010	首次将双路径扩展到行为安全主题的研究中，采用结构方程模型（SEM）分析能源部门员工的违规行为	JD-R模型
纳尔冈（Nahrgang）等[10]	2011	采用Meta分析方法探究建筑施工、运输、制造等行业不安全行为的形成机理	JD-R模型
图尔纳（Turner）等[11]	2012	采用SEM探究卫生保健人员安全参与行为、安全遵从行为的形成机理	JD-C（S）模型
陈劲甫 等[12]	2014	采用SEM探究航空机组人员安全遵从行为、安全参与行为的形成机理	JD-R模型
苑振宇 等[13]	2015	采用分层回归分析探究煤矿矿工安全遵从行为、安全参与行为的形成机理	JD-R模型
饶俪琳 等[14]	2017	采用SEM探究核电厂工人安全行为、失误的形成机理	JD-R模型
乌赛切（Useche）等[15]	2017	采用SEM探究公交司机危险驾驶行为的形成机理	JD-C模型、ERI模型
格拉西亚（Gracia）等[16]	2018	采用SEM探究核电厂工人危险行为的形成机理	JD-R模型
黄匡忠[17]	2018	采用SEM探究护士的安全遵从行为、安全参与行为的形成机理	JD-R模型
佟瑞鹏 等[18]	2019	采用Meta分析方法探究煤矿矿工不安全行为的形成机理	JD-R理论
佟瑞鹏 等[19]	2020	从模型构建和理论研究的角度提出并论证行为安全双路径管理理论	JD-R理论
叶尔金（Yelgin）等[20]	2022	采用半结构化访谈方法定性地探究航空机组人员安全行为的形成机理	JD-R模型

经梳理归纳上述研究文献可以发现：

第一，针对行为安全主题，采用双路径思维范式开展探究起始较早，自2010年就已开始。然而，相关研究仍较少，直到2015年后才有较多学者关注该主题。

第二，研究领域较为广泛，涵盖卫生保健、建筑施工、航空运输等，研究对象包含管理层人员和一线员工。

第三，对于预测因素，涵盖安全文化、安全氛围、安全教育培训等传统因素，也纳入了角色模糊、角色冲突、工作超负荷等社会心理风险因素。因此，对于行为安全主题，涉及的预测因素比较广泛，涵盖社会、组织、职业等众多方面。对于职业心理因素，以工作倦怠、工作投入为主，也有学者关注安全动机、工作满意度、不安全感等因素。

第四，绝大多数学者主要依据于JD-R模型和理论。由于JD-R模型是JD-R理论的内核，因此也同样印证了JD-R理论在研究双路径现象时的优越性与恰适性。更为重要的是，基于以上研究，也说明了将行为安全问题解构为“损耗–激励”双路径的合理性与可行性。

第五，虽然在不同领域已有关于行为安全双路径的实证研究，然而在改善行为安全现状如预控不安全行为、维持安全行为方面，仍缺乏针对行为安全损耗和激励过程的干预研究。

3.2.1.2 行为安全双路径模型

在安全–Ⅰ和安全–Ⅱ理论的启示下，遵循职业健康心理学领域中的双路径研究范式，依据JD-R理论及其分析框架，经由上述对行为安全双路径研究的归纳及前期研究，在行为安全视域下，可获得双路径模型的预测因素及职业心理因素，并将两者划分为职业健康心理学共性和行为安全特性两个维度，进而可构建行为安全双路径模型，以形象阐释行为安全双路径理论。

（1）行为安全视域下的需求因素和资源因素

如前所述，需求可分为工作需求和个人需求两类，工作需求又被分为妨害型和挑战型两类；资源可分为工作资源和个人资源两类。对于不同种类需求和资源及其含义可参见表3.2，在此不再赘述。行为安全视域下的需求因素和资源因素，见表3.5。

表3.5 行为安全视域下的需求因素和资源因素

<table>
<tr><th colspan="3">预测因素</th><th>职业健康心理学共性维度</th><th>行为安全特性维度</th></tr>
<tr><td rowspan="3">需求</td><td rowspan="2">工作</td><td>妨害型</td><td>计划失控、工作超负荷、工作单调、角色冲突、角色模糊、不确定性高等</td><td>风险危害大、安全环境难以保障、设备安全性欠佳等</td></tr>
<tr><td>挑战型</td><td>岗位职责、工作压力、绩效考核等</td><td>安全监管、安全惩罚等</td></tr>
<tr><td colspan="2">个人</td><td colspan="2">完美主义、工作狂热、追求晋升等</td></tr>
<tr><td rowspan="2">资源</td><td colspan="2">工作</td><td>社会支持、领导支持、教育培训、工作自主、沟通反馈、工作–家庭平衡等</td><td>安全文化、安全氛围、安全领导力等</td></tr>
<tr><td colspan="2">个人</td><td colspan="2">自我效能、自我认可、积极乐观等</td></tr>
</table>

（2）行为安全视域下的损耗因素和激励因素

损耗因素是由于个体在工作中受各类预测因素的刺激，从而产生的阻碍或抑制有价值目标实现的职业心理因素。与之相反，激励因素是在同类预测因素的影响下，个体自身内部产生的有助于预设目标达成，可利于个人学习、成长和发展的职业心理因素。整理在行为安全视域下的损耗因素和激励因素，见表 3.6。

表 3.6　行为安全视域下的损耗因素和激励因素

条目	职业健康心理学共性	行为安全特性
损耗因素	工作倦怠、工作焦虑、工作不满等	不安全感、不安全行为意向等
激励因素	工作投入、心理契约、心理幸福感等	安全承诺、安全态度、安全意识等

（3）构建行为安全双路径模型

经由上述分析及前期探究，结合 JD-R 理论，可构建行为安全的双路径模型，如图 3.2 所示。其中，行为安全双路径的核心模型如图 3.2（a）所示；当考虑模型要素时，行为安全双路径的模型如图 3.2（b）所示。

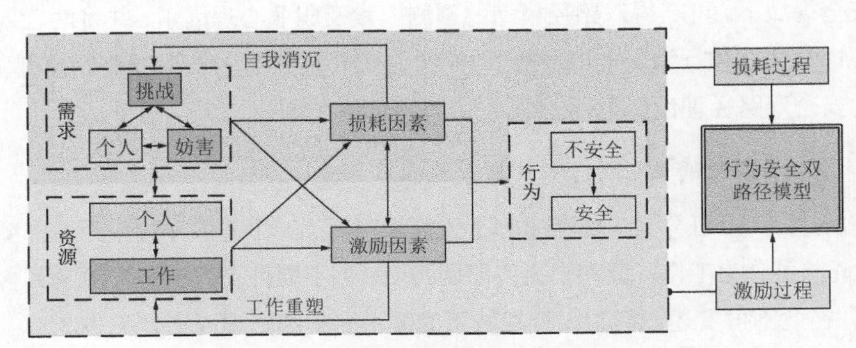

(a) 行为安全双路径的核心模型

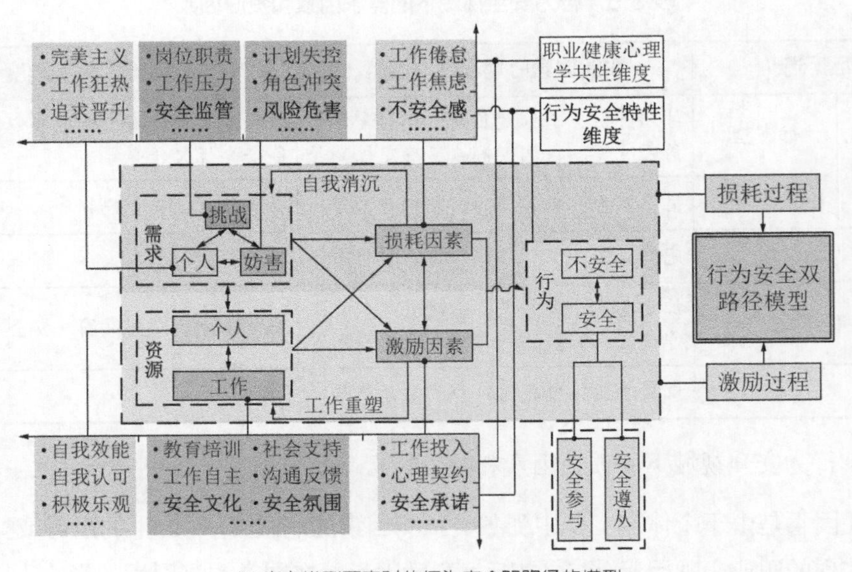

(b) 考虑模型要素时的行为安全双路径的模型

图 3.2　行为安全双路径的模型

遵循双路径的思维范式可知，需求因素会消耗工作中个体的身心资源，造成阻碍行为安全目标达成的职业心理状态产生，进而造成不安全行为的出现，抑制个体安全行为的选择。这一作用路径是行为安全双路径中的损耗过程。资源因素能削弱需求因素的影响，促使个体产生有利于行为安全目标实现的职业心理状态，有益于个体做出安全行为，减少不安全行为发生的频次。这一作用路径是行为安全双路径中的激励过程。此外，需求因素会对行为安全的激励过程产生负向影响，资源因素也会影响损耗过程。

同时，在行为选择的过程中，受损耗因素影响，个体可能表现出更为严重的负向情绪，形成恶性循环，进而导致更高的需求，造成持续偏离预设的行为安全目标。这一过程就是个体行为安全的自我消沉过程或衰减螺旋。个体行为的选择同样也受到激励因素的影响，在该类因素的影响下，个体会积极应对需求及资源，形成正向反馈，产生良性循环，从而获得更高水平的资源，进而能够持续支持预定行为安全目标的实现。这一过程就是个体行为安全的工作重塑过程或增益螺旋。

总之，基于上述行为安全双路径模型，可获得行为安全双路径理论。也就是说，个体的安全行为及不安全行为是工作及个人两个层面上，资源和需求两个维度的预测因素经由损耗与激励两个方面的职业心理共同作用的结果。

3.2.2　基于 Meta 分析的行为安全双路径理论验证

本书将选取矿山生产这一典型高危行业，以矿工为研究对象，针对矿工的行为安全问题，构建 JD-R 模型，并采用 Meta 分析方法予以验证，进而验证行为安全双路径理论。

Meta 分析由格拉斯（Glass）于 1976 年正式提出[21]，是统计不同研究结果并予以综合的方法，其中的 Meta 一词源于古希腊文，意指将事物综合起来观察。Meta 分析方法已在医学、心理学、行为科学等领域获得广泛应用。在行为科学领域，施密特（Schmidt）等[22]给出的 Meta 分析研究范式，获得了学术界充分的证实与广泛的认可，被大多数学者所采用。因此，本书也采取该研究范式开展 Meta 分析。

针对矿工行为安全主题，相关研究主要从不安全行为和安全行为两个角度展开。这一规律吻合于安全-Ⅰ和安全-Ⅱ的思维范式，且在一定程度上契合于双路径的研究范式。因此，本书基于 JD-R 理论构建矿工不安全行为、安全行为模型，进而开展述评研究。

3.2.2.1　矿工行为安全 JD-R 模型构建

（1）矿工行为安全的工作需求因素

1）工作环境恶劣。由于工作环境的特点，矿工的正常作业状态难免被扰乱，需要他们努力将注意力集中于工作上，采取正确的操作，克制不安全行为的发生，因此需消耗更多的体力和精力。同时，噪声会对矿工的注意力和情绪造成影响，矿工的作业能力和安全操作行为会因此受到影响。极端的温度条件会通过影响矿工的生理或心理状态，进而对工作结果产生不利影响。此外，作业环境昏暗无光会影响矿工的认知能力，进而需要他们付出更多的努力以保障安全作业。

2）风险危害。矿山生产是典型的高危行业之一，矿工需要面对诸多风险和危害因素，如爆炸、透水、火灾等，他们的健康和安全会由此受到影响。在这种工作环境中，矿工的防范意识会增加，他们需要付出额外的时间和努力以应对或规避这些风险和危害，不可避免地会造成体力和精力的消耗。因此，风险和危害也是矿工行为安全的工作需求因素，能够诱发不安全行为的发生。

3）现场安全管理。由于矿山生产的特殊性，现场安全管理主要由班组长负责，他们需要在生产中同时兼顾安全。另外，每个矿区还会配备相应的全职安全管理人员，由他们负责巡查各作业面，开展现场安全管理。矿工在生产过程中为了遵循安全操作规程，通常需要付出更多的体力和精力。然而也有矿工不按安全操作规程作业，发生“三违”（违章指挥、违规作业、违反劳动纪律）现象。这种方式貌似以更为节省时间和精力的方式完成了工作任务，但实则极可能导致该矿工付出额外的体力和精力逃避安全监管。此外，现场安全管理过程中的奖惩制度是否公平也值得商榷，当矿工发觉自己未受到公平对待时，不安全心理将随之而产生。

4）加班与作业强度。矿工的工作模式通常为“四班三倒”的8小时工作制，考虑到通勤及加班，往往每天因工作需要耗时10～12小时。同时，矿工大多抱着“凑合一顿”的想法准备班中餐，班中餐所能提供的能量和营养往往难以维持其体力，造成他们不能以饱满的精力完成井下强度大、任务重、时间长的作业。因此，几乎所有的矿工升井之后，都感觉又累又饿、疲惫不堪。在这种状态下，相较于安全作业，想方设法地完成既定工作任务成为大部分矿工的首要目标，不安全行为也由此而生。

5）工作压力。对于工作绩效来说，工作压力是被广泛证明的工作需求因素，对安全绩效同样如此。工作压力也是不安全行为的触发因素，生产任务、安全规定、时间限制都会导致矿工压力的产生，需要他们付出脑力和体力劳动来应对，以保障正常作业。

6）工作-家庭冲突。对所有从业人员来说，由于难以用自己有限的精力和时间很好地平衡工作-家庭关系，工作-家庭冲突不可避免，矿工同样如此。工作-家庭冲突会造成个体的不安全心理，进而间接导致不安全行为的产生。

（2）矿工行为安全的工作资源因素

1）安全文化氛围。安全文化氛围能够很好预测组织的安全绩效。积极向上的、良好的安全文化氛围能够有益于员工安全态度的形成、安全知识的增加、安全意识的提升，进而避免不安全行为的发生，为安全生产保驾护航。矿山生产同样如此，安全文化氛围是矿工行为安全的工作资源因素。

2）领导支持。倘若安全的重要性经常被领导和安全监管者提及，受到管理层的重视，员工的安全行为将毫无疑问地受到潜移默化的影响。管理层对安全作业的鼓励是安全生产卓有成效的支持方式，能够显著影响员工的安全态度，塑造安全行为，避免伤害事故的发生。

3）教育培训。教育培训旨在让员工掌握实用技能、熟知专业和岗位知识，保障工作顺利开展。在提升员工操作能力、安全态度的方式中，教育培训是最为直接有效的。对矿工来说，由于自身受教育水平不高、技能知识不足，教育培训显得尤为重要。

4）沟通反馈。沟通反馈是通过提供安全相关信息，进而辨识风险的有效方式。上下级之间顺畅的沟通、及时的反馈能够有益于组织安全绩效的提升，降低事故发生的概率。同时，积极主动参与安全沟通反馈的员工能够获得更多的安全知识和技能。

5）生活幸福。生活幸福是指矿工的生活和家庭在物质与精神两个层面的和谐、幸福。在这种情境下，矿工能获得精神满足，可帮助他们消除由工作需求造成的精神耗竭，进而促使安全绩效的提升。

（3）矿工行为安全的损耗因素

1）生理疲劳。生理疲劳是指员工在工作过程中体力的不断消耗下降。该因素会导致员工工作动机下降、警觉性降低、作业能力不足等结果，最终演变为伤亡事故。矿工由于每天工作时间长、强度大，容易出现生理疲劳。此外，工作压力也会造成疲劳的产生，而一线员工的疲劳与不安全行为密切相关。

2）不安全心理。不安全心理是指作业过程中可能造成员工不安全行为，无益于安全生产的不健康心理状态或心理活动。其中，麻痹心理、侥幸心理、逆反心理是最为典型的不安全心理。在矿山生产过程中，受作业环境、现场安全管理的影响，矿工的心理易产生较大波动，进而影响安全行为的选择，导致不安全行为的发生。

3）不安全行为意向。意向是个体实施某种行为的倾向或选择，而不安全行为往往是基于某种意向的。依据计划行为理论，个体的意向直接决定着其行为的发生。工作压力能够诱发员工产生违反安全操作规程意向，进而导致不安全行为的发生。

（4）矿工行为安全的激励因素

1）安全意识。安全意识是指矿工对井下作业环境的心理防范程度和警觉度。安全文化氛围、安全监管、领导支持、教育培训等因素都能促进矿工安全意识的提升，而良好的安全意识又能避免不安全行为，从而降低伤害事故的发生概率。

2）安全态度。安全态度是矿工对安全文化氛围、安全操作规程、事故伤害预防措施等的心理倾向。安全态度与安全行为正相关，且受到安全文化氛围、教育培训等因素的影响。

3）安全能力。矿工的安全能力包括安全知识、技能和事故预防能力等方面。安全能力是员工安全高效完成生产任务的基础，它可以通过营造良好的安全文化氛围、提供充分的教育培训和建立顺畅的沟通反馈机制来得到提升。同时，良好的安全能力还有助于提升安全绩效和预防事故伤害。

4）工作满意度。矿工的工作满意度是指矿工对作业环境、组织监管、作业内容等因素的综合看法。工作满意度能够有效激发员工的动力，直接影响员工在作业场所的行为，促进目标任务的实现。矿工的工作满意度主要受到安全文化氛围、现场安全管理、沟通反馈等因素的影响。

（5）矿工行为安全的表征

1）不安全行为。不安全行为的概念尚存不同观点，因此本书也不予严格定义，而是将学者提及的人因失误、违章、冒险行为等统一称为不安全行为。

2）安全行为。安全行为被区别为安全遵从行为、安全参与行为[23]。其中，安全遵从行为是指个体为维持工作场所的安全而必须执行的核心安全行为；安全参与行为是指可能对工作场所的安全没有直接贡献，但有利于发展、支持安全环境的行为。

（6）矿工行为安全的 JD-R 模型

依据文献归纳所得矿工行为安全各种因素，以及行为安全的表征方式，可获得矿工行为安全 JD-R 模型的假设（见表 3.7），进而从理论层面得到矿工行为安全的 JD-R 模型（见图 3.3）。

表 3.7 矿工行为安全 JD-R 模型的假设

假设	整体假设	假设 1	模型 1：矿工不安全行为 JD-R 模型	假设 2	模型 2：矿工安全行为 JD-R 模型
H_{M1}	矿工行为安全的工作需求因素和损耗因素正相关	H_{M11}	矿工不安全行为的工作需求因素和损耗因素正相关	H_{M12}	矿工安全行为的工作需求因素和损耗因素正相关
H_{M2}	矿工行为安全的工作资源因素和激励因素正相关	H_{M21}	矿工不安全行为的工作资源因素和激励因素正相关	H_{M22}	矿工安全行为的工作资源因素和激励因素正相关
H_{M3}	矿工行为安全的工作需求因素和激励因素负相关	H_{M31}	矿工不安全行为的工作需求因素和激励因素负相关	H_{M32}	矿工安全行为的工作需求因素和激励因素负相关
H_{M4}	矿工行为安全的工作资源因素和损耗因素负相关	H_{M41}	矿工不安全行为的工作资源因素和损耗因素负相关	H_{M42}	矿工安全行为的工作资源因素和损耗因素负相关

续表

假设	整体假设	假设1	模型1：矿工不安全行为JD-R模型	假设2	模型2：矿工安全行为JD-R模型
H_{M5}	由于行为安全的表征形式不同，损耗因素与矿工行为安全的结果表现出不同的关系	H_{M51}	损耗因素与矿工的不安全行为正相关	H_{M52}	损耗因素与矿工的安全行为（H_{M52}）及其维度安全遵从行为（H_{M52a}）、安全参与行为（H_{M52b}）负相关
H_{M6}	由于行为安全的表征形式不同，激励因素与矿工行为安全的结果表现出不同的关系	H_{M61}	激励因素与矿工的不安全行为负相关	H_{M62}	激励因素与矿工的安全行为（H_{M62}）及其维度安全遵从行为（H_{M62a}）、安全参与行为（H_{M62b}）正相关

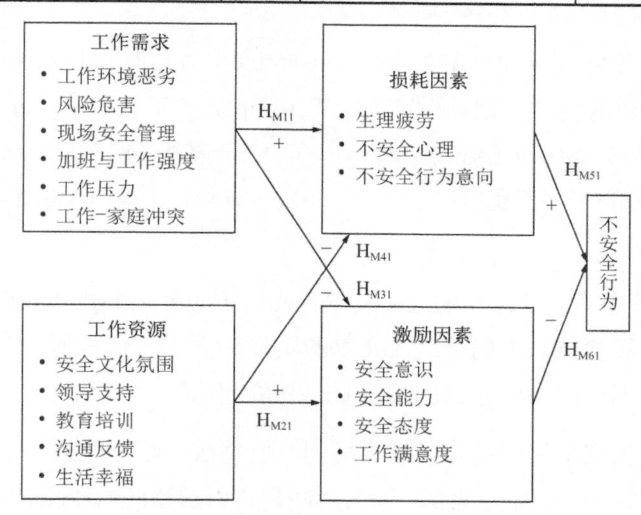

(a) 模型1：矿工不安全行为JD-R模型

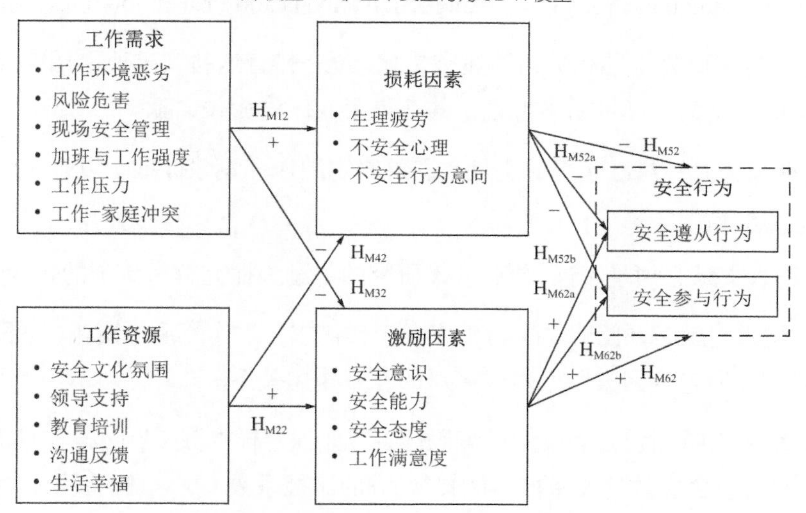

(b) 模型2：矿工安全行为JD-R模型

图3.3　矿工行为安全的JD-R模型

3.2.2.2 矿工行为安全 JD-R 模型验证与分析

（1）Meta 分析基础数据的获取

1）文献检索。在文献检索过程中，采取如下检索策略。

第一，考虑到时效性和数据的可获得性，将文献检索的时间跨度设定为 10 年，即自 2011 年 1 月 1 日起至 2020 年 12 月 31 日止。

第二，与目标文献相关的研究必须为矿工群体，可为煤矿、非煤矿山的作业人员。并且，在空间范围内不限于我国的政治、文化和社会背景，而是放眼全球，将美国、澳大利亚、东南亚有关国家的相关研究也纳入其中。

第三，将行业领域的检索关键词设定为煤矿（coal mine）、非煤矿山（non-coal mine）、矿山（mine）；将研究对象的检索关键词设定为矿工（miner）、工人（worker）；将研究内容的检索关键词设定为安全行为（safety behavior）、安全遵从（safety compliance）、安全参与（safety participation）、不安全行为（unsafe behavior）、违章（violation）、人因失误（human error）。

第四，在中国知网、万方、Web of Science、Scopus、Engineering Village 和 Google Scholar 等知名数据库开展检索。为确保纳入文献的质量，中文文献所刊登的期刊必须为中文核心及以上级别，英文文献必须被 EI、SCI、SSCI 收录。

第五，对国内外在行为安全领域的知名学术期刊中已登载文献进行逐一检索，如《中国安全科学学报》《煤矿安全》《煤炭技术》等国内期刊，以及 Safety Science，Process Safety and Environmental Protection，Accident Analysis and Prevention 等国际期刊。

第六，检查与研究主题相关的综述类文献，逐一排查这些文献所引用与参考的其他文献，以确保无遗漏。经过初步检索，共获得了 623 篇相关文献。

2）文献筛选。针对已获得的文献，需要制定纳入和剔除标准予以进一步筛选。主要遵循以下标准筛选文献。

第一，纳入文献必须是实证研究，且该研究的主题为探究解析矿工的行为安全问题。

第二，纳入文献必须阐明矿工行为安全工作需求、工作资源、损耗、激励，以及结果表征不同部分所包含因素中一对或多对的相互作用关系。

第三，纳入文献须包含必要的可编码信息，如独立样本数（k）、样本量（n）、相关系数（r），或者包含经数学关系推演能转换为r的路径系数（β）、t检验统计量（t）、F检验统计量（F）等。同时，该文献最好报告实证研究过程中所探究因素量表的信度系数（α），如果某文献中某因素的α值未明确给出，则以其他纳入文献中该因素的平均α值替代，以补足缺项。

第四，纳入文献的样本必须为独立样本，若两个及以上文献中有相同或交叉样本，则仅纳入样本报告更为完整详细的文献。

第五，剔除定性研究、非实证研究；剔除未明确定义所探究的因素或因素间关系阐释模糊的研究；剔除可信度低、质量明显不高的文献。

经过以上筛选过程，共获得81篇纳入文献（参见本章附录）。所得文献共涵盖261份独立样本，总样本为27 058份。

3）文献编码。采用如下的编码方法，对筛选获得的81篇纳入文献进行编码。

第一，由本课题组的三名研究生组成编码小组，对小组成员进行编码前的培训，说明编码程序、所需提取信息、编码规范、注意事项等内容。

第二，由编码小组中的两名成员分别对纳入文献进行独立编码。对于每篇文献，编码信息包含文献的序号、作者或第一作者、出版日期、题目、文献来源（期刊文献的期刊或硕博论文的学校），研究所包含的独立样本个数（k）、样本量（n）、研究因素，研究因素之间的效应值（r值、β值、t值、F值等），以及研究因素的信度系数（α值）。

第三，由编码小组的第三名成员核对已完成的两份编码信息，对于不一致的编码信息，由第三名成员逐一追溯至原文献审核信息，提出自己的观点，由编码小组共同讨论解决。

第四，所有的分歧都得以解决，三名小组成员100%达成共识。

（2）矿工行为安全JD-R模型的Meta分析

在Meta分析过程中，当纳入文献所探究因素间关系的效应值呈现差异性时，应采用随机效应模型。至此，矿工不安全行为JD-R模型的数据分析结果见表3.8、表3.9和表3.10，矿工安全行为JD-R模型的数据分析结果见表3.8、表3.9和表3.11。

针对每组研究因素，本书报告了与之相关的纳入文献数（m）、样本量（n）、仅修正取样误差的效应值（r）、同时修正取样误差和测量误差的效应值（r_c）、r_c的95%置信区间（confidence interval，CI）和80%可信区间（credibiliy interval，CV）。

若$|r| \geqslant 0.5$，则为强效应；若$0.5 > |r| \geqslant 0.3$，则为中等效应；若$0.3 > |r| > 0.1$，则为弱效应；若$|r| \leqslant 0.1$，则效应可忽略。置信区间用于表征因素间相关关系的异质性，而可信区间用于表征不同研究之间的异质性。若95%CI中不包含0，则考查变量间的作用关系显著；若80%CV中不包含0，则不同研究之间不存在异质性。

表 3.8　矿工行为安全工作需求因素与损耗因素、激励因素之间的关系

<table>
<tr><th rowspan="2">工作需求因素</th><th colspan="2">损耗因素</th><th colspan="4">激励因素</th></tr>
<tr><th>不安全心理</th><th>不安全行为意向</th><th>安全意识</th><th>安全能力</th><th>安全态度</th><th>工作满意度</th></tr>
<tr><td rowspan="2">工作环境恶劣</td><td>2；421；0.65；0.71；(0.70, 0.72)；(0.64, 0.77)</td><td>*</td><td>—</td><td>*</td><td>—</td><td>—</td></tr>
<tr><td colspan="2">3；1 052；0.51；0.55；(0.41,0.69)；(0.30,0.80)</td><td colspan="4">*</td></tr>
<tr><td rowspan="2">现场安全管理</td><td>3；1 000；0.54；0.62；(0.57, 0.67)；(0.52, 0.73)</td><td>4；1 314；−0.13；−0.17；(−0.34, 0.00)；(−0.55, 0.21)</td><td>3；464；0.41；0.56；(0.41, 0.71)；(0.34, 0.79)</td><td>*</td><td>3；998；0.74；0.86；(0.59, 1.12)；(0.37, 1.34)</td><td>—</td></tr>
<tr><td colspan="2">7；2 314；0.16；0.17；(0.07, 0.28)；(−0.15, 0.49)</td><td colspan="4">5；1 331；0.73；0.85；(0.63, 1.06)；(0.36, 1.33)</td></tr>
<tr><td rowspan="2">加班与工作强度</td><td>3；941；0.32；0.40；(0.36, 0.44)；(0.32, 0.47)</td><td>*</td><td>—</td><td>—</td><td>—</td><td>—</td></tr>
<tr><td colspan="2">4；1 073；0.31；0.39；(0.34, 0.43)；(0.29, 0.48)</td><td colspan="4">—</td></tr>
<tr><td rowspan="2">工作压力</td><td>6；2 275；0.38；0.45；(0.42, 0.47)；(0.34, 0.55)</td><td>4；2 763；0.41；0.51；(0.47, 0.55)；(0.40, 0.61)</td><td>*</td><td>*</td><td>—</td><td>2；391；−0.22；−0.27；(−0.46, −0.09)；(−0.45, −0.10)</td></tr>
<tr><td colspan="2">10；5 038；0.40；0.48；(0.46, 0.50)；(0.38, 0.58)</td><td colspan="4">3；949；−0.25；−0.30；(−0.32, −0.28)；(−0.36, −0.25)</td></tr>
</table>

续表

工作需求因素	损耗因素		激励因素			
	不安全心理	不安全行为意向	安全意识	安全能力	安全态度	工作满意度
工作–家庭冲突	*	—	—	—	—	—
	*		—			
总效应	10；3 497；0.43；0.50；(0.47, 0.53)；(0.35, 0.64)	8；3 973；0.26；0.31；(0.21, 0.41)；(0.01, 0.61)	4；1 022；0.04；0.08；(0.00, 0.16)；(−0.14, 0.30)	3；1 110；0.39；0.39；(−0.08, 0.84)；(−0.42, 1.19)	3；998；0.74；0.86；(0.59, 1.12)；(0.37, 1.34)	2；391；−0.22；−0.27；(−0.46, −0.09)；(−0.45, −0.10)
	18；7 470；0.35；0.41；(0.37, 0.44)；(0.19, 0.62)		9；2 466；0.32；0.36；(0.22, 0.49)；(−0.13, 0.84)			

注：*表示该组因素间的关系仅包含一项研究，为进一步讨论的需要，予以标出；—（一字线）表示该组因素间的关系未有相关研究纳入。对于单元格中数据组的含义，以数据组“3；1052；0.51；0.55；(0.41,0.69)；(0.30,0.80)”为例，该组数据依次分别表示纳入文献数（m）、样本量（n）、修正取样误差的效应值（r）、修正取样误差和测量误差的效应值（r_c）、r_c的95%CI和80%CV，其他数据组含义相同。在表3.8～表3.11中，相关含义均相同。

表3.9　矿工行为安全工作资源因素与损耗因素、激励因素之间的关系

工作资源因素	损耗因素		激励因素			
	不安全心理	不安全行为意向	安全意识	安全能力	安全态度	工作满意度
安全文化氛围	2；1 142；−0.41；−0.49；(−0.49, −0.48)；(−0.51, −0.46)	3；867；−0.20；−0.26；(−0.29, −0.23)；(−0.31, −0.21)	3；538；0.32；0.38；(0.26, 0.49)；(0.22, 0.53)	4；1 412；0.51；0.64；(0.44, 0.83)；(0.32, 0.95)	6；2 322；0.53；0.68；(0.58, 0.78)；(0.44, 0.92)	*
	5；2 009；−0.28；−0.36；(−0.37, −0.34)；(−0.41, −0.30)		10；3 706；0.52；0.65；(0.54, 0.75)；(0.34, 0.95)			

续表

工作资源因素	损耗因素		激励因素			
	不安全心理	不安全行为意向	安全意识	安全能力	安全态度	工作满意度
领导支持	2；547；−0.33；−0.40；(−0.49, −0.31)；(−0.50, −0.30)	*	6；2 742；0.42；0.57；(0.51, 0.63)；(0.42, 0.73)	3；974；0.40；0.50；(0.46, 0.54)；(0.41, 0.59)	5；1 258；0.41；0.52；(0.46, 0.57)；(0.40, 0.64)	*
	3；752；−0.29；−0.35；(−0.45, −0.25)；(−0.48, −0.22)		14；4 767；0.41；0.53；(0.50, 0.57)；(0.39, 0.68)			
教育培训	*	—	5；1 394；0.39；0.48；(0.42, 0.54)；(0.35, 0.60)	4；1 255；0.46；0.57；(0.50, 0.63)；(0.39, 0.74)	2；782；0.39；0.45；(0.43, 0.48)；(0.40, 0.50)	*
	—		9；2 649；0.40；0.49；(0.44, 0.54)；(0.32, 0.66)			
沟通反馈	*	*	3；652；0.61；0.69；(0.60, 0.79)；(0.54, 0.85)	*	5；1 044；0.51；0.60；(0.50, 0.70)；(0.37, 0.83)	—
	2；456；−0.28；−0.34；(−0.38, −0.31)；(−0.41, −0.28)		7；1 484；0.50；0.59；(0.49, 0.68)；(0.34, 0.83)			
总效应	5；1 969；−0.38；−0.46；(−0.47, −0.45)；(−0.51, −0.41)	5；1 983；−0.20；−0.26；(−0.27, −0.24)；(−0.30, −0.22)	11；3 619；0.43；0.54；(0.47, 0.61)；(0.33, 0.76)	8；2 267；0.45；0.55；(0.48, 0.63)；(0.33, 0.78)	13；4 035；0.48；0.59；(0.54, 0.65)；(0.38, 0.81)	3；1 230；0.48；0.57；(0.32, 0.83)；(0.24, 0.91)
	10；3 952；−0.30；−0.36；(−0.38, −0.35)；(−0.43, −0.30)		25；8 537；0.46；0.56；(0.51, 0.61)；(0.31, 0.80)			

表 3.10　矿工行为安全损耗因素、激励因素与不安全行为之间的关系

工作需求因素	损耗因素		激励因素			
	不安全心理	不安全行为意向	安全意识	安全能力	安全态度	工作满意度
不安全行为	15；5 124；0.40；0.48；(0.46, 0.49)；(0.38, 0.57)	12；3 797；0.57；0.65；(0.62, 0.69)；(0.51, 0.80)	13；3 178；−0.24；−0.28；(−0.31, −0.26)；(−0.38, −0.19)	4；974；−0.41；−0.49；(−0.57, −0.41)；(−0.64, −0.33)	6；1 093；−0.44；−0.54；(−0.66, −0.42)；(−0.77, −0.31)	4；1 622；−0.57；−0.67；(−0.88, −0.46)；(−1.03, −0.30)
	27；8 921；0.49；0.57；(0.55, 0.58)；(0.45, 0.69)		21；5 596；−0.37；−0.43；(−0.46, −0.40)；(−0.60, −0.27)			

表 3.11　矿工行为安全损耗因素、激励因素与安全行为之间的关系

工作资源因素	损耗因素		激励因素			
	不安全心理	不安全行为意向	安全意识	安全能力	安全态度	工作满意度
安全遵从行为	3；776；−0.45；−0.57；(−0.80, −0.34)；(−0.87, −0.26)	2；381；−0.24；−0.29；(−0.35, −0.23)；(−0.35, −0.22)	9；3 581；0.42；0.58；(0.53, 0.63)；(0.41, 0.74)	9；3 125；0.49；0.62；(0.59, 0.65)；(0.50, 0.73)	16；5 985；0.53；0.64；(0.59, 0.68)；(0.44, 0.83)	3；737；0.39；0.46；(0.37, 0.55)；(0.31, 0.61)
	5；1 157；−0.38；−0.47；(−0.62, −0.33)；(−0.72, −0.23)		27；1 0248；0.48；0.61；(0.57, 0.64)；(0.41, 0.80)			
安全参与行为	*	*	6；3 093；0.45；0.61；(0.57, 0.65)；(0.48, 0.74)	10；3 816；0.64；0.79；(0.74, 0.84)；(0.61, 0.97)	11；4 069；0.48；0.59；(0.54, 0.64)；(0.41, 0.77)	2；451；0.33；0.36；(0.25, 0.47)；(0.22, 0.51)
	2；530；−0.35；−0.42；(−0.59, −0.24)；(−0.58, −0.25)		24；9 556；0.52；0.65；(0.62, 0.69)；(0.46, 0.85)			

续表

工作资源因素	损耗因素		激励因素			
	不安全心理	不安全行为意向	安全意识	安全能力	安全态度	工作满意度
安全行为	3；776；−0.43；−0.53；(−0.77，−0.31)；(−0.84，−0.23)	2；381；−0.26；−0.31；(−0.39，−0.23)；(−0.40，−0.22)	9；3 581；0.43；0.59；(0.53, 0.66)；(0.39, 0.80)	10；3 816；0.58；0.71；(0.66, 0.77)；(0.50, 0.93)	17；6 112；0.51；0.62；(0.57, 0.67)；(0.38, 0.86)	3；737；0.37；0.42；(0.31, 0.54)；(0.24, 0.61)
	5；1 157；−0.37；−0.46；(−0.60，−0.31)；(−0.71，−0.20)		28；10 375；0.50；0.63；(0.58, 0.68)；(0.36, 0.90)			

（3）矿工行为安全 JD-R 模型因素验证与分析

1）工作需求因素。对于矿工行为安全的工作需求，最终纳入 5 个因素。其中，家庭–工作冲突虽被纳入，但矿工的工作与家庭关系却并未获得学者们的广泛关注。风险危害被排除在外，究其原因，该因素可能被划归为工作环境恶劣的维度，也可能是现有文献不符合 Meta 分析的纳入标准（如编码信息不可用），还有可能是现有文献仅从定性维度探讨该因素。

2）工作资源因素。对于工作资源，最终纳入 4 个因素。生活幸福被排除在外，究其原因，矿工的生活质量可能并未被广泛关注，也可能其类似于风险危害，现有关于矿工生活幸福的文献大部分是定性研究，或者可能是现有文献不符合 Meta 分析的纳入标准。

3）损耗因素。对于损耗因素，生理疲劳被排除在外，可能与该因素的属性和表征方式有关。生理疲劳隶属个体的生理因素范畴，学者们更倾向于通过生理学实验，采用生理指标予以表征，如心率、脑电图、反应时间等，依据施密特（Schmidt）等[22]的 Meta 分析范式，须以量表分析的实证研究为基础。因此，生理疲劳未被纳入。

4）激励因素。对于激励因素，都被纳入。由此表明，激励因素都获得了学者们的足够关注，对矿工的行为安全具有重要意义。

5）行为安全表征。无论是矿工的不安全行为还是安全行为，或是安全遵从行为和安全参与行为两个维度，都获得了学术界的充分研究。这也印证了前文所述的经过定性分析得出的相同观点。

（4）矿工行为安全 JD-R 模型假设验证与分析

1）矿工行为安全工作需求因素与损耗因素间的关系。矿工行为安全工作需求中的工作环境恶劣、加班与工作强度、工作压力 3 个因素均分别与损耗因素中的不安全心理正相关，与工作压力与不安全行为意向正相关，且与损耗因素整体正相关，均为中等或强效应；r_c的 95%CI 和 80%CV 都未包含 0。其中，工作环境恶劣、加班与工作强度两个因素和不安全行为意向之间仅纳入一项研究，无法对该组关系开展 Meta 分析。

现场安全管理与不安全心理正相关，为强效应；与不安全行为意向负相关，为弱效应；r_c的 95%CI 和 80%CV 都包含 0。同时，现场安全管理与损耗因素整体正相关，为弱效应；其中，r_c的 95%CI 未包含 0，但 80%CV 包含 0。这表明，现场安全管理与不安全行为意向之间的作用关系不显著，且不同的研究之间存在异质性。究其原因，考虑到矿山生产的实际情况，现场安全管理主要由班组长和专职安全管理人员执行，如果管理得当，如采用正向激励的方式，则能够消除矿工的不安全心理与不安全行为意向。然而，倘若管理失当，如采用辱虐管理的方式，将会起到反面效果，加剧矿工的不安全心理与不安全行为意向。

由于仅有一项研究纳入文献探究工作–家庭冲突和损耗因素间的关系研究，如前文所述，无法对该组关系开展 Meta 分析。

从总效应来说，工作需求因素与不安全心理、不安全行为意向均为正相关，且与损耗因素整体正相关，均为中等效应或强效应；r_c的 95%CI 和 80%CV 都未包含 0。

综上，H_{M11} 和 H_{M12} 得到验证，因此，H_{M1} 得到验证。

2）矿工行为安全工作资源因素与激励因素间的关系。矿工行为安全工作资源中的安全文化氛围、领导支持、教育培训 3 个因素均分别与激励因素中的安全意识、安全能力、安全态度正相关，且与激励因素整体正相关，均为中等或强效应；r_c的 95%CI 和 80%CV 都未包含 0。

沟通反馈与安全意识、安全态度正相关，且与激励因素整体正相关，均为强效应；r_c的 95%CI 和 80%CV 都未包含 0。沟通反馈与安全能力之间仅纳入一项研究，无法开展 Meta 分析。

工作资源的 4 个因素与工作满意度之间的 Meta 分析均无法开展，原因在于，它们之间或仅有一项研究纳入，或无研究纳入。

从总效应来说，工作资源因素与安全意识、安全能力、安全态度、工作满意度均为正相关，且与激励因素整体正相关，均为强效应；r_c的 95%CI 和 80%CV 都未包含 0。

综上，H_{M21} 和 H_{M22} 得到验证，因此，H_{M2} 得到验证。

3）矿工行为安全工作需求因素与激励因素间的关系。矿工行为安全工作需求中的现场安全管理与激励因素中的安全意识、安全态度正相关，且现场安全管理与激励因素整体正相关，均为强效应；r_c的 95%CI 和 80%CV 都未包含 0。然而，现场安全管理与安全态度、激励因素整体之间 95%CI 和 80%CV 的上限均超过 1.00，这表明 Meta 分析的结果并不稳健。

工作压力与工作满意度负相关，且与激励因素整体负相关，为中等或弱效应；r_c的 95%CI 和 80%CV 都未包含 0。

除此之外，工作需求因素和激励因素之间的关系均无法开展 Meta 分析，究其原因，相关因素之间或仅有一项研究纳入，或无研究纳入。

从总效应来说，工作需求因素与安全意识之间的效应值可忽略，与安全能力为中等的正相关关系；r_c的 95%CI 和 80%CV 都包含 0。工作需求因素与安全态度、工作满意度的总体效应并无实质意义（均由一对因素关系决定）；工作需求因素与激励因素整体为中等的正相关关系；r_c的80%CV包含0。

综上，并未有强有力的证据说明矿工行为安全（不安全行为、安全行为）的工作需求因素和激励因素负相关，也即H_{M3}、H_{M31}、H_{M32}均未得到验证。究其原因：第一，未纳入足够多的文献用以探究工作需求因素和激励因素之间的关系，也可以说明学者们较少关注两者之间的关系；第二，如前文所述，可能与现场安全管理的方式有关，致使Meta分析未能得到稳健的结果。

4）矿工行为安全工作资源因素与损耗因素间的关系。矿工行为安全工作资源中的安全文化氛围、领导支持两个因素均分别与损耗因素中的不安全心理负相关，且与损耗因素整体负相关；沟通反馈与损耗因素整体负相关，均为中等效应；安全文化氛围与不安全意向为弱的负相关关系；以上关系r_c的95%CI和80%CV都未包含0。

除此之外，工作资源因素和损耗因素之间的关系均无法开展Meta分析，究其原因，相关因素之间或仅有一项研究纳入，或无研究纳入。

从总效应来说，工作资源因素与不安全心理为中等负相关关系，与不安全行为意向为弱的负相关关系；与损耗因素整体负相关，为中等效应；r_c的95%CI和80%CV都未包含0。

综上，H_{M41}和H_{M42}得到验证，因此，H_{M4}得到验证。

5）矿工行为安全损耗因素与不同行为安全表征形式之间的关系。矿工行为安全损耗因素的不安全心理、不安全行为意向与不安全行为之间均为正相关，损耗因素整体与不安全行为也为正相关，均为中等或强效应；r_c的95%CI和80%CV都未包含0。

不安全心理与安全遵从行为为强的负相关关系，不安全行为意向与安全遵从行为为弱的负相关关系，损耗因素整体分别与安全遵从行为、安全参与行为为负相关关系，均为中等效应；r_c的95%CI和80%CV都未包含0。不安全心理、不安全行为意向与安全参与行为的关系均无法开展Meta分析，究其原因，相关因素之间仅有一项研究纳入。

不安全心理、不安全行为意向分别与安全行为负相关，损耗因素与安全行为也为负相关关系，均为中等效应或强效应；r_c的95%CI和80%CV都未包含0。

综上，H_{M51}和H_{M52}（含其子H_{M52a}、H_{M52b}）得到验证，因此，H_{M5}得到验证。

6）矿工行为安全激励因素与不同行为安全表征形式之间的关系。矿工行为安全激励因素的安全意识与不安全行为呈弱的负相关关系；安全能力、安全态度、工作满意度与不安全行为之间均为负相关，激励因素整体与不安全行为也为负相关，均为中等或强效应；r_c的95%CI和80%CV都未包含0。

激励因素的 4 个子因素均分别与安全遵从行为、安全参与行为呈正相关，激励因素整体也与这两者分别呈正相关，均为中等或强效应；激励因素的 4 个子因素分别与安全行为呈正相关，激励因素与安全行为也呈正相关，均为中等或强效应；以上相关关系r_c的 95%CI 和 80%CV 都未包含 0。

综上，H_{M61} 和 H_{M62}（含其子 H_{M62a}、H_{M62b}）得到验证，因此，H_{M6} 得到验证。

（5）矿工行为安全 JD-R 模型修正与解释

经过 Meta 分析，通过上述对分析结果的详解，可获得修正后的矿工行为安全 JD-R 模型（见图 3.4）。

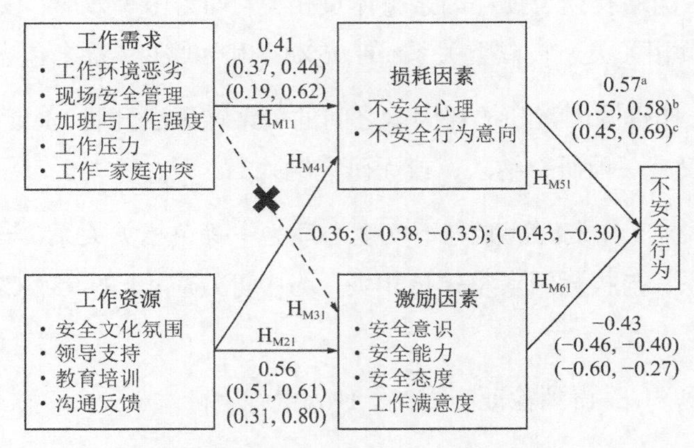

(a) 模型 1：修正后的矿工不安全行为 JD-R 模型

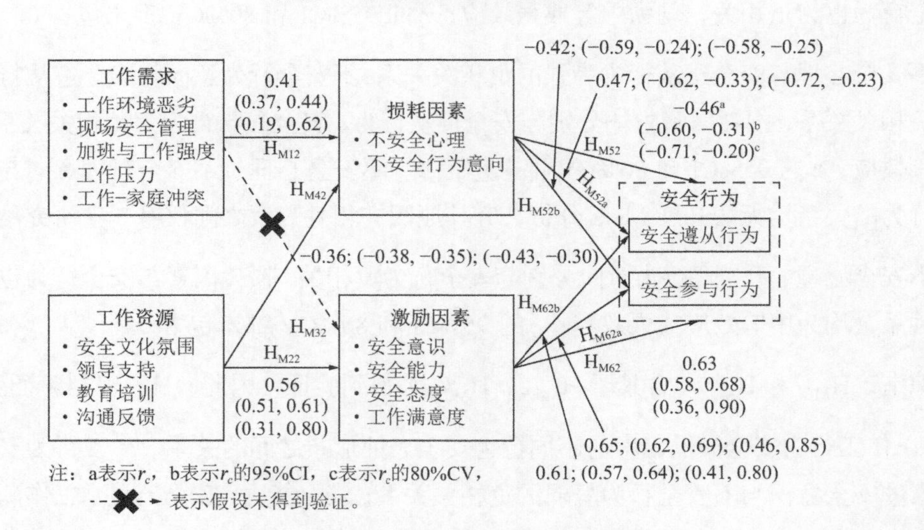

(b) 模型 2：修正后的矿工安全行为 JD-R 模型

图 3.4　修正后的矿工行为安全 JD-R 模型

遵循JD-R理论的思维范式，矿工的行为安全是两类工作特征（工作需求、工作资源）经过损耗和激励两类因素共同作用的结果。其中，工作需求通过损耗因素影响行为安全，工作资源通过激励因素影响行为安全。同时，工作资源也会对损耗因素产生影响。

具体来说，工作环境恶劣、现场安全管理、加班与工作强度等因素会导致矿工不安全心理、不安全行为意向的产生，进而造成矿工的不安全行为。同时，矿工不安全心理、不安全行为意向也会抑制矿工的安全参与行为和安全遵从行为，不利于矿工安全行为的塑造和养成。经过Meta分析获得的以上各影响因素间的作用路径，可以被称为矿工行为安全的损耗过程。

同样，良好的安全文化氛围、有力的领导支持、充分的教育培训等因素能够有益于矿工安全意识、安全能力、安全态度的形成，提升工作满意度，抑制不安全行为的产生，进而有益于矿工的安全参与行为和安全遵从行为，促使矿工形成良好的安全行为习惯。同时，良好的工作资源也有助于消除矿工的不安全心理、不安全行为意向，削弱工作需求的影响，进而抑制不安全行为，促使安全行为的形成。例如，顺畅的沟通与及时的反馈能够改善矿工因工作压力造成的不安全行为意向，从而改观矿工的作业行为。经由Meta分析获得的以上各影响因素间的作用路径，可以被称为矿工行为安全的激励过程。

经过上述以矿工为研究对象，将矿工的行为安全解构为损耗过程和激励过程，构建JD-R模型，并采用Meta分析方法予以验证，证明了矿工行为安全的双路径现象。同时，经过文献计量分析回顾现有研究可以发现，针对行为安全主题，以矿工为对象开展研究的文献数量百分比最大，能在一定程度上反映行为安全研究的整体发展动态，因此可视为对行为安全双路径理论的验证。

3.3　工程实践与应用

前文构建了行为安全双路径模型，提出了行为安全双路径理论，并采用Meta分析对其进行了验证。本节将以矿山生产为例，基于前文所提出的理论，以矿工为研究对象开展实证研究。

3.3.1　矿工行为安全双路径模型构建

3.3.1.1　模型要素筛选与界定

（1）预测因素的筛选与界定

本书选择“工作压力”和“安全文化”分别作为矿工行为安全双路径模型预测因素

中的工作需求和工作资源，萧费利（Schaufeli）等[24]在总结回顾 JD-R 理论的发展历程时，也提出上述两者是典型的工作需求和工作资源因素。工作压力和安全文化被选定的具体原因如下：

1）工作压力。第一，从其自身特征来说，工作压力这一因素是当从业者所要应对的工作要求超出自身所具备的内外部应对资源时而产生的适应性反应，是个体与工作情境两者间交互作用的体现，能够引起从业者心理、生理、行为方面的变化[25]。矿工在日常作业过程中，普遍受到工作压力的影响，因此，工作压力是矿工在日常作业过程中必须应对的典型工作需求因素，前文采用 Meta 分析对矿工行为安全研究动态的述评也能予以印证。目前在测量矿工的工作压力时，学术界主要从安全环境、工作负荷、安全管理等 7 个维度展开，这 7 个维度所含内容能较好地从工作、组织等层面反映目前矿工作业过程中必须应对的工作需求。同样，前文关于矿工行为安全 Meta 分析的研究也可作为印证。

第二，从对矿工职业心理健康造成影响的因素角度来说，工作压力是最具代表性的因素。同时，从理论层面来说，从业者在作业过程中如果处于较高的工作压力状态，更易感到身心疲劳，也会导致心理健康问题的出现。依据 JD-C 模型，从业者在高需求、低控制的状态下，工作压力极易诱发从业者的心理健康问题。

2）安全文化。第一，从其自身特征来说，安全文化是组织中每位企业员工所长期共享的且与安全工作相关的一组安全理念[26]。首先，在研究我国煤矿、非煤矿山的安全管理问题时，安全文化是最为典型的因素，前文关于矿工行为安全 Meta 分析的研究结果也能予以印证。其次，在测量矿山安全文化时（通过测量安全氛围呈现安全文化的即时状态），可以从管理层的安全承诺、安全规章与程序、安全教育培训等 6 个维度展开，而这 6 个维度涵盖内容能较好地从组织、工作等层面反映矿工所能利用的工作资源。同样地，前文关于矿工行为安全的 Meta 分析也能作为印证。

第二，从理论层面来说，依据事故致因“2-4”模型[27]，安全文化是事故分析所要追溯的根源原因，也是造成不安全行为、安全行为的根源原因。因为文化因素具备覆盖面广、渗透力强、影响持久的属性特征，所以煤矿、非煤矿山企业的安全文化直接或间接地影响着矿工的作业行为，并且是矿工行为安全强有力的影响因素。同时，自 20 世纪 90 年代以来，行为安全理论的发展也得益于安全文化的出现。

（2）职业心理因素的筛选与界定

工作倦怠、工作投入是研究从业者职业心理最为典型的两个因素。工作倦怠由费罗伊登伯格（Freudenberger）[28]于 1974 年最先提出，工作投入最早由卡恩（Kahn）[29]于

1990 年提出。工作倦怠对应于双路径的损耗过程，工作投入对应于双路径的激励过程。本书将选取工作倦怠和工作投入分别作为矿工行为安全损耗和激励双路径研究过程中的职业心理因素。

1）工作倦怠。工作倦怠是由于从业者在工作中长期处于慢性情绪和工作压力下而产生的心理综合征。世界卫生组织指出，工作倦怠是为描述职业背景下的现象而特地提出的概念，在生活中的其他领域并不适用。

关于工作倦怠的表征，目前被学术界广泛认可和证实的是马斯拉奇（Maslach）等[30]提出的“三维结构”，即工作倦怠集中体现为从业者在工作中的耗竭（exhaustion）、玩世不恭（cynicism）、低职业效能感（low professional efficacy）。上述 3 个维度尤其在以教师群体、医护人员等为典型代表的助人行业得到了充分验证。具体来说：耗竭是指从业者的情绪和身体资源被消耗殆尽，感到精疲力竭、难以恢复，因而缺乏充足的热情、体力和精力去有效应对新一天的工作和成功处理和他人的关系，体现为从业者心理、身体方面的双重疲劳状态；玩世不恭是从业者情绪过度消耗而表现出来的状态，体现为从业者对工作消极、敌对、置之不理、疏离的态度，通常也包含着从业者丧失对工作目标的追求；低职业效能感是指从业者感到自身工作能力和创造力下降的状态，越来越感到能力不足而无法胜任工作，因而无法对工作和社会做出应有的贡献。

矿工群体也是职业倦怠的高发群体。学术界针对矿工的工作倦怠研究主要涉及矿工工作倦怠的现状态势、影响因素、表现特征、量表，以及对组织和个体的影响及其防控办法等方面。这为本书的研究提供了一定的参考价值。然而，现有研究仍存在不足之处，主要体现在：第一，对于矿工工作倦怠的表征维度仍存在较大分歧；第二，在测量该因素时，大都采用适用于一般行业的通用量表，这可能导致结论的谬误；第三，仅有少数学者关注矿工工作倦怠对行为安全的影响，相关研究仍有待加强。

因此，本书遵循马斯拉奇（Maslach）的工作倦怠三维结构，对矿工工作倦怠的表征维度做出如下界定与假设。

H_1：矿工的工作倦怠表征为三维结构，分为耗竭（$H_{1\text{-}1}$）、玩世不恭（$H_{1\text{-}2}$）、低职业效能感（$H_{1\text{-}3}$）3 个维度。

2）工作投入。工作投入是从业者在工作过程中所呈现出的一种积极的、充实的心理状态。学术界关于工作投入的研究可以视为对工作倦怠研究的延续。工作倦怠和工作投入都是从业者慢性的、长期的、复杂的心理过程，分别代表从业者职业心理的积极、消极两个方面。两者之间并非同一种心理状态此消彼长的关系，而是互相影响、彼此共生的关系，两者既有独立相反性，又有互补共生性。

对于结构维度，萧费利（Schaufeli）等[31]指出工作投入也为三维结构，集中体现为从业者在工作中的活力（vigor）、奉献（dedication）和专注（absorption）。该观点被学术界广泛证实和认可。同样，这 3 个维度也在医护人员、学生群体等典型助人行业得到了较为充分的验证，具体来说：活力是指从业者在工作过程中精力充沛、富有韧性，愿意在工作中付出努力，即使面对困难也仍能坚持的状态。奉献是指从业者认为工作极具意义，对工作充满热情、富有创造力和自豪感、自信满满并且跃跃欲试的状态。在此种状态下，从业者对工作具有强烈的参与感，并且不仅体现在认知和信心层面，也体现在情感付出层面。专注是指从业者全神贯注地投入工作，感到时间飞逝，很难从全身心工作的状态中脱离。

经过上述分析，本书将遵循萧费利（Schaufeli）等提出的工作投入三维结构，对矿工工作投入的表征维度做如下界定与假设。

H_2：矿工的工作投入表征为三维结构，分为活力（$H_{2\text{-}1}$）、奉献（$H_{2\text{-}2}$）、专注（$H_{2\text{-}3}$）3 个维度。

（3）结果表征形式的筛选与界定

矿工行为安全的表征有两种形式，即不安全行为和安全行为。本书选择安全行为作为矿工行为安全双路径模型中的结果表征形式，原因如下：

第一，相较于不安全行为的测量，安全行为的测量在便捷性、可行性、合理性方面更具优势。学术界目前在测量个体的不安全行为时，大都采用自我报告或现场观察的方式，并没有成熟可参考、被广泛认可的量表。自我报告的方式会受到个体记忆能力的制约，也会受到个体隐瞒心理的影响，所得到结果的真实性较差。现场观察的方式虽然较为可靠，但是受限于观察人员的自身素质，并且耗费人力物力，可行性较差。反之，对于个体安全行为的测量，尼尔（Neal）等[23]于 2000 年开发了量表，该量表被持续研究，成熟度高、实用性好，已在矿山生产、建筑施工、交通运输等领域获得了广泛的应用。

第二，相较于不安全行为维度的划分，安全行为具有明确清晰、认可度高、适用性广、实用性好的结构维度。目前，学术界在划分不安全行为的维度构成时，主要分为有意不安全行为和无意不安全行为、有痕不安全行为和无痕不安全行为、失误和违章等，呈现众说纷纭的现状，参考价值有限。然而，对于安全行为，将其从安全遵从行为、安全参与行为两个维度（二分法）予以划分、甄别获得了学术界广泛的证实与应用，为学术界研究的主流，具备良好的参考价值（具体内容可参见表 1.13）。这就使得在开展相关主题的探究过程中，便于研究者做深入的分析和挖掘。

同时，胡小文 等[32]在持续研究安全行为表征维度的过程中，基于情绪劳动理论（emotional labor theory），于2020年提出将安全遵从行为进一步区别为深度遵从行为和浅度遵从行为，并选取建筑施工、交通运输、机械制造等领域的从业者作为对象予以证实。其中，深度遵从行为是指从业者个体从目的意图和应对策略两方面，安全地完成既定任务；浅度遵从是指从业者从目的意图和应对策略出发，付出最小的努力，达到安全规则和程序的要求，或是被看似完成组织所规定的安全规则和程序。

基于上述分析，在深入挖掘情绪劳动理论、从众归因模型、从众行为模型、矿工不安全羊群行为等理论、模型，以及现场调查的基础上，本书将安全参与行为进一步区别为自主参与（autonomic participation）和从众参与（conformity participation），并做出如下界定：自主参与是指从业者在自身主观意愿驱动下，主动、自发地付出努力而表现出的安全参与行为；从众参与是指从业者跟随、模仿他人的安全参与行为而表现出与他人类似或相同的行为。

经过前文及上述关于行为安全表征、矿工行为安全表征研究动态的分析，对矿工安全行为做如下界定与假设。

H_3：矿工的安全遵从行为呈现为两维结构，分为深度遵从（$H_{3\text{-}1}$）、浅度遵从（$H_{3\text{-}2}$）两个维度。

H_4：矿工的安全参与行为呈现为两维结构，分为自主参与（$H_{4\text{-}1}$）、从众参与（$H_{4\text{-}2}$）两个维度。

（4）矿工个人资源因素的筛选与界定

依据资源保存（conservation of resources，COR）理论，积极的个人特质是从业者一种重要的自有资源。其中，作为个体积极心理资源资本化形式的心理资本（psychological capital），被视为重要的个人资源之一。

心理资本最早由塞利格曼（Seligman）[33]于2002年提出，而卢森斯（Luthans）等[34]于2004年提出的概念和表征维度获得了学术界广泛的认可。具体来说，心理资本指的是个体在自身成长、发展的过程中所表现出的积极心理状态，包含自我效能（self-efficacy）、希望（hope）、韧性（resilience）、乐观（optimism）4个维度。其中，自我效能表示个体有成功完成挑战性任务的信心，并愿意为之付出必要的努力；希望表示个体坚持不懈地追求目标，并会为了获取成功而做出必要改变；韧性表示个体在面对问题和遭遇困境时，能够予以承受，并能迅速恢复，甚至能获得更好的结果；乐观表示个体无论在当下还是在未来，对成功积极归因的态度。卢森斯（Luthans）等[35]针对中国情境下的工人群体，也证明了心理资本 4 个维度结构的正确性和适用性。

对于矿工群体，尚未有学者针对矿工的个人资源主题予以探究。自 2014 年起，在矿工心理资本方面有学者予以关注，相关研究主要集中在矿工心理资本的现状、对心理健康的影响以及对行为安全的影响等方面。上述研究也表明，矿工的心理资本也表现为 4 个维度结构。

经过上述分析，本书将选取心理资本作为矿工行为安全双路径研究中的个人资源，并遵循该因素的 4 个维度结构表征。

3.3.1.2　模型要素关系假设与模型建立

（1）预测因素对职业心理因素的影响效应假设

1）工作压力对工作倦怠的影响效应。从业者工作倦怠产生的一个重要触因就是工作压力，尤其是长期较高的工作压力极易造成工作倦怠的产生。依据 JD-C 模型，当从业者需要面对的工作需求不断增高时，工作压力就会随之而来。在此种状况下，当自身对工作的控制能力较低时，工作倦怠就会随之而产生。依据 JD-R 理论也可知，作为工作需求因素的工作压力是工作倦怠的成因。因此，做出如下假设。

H_5：工作压力对矿工的工作倦怠整体，并分别对耗竭（H_{5-1}）、玩世不恭（H_{5-2}）、低职业效能感（H_{5-3}）3 个维度具有显著正向影响效应。

2）工作压力对工作投入的影响效应。依据 COR 理论，个体总是努力寻找、获取并积累资源，并希望得到更多的资源。然而，资源的潜在的或实际的损失，对个体而言则是一种威胁。当从业者面对工作压力时，尤其是工作压力较高时，个体的感知就会倾向负面，导致从业者感到资源损失，以致产生资源止损倾向，从而降低了工作投入。依据 JD-R 理论，从业者的工作需求会对个体的工作投入造成阻碍，而工作压力是典型的工作需求。因此，做出如下假设。

H_6：工作压力对矿工的工作投入整体，并分别对活力（H_{6-1}）、奉献（H_{6-2}）、专注（H_{6-3}）3 个维度具有显著负向影响效应。

3）安全文化对工作倦怠的影响效应。安全文化是典型的工作资源，JD-R 理论的创立之初就主要是用来揭示工作倦怠的形成机制，并明确指出工作资源能够减缓工作需求的影响，缓解从业者的工作倦怠。依据 JD-C（S）模型，当获得高的支持时，有利于从业者的职业心理健康，能够使得个体的工作倦怠呈现下降趋势，而安全文化可以视为支持因素中的一种。因此，做出如下假设。

H_7：安全文化对矿工的工作倦怠整体，并分别对耗竭（H_{7-1}）、玩世不恭（H_{7-2}）、低职业效能感（H_{7-3}）3 个维度具有显著负向影响效应。

4）安全文化对工作投入的影响效应。基于社会交换理论（social exchange theory）可知，人与人之间关系建立最重要的基础是自我利益，关系建立旨在通过交换来完成个体间的互动。上述关系同样适用于团体和组织。同样，从本质上来说，从业者个体和组织之间也是交换关系，并且通过交换形成互动与依赖关系。社会交换理论的原则之一是交换双方之间的互惠性，而安全文化是典型的工作资源，因此，安全文化能够正向预测工作投入。同时，依据 JD-R 理论，工作资源是工作投入的正向预测因素。因此，做出如下假设。

H_8：安全文化对矿工的工作投入整体，并分别对活力（H_{8-1}）、奉献（H_{8-2}）、专注（H_{8-3}）3 个维度具有显著正向影响效应。

（2）职业心理因素对结果表征形式的影响效应假设

1）工作倦怠对安全遵从行为、安全参与行为的影响效应。依据 ERI 模型，从业者在工作中会付出时间、情感、精力等，作为补偿与回报，需要获得晋升、薪酬、工作安全等。若从业者未得到相应回报，就会导致工作状态的改变，如早退、旷工、违反生产规章等。工作倦怠是由于从业者在工作过程中的付出回馈失衡（高付出但低回馈）造成的，即从业者未得到相应的回报。安全遵从是组织强制执行的行为，安全参与是组织倡导执行的行为，因此，工作倦怠负向预测矿工的安全遵从行为和安全参与行为。依据 JD-R 理论可以得到同样的推论，这是因为安全遵从和安全参与是组织的结果表征形式之一，工作倦怠是典型的损耗因素。因此，做出如下假设。

H_9：工作倦怠对矿工的安全遵从行为整体，并分别对深度安全遵从行为（H_{9-1}）、浅度安全遵从行为（H_{9-2}）两个维度具有显著负向影响效应。

H_{10}：工作倦怠对矿工的安全参与行为整体，并分别对自主安全参与行为（H_{10-1}）、从众安全参与行为（H_{10-2}）两个维度具有显著负向影响效应。

2）工作投入对安全遵从行为、安全参与行为的影响效应。依据计划行为理论，个体行为主要决定于行为意向。行为意向表示的是个体对采取某项行为的意愿直接影响个体动机，个体动机越强，个体付出努力且采取行动的意愿就越强。行为意向的决定因素为态度、主观规范、知觉行为控制，从业者的工作投入反映的是个体对工作热情、积极、主动的正向态度，安全遵从是从业者在工作中对组织强制性行为的执行，安全参与是从业者在工作中对组织推荐安全活动的主动参与。因此，经过理论分析可知，工作投入正向预测矿工的安全遵从行为和安全参与行为。同样，依据 JD-R 理论，由于工作投入是典型的激励因素，也可以得到同样的推论。因此，做出如下假设。

H_{11}：工作投入对矿工的安全遵从行为整体，并分别对深度安全遵从行为（$H_{11\text{-}1}$）、浅度安全遵从行为（$H_{11\text{-}2}$）两个维度具有显著正向影响效应。

H_{12}：工作投入对矿工的安全参与行为整体，并分别对自主安全参与行为（$H_{12\text{-}1}$）、从众安全参与行为（$H_{12\text{-}2}$）两个维度具有显著正向影响效应。

（3）中介和调节作用关系的假设

1）工作倦怠的中介作用。依据 COR 理论，从业者在工作中对工作压力的应对机制为"压力源→资源保护机制→工作行为→工作结果"。当矿工面对工作压力，尤其是对长期较高的工作压力出现负向感知，感到资源损失时，工作倦怠随之而生，进而影响到矿工的作业行为，导致矿工在工作中对组织强制和推荐执行的安全行为敏感性下降，积极性降低。依据 JD-R 理论，作为工作需求的工作压力是作为损耗因素的工作倦怠的预测因素，而损耗因素又直接对组织结果产生影响。同样，安全文化作为工作资源也能够预测工作倦怠，而工作倦怠是组织结果的预测因素。同时，结合前文的假设 H_5、H_7、H_9 和 H_{10}，做出如下假设。

H_{13}：工作倦怠在矿工的工作压力和安全遵从行为之间，并分别在工作压力和深度安全遵从行为（$H_{13\text{-}1}$）、浅度安全遵从行为（$H_{13\text{-}2}$）之间具有中介作用。

H_{14}：工作倦怠在矿工的工作压力和安全参与行为之间，并分别在工作压力和自主安全参与行为（$H_{14\text{-}1}$）、从众安全参与行为（$H_{14\text{-}2}$）之间具有中介作用。

H_{15}：工作倦怠在矿工的安全文化和安全遵从行为之间，并分别在安全文化和深度安全遵从行为（$H_{15\text{-}1}$）、浅度安全遵从行为（$H_{15\text{-}2}$）之间具有中介作用。

H_{16}：工作倦怠在矿工的安全文化和安全参与行为之间，并分别在安全文化和自主安全参与行为（$H_{16\text{-}1}$）、从众安全参与行为（$H_{16\text{-}2}$）之间具有中介作用。

2）工作投入的中介作用。相异于矿工面对工作压力时的一系列反应，依据 COR 理论，当矿工面对安全文化这一资源性因素时，会感受到组织对安全的支持与重视，会努力去获取和积累该资源，以获得更多的资源，如更加安全的作业环境、自身的安全与健康等，从而形成"收益螺旋"。在这种情况下，矿工则会提高工作投入，表现出对组织强制执行的安全行为的高敏感性和执行力，对组织推荐安全行为的高热情性和积极度。依据社会交换理论，当矿工感受到来自组织对安全的支持和重视时，会提高自身的工作投入以回馈组织。在行为表征方面，矿工会表现出较高的安全遵从行为和安全参与行为。依据 JD-R 理论，工作压力作为工作需求能够负向预测工作投入，而工作投入又直接对组织结果产生影响。同时，结合前文的假设 H_6、H_8、H_{11} 和 H_{12}，做出如下假设。

H_{17}：工作投入在矿工的工作压力和安全遵从行为之间，并分别在工作压力和深度安全遵从行为（$H_{17\text{-}1}$）、浅度安全遵从行为（$H_{17\text{-}2}$）之间具有中介作用。

H_{18}：工作投入在矿工的工作压力和安全参与行为之间，并分别在工作压力和自主安全参与行为（$H_{18\text{-}1}$）、从众安全参与行为（$H_{18\text{-}2}$）之间具有中介作用。

H_{19}：工作投入在矿工的安全文化和安全遵从行为之间，并分别在安全文化和深度安全遵从行为（$H_{19\text{-}1}$）、浅度安全遵从行为（$H_{19\text{-}2}$）之间具有中介作用。

H_{20}：工作投入在矿工的安全文化和安全参与行为之间，并分别在安全文化和自主安全参与行为（$H_{20\text{-}1}$）、从众安全参与行为（$H_{20\text{-}2}$）之间具有中介作用。

3）个人资源的调节作用。依据个体与环境适配（person-environment fit，P-E fit）理论，工作特征对从业者的影响作用会因个人资源而发生改变。本书选取心理资本作为矿工的个人资源，关注心理资本在矿工行为安全双路径中的调节作用。依据 COR 理论，具有积极个体特征的从业者所具备的释压能力更强，积极的个体特征也能够有益于缓解工作过程中的工作倦怠。因此，当矿工受到工作压力影响时，心理资本水平较高的矿工会表现出较高的释压能力，缓解工作压力的作用，表现出较低水平的工作倦怠和较高水平的工作投入；反之亦然。而当矿工被安全文化影响时，组织对安全的支持和重视感便会油然而生，受心理资本的影响，安全文化对工作倦怠的负向预测作用、对工作投入的正向预测作用都会加强。因此，做出如下假设。

H_{21}：矿工的个人资源在工作压力对工作倦怠的影响过程中具有负向调节作用，并分别在工作压力对耗竭（$H_{21\text{-}1}$）、玩世不恭（$H_{21\text{-}2}$）、低职业效能感（$H_{21\text{-}3}$）的影响过程中具有负向调节作用。

H_{22}：矿工的个人资源在工作压力对工作投入的影响过程中具有负向调节作用，并分别在工作压力对活力（$H_{22\text{-}1}$）、奉献（$H_{22\text{-}2}$）、专注（$H_{21\text{-}3}$）的影响过程中具有负向调节作用。

H_{23}：矿工的个人资源在安全文化对工作倦怠的影响过程中具有正向调节作用，并分别在安全文化对耗竭（$H_{23\text{-}1}$）、玩世不恭（$H_{23\text{-}2}$）、低职业效能感（$H_{23\text{-}3}$）的影响过程中具有正向调节作用。

H_{24}：矿工的个人资源在安全文化对工作投入的影响过程中具有正向调节作用，并分别在安全文化对活力（$H_{24\text{-}1}$）、奉献（$H_{24\text{-}2}$）、专注（$H_{24\text{-}3}$）的影响过程中具有负向调节作用。

（4）矿工行为安全双路径模型的构建

经过上述分析，可构建矿工行为安全双路径模型，如图 3.5 所示。同时，可以得到矿工行为安全双路径模型和假设总览，如图 3.6 所示。

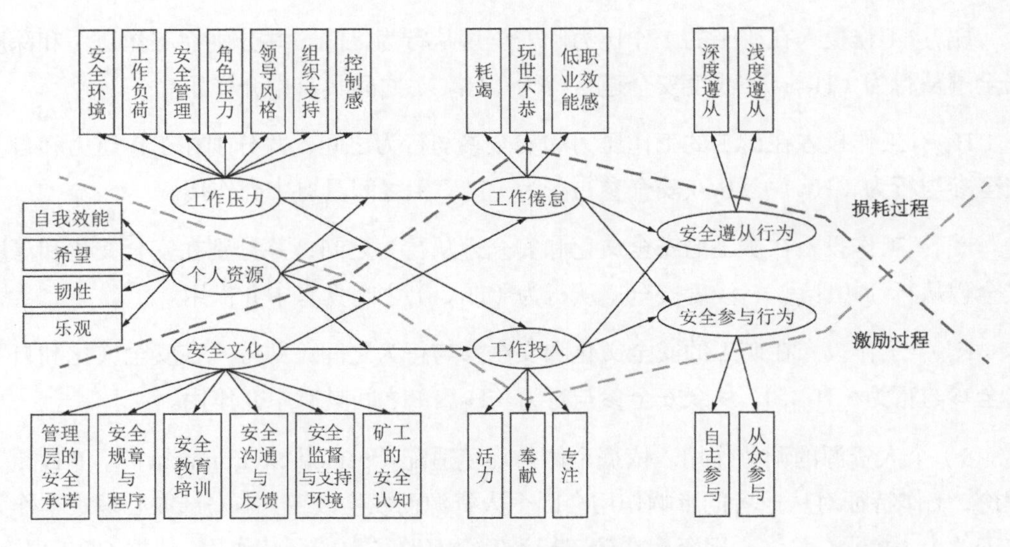

图 3.5 矿工行为安全双路径模型

3.3.2 矿工行为安全双路径模型验证的数据准备

3.3.2.1 模型要素的测量量表

（1）初始量表的筛选

1）工作倦怠的基础量表。对于工作倦怠的测量，马斯拉奇（Maslach）等开发的倦怠系列量表（Maslach burnout inventory，MBI）获得了广泛认可。MBI 共分为 3 个不同的版本，并可扩展为 5 种不同的表现形式。具体来说，MBI 系列量表最初是针对服务业的从业人员和教师群体而开发的，版本分别为马斯拉奇倦怠量表－人的服务调查（Maslach burnout inventory-human services survey，MBI-HSS）和马斯拉奇倦怠量表－教育调查（Maslach burnout inventory-educators survey，MBI-ES）。之后，针对一般行业从业人员群体的通用量表被开发，版本为马斯拉奇倦怠量表－通用调查（Maslach burnout inventory-general survey，MBI-GS）。随后，MBI-HSS 和 MBI-GS 分别被进一步修正为适用于医务人员（medical personnel）和学生（students）群体的量表，版本分别为 MBI-HSS（MP）和 MBI-GS（S）。

此外，学者们针对工作倦怠测量开发的其他版本的量表也值得借鉴，主要包括由德梅鲁蒂（Demerouti）等[36]开发的奥尔登堡倦怠量表（Oldenburg burnout inventory，OLBI），由皮内斯（Pines）等[37]开发的倦怠测量量表（burnout measure，BM），以及由梅拉米德（Melamed）等[38]开发的希罗姆－梅拉米德倦怠测量量表（Shirom-Melamed burnout measure，SMBM）。

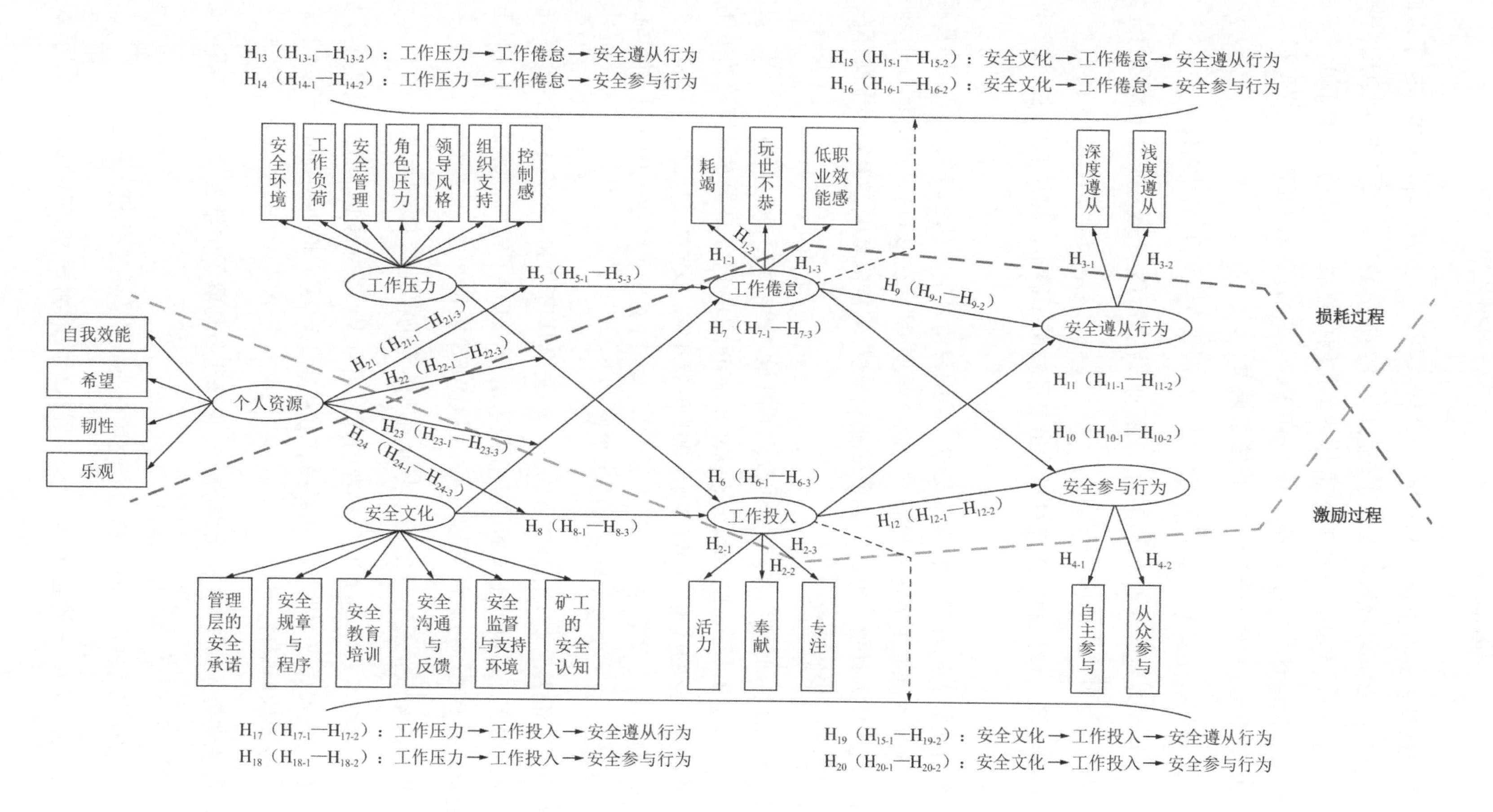

图3.6　矿工行为安全双路径模型和假设总览

在将工作倦怠量表的本土化修正方面，李超平 等[39]于 2003 年将 MBI-GS 予以修正，形成了中文版的工作倦怠量表，获得了较为广泛的应用。对于矿工群体，刘嘉莹 等[40]基于 MBI-GS，于 2007 年设计了针对该群体的工作倦怠量表，并基于文献挖掘，采用模糊综合测评法予以测评。李乃文 等[41]基于 MBI-GS、S-MSM 和 OLBI，以煤矿矿工为对象，于 2009 年开发了针对该群体的工作倦怠量表。

以上工作倦怠量表虽具有一定的参考价值，然而仍存在以下不足之处：

第一，李超平等人的量表主要适用于助人行业，在矿山生产这一非助人高危行业具有较大的局限性，不可盲目使用。

第二，刘嘉莹等人设计的工作倦怠量表虽是针对矿工群体，却并未经过实证验证，因此并未被广泛认可。

第三，李乃文等人针对矿工群体开发的工作倦怠量表主要从生理疲乏、情感耗竭、疏离工作 3 个维度测量工作倦怠，然而，前两个维度可以统一划归为“耗竭”，且忽视了矿工对自身及工作的评价，亦即“职业效能”，这与工作倦怠的主流划分维度存在一定的分歧，需要进一步研究探讨。

2）工作投入的基础量表。对于工作投入的测量，萧费利（Schaufeli）等[31]开发的乌泰赫特工作投入量表（Utecht work engagement scale，UWES）是学术界使用的主流量表，也获得了较为广泛的认可。UWES 于 2002 年被开发，发布之初，该量表共有 17 个题项；2006 年，他们将该量表精简为 9 个题项[42]。此外，对于工作投入的测量，梅（May）等[43]于 2004 年开发的工作投入量表也值得借鉴。

在将工作投入量表的本土化修正方面，张轶文 等[44]于 2005 年将 UWES 量表（17 个题项版）予以修正，形成了中文版的工作投入量表，获得了较为广泛的应用。对于矿工群体，现有研究对工作投入的测量主要采用 UWES 量表。

以上工作投入量表虽具有一定的参考价值，然而仍存在以下不足：

第一，无论是 UWES，还是其他学者们开发的量表，都主要以金融、电话接线员、教师等服务业从业人员或学生为研究对象，在矿山生产这一非助人高危行业对工作投入的测量存在较大的局限性。

第二，张轶文等人对 UWES 量表的本土化修正仅选取了中学教师作为实证对象，因此，也不可直接用于矿工群体。

第三，尚未有广泛适用于测量非助人高危行业从业人员工作投入的量表。

3）安全遵从行为的基础量表。对于安全遵从行为的测量，尼尔（Neal）等[23]于 2000

年开发的量表具有成熟度高、实用性好的优点，已在矿山生产领域被证明具有广泛的适用性。同时，胡小文 等[32]经过持续研究，于 2020 年将安全遵从行为细分为深度遵从、浅度遵从，并发布了量表。

4）安全参与行为的基础量表。对于安全参与行为的测量，量表被证明在矿工群体中具有广泛的适用性[23]。在本书中，首次将安全参与行为细分，提出自主参与、从众参与的概念。

5）工作压力的基础量表。针对矿工工作压力的测量，李乃文 等[45]针对矿工开发的工作压力量表被证明具有广泛的适用性。归纳现有研究可以发现，矿工的工作压力可以从安全环境、工作负荷、安全管理等 7 个维度测量。

6）安全文化的基础量表。针对矿工安全文化的测量，学术界和本书课题组开展了较为丰富的研究，获得了安全文化的量表，并且已在多个煤矿、非煤矿山经验证具有可行性、适用性。矿工的安全文化可以从管理层的安全承诺、安全规章与程序、安全教育培训等 6 个维度测量。

7）个人资源的基础量表。本文选取心理资本作为矿工的个人资源，对于心理资本的测量，目前被学术界广泛认可和证明有效的是卢森斯（Luthans）等[35]所开发的量表。该量表从自我效能、希望、韧性、乐观 4 个维度测量个体的心理资本，亦被证明对于中国情境下的从业者具有适用性[35]。

经过上述分析，梳理出本书研究所要参照的基础量表汇总，见表 3.12。

表 3.12　基础量表汇总

条目	主要参考对象	测量维度	本书研究成果
工作倦怠	MBI、OLBI、BM、S-MSM	耗竭、玩世不恭、低职业效能感	开发量表以适用于矿工群体
工作投入	UWES	活力、奉献、专注	
安全遵从行为	尼尔（Neal）和胡小文等开发的安全遵从行为量表[23,32]	深度遵从、浅度遵从	
安全参与行为	尼尔（Neal）和胡小文等开发的安全参与行为量表[23,32]	自主参与、从众参与	
工作压力	李乃文等开发的工作压力量表[45]	安全环境、工作负荷、安全管理、角色压力、领导风格、组织支持、控制感	修正量表以适用于矿工群体
安全文化	本书课题组前期开发的安全文化量表[46]	管理层的安全承诺、安全规章与程序、安全教育培训、安全沟通与反馈、安全监督与支持环境、矿工的安全认知	
个人资源	卢森斯（Luthans）等[35]开发的量表	自我效能、希望、韧性、乐观	

（2）正式量表的形成

针对测量对象，首先初步设计完成了访谈方案，在与业内专家研讨修正之后，形成了正式的访谈方案。为保证调查对象的广泛性和代表性，在选取将要调查的矿山企业时，共选取和联系了我国东部、西部、南方、北方、中原地区9个省份的10家矿山企业（其中，煤矿企业4家，非煤矿山企业6家），形成关于工作倦怠、工作投入、安全遵从行为、安全参与行为、工作压力、安全文化、个人资源7份初始量表题项。

初始量表形成后，通过对10家矿山企业的第二次调查，在与业内专家研讨修正之后，形成了正式的预调查问卷。7份初始量表经由信度检验、内容效度检验、探索性因子分析、验证性因子分析等过程，最终形成矿工行为安全双路径研究所需的正式量表题项（见表3.13～表3.19），为在矿山领域开展行为安全双路径研究提供了测量工具。需要说明的是，对初始量表的检验过程也是对假设 H_1～H_4 及其子假设的验证过程。验证结果表明，H_1、H_3、H_4 及其子假设被验证。$H_{2\text{-}2}$、$H_{2\text{-}3}$ 被验证，$H_{2\text{-}1}$ 未被验证，因此，H_2 被部分验证。也就是说，矿工的工作投入表征为奉献和专注维度，未表征为活力维度。

表3.13 矿工工作倦怠正式量表题项

编号	量表题项	维度
JB-1	工作让我感到身心疲惫	耗竭
JB-2	下班之后我感觉精疲力尽	
JB-3	早晨起床，当我想到自己不得不去面对一天的工作时，我感觉非常累	
JB-4	工作一整天让我感觉压力很大	
JB-5	我经常在工作中表达负面情绪	玩世不恭
JB-6	我经常自嘲我的工作是不是真的作出了什么贡献	
JB-7	自从开始干这份工作，我对它越来越不感兴趣	
JB-8	我怀疑我工作的意义	
JB-9	我的工作让我很心烦	
JB-10	在工作中，我会因为有效地完成任务而感到身心舒畅	低职业效能感
JB-11	我能够有效地处理工作中遇到的问题	
JB-12	在我看来，我擅长于自己的这份工作	
JB-13	当解决了工作上的一些难题后，我感到非常高兴	

表 3.14　矿工工作投入正式量表题项

编号	量表题项	维度
WE-1	对我来说，我的工作能使我的能力不断提升	奉献
WE-2	我的工作对我有一种激励作用	
WE-3	我非常喜欢自己的工作，并且对它充满了热情	
WE-4	我为自己所做的工作而感到自豪	
WE-5	我觉得我的工作很有意义，并且觉得和我的目标一致	
WE-6	当我在工作的时候，我感觉时间过得很快	专注
WE-7	当我在工作的时候，我是最厉害的那个，任何事情都能做好	
WE-8	对我来说，不到下班时间我不会主动停止工作	
WE-9	当我在工作的时候，我会非常专注，完全投入	
WE-10	当我完成高强度的工作时，我感到开心	

表 3.15　矿工安全遵从行为正式量表题项

编号	量表题项	维度
SCB-1	在工作过程中，我会一直使用所有的劳动防护用品。例如，即使感觉不舒服也一直戴着防护手套	深度遵从
SCB-2	在工作过程中，为保障安全，我会按照安全规程的每个步骤进行工作	
SCB-3	在工作过程中，我能尽力推测我的每个行为可能对安全造成的影响	
SCB-4	在工作过程中，我会仔细检查我周围存在安全问题的地方，确保安全的工作环境	
SCB-5	在工作过程中，我会确保我的每个行为都是安全的，从而安全地完成工作任务	
SCB-6	在工作过程中，并不需要一直佩戴劳动防护用品也能顺利完成工作	浅度遵从
SCB-7	在工作过程中，我会遵守安全规程，但是会省去不必要的步骤	
SCB-8	在工作过程中，不需要我深入思考，就能安全完成工作任务	
SCB-9	在工作过程中，有时我会慌慌张张地完成安全规程的每个步骤	
SCB-10	在工作过程中，我会花费尽量小的力气完成安全规程的每个步骤	

表 3.16　矿工安全参与行为正式量表题项

编号	量表题项	维度
SPB-1	在工作过程中，我能帮助工友纠正不正确的作业方式	自主参与

续表

编号	量表题项	维度
SPB-2	在工作过程中，当我发现安全问题时，我总是积极报告	自主参与
SPB-3	虽然矿上没有强制要求，但我也总想办法使得我的作业过程更加安全	
SPB-4	虽然矿上没有强制要求，但只要是和安全相关的活动，我经常主动参与	
SPB-5	我经常主动与工友聊起安全作业相关的话题	
SPB-6	我经常提醒我的工友在工作中要注意安全	
SPB-7	我几乎没有思考过如何改进我的作业方式，从而使我的作业更安全	从众参与
SPB-8	在矿上的安全会议上，我总是积极参加，但并没有仔细思考过会议内容	
SPB-9	当参加安全相关的讨论时，如果不是强制要求，我并不会主动发言	

表 3.17　矿工工作压力正式量表题项

编号	量表题项	维度
WP-1	井下的安全设施和劳动防护用品落后或不足	安全环境
WP-2	个别矿工素质低、冒险蛮干	
WP-3	违章指挥比较常见	
WP-4	工作任务多，劳动强度过大	工作负荷
WP-5	井下工作单调、乏味	
WP-6	周六、周日很少放假，得不到正常休息	
WP-7	经常倒班，生活不规律	
WP-8	规章制度太多、太烦琐，总害怕出问题	安全管理
WP-9	矿上很多安全管理措施让人难以接受	
WP-10	请假扣的奖金太多，有病也得尽量坚持上班	
WP-11	上班总像是有人在监视，动不动就被罚款	
WP-12	有时为抢任务，有些做法明知不允许也得做	角色压力
WP-13	矿上领导经常突击检查，导致工作受影响	
WP-14	活多人少，按正常流程没法完成当班任务	

续表

编号	量表题项	维度
WP-15	什么都是矿上领导说了算，我们提了意见也没有用	领导风格
WP-16	矿上领导只问结果，不了解实际情况，强迫我们干活	
WP-17	有些领导、班组长工作方法简单粗暴	
WP-18	井下工人到机关科室办事难，受歧视	组织支持
WP-19	公司没有渠道帮我解决遇到的不公平事件	
WP-20	矿上领导不了解我的工作量和完成任务的困难度	
WP-21	没有领导会主动关心我的家庭生活状况	
WP-22	工作中没有人主动教我改进操作技能	
WP-23	即使好好干也没有提升可能，我只是一个矿工	控制感
WP-24	工作没有自主权	
WP-25	我只能被动地做被安排的工作	
WP-26	我觉得我自己仅仅是整个工作的一小部分	
WP-27	没有必要努力，因为我的努力得不到正确评价	

表3.18　矿工安全文化正式量表题项

编号	量表题项	维度
SC-1	矿上领导在安全工作方面投入了大量的财力和物力	管理层的安全承诺
SC-2	矿上领导鼓励我们提出改善安全的建议并能给我们相应的奖励	
SC-3	矿上领导在推动与安全相关的工作时非常迅速，安全问题能及时得到解决	
SC-4	矿上领导经常汇报、演说安全相关的内容	
SC-5	矿上的安全制度和作业方法会定期得到更新和优化	安全规章与程序
SC-6	矿上的安全制度和作业方法很容易理解，并且执行起来非常方便	
SC-7	矿上的安全管理工作能够按照现有书面的安全制度开展，日常工作能找到依据	
SC-8	矿上的安全制度和作业方法包含所有事故的详细防范措施和应对方法	

续表

编号	量表题项	维度
SC-9	矿上定期组织安全教育培训，并要求我们参加	安全教育培训
SC-10	我非常了解现场作业的安全规范和作业方法	
SC-11	在开展作业时，我能很好地识别现场存在危险的地方，并采取处置措施	
SC-12	经过安全教育培训，我对安全的认识发生了很大的改变	
SC-13	矿上领导能够与我们就安全工作开展充分的沟通和交流	安全沟通与反馈
SC-14	我和工友之间经常讨论作业安全的问题	
SC-15	我能够方便地和我的上级讨论安全问题	
SC-16	我和工友日常反映的安全问题能够得到矿上及时的回复	
SC-17	矿上发现安全问题后，能够采取有效的整改措施，改善作业场所的环境，纠正我们的作业行为	安全监督与支持环境
SC-18	矿上能够使我们清楚工作中的安全注意事项	
SC-19	我的上级领导非常支持我们解决工作中的安全问题，并且是我安全工作方面的榜样	
SC-20	矿上经常举行不同形式的安全活动	
SC-21	我和每个工友都认为，在工作过程中安全是非常重要的	矿工的安全认知
SC-22	当发现安全隐患时，我和每个工友都会小心处理	
SC-23	我和每个工友都会按照矿上规定，主动报告工作中发现的安全问题、事故	
SC-24	我和每个工友都认为，努力减少工作中的事故是非常重要的	
SC-25	我和每个工友都愿意参与安全工作情况的分析和安全事故的调查	

表 3.19 矿工个人资源正式量表题项

编号	量表题项	维度
PR-1	对于别人让我办的事情我都能完成	自我效能

续表

编号	量表题项	维度
PR-2	我能够很好地应对突发事件	自我效能
PR-3	我的能力在不断提升	
PR-4	无论发生什么事，我都能很好地应对	希望
PR-5	面对问题时，我总能找到好几个解决办法	
PR-6	我喜欢给自己设定更高的目标	
PR-7	我是一个不到最后不放弃的人	韧性
PR-8	遇到困难时，我很坚强	
PR-9	我相信坚持就是胜利	
PR-10	哪怕再苦再累，我都能熬过去	
PR-11	我对任何事都看得很开，每天都很开心	乐观
PR-12	遇到心烦的事情时，我能很快调整过来	
PR-13	我是一个积极乐观的人，几乎没有很难过的时候	
PR-14	每次遇到难以解决的问题，我都能很好地应对	
PR-15	我的生活充满希望	

3.3.2.2　模型验证所需数据收集

（1）问卷调查与样本分析

1）调查实施。在形成所需正式量表的基础上，本书初步设计了实施矿工行为安全双路径研究的调查问卷，在与业内专家研讨修正之后，形成了正式的调查问卷，并依然将前文所述的10家代表性矿山企业作为对象开展调查。

本书按照每个矿山企业矿工总数的15%左右发放问卷，每个矿山企业最少发放问卷50份，最多发放问卷150份，共计发放问卷1 000份，于2020年7月至8月开展了问卷调查。经过本轮次调查，共收回问卷957份，经筛选甄别，共得到907份有效问卷，有效回收率为90.7%。

2）样本特征分析。在获取有效问卷之后，统计了所调查矿工的样本特征，见

表 3.20。在矿山生产过程中，从事井下生产的一线矿工均为男性，百分比为 100%。由统计结果可知，所调查矿工主要为 50 岁及以下，百分比高达 88.9%，以青年及壮年劳动力为主，符合矿山生产企业的特点。被调查矿工的工龄主要为 5 年以上，百分比高达 78.9%，其中超过三分之一的被调查矿工工龄达 10 年以上。在受教育水平方面，被调查矿工的学历主要为初中、高中、中专及大专，百分比为 88.7%；小学及以下，本科及以上百分比总计为 10%左右。被调查矿工分布于不同的岗位，以综采、掘进、运输、机电为主，百分比为 81.6%，同时也有通风和其他岗位的矿工。

表 3.20　所调查矿工的样本特征

特征		百分比/%	特征		百分比/%
性别	男	100%	受教育水平	小学及以下	8.4
年龄	≤30 岁	13.1		初中	18.6
	31～40 岁	36.7		高中及中专	46.3
	41～50 岁	39.1		大专	23.8
	≥51 岁	11.1		本科及以上	2.9
工龄	≤1 年	1.3	工作岗位	综采队	19.3
	1～3 年	3.7		掘进队	26.4
	3～5 年	16.1		运输队	18.6
	5～10 年	42.6		机电队	17.3
	≥10 年	36.3		通风队	9.1
	—	—		其他	9.3

（2）正式量表检验

1）正态性检验。在进行正态性检验时，当所获调查数据的偏度、峰度系数两者的绝对值均小于 1.96 时，则表明该组数据符合要求。经过正态性检验，获得矿工行为安全双路径工作压力、工作倦怠等 7 个测量对象每个题项的偏度、峰度系数，见表 3.21。分析可知，所有题项的偏度、峰度系数均符合要求。

2）信度检验。对矿工行为安全双路径测量对象进行信度分析，结果见表 3.22。可以得出，正式量表信度为“相当好”，验证了针对矿工群体的工作压力、工作倦怠等量表的可靠性和科学性。

表3.21 矿工行为安全双路径测量对象的正态性检验结果

测量对象		偏度		峰度		测量对象		偏度		峰度		测量对象		偏度		峰度	
		统计	误差	统计	误差			统计	误差	统计	误差			统计	误差	统计	误差
工作压力	WP-1	1.160	0.081	0.898	0.162	工作压力	WP-16	1.688	0.081	1.184	0.162	安全文化	SC-4	−0.957	0.081	0.673	0.162
	WP-2	0.721	0.081	−0.044	0.162		WP-17	1.348	0.081	1.844	0.162		SC-5	−0.889	0.081	0.643	0.162
	WP-3	1.795	0.081	1.455	0.162		WP-18	1.519	0.081	1.229	0.162		SC-6	−0.714	0.081	0.164	0.162
	WP-4	0.936	0.081	0.405	0.162		WP-19	1.345	0.081	1.509	0.162		SC-7	−0.712	0.081	0.347	0.162
	WP-5	0.585	0.081	−0.331	0.162		WP-20	1.107	0.081	0.844	0.162		SC-8	−0.815	0.081	0.693	0.162
	WP-6	0.494	0.081	−0.987	0.162		WP-21	1.128	0.081	0.696	0.162		SC-9	−1.288	0.081	1.006	0.162
	WP-7	0.730	0.081	−0.450	0.162		WP-22	1.467	0.081	1.266	0.162		SC-10	−1.086	0.081	1.416	0.162
	WP-8	0.504	0.081	−0.832	0.162		WP-23	0.847	0.081	−0.268	0.162		SC-11	−1.249	0.081	1.052	0.162
	WP-9	1.097	0.081	0.759	0.162		WP-24	1.134	0.081	0.988	0.162		SC-12	−1.262	0.081	1.237	0.162
	WP-10	1.136	0.081	0.482	0.162		WP-25	1.071	0.081	0.726	0.162		SC-13	−0.990	0.081	0.964	0.162
	WP-11	0.938	0.081	0.019	0.162		WP-26	0.714	0.081	−0.294	0.162		SC-14	−0.888	0.081	0.854	0.162
	WP-12	1.566	0.081	1.475	0.162		WP-27	1.467	0.081	1.020	0.162		SC-15	−0.850	0.081	0.518	0.162
	WP-13	1.382	0.081	1.940	0.162	安全文化	SC-1	−1.106	0.081	0.667	0.162		SC-16	−0.770	0.081	0.358	0.162
	WP-14	1.077	0.081	0.728	0.162		SC-2	−0.900	0.081	0.323	0.162		SC-17	−0.913	0.081	0.853	0.162
	WP-15	1.293	0.081	1.174	0.162		SC-3	−0.899	0.081	0.527	0.162		SC-18	−0.974	0.081	1.255	0.162

续表

测量对象		偏度		峰度		测量对象		偏度		峰度		测量对象		偏度		峰度	
		统计	误差	统计	误差			统计	误差	统计	误差			统计	误差	统计	误差
安全文化	SC-19	−0.909	0.081	0.740	0.162	工作倦怠	JB-7	1.443	0.081	1.729	0.162	工作投入	WE-7	0.207	0.081	−0.804	0.162
	SC-20	−0.961	0.081	0.929	0.162		JB-8	1.563	0.081	1.227	0.162		WE-8	−0.362	0.081	−0.410	0.162
	SC-21	−1.297	0.081	1.213	0.162		JB-9	1.666	0.081	1.613	0.162		WE-9	−0.462	0.081	−0.152	0.162
	SC-22	−1.194	0.081	1.050	0.162		JB-10	−0.827	0.081	−0.218	0.162		WE-10	−0.550	0.081	−0.139	0.162
	SC-23	−1.106	0.081	1.648	0.162		JB-11	−0.888	0.081	0.350	0.162	安全遵从行为	SCB-1	−1.074	0.081	0.656	0.162
	SC-24	−1.303	0.081	1.348	0.162		JB-12	−0.827	0.081	0.222	0.162		SCB-2	−1.252	0.081	1.771	0.162
	SC-25	−1.139	0.081	1.685	0.162		JB-13	−1.176	0.081	0.916	0.162		SCB-3	−0.973	0.081	0.827	0.162
工作倦怠	JB-1	0.960	0.081	0.585	0.162	工作投入	WE-1	−0.553	0.081	0.108	0.162		SCB-4	−1.280	0.081	1.594	0.162
	JB-2	0.795	0.081	0.104	0.162		WE-2	−0.509	0.081	−0.133	0.162		SCB-5	−1.206	0.081	1.611	0.162
	JB-3	1.146	0.081	1.193	0.162		WE-3	−0.511	0.081	−0.180	0.162		SCB-6	1.254	0.081	0.347	0.162
	JB-4	0.994	0.081	0.707	0.162		WE-4	−0.584	0.081	−0.116	0.162		SCB-7	0.921	0.081	−0.155	0.162
	JB-5	1.740	0.081	1.323	0.162		WE-5	−0.426	0.081	−0.285	0.162		SCB-8	0.939	0.081	0.011	0.162
	JB-6	1.297	0.081	1.521	0.162		WE-6	−0.520	0.081	0.104	0.162		SCB-9	1.465	0.081	1.535	0.162

续表

测量对象		偏度		峰度		测量对象		偏度		峰度		测量对象		偏度		峰度	
		统计	误差	统计	误差			统计	误差	统计	误差			统计	误差	统计	误差
安全遵从行为	SCB-10	0.300	0.081	−0.972	0.162	安全参与行为	SPB-9	0.907	0.081	0.206	0.162	个人资源	PR-9	−1.113	0.081	1.012	0.162
安全参与行为	SPB-1	−0.905	0.081	0.913	0.162	个人资源	PR-1	−0.681	0.081	0.128	0.162		PR-10	−0.895	0.081	1.111	0.162
	SPB-2	−0.793	0.081	0.327	0.162		PR-2	−0.752	0.081	0.768	0.162		PR-11	−0.740	0.081	0.606	0.162
	SPB-3	−0.889	0.081	0.586	0.162		PR-3	−0.737	0.081	0.993	0.162		PR-12	−0.657	0.081	0.628	0.162
	SPB-4	−0.770	0.081	0.419	0.162		PR-4	−0.766	0.081	0.857	0.162		PR-13	−0.331	0.081	−0.455	0.162
	SPB-5	−0.672	0.081	0.292	0.162		PR-5	−0.287	0.081	−0.267	0.162		PR-14	−0.498	0.081	0.344	0.162
	SPB-6	−0.875	0.081	0.626	0.162		PR-6	−0.527	0.081	0.261	0.162		PR-15	−1.020	0.081	1.517	0.162
	SPB-7	0.791	0.081	−0.599	0.162		PR-7	−0.692	0.081	0.657	0.162		—	—	—	—	—
	SPB-8	1.032	0.081	0.252	0.162		PR-8	−0.858	0.081	1.426	0.162		—	—	—	—	—

表 3.22 矿工行为安全双路径测量对象的信度分析结果

测量对象	维度	Cronbach's α 值		测量对象	维度	Cronbach's α 值	
		单维	整体			单维	整体
工作压力	安全环境	0.738	0.965	工作倦怠	耗竭	0.917	0.858
	工作负荷	0.791			玩世不恭	0.912	
	安全管理	0.869			低职业效能感	0.903	
	角色压力	0.798		工作投入	奉献	0.943	0.930
	领导风格	0.841			专注	0.836	
	组织支持	0.904		安全遵从行为	深度遵从	0.903	0.732
	控制感	0.898			浅度遵从	0.843	
安全文化	管理层的安全承诺	0.903	0.979	安全参与行为	自主参与	0.932	0.788
	安全规章与程序	0.927			从众参与	0.801	
	安全教育培训	0.933		个人资源	自我效能	0.762	0.950
	安全沟通与反馈	0.911			希望	0.830	
	安全监督与支持环境	0.933			韧性	0.902	
	矿工的安全认知	0.939			乐观	0.899	

3）效度检验。经过效度检验，获得矿工行为安全双路径工作倦怠、工作投入、安全遵从行为和安全参与行为 4 个测量对象正式量表的 KMO 检验和 Bartlett 球形检验值（见表 3.23）、因子的总方差解释（见表 3.24）与旋转成分矩阵（见表 3.25）。可以看出，得到了较为理想的结果。同时，也验证了假设 H_1～H_4 及其子假设。

表 3.23 矿工行为安全双路径测量对象正式量表的 KMO 检验和 Bartlett 球形检验结果

测量对象	KMO 检验值	Bartlett 球形检验值		
		近似卡方	自由度	显著性
工作倦怠	0.911	8 959.456	78	0.000
工作投入	0.935	6 753.512	45	0.000

续表

测量对象	KMO 检验值	Bartlett 球形检验值		
		近似卡方	自由度	显著性
安全遵从行为	0.856	4 976.178	45	0.000
安全参与行为	0.867	5 158.775	36	0.000

表 3.24 矿工行为安全双路径测量对象正式量表的因子总方差解释

测量对象	成分	初始特征值			提取载荷平方和			旋转载荷平方和		
		总计	方差百分比/%	累积/%	总计	方差百分比/%	累积/%	总计	方差百分比/%	累积/%
工作倦怠	1	5.451	41.931	41.931	5.451	41.931	41.931	3.478	26.752	26.752
	2	2.817	21.669	63.600	2.817	21.669	63.600	2.947	22.667	49.419
	3	1.036	7.966	71.566	1.036	7.966	71.566	2.879	22.147	71.566
工作投入	1	6.068	60.676	60.676	6.068	60.676	60.676	4.348	43.483	43.483
	2	1.010	10.097	70.773	1.010	10.097	70.773	2.729	27.290	70.773
安全遵从行为	1	3.921	39.206	39.206	3.921	39.206	39.206	3.677	36.774	36.774
	2	2.860	28.604	67.810	2.860	28.604	67.810	3.104	31.036	67.810
安全参与行为	1	4.546	50.515	50.515	4.546	50.515	50.515	4.475	49.722	49.722
	2	2.088	23.205	73.720	2.088	23.205	73.720	2.160	23.998	73.720

进而，获取工作压力、工作倦怠等 7 个测量对象正式量表的验证性因子分析适配度指数，见表 3.26。分析可知，得到了较为理想的结果。同时，也再次验证了矿工群体中工作压力、工作倦怠等 7 个测量对象的结构维度。同样，也是对假设 H_1～H_4 及其子假设的验证过程。

4）共同方法偏差检验。在检验所获问卷调查数据的共同方法偏差时，采用了 Harman 单因子检验法，并进行未旋转的探索性因子分析。如果得到的最大因子的方差解释低于 40%，则通过检验。矿工行为安全双路径测量对象的 Harman 单因子检验结果见表 3.27，可见调查数据通过检验，获得了较为理想的结果。

表 3.25　矿工行为安全双路径测量对象正式量式的因子旋转成分矩阵

测量对象	维度	成分			测量对象	维度	成分		测量对象	维度	成分		测量对象	维度	成分	
		1	2	3			1	2			1	2			1	2
工作倦怠	耗竭	0.253	−0.035	**0.844**	工作投入	奉献	**0.800**	0.276	安全遵从行为	深度遵从	**0.765**	−0.012	安全参与行为	自主参与	**0.835**	−0.079
		0.272	−0.046	**0.855**			**0.822**	0.294			**0.884**	−0.088			**0.863**	−0.079
		0.458	−0.031	**0.738**			**0.886**	0.272			**0.813**	−0.060			**0.868**	−0.059
		0.417	0.014	**0.729**			**0.859**	0.287			**0.897**	−0.064			**0.858**	−0.035
	玩世不恭	**0.774**	−0.106	0.245			**0.832**	0.315			**0.873**	−0.017			**0.888**	−0.042
		0.663	−0.066	0.307		专注	0.460	**0.558**		浅度遵从	−0.133	0.811			**0.860**	−0.026
		0.766	−0.078	0.253			0.089	**0.794**			−0.093	0.824		从众参与	0.015	**0.817**
		0.799	−0.062	0.267			0.292	**0.765**			−0.040	0.850			−0.070	**0.887**
		0.816	−0.068	0.258			0.417	**0.634**			−0.158	0.804			−0.105	**0.828**
	低职业效能感	−0.014	**0.810**	−0.009			0.395	**0.617**			0.173	0.618	—	—	—	—
		−0.086	**0.859**	−0.046	—	—	—	—	—	—	—	—	—	—	—	—
		−0.072	**0.882**	−0.044	—	—	—	—	—	—	—	—	—	—	—	—
		−0.115	**0.861**	0.001	—	—	—	—	—	—	—	—	—	—	—	—

表 3.26　矿工行为安全双路径测量对象正式量表的验证性因子分析适配度指数

测量对象	绝对适配度指数/是否达到标准					增量适配度指数/是否达到标准					简约适配度指数/是否达到标准				
	GFI	*AGFI*	*RMR*	χ^2	*RMSEA*	*NFI*	*RFI*	*IFI*	*TLI(NNFI)*	*CFI*	*PGFI*	*PNFI*	*PCFI*	*CN*	χ^2/df
工作压力	0.906/是	0.883/否	0.039/是	0.000/否	0.058/是	0.929/是	0.918/是	0.946/是	0.937/是	0.946/是	0.726/是	0.802/是	0.816/是	269/是	4.039/否
	AIC：1 373.949 > 756.000 而 1 373.949 < 17 325.901/否							*CAIC*：1 809.710 < 2 952.23 且 1 809.710 < 17 482.774/是							
安全文化	0.885/否	0.857/否	0.023/是	0.000/否	0.072/是	0.942/是	0.933/是	0.951/是	0.944/是	0.951/是	0.708/是	0.816/是	0.825/是	205/是	5.649/否
	AIC：1 598.731 > 650.000 而 1 598.731 < 25 222.421/否							*CAIC*：1 976.390 < 2 538.296 且 1 976.390 < 25 367.675							
工作倦怠	0.938/是	0.909/是	0.031/是	0.000/否	0.075/是	0.958/是	0.947/是	0.964/是	0.955/是	0.964/是	0.639/是	0.761/是	0.766/是	216/是	6.155/否
	AIC：439.598 > 182.000 而 439.598 < 9 036.842/否							*CAIC*：608.092 < 710.723 且 608.092 < 9 112.37/是							
工作投入	0.948/是	0.915/是	0.028/是	0.000/否	0.080/是	0.963/是	0.951/是	0.968/是	0.957/是	0.967/是	0.586/是	0.727/是	0.731/是	201/是	7.443/否
	AIC：295.059 > 110.000 而 295.059 < 6 804.715/否							*CAIC*：417.072 < 429.558 且 417.072 < 6 862.816							
安全遵从行为	0.943/是	0.907/是	0.045/是	0.000/否	0.076/是	0.948/是	0.931/是	0.954/是	0.939/是	0.954/是	0.583/是	0.716/是	0.721/是	203/是	7.695/否
	AIC：303.638 > 110.000 而 303.638 < 5 019.169/否							*CAIC*：425.651 < 429.558 且 425.651 < 5 077.271/是							
安全参与行为	0.953/是	0.919/是	0.030/是	0.000/否	0.078/是	0.960/是	0.945/是	0.965/是	0.951/是	0.965/是	0.551/是	0.693/是	0.697/是	200/是	7.963/否
	AIC：245.035 > 90.000 而 245.035 < /5 198.695 否							*CAIC*：351.456 < 355.428 且 351.456 < 5 250.986/是							
个人资源	0.920/是	0.886/否	0.023/是	0.000/否	0.075/是	0.931/是	0.914/是	0.948/是	0.934/是	0.947/是	0.644/是	0.745/是	0.758/是	184/否	4.909/否
	AIC：399.760 > 240.000 而 399.760 < 4 769.474/否							*CAIC*：588.620 < 869.533 且 588.620 < 4 848.166/是							

表 3.27　矿工行为安全双路径测量对象的 Harman 单因子检验结果

成分	初始特征值			提取载荷平方和		
	总计	方差百分比/%	累积/%	总计	方差百分比/%	累积/%
1	34.578	31.723	31.723	34.578	31.723	31.723
2	13.207	12.116	43.839	13.207	12.116	43.839
3	5.954	5.462	49.302	5.954	5.462	49.302
4	4.770	4.376	53.678	4.770	4.376	53.678
5	3.041	2.790	56.468	3.041	2.790	56.468

注：本表仅列出 SPSS 24.0 报表中的前 5 个成分。

3.3.2.3　调查数据的描述性统计与相关性分析

（1）调查数据的描述性统计

根据调查数据的描述性统计，获得矿工预测因素、职业心理因素、结果表征形式和个人资源各维度的均值、标准差，见表 3.28～表 3.31。分析可知，矿工群体的个人资源、安全文化、工作投入、深度遵从行为、自主参与行为均处于较高水平，工作压力、浅度遵从行为、从众参与行为均处于较低水平，工作倦怠处于中等水平。因此，矿工表现出较好的安全遵从行为，也表现出较好的安全参与行为。

表 3.28　矿工预测因素各维度的均值、标准差

变量		均值	标准差
工作压力	安全环境	1.91	0.79
	工作负荷	2.31	0.93
	安全管理	2.19	1.00
	角色压力	1.85	0.82
	领导风格	1.79	0.84
	组织支持	1.85	0.84
	控制感	2.00	0.89
安全文化	管理层的安全承诺	4.07	0.87
	安全规章与程序	4.02	0.83
	安全教育培训	4.24	0.77

续表

变量		均值	标准差
安全文化	安全沟通与反馈	4.05	0.81
	安全监督与支持环境	4.17	0.78
	矿工的安全认知	4.27	0.74

表3.29 矿工职业心理因素各维度的均值、标准差

变量		均值	标准差
工作倦怠	耗竭	2.08	0.90
	玩世不恭	1.75	0.82
	低职业效能感	3.80	1.00
工作投入	奉献	3.86	0.85
	专注	3.67	0.75

表3.30 矿工行为结果表征形式各维度的均值、标准差

变量		均值	标准差
安全遵从行为	深度遵从	4.15	0.78
	浅度遵从	2.16	0.94
安全参与行为	自主参与	4.15	0.73
	从众参与	2.24	1.01

表3.31 矿工个人资源各维度的均值、标准差

变量		均值	标准差
个人资源	自我效能	4.04	0.70
	希望	3.94	0.72
	韧性	4.14	0.70
	乐观	3.95	0.73

（2）调查数据的相关性分析

1）预测因素与职业心理因素之间的相关性分析。开展矿工工作压力与工作倦怠、

工作投入两组因素间的相关分析，结果如图 3.7 所示。在相关性分析的结果中（见图 3.7～图 3.15），除特别标注说明外，所有相关系数均在 0.01 级别（双尾），相关性显著。

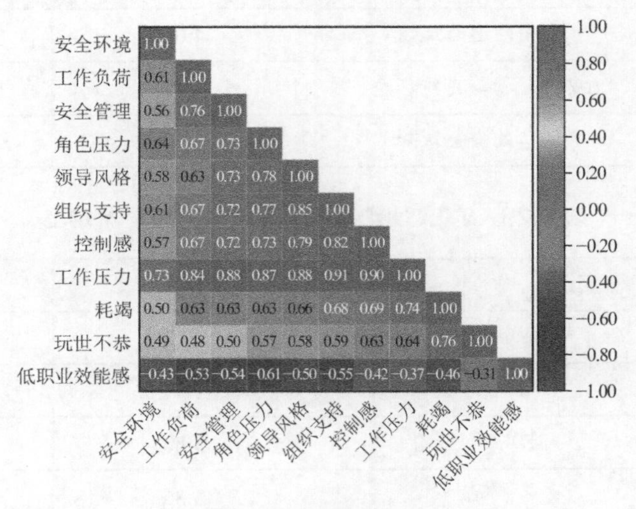

(a) 工作压力与工作倦怠的相关性分析

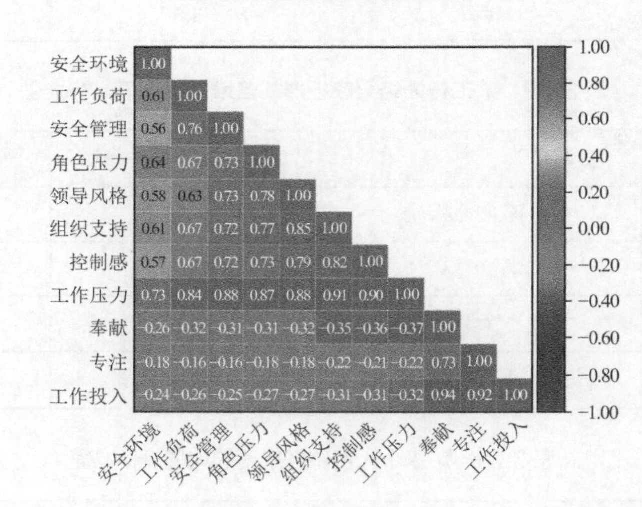

(b) 工作压力与工作投入的相关性分析

图 3.7　矿工工作压力与工作倦怠、工作投入的相关性分析

分析可知，矿工工作压力的各维度与工作倦怠的耗竭、玩世不恭两个维度正相关（$p < 0.01$），与低职业效能感负相关（$p < 0.01$）；工作压力整体与耗竭、玩世不恭两个维度正相关（$p < 0.01$），与低职业效能感负相关（$p < 0.01$）。矿工工作压力的各维度与工作投入的奉献、专注两个维度负相关（$p < 0.01$），与工作投入负相关（$p < 0.01$）；工作压力整体与工作投入的奉献、专注两个维度负相关（$p < 0.01$），与工作投入负相关（$p < 0.01$）。由于工作倦怠的低职业效能感维度为反向计分，因此，可知矿工工作压力

与工作倦怠、工作投入之间存在显著的相关关系。

开展矿工安全文化与工作倦怠、工作投入两组因素间的相关性分析，结果如图 3.8 所示。

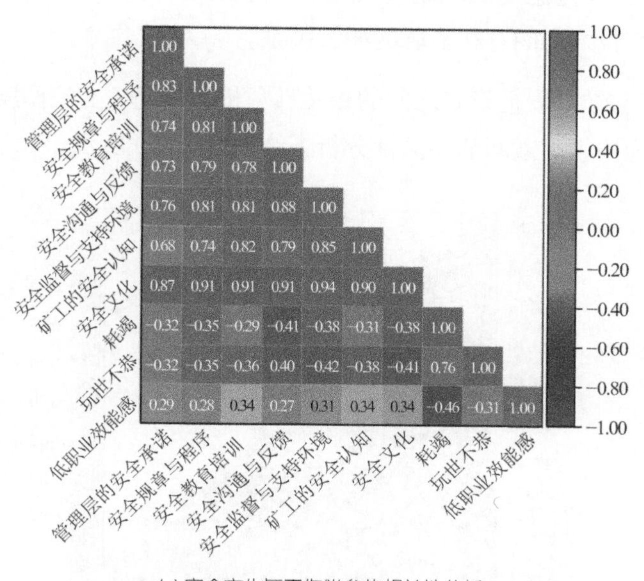

(a) 安全文化与工作倦怠的相关性分析

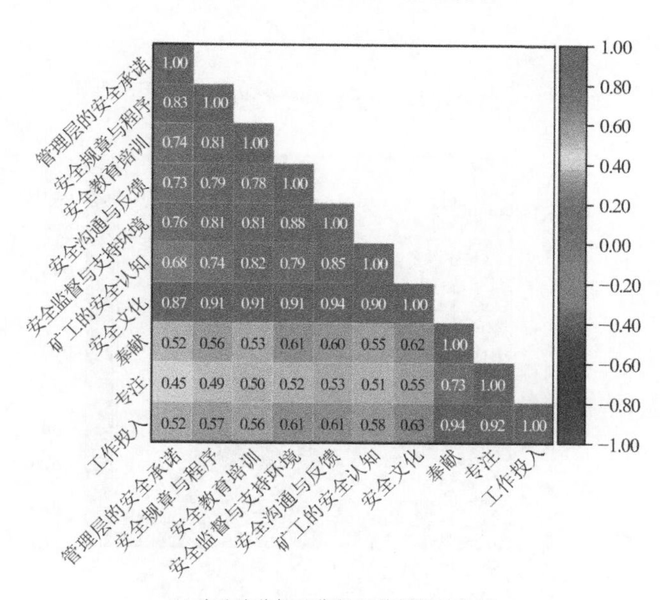

(b) 安全文化与工作投入的相关性分析

图 3.8　矿工安全文化与工作倦怠、工作投入的相关性分析

分析可知，矿工安全文化的各维度与工作倦怠的耗竭、玩世不恭两个维度负相关（$p < 0.01$），与低职业效能感正相关（$p < 0.01$）；安全文化整体与耗竭、玩世不恭两个维度负相关（$p < 0.01$），与低职业效能感正相关（$p < 0.01$）。矿工安全文化的各维度与

工作投入的奉献、专注两个维度正相关（$p < 0.01$），与工作投入正相关（$p < 0.01$）；安全文化整体与工作投入的奉献、专注两个维度正相关（$p < 0.01$），与工作投入正相关（$p < 0.01$）。由于工作倦怠的低职业效能感维度为反向计分，因此，可知矿工安全文化与工作倦怠、工作投入之间存在显著的相关关系。

2）预测因素与结果表征形式之间的相关性分析。开展矿工工作压力与安全遵从行为、安全参与行为两组因素间的相关性分析，结果如图 3.9 所示。

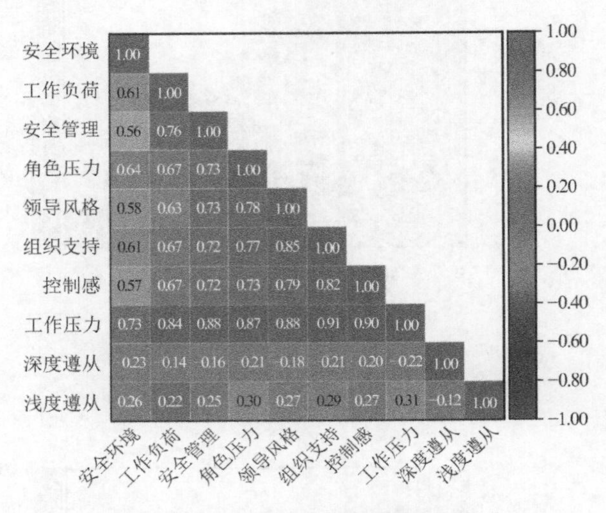

(a) 工作压力与安全遵从行为的相关性分析

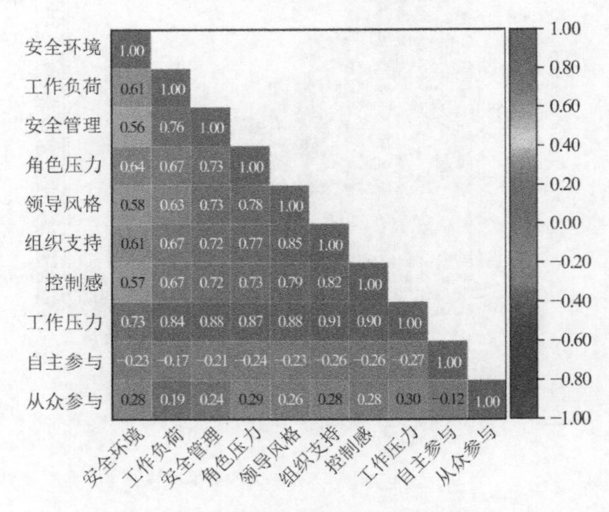

(b) 工作压力与安全参与行为的相关性分析

图 3.9　矿工工作压力与安全遵从行为、安全参与行为的相关性分析

分析可知，矿工工作压力的各维度与安全遵从行为的深度遵从维度负相关（$p < 0.01$），与浅度遵从维度正相关（$p < 0.01$）；工作压力整体与深度遵从、浅度遵从

两个维度分别负相关、正相关（$p < 0.01$）。矿工工作压力的各维度与安全参与行为的自主参与维度负相关（$p < 0.01$），与从众参与维度正相关（$p < 0.01$）；工作压力整体与自主参与、从众参与两个维度分别负相关、正相关（$p < 0.01$）。因此，可知矿工工作压力与安全遵从行为、安全参与行为之间存在显著的相关关系。

开展矿工安全文化与安全遵从行为、安全参与行为两组因素间的相关性分析，结果如图 3.10 所示。

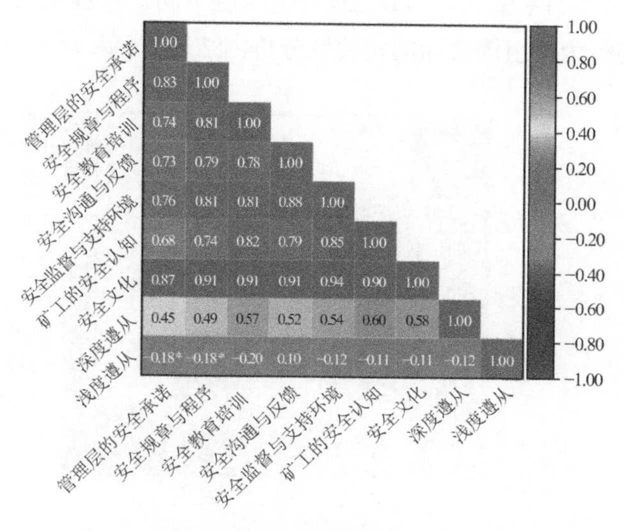

(a) 安全文化与安全遵从行为的相关性分析

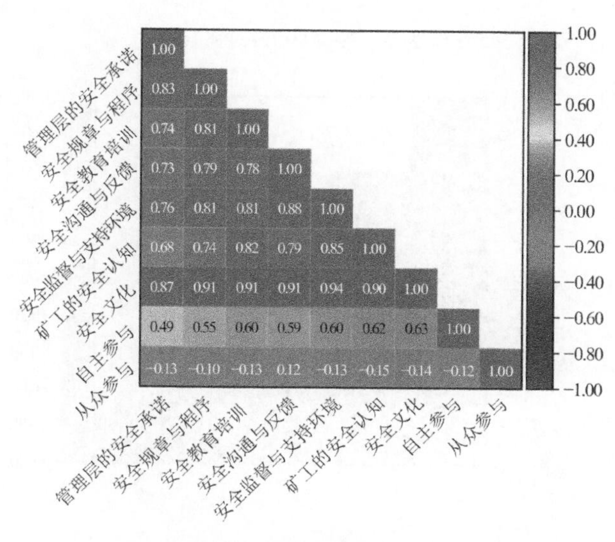

(b) 安全文化与安全参与行为的相关性分析

注：*表示在 0.05 级别（双尾），相关性显著。

图 3.10　矿工安全文化与安全遵从行为、安全参与行为的相关性分析

分析可知，矿工安全文化的各维度与安全遵从行为的深度遵从维度正相关（$p < 0.01$），与浅度遵从维度负相关（$p < 0.01$ 或$p < 0.05$）；安全文化整体与深度遵从、浅度遵从两个维度分别正相关、负相关（$p < 0.01$）。矿工安全文化的各维度与安全参与行为的自主参与维度正相关（$p < 0.01$），与从众参与维度负相关（$p < 0.01$）；安全文化整体与自主参与、从众参与两个维度分别正相关、负相关（$p < 0.01$）。因此，可知矿工安全文化与安全遵从行为、安全参与行为间存在显著的相关关系。

3）职业心理因素与结果表征形式之间的相关性分析。开展矿工工作倦怠与安全遵从行为、安全参与行为两组因素间的相关性分析，结果如图 3.11 所示。

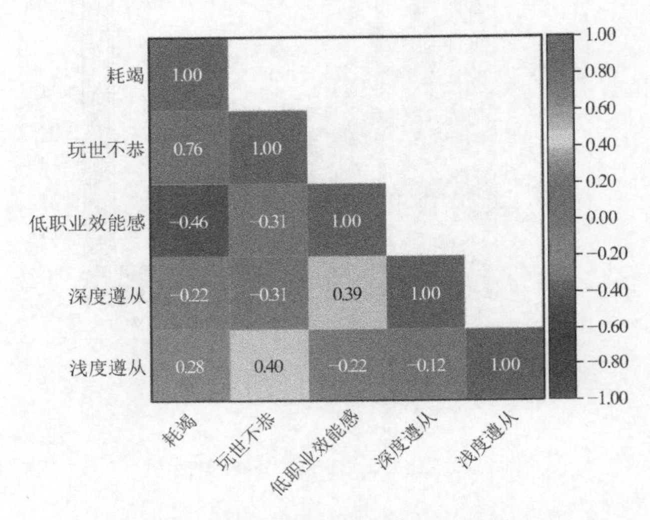

(a) 工作倦怠与安全遵从行为的相关性分析

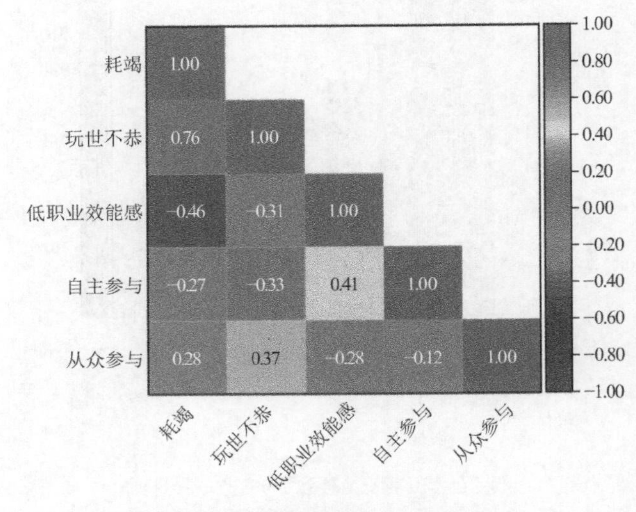

(b) 工作倦怠与安全参与行为的相关性分析

图 3.11　矿工工作倦怠与安全遵从行为、安全参与行为的相关性分析

分析可知，矿工工作倦怠的耗竭、玩世不恭两个维度与安全遵从行为的深度遵从维度负相关（$p < 0.01$），与浅度遵从维度正相关（$p < 0.01$）；低职业效能感与深度遵从、浅度遵从两个维度分别正相关、负相关（$p < 0.01$）。矿工工作倦怠的耗竭、玩世不恭两个维度与安全参与行为的自主参与维度负相关（$p < 0.01$），与从众参与维度正相关（$p < 0.01$）；低职业效能感与自主参与、从众参与两个维度分别正相关、负相关（$p < 0.01$）。因此，可知矿工工作倦怠与安全遵从行为、安全参与行为之间存在显著的相关关系。

开展矿工工作投入与安全遵从行为、安全参与行为两组因素间的相关性分析，结果如图 3.12 所示。

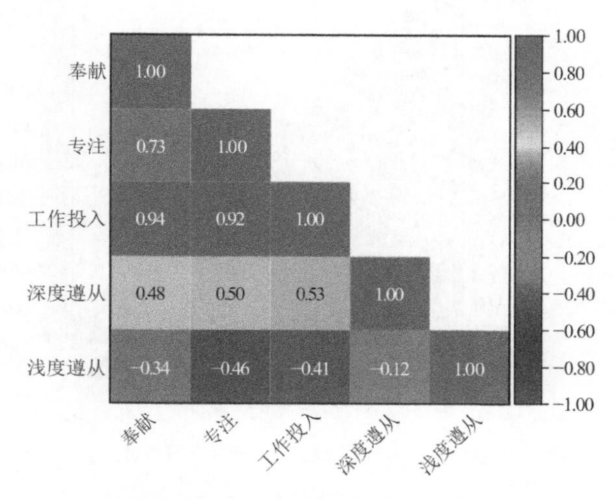

(a) 工作投入与安全遵从行为的相关性分析

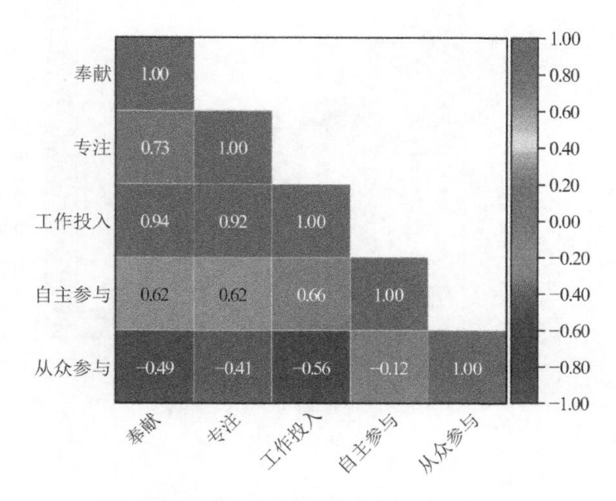

(b) 工作投入与安全参与行为的相关性分析

图 3.12　矿工工作投入与安全遵从行为、安全参与行为的相关性分析

分析可知，矿工工作投入的奉献、专注两个维度与安全遵从行为的深度遵从维度正相关（$p < 0.01$），与浅度遵从维度负相关（$p < 0.01$）；工作投入整体与深度遵从、浅度遵从两个维度分别正相关、负相关（$p < 0.01$）。矿工工作投入的奉献、专注两个维度与安全参与行为的自主参与维度正相关（$p < 0.01$），与从众参与维度负相关（$p < 0.01$）；工作投入整体与自主参与、从众参与两个维度分别正相关、负相关（$p < 0.01$）。因此，可知矿工工作投入与安全遵从行为、安全参与行为之间存在显著的相关关系。

4）个人资源与其他因素之间的相关性分析。开展矿工个人资源与工作压力、安全文化两组因素间的相关性分析，结果如图 3.13 所示。

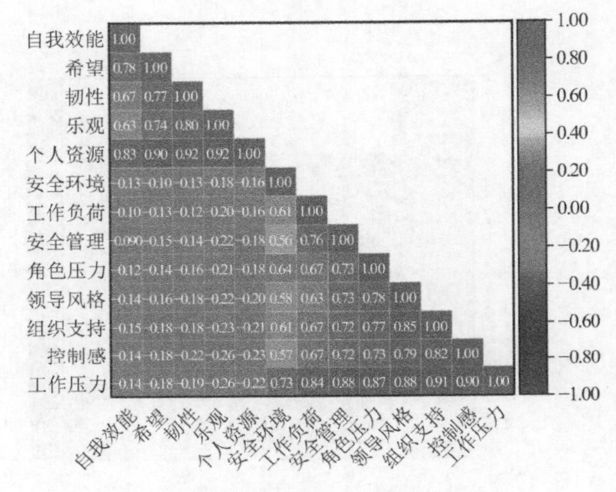

(a) 个人资源与工作压力的相关性分析

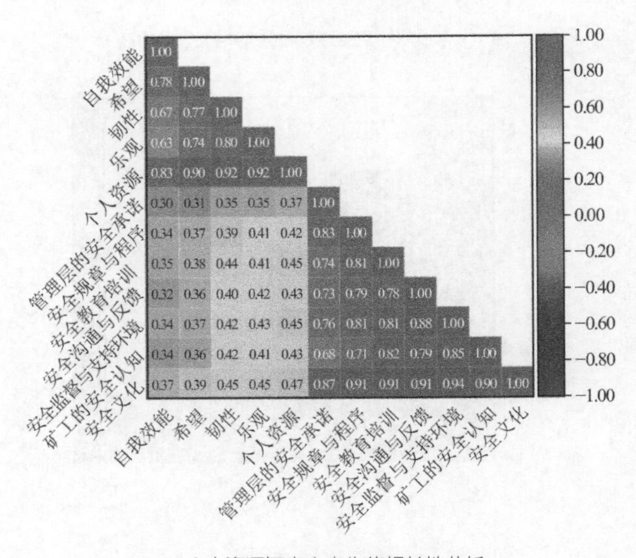

(b) 个人资源与安全文化的相关性分析

图 3.13　矿工个人资源与工作压力、安全文化的相关性分析

分析可知，矿工个人资源的各维度与工作压力的各维度负相关（$p < 0.01$），与工作压力整体也负相关（$p < 0.01$）；个人资源整体与工作压力的各维度负相关（$p < 0.01$），与工作压力整体也负相关（$p < 0.01$）。矿工个人资源的各维度与安全文化的各维度正相关（$p < 0.01$），与安全文化整体也正相关（$p < 0.01$）；个人资源整体与安全文化的各维度正相关（$p < 0.01$），与安全文化整体也正相关（$p < 0.01$）。因此，可知矿工个人资源与工作压力、安全文化之间存在显著的相关关系。

开展矿工个人资源与工作倦怠、工作投入两组因素间的相关性分析，结果如图 3.14 所示。

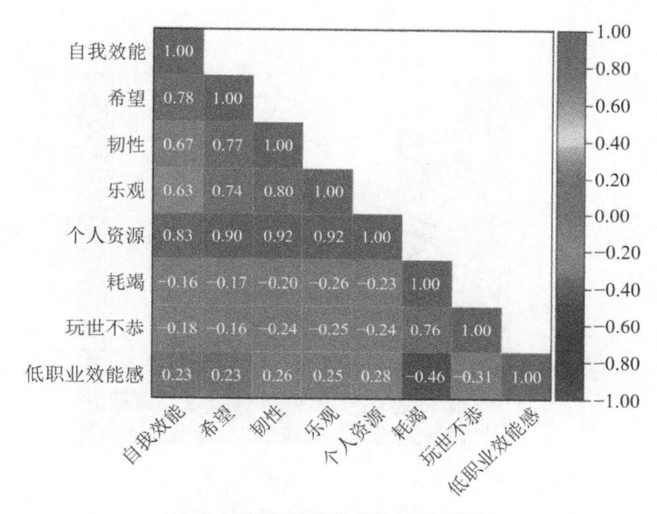

(a) 个人资源与工作倦怠的相关性分析

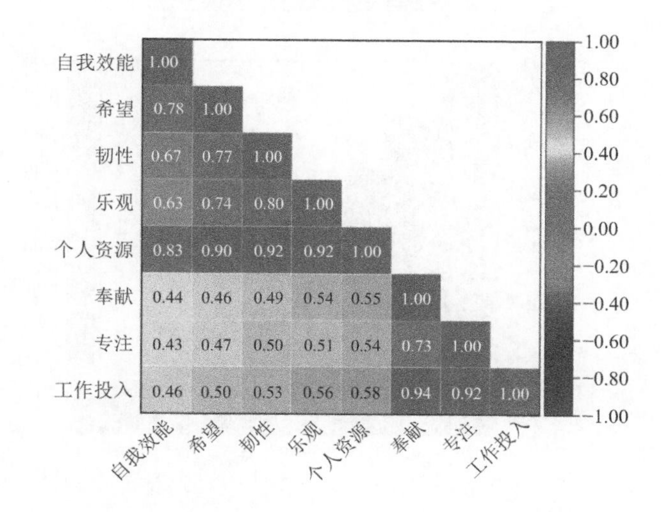

(b) 个人资源与工作投入的相关性分析

图 3.14　矿工个人资源与工作倦怠、工作投入的相关性分析

分析可知，矿工个人资源的各维度与工作倦怠的耗竭、玩世不恭两个维度负相关（$p < 0.01$），与低职业效能感正相关（$p < 0.01$）；个人资源整体与耗竭、玩世不恭两个维度负相关（$p < 0.01$），与低职业效能感正相关（$p < 0.01$）。矿工个人资源的各维度与工作投入的奉献、专注两个维度正相关（$p < 0.01$），与工作投入正相关（$p < 0.01$）；个人资源整体与工作投入的奉献、专注两个维度正相关（$p < 0.01$），与工作投入正相关（$p < 0.01$）。由于工作倦怠的低职业效能感维度为反向计分，因此，可知矿工个人资源与工作倦怠、工作投入之间存在显著的相关关系。

开展矿工个人资源与安全遵从行为、安全参与行为两组因素间的相关性分析，结果如图 3.15 所示。

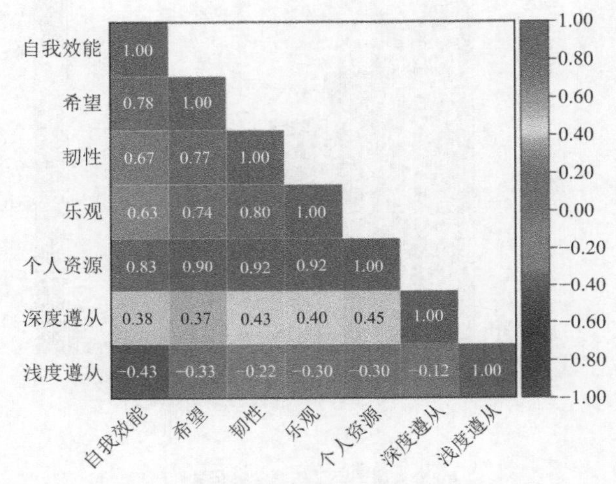

(a) 个人资源与安全遵从行为的相关性分析

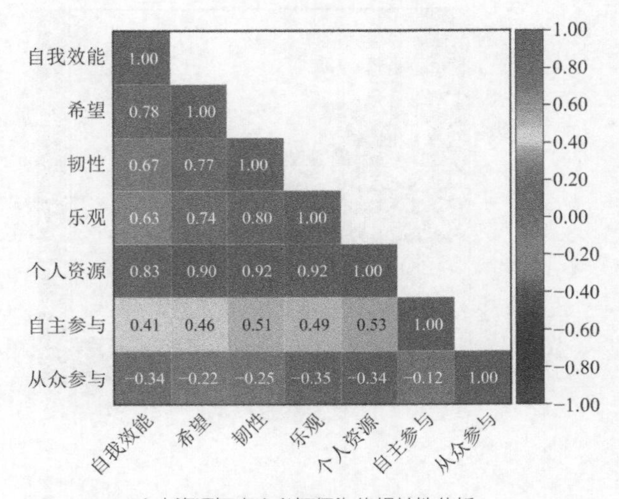

(b) 个人资源与安全参与行为的相关性分析

图 3.15　矿工个人资源与安全遵从行为、安全参与行为的相关性分析

分析可知，矿工个人资源的各维度与安全遵从行为的深度遵从维度正相关（$p < 0.01$），与浅度遵从维度负相关（$p < 0.01$）；个人资源整体与深度遵从、浅度遵从两个维度分别正相关、负相关（$p < 0.01$）。矿工个人资源的各维度与安全参与行为的自主参与维度正相关（$p < 0.01$），与从众参与维度负相关（$p < 0.01$）；个人资源整体与自主参与、从众参与两个维度分别正相关、负相关（$p < 0.01$）。因此，可知矿工个人资源与安全遵从行为、安全参与行为之间存在显著的相关关系。

3.3.3　矿工行为安全双路径作用机理分析与解构

经过上述描述性统计和差异性分析，以及对不同要素间相关性的验证，都获得了较为合理的、科学的结果。因此，说明了可据此开展进一步的研究，以充分揭示矿工行为安全双路径的作用机理。

本书采用 SEM 方法，通过 Amos 25.0 软件获取了矿工行为安全双路径模型要素间的作用路径关系（见图 3.16），该模型的适配性指数与评价结果见表 3.32。分析可知，基于 SEM 构建的矿工行为安全双路径模型适配性良好，初步表明所获研究结果与前文所提理论假设一致性良好。同时，分析可知，矿工的行为安全双路径是较为复杂的过程，受到诸多因素影响，加之个体职业心理成因机制的复杂性，更增加了行为安全双路径的复杂性。接下来我们将充分解构不同要素间传导作用的复杂过程。

需要说明的是，在矿工行为安全双路径模型要素验证过程中（图 3.16～图 3.24），路径系数的显著性水平表示为数值（β）右上角的星标，其中，$p < 0.001$ 表示为 3 个星标（***），$p < 0.01$ 表示为 2 个星标（**），$p < 0.05$ 表示为 1 个星标（*）。

表 3.32　矿工行为安全双路径 SEM 模型的适配性指数与评价结果

<table>
<tr><th colspan="2">适配度指数</th><th colspan="5">评价结果</th></tr>
<tr><td rowspan="2">绝对适配度指数</td><td>GFI</td><td>0.891/好</td><td>AGFI</td><td>0.863/好</td><td>RMR</td><td>0.050/很好</td></tr>
<tr><td>χ^2</td><td colspan="3">0.000/好</td><td>RMSEA</td><td>0.057/好</td></tr>
<tr><td rowspan="2">增量适配度指数</td><td>NFI</td><td>0.926/很好</td><td>RFI</td><td>0.913/很好</td><td>IFI</td><td>0.944/很好</td></tr>
<tr><td>TLI(NNFI)</td><td>0.934/很好</td><td>CFI</td><td>0.944/很好</td><td>—</td><td>—</td></tr>
<tr><td rowspan="4">简约适配度指数</td><td>PGFI</td><td>0.712/很好</td><td>PNFI</td><td>0.786/很好</td><td>PCFI</td><td>0.801/很好</td></tr>
<tr><td>CN</td><td>266/很好</td><td>χ^2/df</td><td>3.953/好</td><td>—</td><td>—</td></tr>
<tr><td>AIC</td><td colspan="5">2 119.647 > 1 190.000 而 2 119.647 < 25 586.796/好</td></tr>
<tr><td>CAIC</td><td colspan="5">2 811.054 < 4 647.035 且 2 811.054 < 25 784.341/很好</td></tr>
</table>

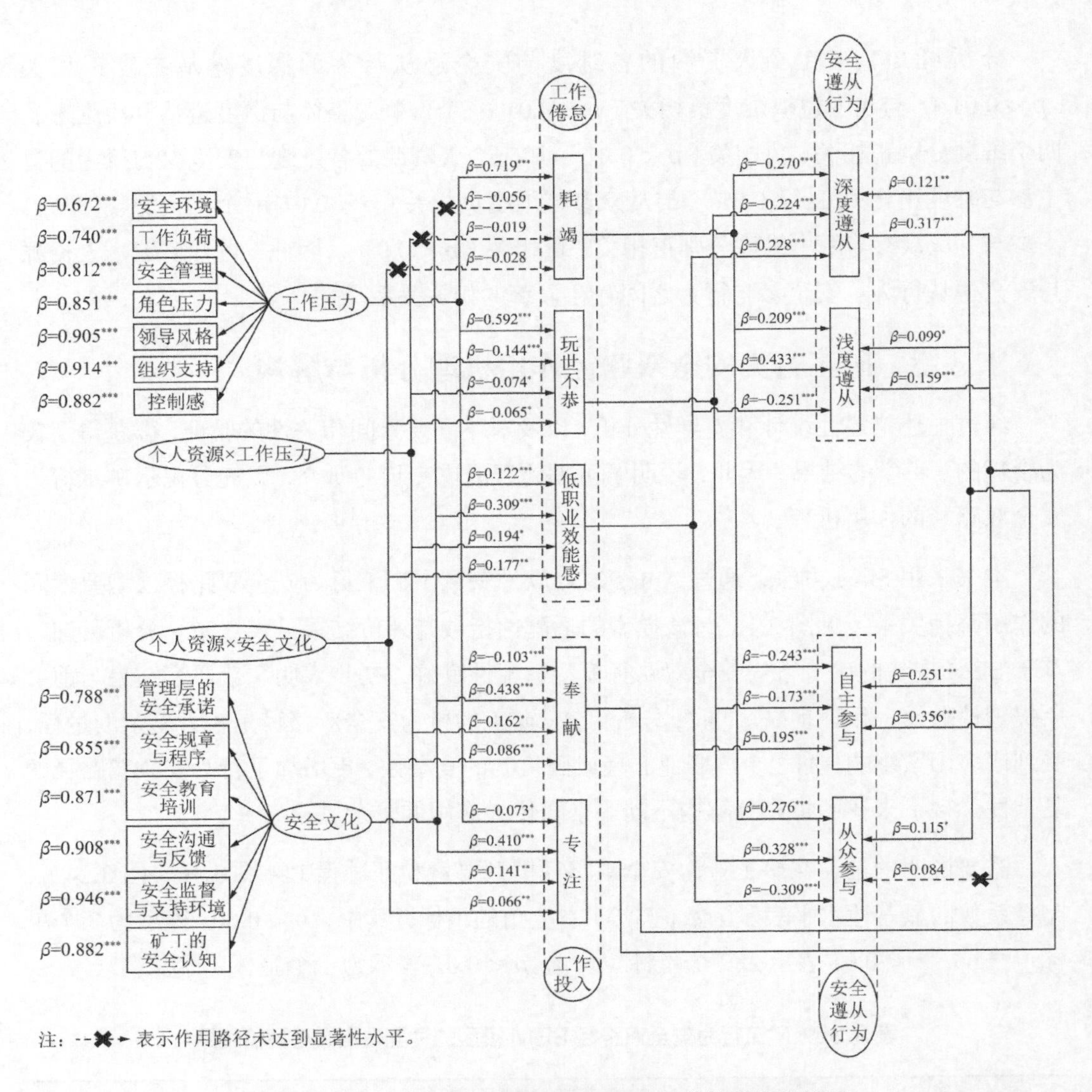

图 3.16　矿工行为安全双路径模型要素间的作用路径关系

3.3.3.1　预测因素对职业心理因素的作用分析

（1）工作压力对职业心理因素的作用分析

1）工作压力对工作倦怠的作用分析。拆解矿工行为安全双路径模型要素间的作用路径，依据 Amos 软件报告的路径系数，可获得矿工工作压力对工作倦怠的作用路径，如图 3.17 所示。

分析可知，安全环境、工作负荷等 7 个方面均会显著导致矿工的工作压力。该研究结果与矿工工作压力不同维度之间相关性分析的结果相一致，也符合矿山生产的实际情况。

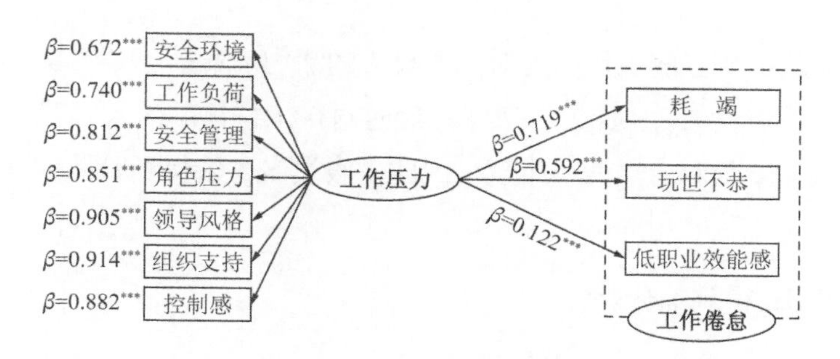

图 3.17　矿工工作压力对工作倦怠的作用路径

本书假设认为，矿工工作压力对工作倦怠的耗竭、玩世不恭、低职业效能感 3 个维度均有显著的正向影响效应（假设 $H_{5\text{-}1}$～$H_{5\text{-}3}$）。其中，假设 $H_{5\text{-}1}$ 和 $H_{5\text{-}2}$ 得到验证。该研究结果也与矿工工作压力与工作倦怠之间相关性分析的结果相一致。

然而，如前文所述及，低职业效能感维度为反向计分。因此，假设 $H_{5\text{-}3}$ 未得到验证，研究结果与假设相反。究其原因，经过对矿工工作压力的描述性分析可知，矿工工作压力处于较低状态。作为矿工行为安全双路径中的工作需求因素，较低的工作压力是一种挑战型的工作需求。挑战型工作需求是指虽然也需要个体脑力或体力方面的付出，对心理或生理造成消耗，但该类需求却可以促进个体成长和进步，甚至获得一定成就。虽然该类需求会使个体感到不适，却能使个体收获工作经验，是工作中一种“好”的刺激源（如工作压力、绩效考核等）。与挑战型工作需求相反的是妨害型工作需求，该类需求虽然同样需要个体付出或消耗，却只能阻止个体有价值目标的实现（如工作单调、角色冲突等）。然而，在不同的情况下，挑战型和妨害型两种工作需求可以相互转换，甚至并存，如适度的和过高的工作压力。因此，分析低职业效能感维度的含义和测量题项可知，较低的工作压力对矿工的职业效能感有促进作用。

综上，假设 H_5 得到部分验证。

2）工作压力对工作投入的作用分析。遵循矿工工作压力对工作倦怠作用路径获取的过程，可获得矿工工作压力对工作投入的作用路径，如图 3.18 所示。

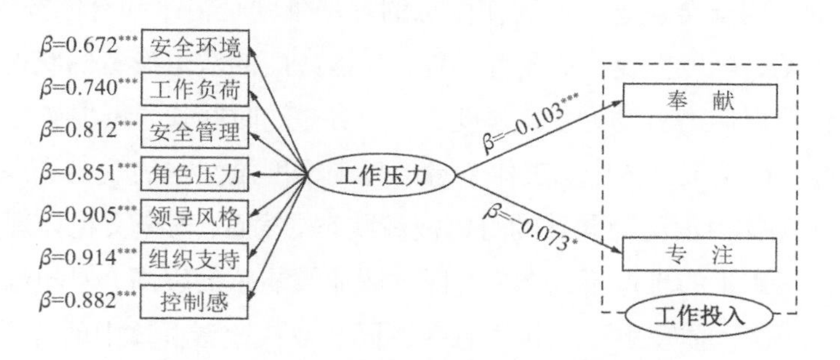

图 3.18　矿工工作压力对工作投入的作用路径

本书假设认为，矿工的工作压力对工作投入的活力、奉献、专注3个维度均有显著的负向影响效应（假设 $H_{6\text{-}1}$～$H_{6\text{-}3}$）。其中，经过对矿工群体的深入研究发现，该群体的工作投入仅表现为奉献和专注两个维度。因此，假设 $H_{6\text{-}1}$ 未得到验证，假设 $H_{6\text{-}2}$ 和 $H_{6\text{-}3}$ 得到验证。

综上，假设 H_6 得到部分验证。

（2）安全文化对职业心理因素的作用分析

1）安全文化对工作倦怠的作用分析。遵循矿工工作压力对工作倦怠作用路径获取的过程，可获得矿工安全文化对工作倦怠的作用路径，如图3.19所示。

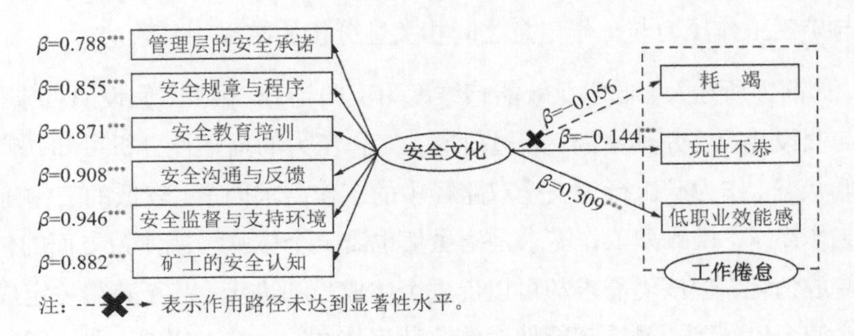

图3.19　矿工安全文化对工作倦怠的作用路径

分析可知，管理层的安全承诺、安全规章与程序等6个方面均会显著影响矿工的安全文化。该研究结果与矿工安全文化不同维度之间相关性分析的结果相一致，也符合矿山生产的实际情况。

本书假设认为，矿工的安全文化对工作倦怠的耗竭、玩世不恭、低职业效能感3个维度均有显著的负向影响效应（假设 $H_{7\text{-}1}$～$H_{7\text{-}3}$）。其中，假设 $H_{7\text{-}2}$ 和 $H_{7\text{-}3}$ 得到验证。

然而，假设 $H_{7\text{-}1}$ 未得到验证，研究结果表明，安全文化对矿工的工作倦怠的耗竭维度无显著影响效应。究其原因，本书认为安全文化是组织中每名成员所长期共享的且与安全工作相关的一组安全理念，而工作倦怠的耗竭维度是情绪和身体资源被消耗殆尽，个体感到精疲力竭，难以恢复，从业者心理、身体方面的双重疲劳的状态。在矿山生产过程中，现场作业以体力劳动为主，强度大、任务重、时间长，班中餐难以补充矿工消耗的体力。因此，在矿工群体中，工作倦怠的耗竭维度虽然也表现为心理疲劳，但可能更多体现为因矿工体力消耗而导致的身体疲劳状态。然而，安全文化体现为一组安全理念，虽然能够纠正矿工的玩世不恭态度、促进职业效能感的提高，但却难以影响矿工生理上的疲劳状态。这也体现出了工作倦怠在不同行业从业者群体中的异质性，如耗竭在医护、教师等助人行业更多体现为心理疲劳状态。

综上，假设 H_7 得到部分验证。

2）安全文化对工作投入的作用分析。遵循矿工工作压力对工作倦怠作用路径获取的过程，可获得矿工安全文化对工作投入的作用路径，如图 3.20 所示。

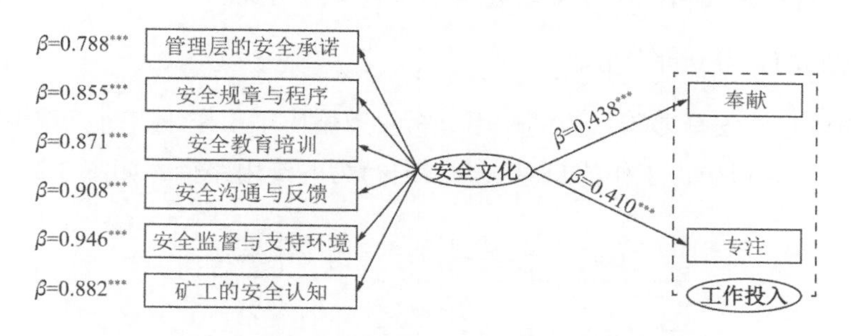

图 3.20　矿工安全文化对工作投入的作用路径

本书假设认为，矿工的安全文化对工作投入的活力、奉献、专注 3 个维度均有显著的正向影响效应（假设 $H_{8\text{-}1}$～$H_{8\text{-}3}$）。其中，如前文所述，由于矿工群体的工作投入未表现出活力维度，因此，假设 $H_{8\text{-}1}$ 未得到验证，假设 $H_{8\text{-}2}$ 和 $H_{8\text{-}3}$ 得到验证。

综上，假设 H_8 得到部分验证。

3.3.3.2　职业心理因素对结果表征形式的作用分析

（1）工作倦怠对结果表征形式的作用分析

1）工作倦怠对安全遵从行为的作用分析。遵循矿工工作压力对工作倦怠作用路径获取的过程，可获得矿工工作倦怠对安全遵从行为的作用路径，如图 3.21 所示。

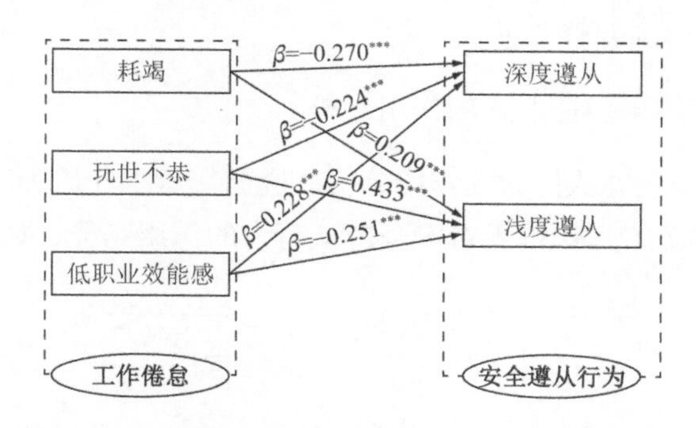

图 3.21　矿工工作倦怠对安全遵从行为的作用路径

本书假设认为，矿工的工作倦怠对安全遵从行为的深度遵从、浅度遵从两个维度均有显著的负向影响效应（假设 $H_{9\text{-}1}$ 和 $H_{9\text{-}2}$）。如前文所述，工作倦怠的低职业效能感维度为反向计分，因此，假设 $H_{9\text{-}1}$ 得到验证。假设 $H_{9\text{-}2}$ 未得到验证，因为研究结果表明，工作倦怠显著正向影响矿工的浅度安全遵从行为。从理论分析的角度可知，深度遵从行为是从业者个体从目的意图和应对策略两方面安全地完成既定任务；浅度遵从行为是付出最小的努力，达到安全规则和程序的要求，或是被看似完成组织所规定的安全规则和程序；工作倦怠集中体现为从业者在工作中的耗竭、玩世不恭和低职业效能感。同时，结合对矿工的现场调查情况可知，研究结果符合实际情况。

综上，假设 H_9 得到部分验证。

2）工作倦怠对安全参与行为的作用分析。遵循矿工工作压力对工作倦怠作用路径获取的过程，可获得矿工工作倦怠对安全参与行为的作用路径，如图 3.22 所示。

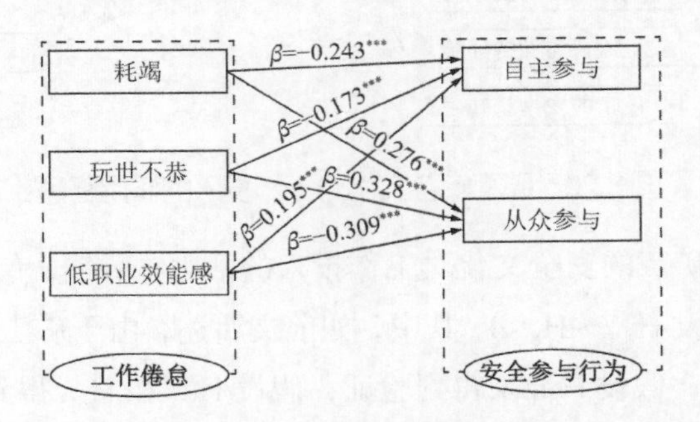

图 3.22 矿工工作倦怠对安全参与行为的作用路径

本书假设认为，矿工的工作倦怠对安全参与行为的自主参与、从众参与两个维度均有显著的负向影响效应（假设 $H_{10\text{-}1}$ 和 $H_{10\text{-}2}$）。其中，假设 $H_{10\text{-}1}$ 得到验证。假设 $H_{10\text{-}2}$ 未得到验证，因为研究结果表明，工作倦怠显著正向影响矿工的从众安全参与行为。从工作倦怠、自主参与和从众参与的内涵出发，经过理论分析并结合现场调查情况可知，研究结果符合实际情况。

综上，假设 H_{10} 得到部分验证。

（2）工作投入对结果表征形式的作用分析

1）工作投入对安全遵从行为的作用分析。遵循矿工工作压力对工作倦怠作用路径获取的过程，可获得矿工工作投入对安全遵从行为的作用路径，如图 3.23 所示。

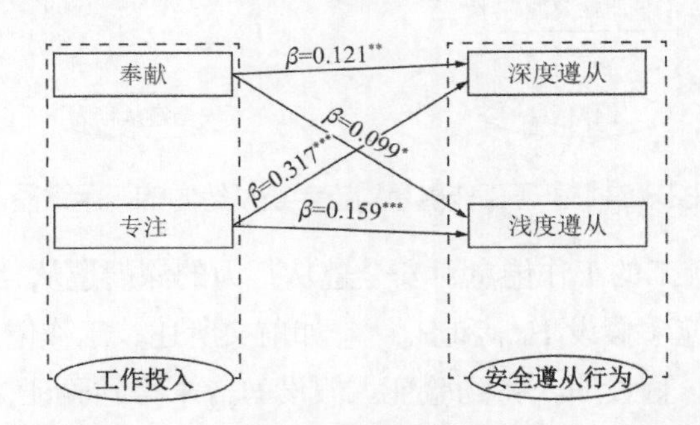

图 3.23 矿工工作投入对安全遵从行为的作用路径

本书假设认为，矿工的工作投入对安全遵从行为的深度遵从、浅度遵从两个维度均有显著的正向影响效应（假设 H_{11-1} 和 H_{11-2}）。这两个假设均被验证。从理论分析的角度可知，无论是深度遵从行为，还是浅度遵从行为，都能被矿工积极、充实的心理状态所影响。同时，结合对矿工的现场调查情况可知，研究结果符合实际情况。

综上，假设 H_{11} 得到验证。

2）工作投入对安全参与行为的作用分析。遵循矿工工作压力对工作倦怠作用路径获取的过程，可获得矿工工作投入对安全参与行为的作用路径，如图 3.24 所示。

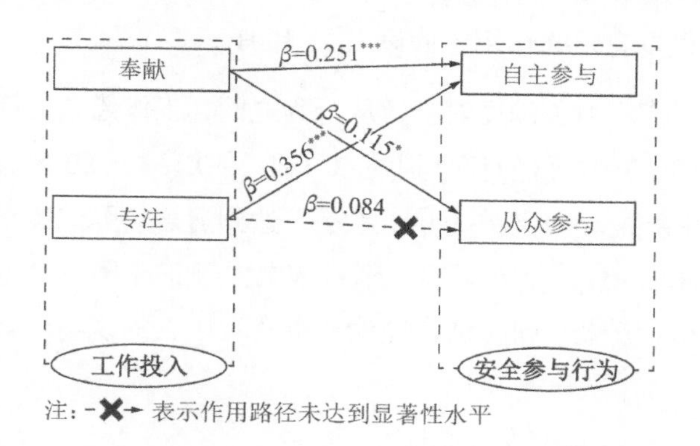

图 3.24 矿工工作投入对安全参与行为的作用路径

本书假设认为，矿工的工作投入对安全参与行为的自主参与、从众参与两个维度均有显著的正向影响效应（假设 H_{12-1} 和 H_{12-2}）。其中，假设 H_{12-1} 得到验证，假设 H_{12-2} 得到部分验证。研究结果表明，工作投入的专注维度对矿工的从众参与行为无显著影响效应。从理论分析角度可知，从众参与行为是从业者跟随、模仿他人已有的安全参与行为，而表现出与他人类似或相同的行为；专注是从业者全身心投入工作，很难脱离的状态。因此，后者对前者并无显著的影响效应。同时，结合对矿工的现场调查情况可知，研究结果符合实际情况。

综上，假设 H_{12} 得到部分验证。

3.3.3.3 中介作用的分析

本书将采用 Bootstrap 方法对中介效应进行检验。其中，在由 Amos 25.0 软件实现的过程中，将样本量设置为 5 000 次，估计方法选择极大似然估计法（Bootstrap ML），检验的置信区间中的偏差校正置信区间（bias-corrected confidence intervals）和百分位置信区间（percentile confidence intervals）均设置为 95%，分别用 Bias-corrected 95%*CI*和 Percentile 95%*CI*表示。最终，获得标准化的 Bootstrap 中介效应检验结果。

（1）工作倦怠的中介作用

1）工作倦怠在工作压力和结果表征之间的中介作用。对矿工工作倦怠在工作压力和结果表征安全遵从行为、安全参与行为之间的中介作用进行分析，得到标准化 Bootstrap 中介效应检验结果，见表 3.33。

本书假设，矿工的工作倦怠在工作压力和深度安全遵从行为、浅度安全遵从行为之间具有中介作用（假设 $H_{13\text{-}1}$ 和 $H_{13\text{-}2}$），工作倦怠在工作压力和自主安全参与行为、从众安全参与行为之间也具有中介作用（假设 $H_{14\text{-}1}$ 和 $H_{14\text{-}2}$）。

分析可知，在工作压力和深度安全遵从行为之间，工作倦怠的耗竭、玩世不恭、低职业效能感 3 个维度的中介效应值分别为−0.194、−0.133、0.028，检验的置信区间均不包括 0，且显著性系数（p）均在 0.001 水平下达到显著。因此，假设 $H_{13\text{-}1}$ 得到验证。同样，假设 $H_{13\text{-}2}$、$H_{14\text{-}1}$、$H_{14\text{-}2}$ 得到验证。经过前文关于工作压力对工作倦怠、工作倦怠对结果表征的影响效应分析，同时结合理论分析及对矿工的现场调查情况可知，研究结果符合实际情况。

综上，假设 H_{13}、H_{14} 得到验证。

2）工作倦怠在安全文化和结果表征之间的中介作用。对矿工工作倦怠在安全文化和结果表征安全遵从行为、安全参与行为之间的中介作用进行分析，得到标准化 Bootstrap 中介效应检验结果，见表 3.34。

本书假设，矿工的工作倦怠在安全文化和深度安全遵从行为、浅度安全遵从行为之间具有中介作用（假设 $H_{15\text{-}1}$ 和 $H_{15\text{-}2}$），工作倦怠在安全文化和自主安全参与行为、从众安全参与行为之间也具有中介作用（假设 $H_{16\text{-}1}$ 和 $H_{16\text{-}2}$）。

分析可知，在安全文化和深度安全遵从之间，工作倦怠的耗竭维度中介效应检验的置信区间均包括 0，且显著性系数（p）均未达到显著水平。究其原因，如前文所述，安全文化并不能显著影响矿工工作倦怠的耗竭状态。在安全文化和深度安全遵从之间，工作倦怠的玩世不恭、低职业效能感两个维度中介效应检验的置信区间均不包括 0，且显著性系数（p）均在 0.001 水平下达到显著水平。因此，假设 $H_{15\text{-}1}$ 得到部分验证。同样，假设 $H_{15\text{-}2}$、$H_{16\text{-}1}$、$H_{16\text{-}2}$ 得到部分验证。经过前文关于安全文化对工作倦怠、工作倦怠对结果表征的影响效应分析，同时结合理论分析及对矿工的现场调查情况可知，研究结果符合实际情况。

综上，假设 H_{15}、H_{16} 得到部分验证。

表3.33 矿工工作倦怠在工作压力和结果表征之间中介效应的标准化Bootstrap检验结果

序号	作用路径	效应值	标准误	Bias-corrected 95%CI		p	Percentile 95%CI		p
				下限	上限		下限	上限	
	工作压力→工作倦怠→安全遵从行为								
1	工作压力→耗竭→深度安全遵从行为	−0.194	0.031	−0.228	−0.163	0.000	−0.226	0.161	0.000
2	工作压力→玩世不恭→深度安全遵从行为	−0.133	0.025	−0.187	−0.086	0.000	−0.184	−0.084	0.000
3	工作压力→低职业效能感→深度安全遵从行为	0.028	0.009	0.012	0.047	0.001	0.011	0.047	0.001
4	工作压力→耗竭→浅度安全遵从行为	0.150	0.028	0.104	0.206	0.000	0.101	0.205	0.000
5	工作压力→玩世不恭→浅度安全遵从行为	0.256	0.040	0.180	0.338	0.000	0.177	0.335	0.000
6	工作压力→低职业效能感→浅度安全遵从行为	−0.031	0.010	−0.054	−0.013	0.001	−0.051	−0.012	0.001
	工作压力→工作倦怠→安全参与行为								
7	工作压力→耗竭→自主安全参与行为	−0.175	0.018	−0.202	−0.146	0.000	−0.200	−0.144	0.000
8	工作压力→玩世不恭→自主安全参与行为	−0.102	0.024	−0.156	−0.058	0.000	−0.154	−0.057	0.000
9	工作压力→低职业效能感→自主安全参与行为	0.024	0.008	0.010	0.040	0.001	0.010	0.039	0.001
10	工作压力→耗竭→从众安全参与行为	0.198	0.028	0.160	0.231	0.000	0.159	0.229	0.000
11	工作压力→玩世不恭→从众安全参与行为	0.194	0.039	0.120	0.272	0.000	0.120	0.271	0.000
12	工作压力→低职业效能感→从众安全参与行为	−0.038	0.012	−0.063	−0.016	0.001	−0.062	−0.016	0.001

表3.34 矿工工作倦怠在安全文化和结果表征之间中介效应的标准化Bootstrap检验结果

序号	作用路径	效应值	标准误	Bias-corrected 95%CI		p	Percentile 95%CI		p
				下限	上限		下限	上限	
	安全文化→工作倦怠→安全遵从行为								
1	安全文化→耗竭→深度安全遵从行为	0.015	0.004	−0.015	0.101	0.104	−0.013	0.092	0.214
2	安全文化→玩世不恭→深度安全遵从行为	0.032	0.012	0.013	0.061	0.001	0.012	0.060	0.001

续表

序号	作用路径	效应值	标准误	Bias-corrected 95%CI		p	Percentile 95%CI		p
				下限	上限		下限	上限	
3	安全文化→低职业效能感→深度安全遵从行为	0.070	0.017	0.041	0.109	0.000	0.041	0.108	0.000
4	安全文化→耗竭→浅度安全遵从行为	−0.012	0.003	−0.071	0.005	0.685	−0.069	0.004	0.908
5	安全文化→玩世不恭→浅度安全遵从行为	−0.062	0.020	−0.104	−0.027	0.001	−0.103	−0.026	0.001
6	安全文化→低职业效能感→浅度安全遵从行为	−0.078	0.018	−0.117	−0.046	0.000	−0.115	−0.045	0.000
安全文化→工作倦怠→安全参与行为									
7	安全文化→耗竭→自主安全参与行为	0.014	0.003	−0.012	0.091	0.169	−0.009	0.090	0.352
8	安全文化→玩世不恭→自主安全参与行为	0.025	0.009	0.010	0.047	0.001	0.009	0.046	0.001
9	安全文化→低职业效能感→自主安全参与行为	0.060	0.015	0.036	0.094	0.000	0.035	0.092	0.000
10	安全文化→耗竭→从众安全参与行为	−0.015	0.004	−0.088	0.031	0.139	−0.086	0.029	0.252
11	安全文化→玩世不恭→从众安全参与行为	−0.047	0.016	−0.081	−0.020	0.001	−0.080	−0.019	0.001
12	安全文化→低职业效能感→从众安全参与行为	−0.095	0.019	−0.138	−0.061	0.000	−0.135	−0.059	0.000

（2）工作投入的中介作用

1）工作投入在工作压力和结果表征之间的中介作用。对矿工工作投入在工作压力和结果表征安全遵从行为、安全参与行为之间的中介作用进行分析，得到标准化Bootstrap中介效应检验结果，见表3.35。

表3.35　矿工工作投入在工作压力和结果表征之间中介效应的标准化Bootstrap检验结果

序号	作用路径	效应值	标准误	Bias-corrected 95%CI		p	Percentile 95%CI		p
				下限	上限		下限	上限	
工作压力→工作投入→安全遵从行为									
1	工作压力→奉献→深度安全遵从行为	−0.012	0.006	−0.030	−0.003	0.006	−0.027	−0.002	0.016
2	工作压力→专注→深度安全遵从行为	−0.023	0.011	−0.047	−0.004	0.018	−0.046	−0.003	0.023

续表

序号	作用路径	效应值	标准误	Bias-corrected 95%*CI*		*p*	Percentile 95%*CI*		*p*
				下限	上限		下限	上限	
3	工作压力→奉献→浅度安全遵从行为	−0.010	0.006	−0.026	−0.002	0.016	−0.023	−0.001	0.039
4	工作压力→专注→浅度安全遵从行为	−0.012	0.006	−0.027	−0.002	0.014	−0.026	−0.001	0.024
工作压力→工作投入→安全参与行为									
5	工作压力→奉献→自主安全参与行为	−0.026	0.010	−0.051	−0.009	0.001	−0.049	−0.008	0.002
6	工作压力→专注→自主安全参与行为	−0.026	0.012	−0.051	−0.004	0.020	−0.050	−0.003	0.023
7	工作压力→奉献→从众安全参与行为	−0.012	0.007	−0.030	−0.002	0.010	−0.028	−0.001	0.020
8	工作压力→专注→从众安全参与行为	−0.006	0.005	−0.019	0.017	0.047	−0.017	0.016	0.095

本书假设，矿工的工作投入在工作压力和深度安全遵从行为、浅度安全遵从行为之间具有中介作用（假设 $H_{17\text{-}1}$ 和 $H_{17\text{-}2}$），工作投入在工作压力和自主安全参与行为、从众安全参与行为之间也具有中介作用（假设 $H_{18\text{-}1}$ 和 $H_{18\text{-}2}$）。分析可知，在工作压力和深度安全遵从行为之间，工作投入的奉献、专注两个维度的中介效应值分别为−0.012、−0.023，检验的置信区间均不包括 0，且显著性系数（*p*）均在 0.01 或 0.05 水平下达到显著。因此，假设 $H_{17\text{-}1}$ 得到验证。同样，分析可知，假设 $H_{17\text{-}2}$、$H_{18\text{-}1}$ 得到验证。然而，在工作压力和从众安全参与行为之间，工作投入的专注维度中介效应检验的置信区间均包括 0，且显著性系数（*p*）均未达到显著水平。究其原因，如前文所述，矿工在工作投入中表现出的专注并不能显著影响矿工的从众安全参与行为。在工作压力和从众安全参与行为之间，工作投入的奉献维度中介效应检验的置信区间均不包括 0，且显著性系数（*p*）在 0.01 或 0.05 水平下达到显著。因此，假设 $H_{18\text{-}2}$ 得到部分验证。经过前文关于工作压力对工作投入、工作投入对结果表征的影响效应分析，同时结合理论分析及对矿工的现场调查情况可知，研究结果符合实际情况。

综上，假设 H_{17} 得到验证，H_{18} 得到部分验证。

2）工作投入在安全文化和结果表征之间的中介作用。对矿工工作投入在安全文化和结果表征安全遵从行为、安全参与行为之间的中介作用进行分析，得到标准化 Bootstrap 中介效应检验结果，见表 3.36。

表 3.36 矿工工作投入在安全文化和结果表征之间中介效应的标准化 Bootstrap 检验结果

序号	作用路径	效应值	标准误	Bias-corrected 95%*CI*		*p*	Percentile 95%*CI*		*p*
				下限	上限		下限	上限	
	安全文化→工作投入→安全遵从行为								
1	安全文化→奉献→深度安全遵从行为	0.053	0.023	0.014	0.104	0.010	0.011	0.100	0.014
2	安全文化→专注→深度安全遵从行为	0.130	0.024	0.087	0.180	0.000	0.086	0.179	0.000
3	安全文化→奉献→浅度安全遵从行为	0.043	0.020	0.005	0.086	0.030	0.004	0.084	0.037
4	安全文化→专注→浅度安全遵从行为	0.065	0.019	0.031	0.107	0.000	0.029	0.105	0.001
	安全文化→工作投入→安全参与行为								
5	安全文化→奉献→自主安全参与行为	0.110	0.026	0.064	0.167	0.000	0.062	0.166	0.000
6	安全文化→专注→自主安全参与行为	0.146	0.024	0.103	0.195	0.000	0.102	0.193	0.000
7	安全文化→奉献→从众安全参与行为	0.050	0.023	0.007	0.095	0.021	0.009	0.096	0.018
8	安全文化→专注→从众安全参与行为	0.034	0.019	−0.001	0.076	0.057	−0.003	0.074	0.073

本书假设，矿工的工作投入在安全文化和深度安全遵从行为、浅度安全遵从行为之间具有中介作用（假设 $H_{19\text{-}1}$ 和 $H_{19\text{-}2}$），工作投入在安全文化和自主安全参与行为、从众安全参与行为之间也具有中介作用（假设 $H_{20\text{-}1}$ 和 $H_{20\text{-}2}$）。分析可知，在安全文化和深度安全遵从行为之间，工作投入的奉献、专注两个维度中介效应检验的置信区间均不包括 0，且显著性系数（p）均在 0.001 或 0.01 水平下达到显著。因此，假设 $H_{19\text{-}1}$ 得到验证。同样，假设 $H_{19\text{-}2}$、$H_{20\text{-}1}$ 得到验证。然而，在安全文化和从众安全参与行为之间，工作投入的专注维度中介效应检验的置信区间均包括 0，且显著性系数（p）均未达到显著水平。同样，究其原因，如前文所述，矿工在工作投入中表现出的专注并不能显著影响矿工的从众安全参与行为。在安全文化和从众安全参与行为之间，工作投入的奉献维度中介效应检验的置信区间均不包括 0，且显著性系数（p）在 0.05 水平下达到显著。因此，假设 $H_{20\text{-}2}$ 得到部分验证。经过前文关于安全文化对工作投入、工作投入对结果表征的影响效应分析，同时结合理论分析及对矿工的现场调查情况可知，研究结果符合实际情况。

综上，假设 H_{19} 得到验证，H_{20} 得到部分验证。

3.3.3.4　调节作用的分析

本书通过构建矿工个人资源和工作压力、个人资源和安全文化的交互项，并通过去中心化处理，得到无均值结构的交互效应模型，从而对矿工个人资源的调节作用进行分析。需要说明的是，在矿工个人资源调节作用的分析过程中，数据分析过程通过 Amos 25.0 软件来实现。同时，本书绘制了个人资源调节作用的三维图。

（1）个人资源在工作压力和职业心理因素之间的调节作用

1）个人资源在工作压力和工作倦怠之间的调节作用。采用上述方法对矿工个人资源在工作压力和工作倦怠之间的调节作用进行分析，结果见表 3.37 和表 3.38。

本书假设，矿工的个人资源在工作压力对工作倦怠的耗竭、玩世不恭、低职业效能感 3 个维度的影响过程中具有负向调节作用（假设 $H_{21\text{-}1}$ 至 $H_{21\text{-}3}$）。

分析可知，个人资源对耗竭无显著影响效应，个人资源和工作压力的交互项对耗竭也无显著影响效应。因此，假设 $H_{21\text{-}1}$ 未得到验证。究其原因，个人资源是个体在自身成长、发展的过程中所表现出的积极心理状态，而如前文所述，工作倦怠的耗竭维度在矿工群体中更多体现为因体力消耗而导致的身体疲劳状态。因此，个人资源较难对矿工的耗竭产生影响。该原因类似于安全文化对耗竭无显著影响。

表 3.37　矿工个人资源在工作压力和工作倦怠之间调节效应的作用路径分析结果

序号	作用路径	非标准化系数	标准化系数	标准误	临界比	*p*
	工作压力→工作倦怠					
1	工作压力→耗竭	0.819	0.719	0.033	24.549	***
2	工作压力→玩世不恭	0.609	0.592	0.032	18.899	***
3	工作压力→低职业效能感	0.155	0.122	0.046	3.345	***
	个人资源→工作倦怠					
4	个人资源→耗竭	−0.040	−0.029	0.039	−1.133	0.233
5	个人资源→玩世不恭	−0.184	−0.146	0.040	−4.521	0.004
6	个人资源→低职业效能感	0.244	0.156	0.060	4.087	***
	个人资源 × 工作压力→工作倦怠					
7	个人资源 × 工作压力→耗竭	−0.034	−0.019	0.082	−0.416	0.678
8	个人资源 × 工作压力→玩世不恭	−0.118	−0.074	0.044	−2.764	0.015
9	个人资源 × 工作压力→低职业效能感	0.388	0.194	0.026	14.812	0.039

表 3.38　矿工个人资源不同水平下工作压力对工作倦怠的作用路径分析结果

序号	个人资源水平	非标准化系数	标准化系数	Bias-corrected 95%*CI*		*p*
				下限	上限	
工作压力→耗竭						
1	高	0.797	0.700	0.539	0.834	0.000
2	低	0.841	0.738	0.622	0.857	0.000
工作压力→玩世不恭						
3	高	0.574	0.558	0.350	0.729	0.000
4	低	0.643	0.626	0.476	0.776	0.000
工作压力→低职业效能感						
5	高	0.223	0.176	0.047	0.295	0.008
6	低	0.086	0.068	−0.084	0.214	0.356

矿工的个人资源对工作倦怠的玩世不恭、低职业效能感两个维度均有显著的影响效应，个人资源和工作压力的交互项也对这两者均有显著的影响效应。由于低职业效能感为反向计分，因此，假设 $H_{21\text{-}2}$ 和 $H_{21\text{-}3}$ 得到验证。同样，分析可知，当个人资源处于高水平或低水平时，工作压力对玩世不恭均有显著的影响效应；当个人资源处于高水平时，工作压力对低职业效能感有显著的影响效应。因此，验证了假设 $H_{21\text{-}2}$ 和 $H_{21\text{-}3}$。同时，也说明个人资源对工作倦怠的玩世不恭维度影响更为显著。

为更直观地呈现矿工个人资源在工作压力对工作倦怠影响过程中的调节作用，分别绘制个人资源在工作压力对工作倦怠的玩世不恭、低职业效能感两个维度影响过程中调节作用的三维图，如图 3.25 所示。

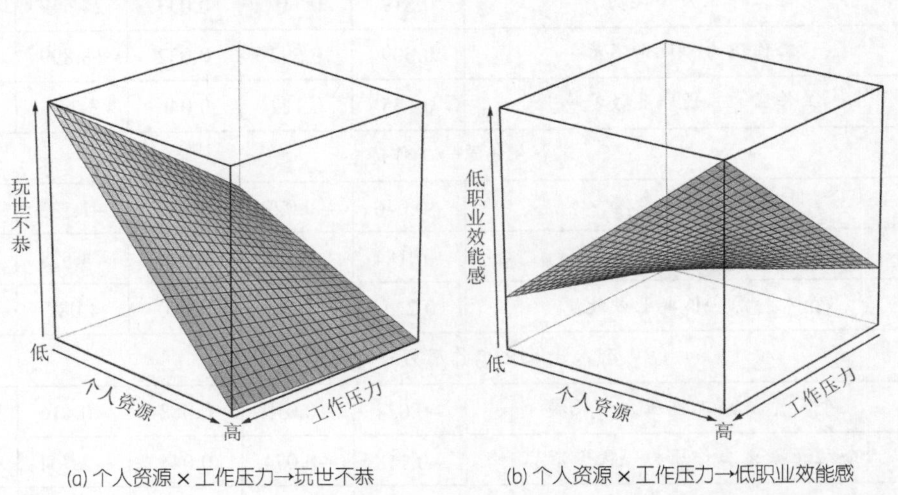

(a) 个人资源 × 工作压力→玩世不恭　　(b) 个人资源 × 工作压力→低职业效能感

图 3.25　矿工个人资源在工作压力和工作倦怠之间的调节效应分析

分析可知，当矿工的个人资源水平最低，而所承受的工作压力最大时，工作倦怠的玩世不恭维度的水平达到最高；随着个人资源水平逐渐升高，玩世不恭水平逐渐降低；当个人资源水平最高、工作压力水平最低时，玩世不恭水平达到最低。因此，充分验证了假设 H_{21-2}。同样，当矿工的个人资源水平最高，所承受的工作压力也最大时，工作倦怠的低职业效能感维度的水平达到最高；反之亦然。当工作压力水平降低时，随着个人资源水平升高，低职业效能感的水平显著升高。低职业效能感为反向计分，此时矿工工作压力处于较低状态，因此，假设 H_{21-3} 也得到了充分验证。经过前文关于工作压力对工作倦怠的影响效应分析，同时结合理论分析及对矿工的现场调查情况可知，研究结果符合实际情况。

综上，假设 H_{21} 得到部分验证。

2）个人资源在工作压力和工作投入之间的调节作用。采用前述方法对矿工个人资源在工作压力和工作投入之间的调节作用进行分析，结果见表 3.39 和表 3.40。

本书假设，矿工的个人资源在工作压力对工作投入的活力、奉献、专注 3 个维度的影响过程中具有负向调节作用（假设 H_{22-1} 至 H_{22-3}）。其中，由于矿工群体的工作投入未表现出活力维度，因此，假设 H_{22-1} 未得到验证。

分析可知，矿工的个人资源对奉献、专注两个维度均有显著的影响效应，个人资源和工作压力的交互项也对这两者均有显著的影响效应。因此，假设 H_{22-2} 和 H_{22-3} 得到验证。同时，当个人资源处于高水平时，工作压力对奉献有显著的影响效应；而当个人资源处于低水平时，工作压力对专注有显著的影响效应。因此，也验证了假设 H_{22-2} 和 H_{22-3}。

表 3.39　矿工个人资源在工作压力和工作投入之间调节效应的作用路径分析结果

序号	作用路径	非标准化系数	标准化系数	标准误	临界比	*p*
工作压力→工作投入						
1	工作压力→奉献	−0.110	−0.103	0.031	−3.604	***
2	工作压力→专注	−0.075	−0.073	0.029	−2.474	0.013
个人资源→工作投入						
3	个人资源→奉献	0.448	0.340	0.040	11.172	***
4	个人资源→专注	0.456	0.383	0.038	12.078	***
个人资源 × 工作压力→工作投入						
5	个人资源 × 工作压力→奉献	0.257	0.162	0.043	6.043	0.015
6	个人资源 × 工作压力→专注	0.214	0.141	0.079	2.710	0.007

表 3.40　矿工个人资源不同水平下工作压力对工作投入的作用路径分析结果

序号	个人资源水平	非标准化系数	标准化系数	Bias-corrected 95%*CI*		*p*
				下限	上限	
工作压力→奉献						
1	高	−0.123	−0.115	−0.268	0.002	0.034
2	低	−0.098	−0.091	−0.244	0.044	0.192
工作压力→专注						
3	高	0.221	−0.214	−0.352	−0.087	0.275
4	低	−0.069	−0.067	−0.127	0.052	0.001

为更直观地呈现矿工个人资源在工作压力对工作投入影响过程中的调节作用，分别绘制个人资源在工作压力对工作投入的奉献、专注两个维度影响过程中调节作用的三维图，如图 3.26 所示。

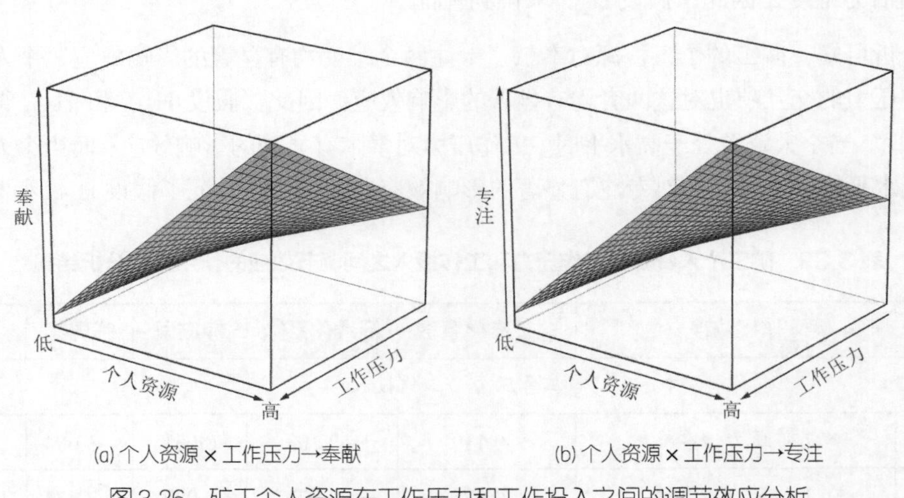

(a) 个人资源 × 工作压力→奉献　　(b) 个人资源 × 工作压力→专注

图 3.26　矿工个人资源在工作压力和工作投入之间的调节效应分析

分析可知，当矿工的个人资源水平最高，所承受的工作压力也最大时，工作投入的奉献维度的水平达到最高，反之亦然。随着个人资源水平升高，奉献的水平显著升高。因此，充分验证了假设 $H_{22\text{-}2}$。同样，假设 $H_{22\text{-}3}$ 得到充分验证。需要说明的是，当个人资源水平最高、工作压力水平最低时，矿工工作投入的奉献、专注两个维度的水平并未达到最高，反之亦然。因此，也说明了适度的压力能够使得工作投入水平提升，即适度的工作压力是挑战型的工作需求。关于假设 $H_{22\text{-}2}$ 和 $H_{22\text{-}3}$，经过前文关于工作压力对工作投入的影响效应分析，同时结合理论分析及对矿工的现场调查情况可知，研究结果符合实际情况。

综上，假设 H_{22} 得到部分验证。

（2）个人资源在安全文化和职业心理因素之间的调节作用

1）个人资源在安全文化和工作倦怠之间的调节作用。采用前述方法对矿工个人资源在安全文化和工作倦怠之间的调节作用进行分析，结果见表 3.41 和表 3.42。

表 3.41　矿工个人资源在安全文化和工作倦怠之间调节效应的作用路径分析结果

序号	作用路径	非标准化系数	标准化系数	标准误	临界比	*p*
安全文化→工作倦怠						
1	安全文化→耗竭	−0.079	−0.056	0.041	−1.937	0.053
2	安全文化→玩世不恭	−0.184	−0.144	0.042	−4.380	***
3	安全文化→低职业效能感	0.485	0.309	0.064	7.629	***
个人资源→工作倦怠						
4	个人资源→耗竭	−0.040	−0.029	0.039	−1.133	0.233
5	个人资源→玩世不恭	−0.184	−0.146	0.040	−4.521	0.004
6	个人资源→低职业效能感	0.244	0.156	0.060	4.087	***
个人资源×安全文化→工作倦怠						
7	个人资源×安全文化→耗竭	−0.062	−0.028	0.080	−0.870	0.303
8	个人资源×安全文化→玩世不恭	−0.130	−0.065	0.051	−2.446	0.018
9	个人资源×安全文化→低职业效能感	0.448	0.177	0.047	9.438	0.005

表 3.42　矿工个人资源不同水平下安全文化对工作倦怠的作用路径分析结果

序号	个人资源水平	非标准化系数	标准化系数	Bias-corrected 95%*CI*		*p*
				下限	上限	
安全文化→耗竭						
1	高	−0.147	−0.104	−0.204	−0.001	0.049
2	低	−0.012	−0.008	−0.085	0.069	0.801

续表

序号	个人资源水平	非标准化系数	标准化系数	Bias-corrected 95%CI		p
				下限	上限	
安全文化→玩世不恭						
3	高	−0.228	−0.179	−0.310	−0.051	0.007
4	低	−0.139	−0.109	−0.205	−0.023	0.017
安全文化→低职业效能感						
5	高	0.458	0.291	0.167	0.406	0.001
6	低	0.512	0.326	0.216	0.428	0.000

本书假设，矿工的个人资源在安全文化对工作倦怠的耗竭、玩世不恭、低职业效能感3个维度的影响过程中具有正向调节作用（假设$H_{23\text{-}1}$～$H_{23\text{-}3}$）。分析可知，个人资源对耗竭无显著影响效应，个人资源和安全文化的交互项对耗竭也无显著影响效应。因此，假设$H_{23\text{-}1}$未得到验证。究其原因，类似于安全文化对耗竭无显著影响，也类似于个人资源在工作压力对耗竭影响过程中不具有显著调节作用，在此不予赘述。

矿工的个人资源对工作倦怠的玩世不恭、低职业效能感两个维度均有显著的影响效应，个人资源和安全文化的交互项也对这两者均有显著的影响效应。同样，由于低职业效能感为反向计分，因此，假设$H_{23\text{-}2}$和$H_{23\text{-}3}$得到验证。分析可知，当个人资源处于高水平或低水平时，安全文化对玩世不恭、低职业效能感均有显著的影响效应，因而，也验证了假设$H_{23\text{-}2}$和$H_{23\text{-}3}$。

为更直观地呈现矿工个人资源在安全文化对工作倦怠影响过程中的调节作用，分别绘制个人资源在安全文化对工作倦怠的玩世不恭、低职业效能感两个维度影响过程中调节作用的三维图，如图3.27所示。

分析可知，当矿工的个人资源水平最高，安全文化水平也最高时，工作倦怠的玩世不恭维度的水平达到最低；反之亦然。当安全文化水平的降低时，随着个人资源水平升高，玩世不恭的水平显著降低。因此，充分验证了假设$H_{23\text{-}2}$。同样，假设$H_{23\text{-}3}$得到充分验证。同时，经过以上两图分析（如虚线标注所示）也可得知，个人资源对玩世不恭的影响程度与安全文化相仿。然而，安全文化对低职业效能感的影响程度却高于个人资源。关于假设$H_{23\text{-}2}$和$H_{23\text{-}3}$，经过前文关于安全文化对工作投入的影响效应分析，同时，结合理论分析及对矿工的现场调查情况可知，研究结果符合实际情况。

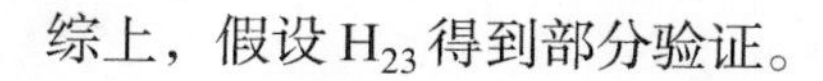
综上，假设 H_{23} 得到部分验证。

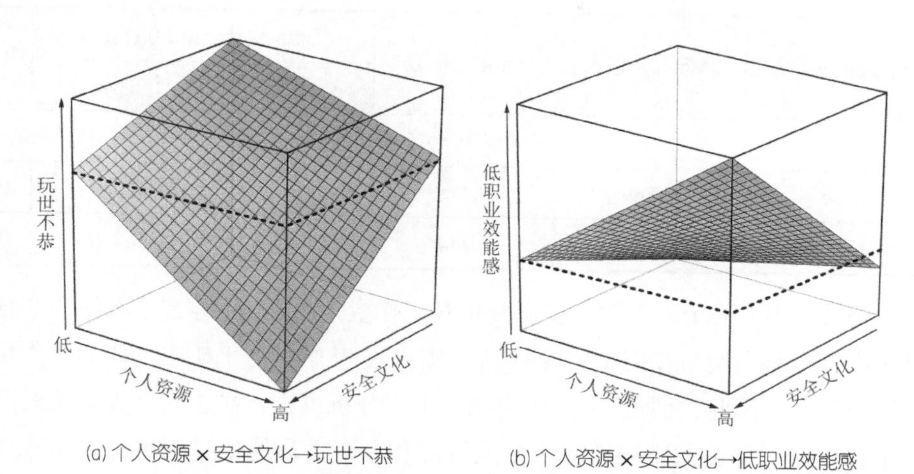

(a) 个人资源 × 安全文化→玩世不恭　　(b) 个人资源 × 安全文化→低职业效能感

图3.27　矿工个人资源在安全文化和工作倦怠之间的调节效应分析

2）个人资源在安全文化和工作投入之间的调节作用。采用前述方法对矿工个人资源在安全文化和工作投入之间的调节作用进行分析，结果见表3.43和表3.44。

表3.43　矿工个人资源在安全文化和工作投入之间调节效应的作用路径分析结果

序号	作用路径	非标准化系数	标准化系数	标准误	临界比	*p*
			安全文化→工作投入			
1	安全文化→奉献	0.579	0.438	0.043	13.524	***
2	安全文化→专注	0.490	0.410	0.040	12.276	***
			个人资源→工作投入			
3	个人资源→奉献	0.448	0.340	0.040	11.172	***
4	个人资源→专注	0.456	0.383	0.038	12.078	***
			个人资源 × 安全文化→工作投入			
5	个人资源 × 安全文化→奉献	0.179	0.086	0.051	3.503	***
6	个人资源 × 安全文化→专注	0.124	0.066	0.048	2.604	0.009

表3.44　矿工个人资源不同水平下安全文化对工作投入的作用路径分析结果

序号	个人资源水平	非标准化系数	标准化系数	Bias-corrected 95%*CI*		*p*
				下限	上限	
			安全文化→奉献			
1	高	0.693	0.523	0.406	0.626	0.001
2	低	0.466	0.352	0.249	0.444	0.000

续表

序号	个人资源水平	非标准化系数	标准化系数	Bias-corrected 95%*CI*		*p*
				下限	上限	
安全文化→专注						
3	高	0.569	0.475	0.366	0.580	0.001
4	低	0.411	0.344	0.251	0.420	0.000

本书假设，矿工的个人资源在安全文化对工作投入的活力、奉献、专注 3 个维度的影响过程中具有负向调节作用（假设 $H_{24\text{-}1}$～$H_{24\text{-}3}$）。其中，由于矿工群体的工作投入未表现出活力维度，因此，假设 $H_{24\text{-}1}$ 未得到验证。分析可知，矿工的个人资源对奉献、专注两个维度均有显著的影响效应，个人资源和安全文化的交互项也对这两者均有显著的影响效应。因此，假设 $H_{24\text{-}2}$ 和 $H_{24\text{-}3}$ 得到验证。同时，当个人资源处于高水平或低水平时，安全文化对奉献、专注均有显著的影响效应。因此，也验证了假设 $H_{24\text{-}2}$ 和 $H_{24\text{-}3}$。

为更直观地呈现矿工个人资源在安全文化对工作投入影响过程中的调节作用，分别绘制个人资源在安全文化对工作投入的奉献、专注两个维度影响过程中调节作用的三维图，如图 3.28 所示。

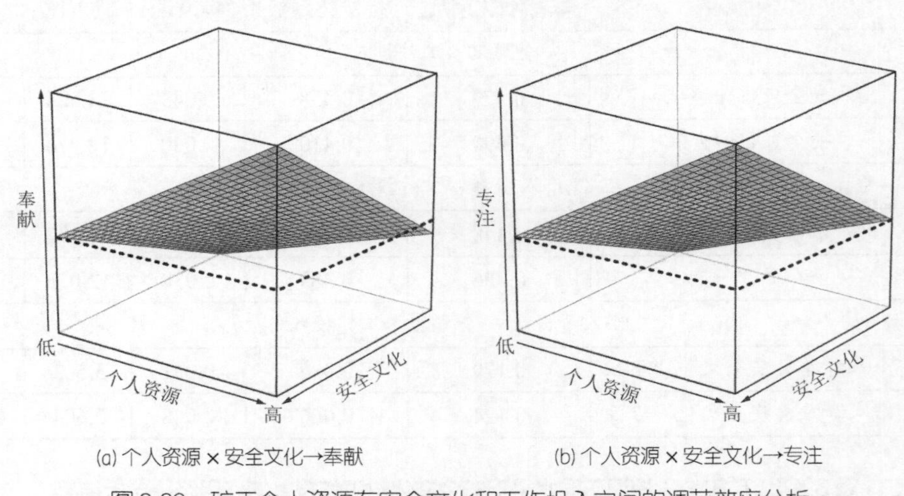

(a) 个人资源 × 安全文化→奉献　　(b) 个人资源 × 安全文化→专注

图 3.28　矿工个人资源在安全文化和工作投入之间的调节效应分析

分析可知，当矿工的个人资源水平最高，安全文化水平也最高时，工作投入的奉献维度的水平达到最高；反之亦然。当安全文化水平降低时，随着个人资源水平的升高，奉献的水平显著降低。因此，充分验证了假设 $H_{24\text{-}2}$。同样，假设 $H_{24\text{-}3}$ 得到充分验证。同时，经过对图 3.28 进行分析（如虚线标注所示），可知安全文化对于奉献的影响程度略高于个人资源，而个人资源对于专注的影响程度与安全文化相仿。

综上，假设 H_{24} 得到部分验证。

3.3.3.5　矿工行为安全双路径作用模型的修正与讨论

（1）矿工行为安全双路径模型的修正

经上述分析，可以得到修正后的矿工行为安全双路径模型，如图 3.29 所示。在本书研究中，矿工群体具有较高的个人资源水平，所承受的工作压力呈现为较低状态，安全文化呈现为较高状态，工作倦怠呈现为中等状态，工作投入呈现为较高状态。对于行为结果表征，深度遵从行为处于较高状态，浅度遵从行为处于较低状态，矿工表现出较好的安全遵从行为；自主参与行为处于较高状态，从众参与行为处于较低状态，矿工表现出较好的安全参与行为。

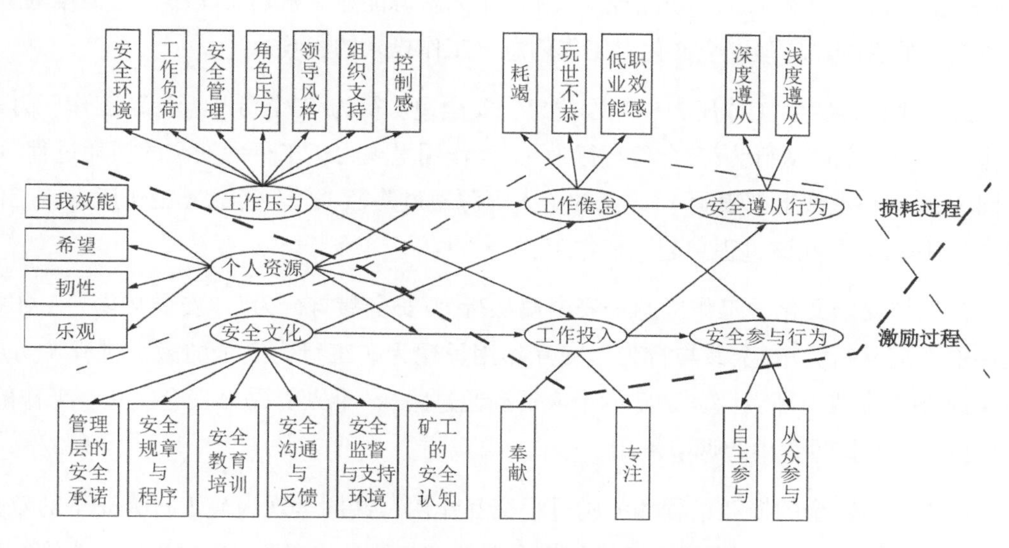

图 3.29　修正后的矿工行为安全双路径模型

工作压力、安全文化均能够显著影响矿工的工作倦怠、工作投入两种职业心理状况，呈现为“工作压力→工作倦怠/工作投入”“安全文化→工作倦怠/工作投入”的传导方式。其中，工作压力能够显著加剧矿工工作倦怠的耗竭、玩世不恭状态，但适度的工作压力能够显著促进矿工职业效能的提升；同时，工作压力也能够显著减弱工作投入的奉献、专注状态。与工作压力相反，安全文化能够显著减弱矿工的玩世不恭、低职业效能感状态，强化工作投入的奉献、专注状态；然而，安全文化却难以缓解矿工的耗竭状态。

工作倦怠、工作投入均能够显著影响矿工的安全遵从行为、安全参与行为两类行为表征形式，呈现为“工作倦怠→安全遵从行为/安全参与行为”“工作投入→安全遵从行为/安全参与行为”的传导方式。其中，工作倦怠能够显著抑制矿工的深度遵从行为，导致矿工的浅度遵从行为，也能够显著抑制矿工自主参与行为的发生，导致矿工从众参与行为的发生。与工作倦怠相反，工作投入能够显著促进矿工的深度遵从行为、浅度遵从行为，也能够显著促进矿工的自主参与行为、从众参与行为。

同时，作为矿工职业心理因素的工作倦怠和工作投入，两者均在预测因素、结果表征形式之间发挥显著的中介作用，呈现为“工作压力→工作倦怠→安全遵从行为/安全参与行为”“工作压力→工作投入→安全遵从行为/安全参与行为”“安全文化→工作倦怠→安全遵从行为/安全参与行为”“安全文化→工作投入→安全遵从行为/安全参与行为”的传导方式。

矿工的个人资源在工作压力、安全文化对工作倦怠和工作投入的影响过程中具有显著的调节作用，呈现为“个人资源×工作压力→工作倦怠/工作投入”“个人资源×安全文化→工作倦怠/工作投入”主路径。其中，个人资源能显著减弱工作压力对工作倦怠、工作投入的影响，增强安全文化对工作倦怠、工作投入的影响。

总体来说，路径“工作压力→工作倦怠→安全遵从行为/安全参与行为”“工作压力→工作投入→安全遵从行为/安全参与行为”交互作用呈现为矿工行为安全的损耗过程（可用图 3.29 中粗虚线上部表示）。矿工的个人资源通过路径“个人资源×工作压力→工作倦怠/工作投入”在该过程中起调节作用。

路径“安全文化→工作倦怠→安全遵从行为/安全参与行为”“安全文化→工作投入→安全遵从行为/安全参与行为”交互作用呈现为矿工行为安全的激励过程（可用图 3.29 中细虚线下部表示）。矿工的个人资源通过路径“个人资源×安全文化→工作倦/工作投入”在该过程中起调节作用。

矿工行为安全的损耗过程和激励过程交互作用，共同呈现为矿工行为安全的双路径。通俗来说，在作业过程中，工作压力会消耗矿工的身心资源，造成阻碍行为安全目标达成的职业心理状态（即工作倦怠）产生，进而抑制矿工的安全遵从行为、安全参与行为。该作用路径是矿工行为安全双路径的损耗过程。安全文化能够削弱工作压力的影响，促使矿工产生有利于行为安全目标实现的职业心理状态（工作投入）产生，有益于矿工产生安全遵从行为、安全参与行为。该作用路径是矿工行为安全双路径的激励过程。同时，工作压力会对矿工行为安全的激励过程产生负向影响，安全文化也会负向影响损耗过程。此外，矿工的个人资源对上述工作压力、安全文化对工作倦怠和工作投入的作用过程都有影响。简而言之，矿工的安全遵从行为、安全参与行为是工作压力、安全文化经过工作倦怠、工作投入共同作用的结果。

（2）矿工行为安全双路径的讨论

依据 JD-R 理论，工作压力、安全文化隶属于需求和资源因素，分别为工作需求和工作资源；工作倦怠、工作投入隶属于职业心理因素，分别为损耗因素和激励因素，并且以上 4 个因素都是所属类别中的典型因素。而安全遵从行为、安全参与行为隶属于安全结果，是组织结果的一类。在实际的矿山生产过程中，工作压力、安全文化同时存在，矿工的工作倦怠、工作投入也同时存在。同样，安全遵从行为、安全参与行为也是如此。

JD-R 理论指出，组织结果是由两类工作特征（工作需求、工作资源）经过两类职业心理因素（损耗因素、激励因素）通过双路径共同作用所产生的。经上述对矿工行为安全双路径的解构和分析，结合前期对矿工的现场调查情况，本书采用实证研究方法，充分证明了在矿工作业过程中，行为安全的产生过程同样存在双路径现象，这与本书采用 Meta 分析方法对矿工行为安全研究动态归纳分析所得到的矿工行为安全产生的规律相一致。因此，矿工行为安全损耗和激励双路径的作用机理可阐释为：矿工行为安全的结果是资源和需求两个维度的预测因素经过损耗与激励两方面的职业心理，通过损耗过程和激励过程共同作用的结果。

由于 JD-R 理论是探究和阐释工作中双路径现象最为理想和科学的理论依据，因此，矿工行为安全损耗和激励双路径的作用机理也符合双路径理论，契合于职业健康心理学的双路径研究范式。

同时，行为安全的损耗过程契合于安全-Ⅰ的思维范式，行为安全的激励过程契合于安全-Ⅱ的思维范式；损耗和激励过程交互作用，共同导致行为安全结果的出现，契合于安全-Ⅰ和安全-Ⅱ的共存性。因此，矿工行为安全损耗和激励双路径的作用机理也符合安全科学领域安全-Ⅰ和安全-Ⅱ的思维范式。

3.3.4　矿工行为安全双路径管理实证应用

前文探明了矿工行为安全损耗和激励双路径的作用机理，下面以此为基础，基于行动设计研究方法、纵向研究方法，选取典型矿山企业，开展矿工行为安全双路径管理的实证应用研究。

3.3.4.1　矿工行为安全双路径管理方案的设计和实施

（1）行动设计研究简述

行动设计研究由赛因（Sein）等[47]于 2011 年提出，隶属设计科学研究范畴。行动设计研究是传统设计科学研究与行动式研究的融合，聚焦于以实际问题和现实需求为基础开展设计研究，强调在研究的开展过程中把设计成果、实践应用两者融合，进而基于实践效果开展评估，并做出必要的调整，最终获得符合设计理论和实践需求的设计方案。行动设计研究的实施过程如图 3.30 所示。

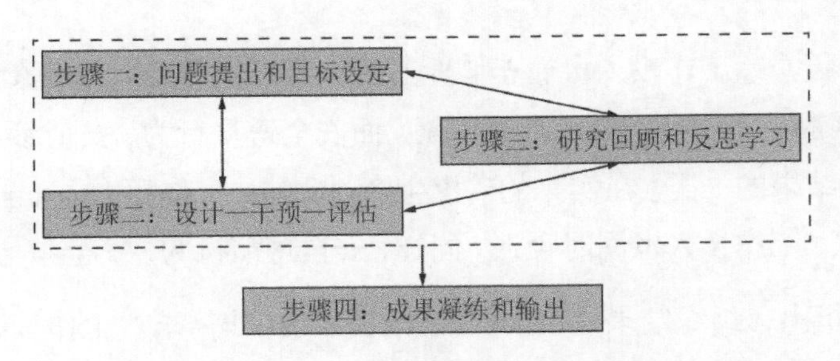

图3.30　行动设计研究的实施过程

（2）案例矿山企业选定与简介

本书研究在开展前期共联系了 10 家矿山企业，在进一步开展矿工行为安全双路径管理实证应用的研究过程中，经与上述 10 家企业进行充分沟通，最终确定选取 A 铜业作为案例矿山生产企业，并涵盖 X 矿山工程、J 矿建两家矿山生产企业。

A 铜业于 1999 年成立，2004 年矿山建成试投产，2006 年年底实现投产，下设 A 铜矿、生产运营处、应急与安全环保处等 14 个部门。X 矿山工程、J 矿建为 A 铜业的两家外协单位，是 A 铜业的长期合作伙伴，自 A 铜业建成投产后合作至今。A 铜业现有在岗人员 1 300 余人，其中包括外协单位的混岗从业人员 600 余人。

总体来说，选择 A 铜业、X 矿山工程、J 矿建 3 家案例矿山企业开展实证应用研究的原因如下：

首先，从矿山生产的角度来说，A 铜业是极具代表性的矿山生产企业。从组织架构来说，X 矿山工程、J 矿建为 A 铜业的两家外协单位，在日常安全管理工作中，需要兼顾两者，能够较好地代表矿山生产企业的管理特点。此外，A 铜业对两家外协单位视为自己公司的一部分，实施一体化管理，并且自 2016 年制度改革之后，3 家单位将矿工年流失率由原来的 48%控制到现在的 9%左右，这些因素都为实证应用研究的开展提供了便利的、良好的前提条件。

其次，经前期调查，A 铜业的安全生产管理工作极具特色，尤其是经过 2016 年制度改革之后，A 铜业的安全生产管理工作总体呈现“始终切实把安全生产放在第一位、积极探索创新安全管理有效形式”的特点，这为开展矿工行为安全双路径管理创造了有利条件，提供了实践契机。

最后，经过前期沟通，A 铜业高层管理者及安全部门的管理者对本书所开展的研究产生了浓厚的兴趣，大力支持本书研究的开展，这也是选择 A 铜业作为案例企业的重要原因。众所周知，矿山生产行业是高危行业之一，安全管理工作压力大，因此当企业的高层管理者不予支持时，很难开展实证应用研究。

（3）行为安全双路径管理方案设计

1）初始方案的提出。依据前文所探明的矿山行为安全双路径作用机理，结合对A铜业前期调查和安全管理现状，提出了矿工行为安全双路径管理的初始方案。

本书设计了7项促进矿工行为安全双路径管理实施的初始方案，见表3.45，每项方案都能明确所主要依据的矿工行为安全双路径模型中的要素和维度，以及主要归属的矿工行为安全传导方式。

2）方案的筛选完善和确定。初始方案完成之后，课题组邀请了3名专家对初始方案进行了评议和打分；同时，邀请了A铜业、X矿山工程、J矿建高层管理者和安全管理部门的管理者、班组长及矿工共计23人对7项初始方案进行评议和打分，并征求改进建议，以确定最终的实施方案。

初始方案的评议和打分主要从方案实践推广的可行性、促进行为安全双路径管理的有效性两方面考虑。在打分过程中，采用李克特（Likert）量表的5分法计分。其中，1～5 分分别表示初始方案的可行性或有效性的水平逐渐增强，1 分表示绝对不可行或无效，5分表示完全可行或非常有效。若某些方案的可行性或有效性两项中的某一项分值低于3.5分，则予以剔除。

通过矿工行为安全双路径管理初始方案的评议和完善结果（见表3.46），获得了最终方案。

最终，本书共确定了6项矿工行为安全双路径管理的实施方案，分别为“一把手”参加班前会、“三违”曝光清退、矿工上诉“绿色通道”、当班费用补助、“班中餐”送餐、“一把手”走访矿工宿舍，并确定了实施的详细方法和流程。

表3.45 矿工行为安全双路径管理实施的初始方案

方案名称	内容简述	主要依据要素及维度	主要归属传导方式
“一把手”参加班前会	管理人员随机参加班组班前会、调度会及分管部门每天的早例会，并达到15次/月	①工作压力 ②安全文化	激励过程
轮值班组长	班组内矿工每人以1个月为时限轮流担任班组长，完成班组日常安全、生产等方面的管理	工作压力	损耗过程
“三违”曝光清退	对于“三违”矿工，一次曝光、二次直接清退	工作压力	损耗过程
矿工上诉“绿色通道”	开通矿工上诉的“绿色通道”，对于安全处罚不合理的情况可逐级反映	①工作压力 ②安全文化	激励过程
当班费用补助	由于隐患未控制或未处理，从而导致无法安全作业，受影响矿工可申请当班费用的补助	①工作压力 ②安全文化	激励过程

续表

方案名称	内容简述	主要依据要素及维度	主要归属传导方式
“班中餐”送餐	对工作时间过长，需要班中在井下用餐的班组开展井下送餐活动	工作倦怠	损耗过程
“一把手”走访矿工宿舍	管理人员定期走进矿工宿舍交流谈心，并达到 8 次/月	①工作倦怠 ②工作投入	激励过程

表 3.46　矿工行为安全双路径管理初始方案的评议和完善结果

方案名称	可行性得分	有效性得分	是否通过评议	是否为最终方案	内容简述（完善后）
“一把手”参加班前会	4.21	4.34	是	是 / 完善后执行	管理人员随机参加班组班前会、调度会及分管部门每天的早例会，并达到 3～4 次/周
轮值班组长	2.91	3.35	否	否	班组内矿工每人以 1 个月为时限轮流担任班组长，完成班组日常安全、生产等方面的管理
“三违”曝光清退	4.12	4.23	是	是 / 完善后执行	对于“三违”矿工，第一次曝光并通知直系亲属，第二次约谈并通知直系亲属，第三次直接清退；清退后再加入需间隔 6 个月，加入后以新员工身份对待
矿工上诉“绿色通道”	4.01	3.89	是	是	开通矿工上诉的“绿色通道”，对于安全处罚不合理的情况可逐级反映
当班费用补助	3.93	4.11	是	是 / 完善后执行	由于隐患未控制或未处理，从而导致无法安全作业，经管理人员确认后，受影响矿工可申请当班费用补助
“班中餐”送餐	3.83	4.17	是	是	对工作时间过长，需要班中在井下用餐的班组开展井下送餐活动
“一把手”走访矿工宿舍	3.96	4.05	是	是 / 完善后执行	管理人员定期走进矿工宿舍走访谈心，并达到 2～3 次/周

以“三违”曝光清退为例：首先，通过矿工的具体分管部门、班前会、安全大会、微信群等方式告知矿工，执行期限为 2 周。其次，当矿工发生“三违”现象时，在 A 铜业执行已有的《安全生产奖罚办法》《十大“安全红线”管理制度》等制度（如罚款、告知员工的“三违”内容及可能造成的事故后果，并在班会上作为典型案例进行分析、开展安全教育培训等）的基础上，第一次，在 A 铜业的隐患曝光平台予以曝光、通知直系亲属，并约谈其班组长；第二次，同样予以曝光并通知直系亲属，在约谈其班组长的同时，约谈其部门领导或所属公司的安全总监；第三次，直接予以开除。最后，以 3 个月为 1 个周期，进行方案执行效果回顾和问题总结，并调整方案。

轮值班组长方案未获通过，究其原因：一方面，A 铜业、X 矿山工程、J 矿建的班组长需经过较严格的筛选，对矿工本身的自身经验、技术能力、领导力等方面有一定的要求；另一方面，并不是所有的矿工都愿意担任班组长。

3）行为安全双路径管理方案实施。为完成矿工行为安全双路径管理的行动设计研究，需要采用纵向研究法对 A 铜业、X 矿山工程、J 矿建矿工的工作压力、工作倦怠、安全行为等开展基准期、干预期、跟踪期的数轮次测评，同时需设置对照组。经与 3 家企业商定，将 A 铜业、X 矿山工程设置为干预组，执行矿工行为安全双路径管理方案；将 J 矿建设置为对照组，维持安全管理现状，不施加干预。进而，共同制定了详细的矿工行为安全双路径管理的行动设计研究执行方案，并在执行过程中适时调整，最终的执行方案见表 3.47。

总体来说，行为设计研究的核心阶段自 2020 年 10 月启动开始，于 2021 年 8 月研究结束，共分为基准期、干预期、跟踪期 3 个时期。其中，2020 年 10 月为基准期，召开了研究者和方案执行企业负责人的培训座谈会，并在干预组宣传了将要执行的管理方案，并完成了第一轮测评。

矿工的行为安全双路径的管理方案于 2020 年 11 月底正式执行，为期 6 个月，至 2021 年 4 月结束。该阶段为行为安全双路径管理的干预期，其间干预组严格执行前文所述及的 6 项管理方案。本书研究将干预期分为两个子阶段，每个子阶段 3 个月。当实现 3 个月的干预后，于第 4 个月的上旬完成测评。为保证研究的顺利开展，在第一个干预子阶段，保持每周一次的方案执行例会；并于第一个干预子阶段结束后，召开了研究者和方案执行的企业负责人的意见反馈与再次培训座谈会。第一个干预子阶段结束后，由于矿工行为安全双路径管理方案的实施已逐渐成熟，经调整，在第二个干预子阶段，调整例会频次，保持每两周一次的方案执行例会。

表 3.47　矿工行为安全双路径管理的行动设计研究执行方案

研究对象	研究阶段	时间跨度	执行活动/措施
干预组：A 铜业、X 矿山工程 对照组：J 矿建	基准期	2020 年 10 月	①研究开始 ②召开研究者和方案执行企业负责人的培训座谈会 ③于 2020 年 10 月下旬完成第一轮测评，获得每组问卷 200 份 ④在干预组广泛宣传将要执行的管理方案
	干预期	2020 年 11 月至 2021 年 1 月	①在干预组严格执行 6 项管理方案 ②与方案执行的企业负责人每周周一保持一次例会
		2021 年 2 月至 2021 年 4 月	①于 2021 年 2 月上旬完成第二轮测评，获得每组问卷 200 份 ②于 2021 年 2 月上旬召开研究者和方案执行企业负责人的意见反馈与再次培训座谈会 ③在干预组严格执行 6 项管理方案 ④与方案执行的企业负责人每两周周一保持一次例会

续表

研究对象	研究阶段	时间跨度	执行活动/措施
干预组：A铜业、X矿山工程 对照组：J矿建	跟踪期	2021年5月至2021年7月	①于2021年5月上旬完成第三轮测评，获得每组问卷200份 ②在干预组撤销执行6项管理方案
		2021年8月	①于2021年8月上旬完成第四轮测评，获得每组问卷200份 ②召开研究者和方案执行企业负责人的总结座谈会 ③研究结束

2021年5月至8月为项目的跟踪期，完成撤销6项管理方案，并召开了研究者和方案执行企业负责人的总结座谈会。整个行动设计研究最终于2021年8月中旬完成。

最终，在A铜业、X矿山工程、J矿建的高度支持和配合下，矿工行为安全双路径管理的实证应用的行动设计研究得以很好地完成。以“一把手”参加班前会和“三违”曝光清退为例，实施现场如图3.31所示。

铜业安全生产“三违”曝光 （2021 第7期）

2021-03-25 19:11

公司柯 班组（成员：任 、柏 ）在0中段北7#穿支护作业时，班员任 安全帽帽带未系，班长柯 无视班组成员违章现象且安全职责履行不到位，“手指口述”安全确认视频拍摄流于形式，相关人员安全巡查履职责任落实不到位。根据《安全生产奖罚办法》第3.2项第18、21、44条规定，对柯 班组处罚500元，对任 处罚200元，合计700元。

要求 公司与“三违”人员的直系亲属取得联系，如实告知员工的“三违”内容及可能造成的事故后果。并于3月26日，召回柯 、任 、柏 三人到 应急与安全环保处学习，进行安全培训教育1天。

(a)“一把手”参加班前会　　(b)“三违”曝光清退

图3.31　矿工行为安全双路径管理实施现场

3.3.4.2　矿工行为安全双路径管理效果的对比评价

整理矿工行为安全双路径管理方案实施过程中共计4轮次纵向研究所得的测量数据，并通过对第一轮次和第四轮次的测量数据开展差异显著性t检验（置信水平设置为95%），以准确评价矿工行为安全双路径管理的有效性。第一轮次的测量数据代表基准期，第二轮次、第三轮次的测量数据代表干预期，第四轮次的测量数据代表跟踪期。若对于某一测量要素基准期和跟踪期的测量数据的t检验结果有显著性差异（$p < 0.05$），则表明行为安全双路径管理具有有效性。

（1）预测因素的干预效果对比评价

1）工作压力的干预效果。对矿工工作压力干预的效果对比如图3.32所示，t检验结果见表3.48。分析可知，对于干预组，第二轮次测评时（干预期的子阶段一结束之后），矿工的工作压力水平已有了明显下降；第三轮次测评时（干预期的子预阶段二结束之后），矿工的工作压力水平继续下降；当干预措施移除后，第四轮次测评时（跟踪期），矿工的工作压力水平略有回升但基本保持不变。同时，对矿工工作压力干预的t检验结果也表明，管理方案实施前后有显著差异。因此，说明了矿工工作压力水平的改善效果显著。

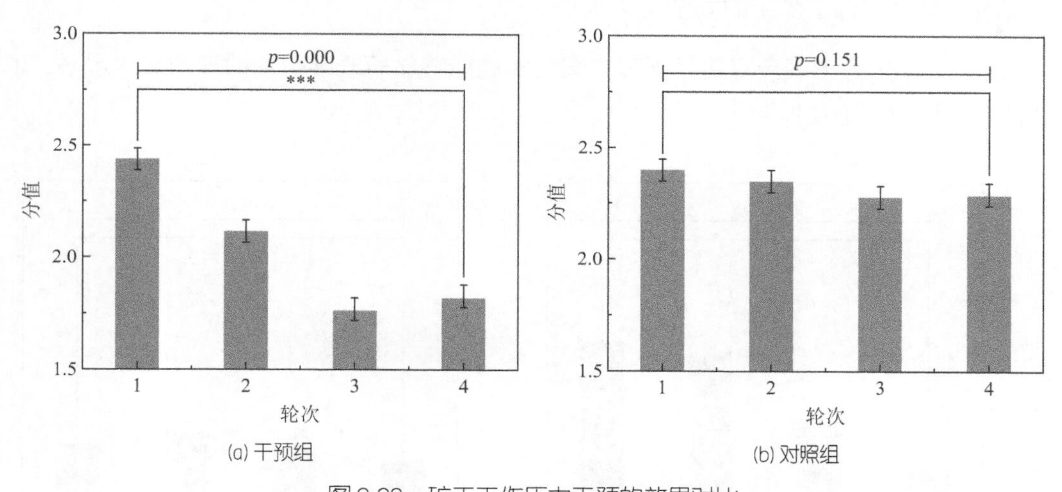

(a) 干预组　　(b) 对照组

图3.32　矿工工作压力干预的效果对比

表3.48　矿工工作压力干预的t检验结果

组别	方差齐次性	t值	自由度	显著性（p）	平均值差值	标准误
干预组	假定等方差	8.254	398.000	0.000	0.609	0.074
	不假定等方差	8.254	395.876	0.000	0.609	0.074
对照组	假定等方差	1.440	398.000	0.151	0.110	0.076
	不假定等方差	1.440	396.774	0.151	0.110	0.076

对于对照组，矿工工作压力水平4轮次的得分并无显著变化。同时，经过t检验也表明，第一轮次和第四轮次的测评结果无显著差异。因此，进一步说明了经过管理方案的实施，能显著改善矿工的工作压力水平。

综上，矿工行为安全双路径管理方案的实施能够显著改善矿工的工作压力水平，并且具有较强的可维持性。

2）安全文化的干预效果。对矿工安全文化干预的效果对比如图 3.33 所示，t检验结果见表 3.49。分析可知，对于干预组，第二轮次测评时，矿工的安全文化水平已有了明显上升；第三轮次测评时，矿工的安全文化水平继续上升；当干预措施移除后，第四轮次测评时，矿工的安全文化水平保持不变且略有上升。同时，对矿工安全文化干预的t检验结果也表明，管理方案实施前后有显著差异。因此，说明了矿工安全文化水平的改善效果显著。

对于对照组，矿工安全文化水平 4 轮次的得分并无显著变化。同时，经过t检验也表明，第一轮次和第四轮次的测评结果无显著差异。因此，进一步说明了经过管理方案的实施，显著改善了矿工的安全文化水平。

综上，矿工行为安全双路径管理方案的实施能够显著改善矿工的安全文化水平，并且具有较强的可维持性。

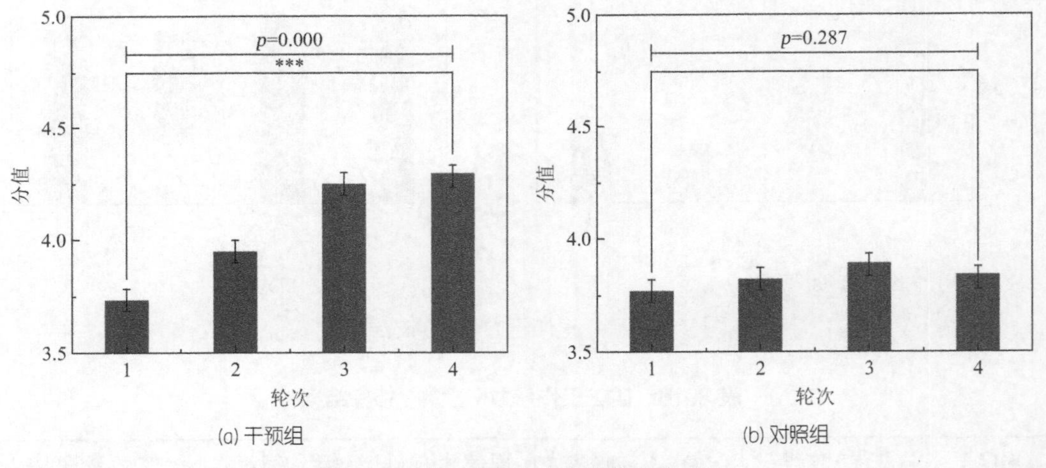

图 3.33 矿工安全文化干预的效果对比

表 3.49 矿工安全文化干预的 t 检验结果

组别	方差齐次性	t值	自由度	显著性（p）	平均值差值	标准误
干预组	假定等方差	−8.602	398.000	0.000	−0.559	0.065
	不假定等方差	−8.602	373.173	0.000	−0.559	0.065
对照组	假定等方差	−1.067	398.000	0.287	−0.070	0.066
	不假定等方差	−1.067	387.825	0.287	−0.070	0.066

（2）职业心理因素的干预效果对比评价

1）工作倦怠的干预效果。对矿工工作倦怠干预的效果对比如图 3.34 所示，t检验结果见表 3.50。分析可知，关于工作倦怠的耗竭维度，对于干预组，第二轮次测评时，矿工的耗竭水平已有了明显下降；第三轮次测评时，矿工的耗竭水平继续下降；但当干预措施移除后，第四轮次测评时，矿工的耗竭水平有了较大幅度回升，与第二轮测评所得耗竭水平相当。对矿工耗竭干预的t检验结果表明，管理方案实施前后仍有显著差异。因此，说明了矿工耗竭水平的改善效果仍显著。但干预措施移除后，耗竭水平的回升进一步说明了矿工的耗竭更多体现为因矿工体力消耗而导致的身体疲劳状态，同时也说明了干预的必要性。对于对照组，矿工耗竭水平 4 轮次的得分并无显著变化。同时，经过t检验也表明，第一轮次和第四轮次的测评结果无显著差异。因此，进一步说明了经过管理方案的实施能显著改善矿工的耗竭水平。

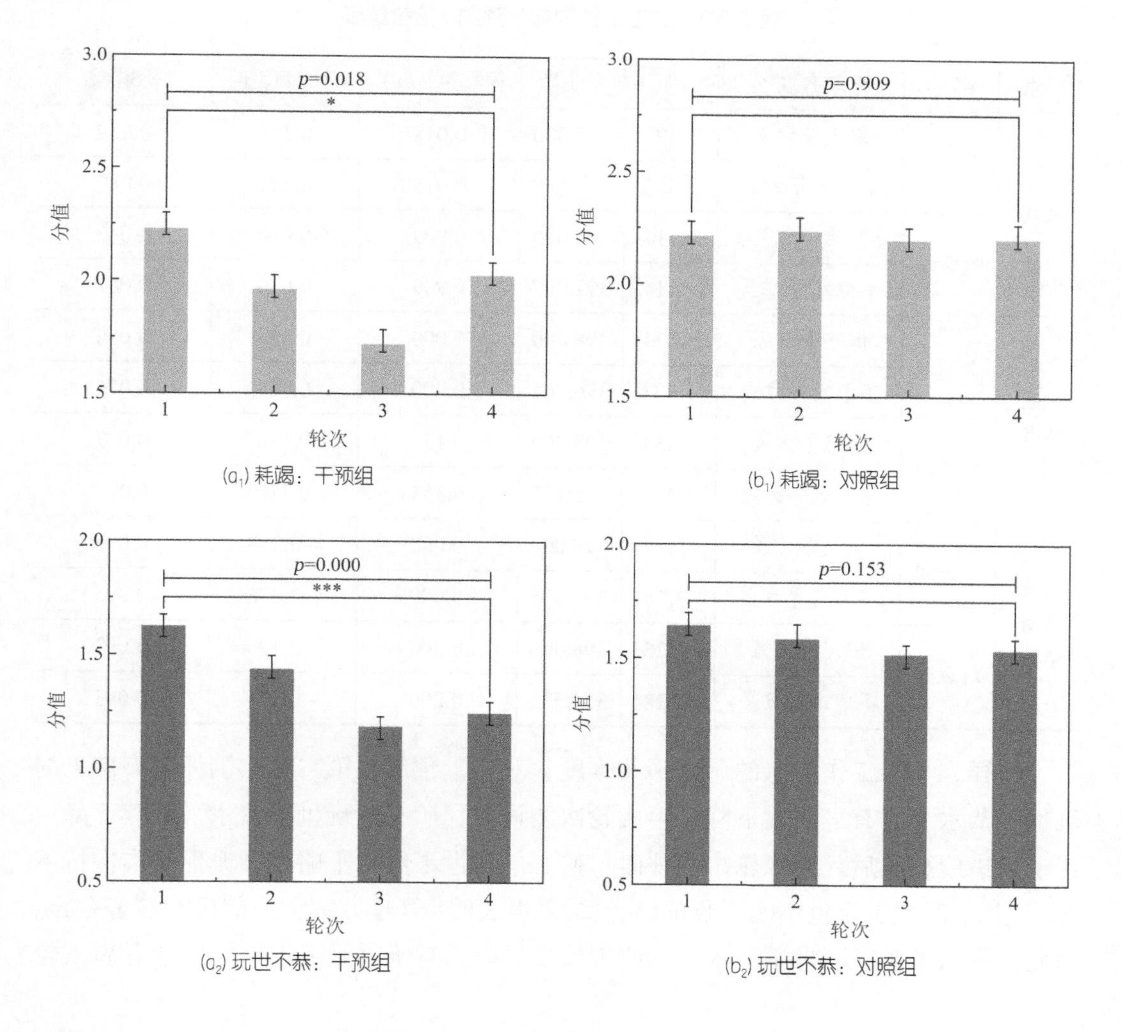

(a_1) 耗竭：干预组　　(b_1) 耗竭：对照组

(a_2) 玩世不恭：干预组　　(b_2) 玩世不恭：对照组

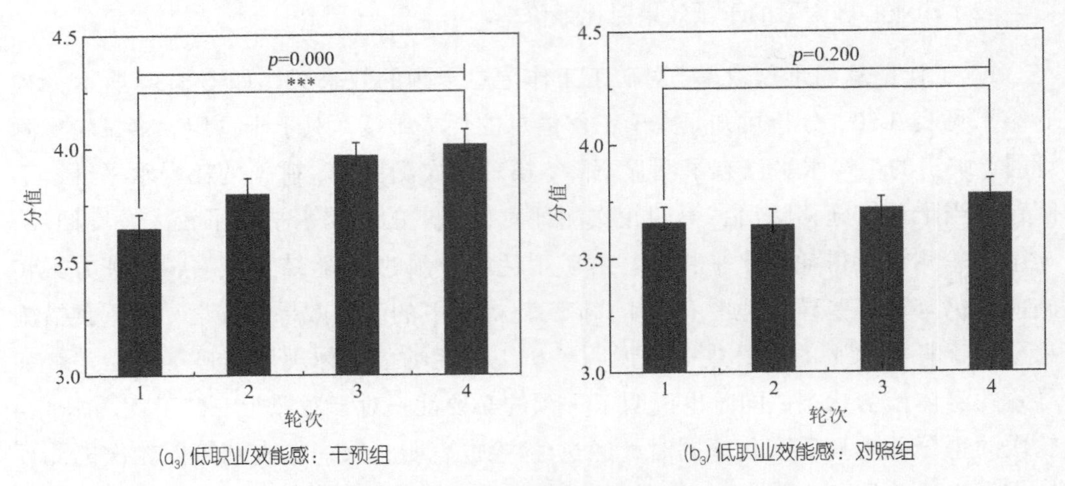

(a$_3$) 低职业效能感：干预组
(b$_3$) 低职业效能感：对照组

图 3.34　矿工工作倦怠干预的效果对比

表 3.50　矿工工作倦怠干预的 *t* 检验结果

维度	组别	方差齐次性	*t* 值	自由度	显著性（*p*）	平均值差值	标准误
耗竭	干预组	假定等方差	2.372	398.000	0.018	0.211	0.089
		不假定等方差	2.372	397.958	0.018	0.211	0.089
	对照组	假定等方差	0.114	398.000	0.909	0.010	0.087
		不假定等方差	0.114	397.937	0.909	0.010	0.087
玩世不恭	干预组	假定等方差	5.073	398.000	0.000	0.384	0.076
		不假定等方差	5.073	396.761	0.000	0.384	0.076
	对照组	假定等方差	1.433	398.000	0.153	0.110	0.077
		不假定等方差	1.433	375.130	0.153	0.110	0.077
低职业效能感	干预组	假定等方差	−3.981	398.000	0.000	−0.378	0.095
		不假定等方差	−3.981	397.526	0.000	−0.378	0.095
	对照组	假定等方差	−1.284	398.000	0.200	−0.120	0.093
		不假定等方差	−1.284	374.521	0.200	−0.120	0.093

同样，关于工作倦怠的玩世不恭维度，对于干预组，第二轮次测评时，矿工的玩世不恭水平已有了明显下降；第三轮次测评时，矿工的玩世不恭水平继续下降；当干预措施移除后，第四轮次测评时，矿工的玩世不恭水平略微回升但基本保持不变。同时，对矿工玩世不恭干预的*t*检验结果也表明，管理方案实施前后有显著差异。因此，说明了矿工玩世不恭水平的改善效果显著。对于对照组，矿工玩世不恭 4 轮

次的得分并无显著变化。同时，经过t检验也表明，第一轮次和第四轮次的测评结果无显著差异。因此，进一步说明了经过管理方案的实施能显著改善矿工的玩世不恭水平。

反之，关于工作倦怠的低职业效能感维度（本维度为反向计分），对于干预组，第二轮次测评时，矿工的低职业效能感水平已有了明显上升；第三轮次测评时，矿工的低职业效能感水平继续上升；当干预措施移除后，第四轮次测评时，矿工的低职业效能感水平保持不变且略有上升。同时，对矿工低职业效能感干预的t检验结果也表明，管理方案实施前后有显著差异。因此，说明了矿工低职业效能感水平的改善效果显著。对于对照组，矿工低职业效能感 4 轮次的得分并无显著变化。同时，经过t检验也表明，第一轮次和第四轮次的测评结果无显著差异。因此，进一步说明了经过管理方案的实施，能显著改善矿工的低职业效能感水平。

综上，矿工行为安全双路径管理方案的实施能够显著改善矿工的工作倦怠水平，并且对于玩世不恭、低职业效能感症状的改善均具有较强的维持性，对于耗竭症状的改善具有一定的维持性。

2）工作投入的干预效果。对矿工工作投入干预的效果对比如图 3.35 所示，t检验结果见表 3.51。分析可知，关于工作投入的奉献维度，对于干预组，第二轮次测评时，矿工的奉献水平已有了明显上升；第三轮次测评时，矿工的奉献水平继续上升；当干预措施移除后，第四轮次测评时，矿工的奉献水平略有回落但基本保持不变。同时，对矿工奉献干预的t检验结果也表明，管理方案实施前后有显著差异。因此，说明了矿工奉献水平的改善效果显著。对于对照组，矿工奉献 4 轮次的得分并无显著变化。同时，经过t检验也表明，第一轮次和第四轮次的测评结果无显著差异。因此，进一步说明了经过管理方案的实施，能显著改善矿工的奉献水平。

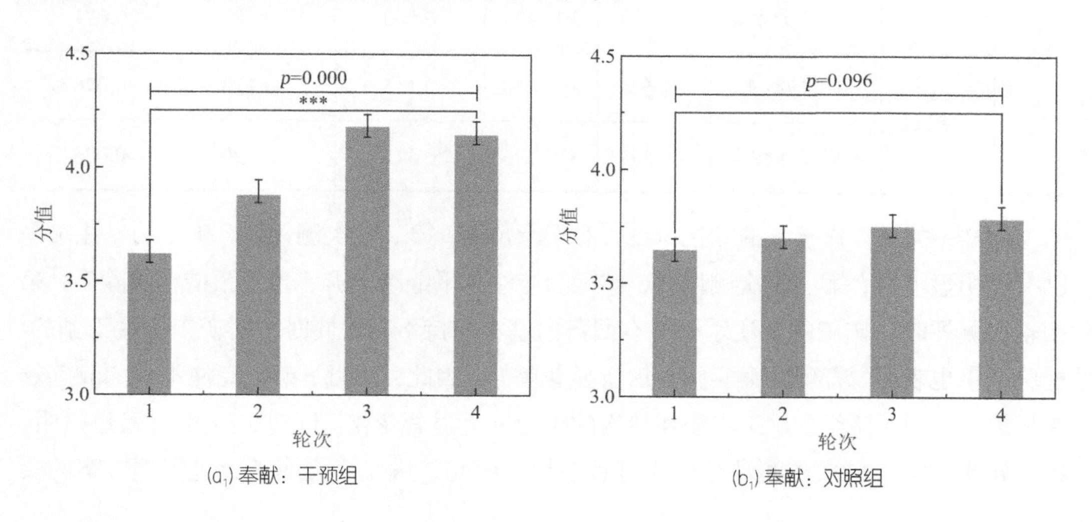

(a_1) 奉献：干预组　　(b_1) 奉献：对照组

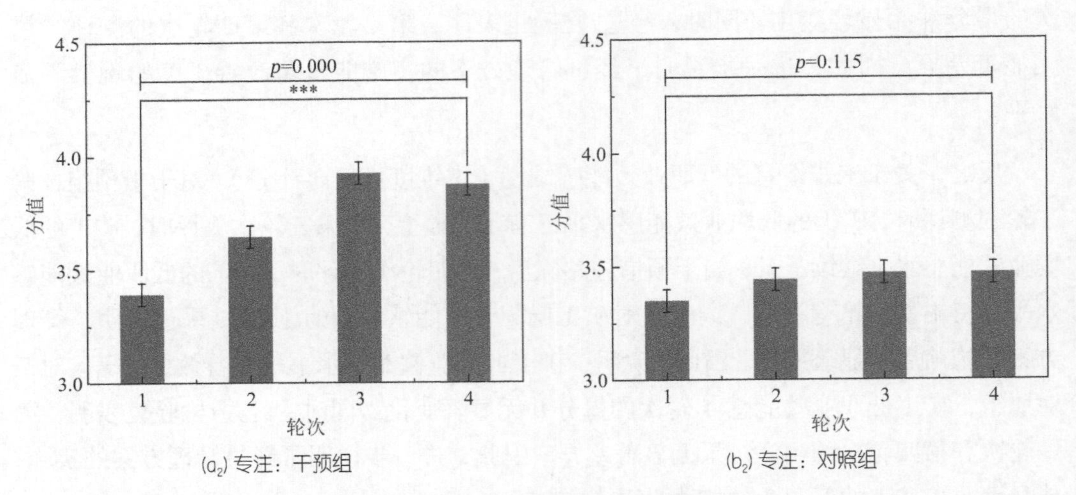

(a₂) 专注：干预组　　(b₂) 专注：对照组

图 3.35　矿工工作投入干预的效果对比

表 3.51　矿工工作投入干预的 *t* 检验结果

维度	组别	方差齐次性	*t*值	自由度	显著性（*p*）	平均值差值	标准误
奉献	干预组	假定等方差	−6.463	398.000	0.000	−0.523	0.081
		不假定等方差	−6.463	397.674	0.000	−0.523	0.081
	对照组	假定等方差	−1.667	398.000	0.096	−0.140	0.084
		不假定等方差	−1.667	393.850	0.096	−0.140	0.084
专注	干预组	假定等方差	−6.838	398.000	0.000	−0.484	0.071
		不假定等方差	−6.838	397.924	0.000	−0.484	0.071
	对照组	假定等方差	−1.578	398.000	0.115	−0.120	0.076
		不假定等方差	−1.578	393.296	0.115	−0.120	0.076

同样，关于工作投入的专注维度，对于干预组，第二轮次测评时，矿工的专注水平已有了明显上升；第三轮次测评时，矿工的专注水平继续上升；当干预措施移除后，第四轮次测评时，矿工的专注水平略有回落但基本保持不变。同时，对矿工专注干预的*t*检验结果也表明，管理方案实施前后有显著差异。因此，说明了矿工专注水平的改善效果显著。对于对照组，矿工专注 4 轮次的得分并无显著变化。同时，经过*t*检验也表明，第一轮次和第四轮次的测评结果无显著差异。因此，进一步说明了经过管理方案的实

施，能显著改善矿工的专注水平。

综上，矿工行为安全双路径管理方案的实施能够显著改善矿工的工作投入水平，并且对矿工的奉献、专注状态的改善均具有较强的维持性。

（3）结果表征形式的干预效果对比评价

1）安全遵从行为的干预效果。对矿工安全遵从行为干预的效果对比如图 3.36 所示，t检验结果见表 3.52。分析可知，关于矿工安全遵从行为的深度遵从维度，对于干预组，第二轮次测评时，矿工的深度遵从水平已有了明显上升；第三轮次测评时，矿工的深度遵从水平继续上升；当干预措施移除后，第四轮次测评时，矿工的深度遵从水平略微回落但基本保持不变。同时，对矿工深度遵从干预的t检验结果也表明，管理方案实施前后有显著差异。因此，说明了矿工深度遵从水平的改善效果显著。对于对照组，矿工深度遵从 4 轮次的得分并无显著变化。同时，经过t检验也表明，第一轮次和第四轮次的测评结果无显著差异。因此，说明了经过管理方案的实施，能显著改善矿工的深度遵从水平。

反之，关于矿工安全遵从行为的浅度遵从维度，对于干预组，第二轮次测评时，矿工的浅度遵从水平已有了明显下降；第三轮次测评时，矿工的浅度遵从水平继续下降；当干预措施移除后，第四轮次测评时，矿工的浅度遵从水平基本保持不变。同时，对矿工浅度遵从干预的t检验结果也表明，管理方案实施前后有显著差异。因此，说明了矿工浅度遵从水平的改善效果显著。对于对照组，矿工浅度遵从 4 轮次的得分并无显著变化。同时，经过t检验也表明，第一轮次和第四轮次的测评结果无显著差异。因此，进一步说明了经过管理方案的实施，能显著改善矿工的浅度遵从水平。

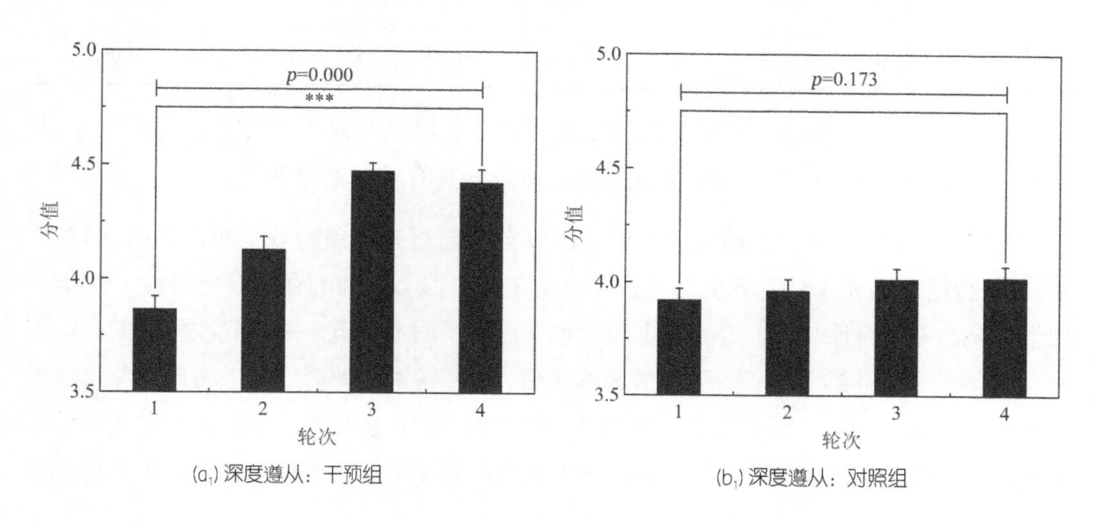

(a_1) 深度遵从：干预组　　(b_1) 深度遵从：对照组

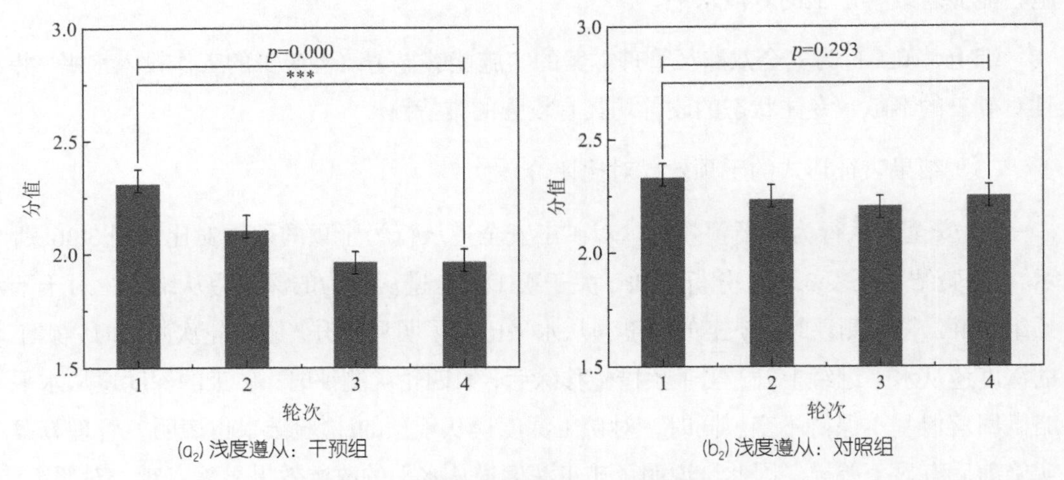

(a_2) 浅度遵从：干预组　　(b_2) 浅度遵从：对照组

图 3.36　矿工安全遵从行为干预的效果对比

表 3.52　矿工安全遵从行为干预的 t 检验结果

维度	组别	方差齐次性	t值	自由度	显著性（p）	平均值差值	标准误
深度遵从	干预组	假定等方差	−7.573	398.000	0.000	−0.558	0.074
		不假定等方差	−7.573	394.150	0.000	−0.558	0.074
	对照组	假定等方差	−1.364	398.000	0.173	−0.100	0.073
		不假定等方差	−1.364	395.793	0.173	−0.100	0.073
浅度遵从	干预组	假定等方差	4.073	398.000	0.000	0.349	0.086
		不假定等方差	4.073	396.068	0.000	0.349	0.086
	对照组	假定等方差	1.053	398.000	0.293	0.090	0.085
		不假定等方差	1.053	357.316	0.293	0.090	0.085

综上，矿工行为安全双路径管理方案的实施能够显著改善矿工的安全遵从行为，并且对矿工的深度遵从行为、浅度遵从行为的改善均具有较强的维持性。

2）安全参与行为的干预效果。对矿工安全参与行为干预的效果对比如图 3.37 所示。t检验结果见表 3.53。分析可知，关于矿工安全参与行为的自主参与维度，对于干预组，第二轮次测评时，矿工的自主参与水平已有了明显上升；第三轮次测评时，矿工的自主参与水平继续上升；当干预措施移除后，第四轮次测评时，矿工的自主参与水平基本保持不变。同时，对矿工自主参与干预的t检验结果也表明，管理方案实施前后有显著差异。因此，说明了矿工自主参与水平的改善效果显著。对于对照组，矿工自主参与 4 轮次的得分并无显著变化。同时，经过t检验也表明，第一轮次和第四轮次的测评结果无显著差异。因此，进一步说明了经过管理方案的实施，能显著改善矿工的自主参与水平。

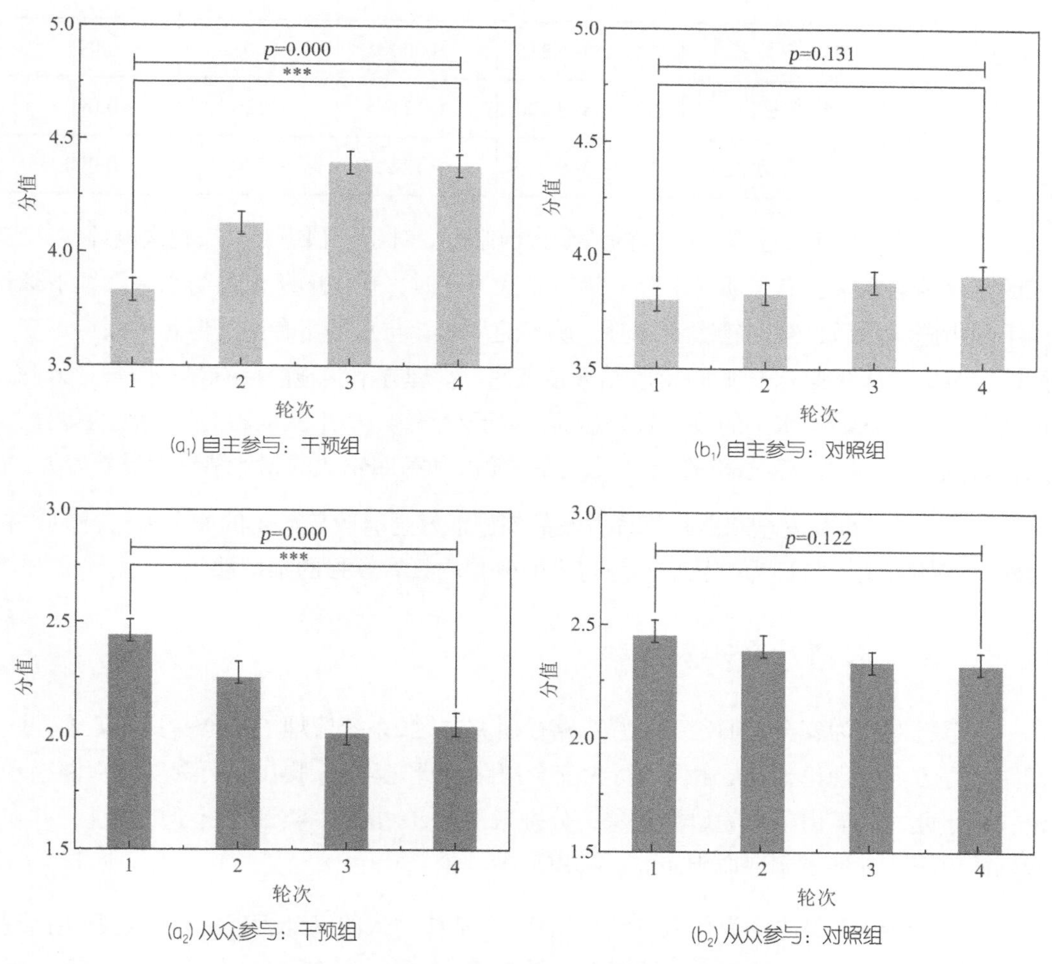

图3.37　矿工安全参与行为干预的效果对比

表3.53　矿工安全参与行为干预的 t 检验结果

维度	组别	方差齐次性	t值	自由度	显著性（p）	平均值差值	标准误
自主参与	干预组	假定等方差	−7.734	398.000	0.000	−0.548	0.071
		不假定等方差	−7.734	396.722	0.000	−0.548	0.071
	对照组	假定等方差	−1.512	398.000	0.131	−0.110	0.073
		不假定等方差	−1.512	397.917	0.131	−0.110	0.073

续表

维度	组别	方差齐次性	t值	自由度	显著性（p）	平均值差值	标准误
从众参与	干预组	假定等方差	4.433	398.000	0.000	0.403	0.091
		不假定等方差	4.433	396.215	0.000	0.403	0.091
	对照组	假定等方差	1.552	398.000	0.121	0.140	0.090
		不假定等方差	1.552	368.869	0.122	0.140	0.090

反之，关于矿工安全参与行为的从众参与维度，对于干预组，第二轮次测评时，矿工的从众参与水平已有了明显下降；第三轮次测评时，矿工的从众参与水平继续下降；当干预措施移除后，第四轮次测评时，矿工的从众参与水平略有回升但基本保持不变。同时，对矿工从众参与干预的t检验结果也表明，管理方案实施前后有显著差异。因此，说明了矿工从众参与水平的改善效果显著。对于对照组，矿工从众参与4轮次的得分并无显著变化。同时，经过t检验也表明，第一轮次和第四轮次的测评结果无显著差异。

综上，矿工行为安全双路径管理方案的实施能够显著改善矿工的安全参与行为，并且对矿工的自主参与行为、从众参与行为的改善均具有较强的维持性。

3.4　本章小结

本章针对行为安全“损耗–激励”双路径研究主题，系统梳理了安全–Ⅰ和安全–Ⅱ、双路径等方面的理论，回顾述评了行为安全双路径研究动态，提出了行为安全双路径理论。基于此，以矿山生产为研究对象，分别采用Meta分析、实证分析予以验证，并在案例矿山企业开展了实证应用研究，得出如下结论：

（1）安全–Ⅰ关注“为什么事情会出错”，是被动式的安全管理，目标是避免出现问题，将不良结果出现的可能性控制在最低水平。安全–Ⅱ关注“如何让事情正确”，是主动式的安全管理，目标是将预期结果出现的可能性提升到最高水平。安全–Ⅰ和安全–Ⅱ是互补关系，在系统中具有平衡共存性。

（2）双路径指的是预测因素、职业心理因素、结果表征之间相互作用的损耗过程与激励过程，隶属职业健康心理学范畴，是对从业者在工作中呈现“压抑而又努力”的复杂工作现象的高度凝练。经理论分析与文献回顾表明，遵循“预测因素–职业心理因素–结果表征”的思维范式，将行为安全问题解构为损耗和激励双路径具有合理性与可行性。

（3）以矿工为研究对象，采用Meta分析验证了行为安全双路径理论，即个体的安全行为及不安全行为是工作及个人两个层面上资源和需求两个维度的预测因素，经过损耗与激励两方面的职业心理共同作用的结果。

（4）选取矿山生产行业，基于横向研究、结构方程模型等方法，开展了大规模现场调查，并对所得数据开展了信度和效度、变量描述及相关性分析检验。进而，经过路径分析、中介效应、调节效应分析解构了矿工行为安全的双路径，修正并阐明了损耗和激励双路径的作用机理。

（5）基于行动设计研究、纵向研究等方法，选取 A 铜业、X 矿山工程、J 矿建 3 家为案例矿山生产企业，设计矿工行为安全双路径管理方案，开展了“干预–对照”实验，验证了矿工行为安全双路径管理良好的有效性，较强的可持续性。

本章参考文献

[1] HOLLNAGEL E. A tale of two safeties[J]. Nuclear Safety and Simulation, 2013, 4(1): 1-9.

[2] HOLLNAGEL E, WEARS R L, BRAITHWAITE J. From Safety-Ⅰ to Safety-Ⅱ: a white paper[R]. The resilient health care net: published simultaneously by the University of Southern Denmark, University of Florida, USA, and Macquarie University, Australia, 2015.

[3] HOCKEY, G J. Cognitive-energetical control mechanisms in the management of work demands and psychological health[M]. Oxford: Clarendon Press, 1993.

[4] MEIJMAN T F, MULDER G, DRENTH P J D, et al. Handbook of work and organizational psychology: work psychology[M]. Hove: Psychology Press, 1998.

[5] SCHAUFELI W B, BAKKER A B. Job demands, job resources, and their relationship with burnout and engagement: a multi-sample study[J]. Journal of Organizational Behavior, 2004, 25(3): 293-315.

[6] BAKKER A B, DEMEROUTI E. Job demands-resources theory[M]. Chichester: Wellbeing, 2014.

[7] BAKKER A B, DEMEROUTI E. The job demands-resources model: state of the art[J]. Journal of Managerial Psychology, 2007, 22(3): 309-328.

[8] BAKKER A B, DEMEROUTI E. job demands-resources theory: taking stock and looking forward[J]. Journal of Occupational Health Psychology, 2017, 22(3): 273-285.

[9] HANSEZ I, CHMIEL N. Safety behavior: job demands, job resources, and perceived management commitment to safety[J]. Journal of Occupational Health Psychology, 2010, 15(3): 267-278.

[10] NAHRGANG J D, MORGESON F P, HOFMANN D A. Safety at work: a Meta-analytic investigation of the link between job demands, job resources, burnout, engagement, and safety outcomes[J]. Journal of Applied Psychology, 2011, 96(1): 71-94.

[11] TURNER N, STRIDE C B, CARTER A J, et al. Job demands-control-support model and employee safety performance[J]. Accident Analysis and Prevention, 2012, 45: 811-817.

[12] CHEN C F, CHEN S C. Investigating the effects of job demands and job resources on cabin crew safety behaviors[J]. Tourism Management, 2014, 41: 45-52.

[13] YUAN Z Y, LI Y J, TETRICK L E. Job hindrances, job resources, and safety performance: the mediating role of job engagement[J]. Applied Ergonomics, 2015, 51: 163-171.

[14] RAO L L, XU Y S, LI S, et al. Effect of perceived risk on nuclear power plant operators' safety behavior and errors[J]. Journal of Risk Research, 2017, 20(1): 76-84.

[15] USECHE S A, ORTIZ V G, CENDALES B E. Stress-related psychosocial factors at work, fatigue, and risky driving behavior in bus rapid transport (BRT) drivers[J]. Accident Analysis and Prevention, 2017, 104: 106-114.

[16] GRACIA F J, MARTINEZ-CÓRCOLES M. Understanding risky behaviours in nuclear facilities: the impact of role stressors[J]. Safety Science, 2018, 104: 135-143.

[17] WONG K C. Work support, psychological well-being and safety performance among nurses in Hong Kong[J]. Psychology, Health & Medicine, 2018, 23(8): 958-963.

[18] TONG R P, YANG X Y, LI H, et al. Dual process management of coal miners' unsafe behaviour in the Chinese context: evidence from a Meta-analysis and inspired by the JD-R model[J]. Resources Policy, 2019, 62: 205-217.

[19] 佟瑞鹏，杨校毅．行为安全损耗和激励双路径管理理论研究[J]．中国安全科学学报，2020, 30(9): 8-14.

[20] YELGIN Ç, ERGÜN N. The effects of job demands and job resources on the safety behavior of cabin crew members: a qualitative study[J]. International Journal of Occupational Safety and Ergonomics, 2022: 1-11.

[21] GLASS G V. Primary, secondary, and Meta-analysis of research[J]. Educational Researcher, 1976, 5(10): 3-8.

[22] SCHMIDT F L, HUNTER J E. Methods of Meta-analysis: correcting error and bias in research findings[M]. California: Sage Publications, 2014.

[23] NEAL A, GRIFFIN M A, HART P M. The impact of organizational climate on safety climate and individual behavior[J]. Safety Science, 2000, 34(1-3): 99-109.

[24] SCHAUFELI W B, TARIS T W. Bridging occupational, organizational and public health: a critical review of the job demands-resources model: implications for improving work and health[M]. New York: Springer, 2014.

[25] 刘玉新．工作压力与生活：个体应对与组织管理[M]．北京：中国社会科学出版社，2011.

[26] 马跃．企业安全文化建设方法研究[D]．北京：中国矿业大学(北京)，2017.

[27] 傅贵，段文韬，董继业，等．行为安全“2-4”模型及其在煤矿安全管理中的应用[J]．煤炭

学报, 2013, 38(7): 1 123-1 129.

[28] FREUDENBERGER H J. Staff burn-out[J]. Journal of Social Issues, 1974, 30(1): 159-165.

[29] KAHN W A. Psychological conditions of personal engagement and disengagement at work[J]. Academy of Management Journal, 1990, 33(4): 692-724.

[30] MASLACH C, LEITER M P. Burnout in stress: concepts, cognition, emotion, and behavior[M]. America: Academic Press, 2016.

[31] SCHAUFELI W B, SALANOVA M, GONZÁLEZ-ROMÁ V, et al. The measurement of engagement and burnout: a two sample confirmatory factor analytic approach[J]. Journal of Happiness Studies, 2002, 3(1): 71-92.

[32] HU X W, YEO G, GRIFFIN M. More to safety compliance than meets the eye: differentiating deep compliance from surface compliance[J]. Safety Science, 2020, 130: 104 852.

[33] SELIGMAN M E. Authentic happiness: using the new positive psychology to realize your potential for lasting fulfillment[M]. New York: Free Press, 2002.

[34] LUTHANS F, LUTHANS K W, LUTHANS B C. Positive psychological capital: beyond human and social capital[J]. Business Horizons, 2004, 47 (1): 45-50.

[35] LUTHANS F, AVOLIO B J, WALUMBWA F O, et al. The psychological capital of Chinese workers: exploring the relationship with performance[J]. Management and Organization Review, 2005, 1(2): 249-271.

[36] DEMEROUTI E, BAKKER A B, NACHREINER F, et al. The job demands-resources model of burnout[J]. Journal of Applied psychology, 2001, 86(3): 499-512.

[37] PINES A, ARONSON E. career burnout: causes and cures[M]. New York: Free Press, 1988.

[38] MELAMED S, KUSHNIR T, SHIROM A. Burnout and risk factors for cardiovascular diseases[J]. Behavioral Medicine, 1992, 18(2): 53-60.

[39] 李超平，时勘. 分配公平与程序公平对工作倦怠的影响[J]. 心理学报, 2003, 35(5): 677-684.

[40] 刘嘉莹，李乐，丁维国. 矿工工作倦怠测评[J]. 煤矿安全, 2007, 38(2): 54-56.

[41] 李乃文，牛莉霞. 矿工工作倦怠的结构及其问卷编制[J]. 西南大学学报(社会科学版), 2009, 35(6): 133-137.

[42] SCHAUFELI W B, BAKKER A B, SALANOVA M. The measurement of work engagement with a short questionnaire: a cross-national study[J]. Educational and

Psychological Measurement, 2006, 66(4): 701-716.

[43] MAY D R, GILSON R L, HARTER L M. The psychological conditions of meaningfulness, safety and availability and the engagement of the human spirit at work[J]. Journal of Occupational and Organizational Psychology, 2004, 77(1): 11-37.

[44] 张轶文, 甘怡群. 中文版 Utrecht 工作投入量表(UWES)的信效度检验[J]. 中国临床心理学杂志, 2005, 13(3): 268-281.

[45] 李乃文, 张丽, 牛莉霞. 工作压力、安全注意力与不安全行为的影响机理模型[J]. 中国安全生产科学技术, 2017, 13(6): 14-19.

[46] JIANG W, FU G, LIANG C Y, et al. Study on quantitative measurement result of safety culture[J]. Safety Science, 2020, 128: 104 751.

[47] SEIN M K, HENFRIDSSON O, PURAO S, et al. Action design research[J]. MIS Quarterly, 2011, 35(1): 37-56.

本章附录

附表　矿工行为安全 Meta 分析纳入文献信息

序号	国别	矿种	作者/第一作者	发表年份	文献来源	论文题目
1	中国	未标明	连民杰	2020	矿业研究与开发	矿工安全心理资本对违章行为的影响机制及实证研究
2	澳大利亚	煤矿	马克（Mark）	2020	Safety Science	Identifying safety culture and safety climate variables that predict reported risk-taking among Australian coal miners: an exploratory longitudinal study
3	中国	煤矿	鲁赢	2020	Safety Science	Influence of management practices on safety performance: the case of mining sector in China
4	中国	煤矿	禹敏	2020	Psychology, Health & Medicine	Psychosocial safety climate and unsafe behavior among miners in China: the mediating role of work stress and job burnout
5	中国	煤矿	成连华	2020	Safety Science	The influence of leadership behavior on miners' work safety behavior
6	中国	非煤	刘睿敏	2020	西安建筑科技大学硕士论文	矿工安全心理资本对违章行为的作用机理研究
7	中国	煤矿	李元龙	2020	中国地质大学（北京）硕士论文	煤矿工人心理韧性、安全态度与安全行为的影响关系研究
8	中国	煤矿	王建国	2019	煤矿安全	基于 SEM 的噪声烦恼度对矿工不安全行为的影响研究
9	中国	煤矿	李乃文	2019	中国安全科学学报	领导非权变惩罚对矿工不安全行为的影响研究
10	中国	煤矿	庞晓华	2019	中国公共卫生	煤矿工人压力与不安全行为关系：风险偏好水平中介和调节作用
11	中国	煤矿	李玥	2019	煤矿安全	自我控制对矿工习惯性违章行为的影响
12	中国	煤矿	李元龙	2019	Sustainability	Impact of safety attitude on the safety behavior of coal miners in China
13	中国	煤矿	庄玲俐	2019	安徽理工大学硕士论文	煤矿安全氛围对安全绩效的影响研究
14	中国	煤矿	刘钰欣	2019	太原理工大学硕士论文	煤炭企业差错管理氛围对矿工不安全行为的影响研究
15	中国	煤矿	车瑞楠	2019	中国地质大学（北京）硕士论文	企业员工违章行为影响因素研究分析

续表

序号	国别	矿种	作者/第一作者	发表年份	文献来源	论文题目
16	中国	煤矿	方叶祥	2019	安全与环境学报	安全文化、工作满意度对员工安全行为的影响：基于结构方程模型的实证研究
17	中国	煤矿	王新平	2019	煤矿安全	煤矿企业员工关系质量和工作投入与安全行为的关系研究
18	中国	煤矿	张倩	2019	煤矿安全	组织公平对矿工不安全行为的影响机制
19	中国	煤矿	张江石	2018	安全与环境学报	安全管理实践与行为关系研究
20	中国	煤矿	李乃文	2018	安全与环境学报	不同类型安全注意力对矿工安全行为的差异性研究
21	中国	煤矿	孙丽青	2018	煤矿安全	矿工安全自我效能感对不安全操作行为的影响
22	中国	煤矿	田水承	2018	中国安全生产科学技术	矿工心理因素、工作压力反应和不安全行为关系研究
23	中国	煤矿	续婷妮	2018	矿业安全与环保	矿工职业倦怠与安全绩效的影响机理模型
24	中国	煤矿	曹庆仁	2018	中国安全科学学报	员工安全参与行为对事故的影响作用研究
25	澳大利亚	未标明	利塞特（Lisette）	2018	Safety Science	Are you sure you want me to follow this? A study of procedure management, user perceptions and compliance behaviour
26	中国	煤矿	李爽	2018	Frontiers in Psychology	The relationship between psychological contract breach and employees' counterproductive work behaviors: the mediating effect of organizational cynicism and work alienation
27	中国	煤矿	李京蔓	2018	西安科技大学硕士论文	基于内部控制的矿工不安全行为内控点分析
28	中国	煤矿	李思琦	2018	西安科技大学硕士论文	煤矿工人人-岗匹配度对不安全行为的影响研究
29	中国	煤矿	王家坤	2018	中国安全科学学报	基于工作满意度的煤矿员工不安全行为研究
30	中国	煤矿	卢文倩	2017	中国矿业	基于 SEM 的诱发矿工故意违章行为因素实证分析
31	中国	煤矿	李永卉	2017	煤矿安全	基于结构方程模型的煤矿企业安全文化影响因素研究
32	中国	煤矿	张叶馨	2017	煤矿安全	心理契约违背对矿工不安全行为影响及组织支持感的调节作用
33	中国	煤矿	李红霞	2017	煤矿安全	煤矿工人安全认知与不安全行为关系研究
34	中国	煤矿	张叶馨	2017	煤矿安全	基于 SEM 矿工组织支持感与不安全行为关系研究
35	中国	煤矿	马健	2017	煤矿安全	安全承诺对矿工安全行为的影响

续表

序号	国别	矿种	作者/第一作者	发表年份	文献来源	论文题目
36	中国	煤矿	尹忠恺	2017	中国安全生产科学技术	安全注意力对矿工不安全行为影响的代际差异研究
37	中国	煤矿	满慎刚	2017	中国矿业大学学报	基于中和技术的矿工不安全行为实证研究
38	中国	煤矿	程恋军	2017	中国安全生产科学技术	矿工不安全行为DARF形成机制实证研究
39	中国	煤矿	李乃文	2017	中国安全生产科学技术	工作压力、安全注意力与不安全行为的影响机理模型
40	中国	煤矿	李红霞	2017	International Journal of Innovative Computing and Applications	On the influencing mechanism of unsafe behaviour of coal miners based on hierarchical regression
41	中国	煤矿	吴祥	2017	Sustainability	Development and validation of a safety attitude scale for coal miners in China
42	中国	煤矿	陈洋	2017	Frontiers in Psychology	The relationship between job demands and employees' counterproductive work behaviors: the mediating effect of psychological detachment and job anxiety
43	中国	煤矿	栗继祖	2017	EURASIA Journal of Mathematics, Science and Technology Education	Relationship research between subjective well-being and unsafe behavior of coal miners
44	中国	煤矿	王小丽	2016	中国矿业	煤矿安全管理与员工安全绩效的关系研究
45	中国	煤矿	牛莉霞	2016	中国安全科学学报	工作倦怠、安全注意力与习惯性违章行为的关系
46	中国	煤矿	汪刘菲	2016	煤矿安全	基于CIPP视角的安全教育培训对矿工安全行为影响研究
47	中国	煤矿	汪刘凯	2016	中国矿业	安全氛围与矿工安全行为模型研究
48	中国	煤矿	范中启	2016	煤矿安全	积极领导行为对矿工安全行为影响作用研究
49	中国	煤矿	兰国辉	2016	煤矿安全	复杂环境下矿工安全行为能力动态预警研究
50	中国	煤矿	汪刘凯	2016	煤矿安全	矿工不安全行为风险因素的路径研究
51	中国	煤矿	程恋军	2016	财经论丛	代际划分视角下矿工不安全行为研究
52	中国	煤矿	郑磊磊	2016	河南大学硕士论文	能源行业一线员工工作压力：心理契约违背与不安全行为的关系
53	中国	煤矿	芦慧	2015	Safety Science	Does a people-oriented safety culture strengthen miners' rule-following behavior: the role of mine supplies-miners' needs congruence
54	中国	煤矿	李红霞	2015	The open biomedical engineering journal	The research on the impact of management level's charismatic leadership style on miners' unsafe behavior

续表

序号	国别	矿种	作者/第一作者	发表年份	文献来源	论文题目
55	中国	煤矿	袁振宇	2015	Applied Ergonomics	Job hindrances, job resources, and safety performance: the mediating role of job engagement
56	中国	煤矿	程恋军	2015	中国安全科学学报	安全监管影响矿工不安全行为的机理研究
57	中国	煤矿	高伟明	2015	中国安全科学学报	安全遵从行为与安全参与行为的差异性研究
58	中国	煤矿	李红霞	2015	安全与环境学报	煤矿安全氛围对险兆事件的影响研究
59	中国	煤矿	高伟明	2015	中国管理科学	心理资本、安全知识与安全行为：基于煤矿企业新生代员工的实证研究
60	中国	煤矿	薛韦一	2014	中国安全生产科学技术	组织管理因素对矿工不安全心理行为影响的调查研究
61	中国	煤矿	田水承	2014	中国安全科学学报	矿工安全诚信与不安全行为影响关系研究
62	中国	煤矿	叶新凤	2014	软科学	安全氛围对员工安全行为的影响：心理资本中介作用的实证研究
63	中国	煤矿	田水承	2014	矿业安全与环保	基于计划行为理论的矿工不安全行为研究
64	中国	煤矿	程南	2014	中国矿业大学硕士论文	群体动力视角下的煤矿员工不安全行为管理研究
65	中国	煤矿	韩晓静	2014	西安科技大学硕士论文	风险偏好对矿工不安全行为的影响研究
66	中国	煤矿	艾飞成	2014	西安科技大学硕士论文	安全氛围与煤矿工人不安全行为的关系研究
67	中国	煤矿	薛韦一	2014	安徽理工大学硕士论文	煤矿井下作业工人工作压力与不安全行为关系研究
68	中国	煤矿	任玉辉	2014	中国矿业大学（北京）博士论文	煤矿员工不安全行为影响因素分析及预控研究
69	中国	煤矿	田水承	2014	Advanced Materials Research	Correlation of safety climate and near miss of coal mine
70	中国	煤矿	张卫华	2014	International Journal of Mining Science and Technology	Causation mechanism of coal miners' human errors in the perspective of life events
71	中国	煤矿	邓宏斌	2013	管理学报	基层管理者辱虐管理和员工安全参与关系研究
72	中国	煤矿	张秋会	2013	西安科技大学硕士论文	煤矿工人不安全行为管理实证研究
73	中国	煤矿	崔琳	2013	Journal of Safety Research	An integrative model of organizational safety behavior
74	中国	煤矿	梁振东	2012	中国安全科学学报	组织及环境因素对员工不安全行为影响的 SEM 研究

续表

序号	国别	矿种	作者/第一作者	发表年份	文献来源	论文题目
75	中国	煤矿	刘海滨	2012	中国安全科学学报	基于 SEM 的不安全行为与其意向关系的研究
76	中国	煤矿	曹庆仁	2011	中国安全科学学报	煤矿安全文化对员工行为安全影响作用的实证研究
77	中国	煤矿	田水承	2011	煤矿安全	煤矿井下作业人员的工作压力个体因素与不安全行为的关系
78	中国	煤矿	曹庆仁	2011	管理科学	管理者行为对矿工不安全行为的影响关系研究
79	中国	煤矿	郭彬彬	2011	西安科技大学硕士论文	煤矿人的不安全行为的影响因素研究
80	中国	煤矿	杜学胜	2011	Procedia Engineering	An empirical investigation of the influence of safety climate on safety citizenship behavior in coal mine
81	南非	未标明	翁达	2011	SA Journal of Industrial Psychology	Unravelling safety compliance in the mining industry: examining the role of work stress, job insecurity, satisfaction and commitment as antecedents

第4章 行为安全“泛场景”数据表征

在阐明行为安全损耗和激励的双路径演化机理之后，本章将融合计算机视觉与场景数据，基于“泛场景”数据理论与信息技术实现对行为安全的“泛场景”数据表征。

4.1 “泛场景”数据理论

4.1.1 场景

场景理论是在后工业社会阶段的社会背景下提出来的，克拉克（Clark）[1]以场景理论作为城市研究新范式，把城市空间研究从自然与社会属性层面拓展到消费实践层面。随后乔舒亚（Joshua）等将媒介与场景结合，认为社会场景是语言表达和行为方式的神秘框架[2]。2014年，美国学者斯考伯（Scoble）等在《即将到来的场景时代》一书中大胆断言，“未来的25年，互联网将进入新的时代——场景时代”[3]。这一论断，得到中国学术界的呼应：移动互联时代是一个场景的时代。移动互联网时代的内容媒体、关系媒体和服务媒体，围绕的都是“场景”这一新的核心要素。换言之，媒体在移动时代的争夺，就是对场景的争夺。

在有关场景的研讨中，美国学者梅罗维茨（Meyrowitz）是关键人物之一。20 世纪 80 年代，随着电视媒介的兴起和覆盖，传统的研究理论已经无法支撑媒介对社会行为影响的阐释。此时，梅罗维茨所著的《消失的地域》一书应运而生。“媒介场景理论”作为该书的理论支点[4]，继承发展了戈夫曼（Goffman）的拟剧理论[5]和麦克卢汉（McLuhan）的媒介理论[6]。

戈夫曼被称为早期的场景主义者。在他的理论图谱中，每个人都在社会舞台上扮演着不同的角色，并根据自己所处的情境，来调整自己的行为。拟剧理论为以往抽象、宏大的社会理论引入了独特的分析路径，但因为经验主义的倾向被诟病为缺乏逻辑。“媒介即人的延伸”是麦克卢汉在《理解媒介》中提出的主要概念[6]。他认为，不同的媒介是不同感官的延伸。新媒介出现后，会引起人的感觉的改变，进而影响人的意识，最终影响人的行为。麦克卢汉的论述虽然阐释了媒介与行为的关系，却缺乏对场景中介意义的足够讨论，更多的是停留在“洞察”的思辨性层面。

梅罗维茨在“将对媒介的探讨同与地点有关的场景的探讨联系起来”的观点基础上，构建出“新媒介–新场景–新行为”的关系模型[4]。他认为，新媒介的大量引入和广泛使用，可以重建大范围的场景，并延伸出适应新的社会场景的新行为。梅罗维茨的场景理论也赋予“场景”一词新的内涵。他突破了戈夫曼所理解的场景就是教堂、咖啡馆、诊室等物理隔离地点的空间概念，积极导入了“信息获取模式”（一种由媒介信息所营造的行为与心理的环境氛围）。这不是一种空间性的指向，而是一种感觉区域。

斯考伯 等[3]的考查是场景理论的又一次发展。媒介革新的本质是技术的发展，他们提出，互联网时代的“context”应该是基于移动设备、社交媒体、大数据、传感器和定位系统的一种应用技术，以及由此营造的一种在场感。斯考伯 等认为的“场景”，同时涵盖了基于空间的“硬要素”和基于行为与心理的“软要素”，这种具体的、可体验的复合场景，与移动时代媒体的传播本质契合，也更加尊重了“人”作为媒介与社会的连接地位。未来的场景应用可以通过可穿戴设备、蓝牙智能信号 App、移动设备传感器等技术趋势来进一步精确识别场景，以适配用户的需求。

场景在不同的行业领域有其不同的内涵。在软件工程领域，用例是对动作序列的抽象描述。一个用例是多个不同场景的集合，根据用例做出的请求，系统将执行不同的行为序列，每一行为序列为一个场景。在传媒领域，场景化是媒体信息传播的趋势。场景为媒体的另一种核心要素。场景可理解为同时涵盖基于空间和基于行为与心理的环境氛围。在营销领域，场景营销的理念逐渐兴起。场景营销是指针对不同消费者的不同心理状态或需求而进行的营销行为，这里的场景则可理解为消费者对于产品需求特定的时间、空间和环境。例如，在电力领域，常采用多场景技术，即考虑不同场景，从而制定相应的对策措施，从而解决问题。多场景技术是描述随机过程的一种方法，主要包括场景的产生和场景的削减两个方面。在计算机视觉领域，图像是对特定场景中客观对象的一种相似性、生动性的描述，而场景指的是人与周围景物的关系总和。场景分类，是计算机视觉领域的重要分支，是通过场景识别技术抽取图像中所包含的特征，然后用分类器来完成对场景所属类别进行自动识别。从安全科学领域分析，工作环境场景及现场隐患和违章图像是一种场景，指图像内容展现的现实环境。

4.1.2　计算机视觉

4.1.2.1　计算机视觉发展现状

视觉是人类观察和认识世界的重要途径之一，在日常生活中，人们从外界获取的信息大约有80%来自视觉系统。自计算机和互联网问世来，人类的脑力和感知能力得到了极大的拓展与延伸，加之各种手持图像采集设备（例如数码相机、拍照手机等）和视频监控设备在全社会的普及，使得以数字化图像和视频为载体的信息量呈爆炸式增长，仅靠人工的方法从海量的数字图像和视频中提取有用的信息已显得力不从心。因此，“计算机视觉（computer vision）”——研究如何让机器“看”的学科，在20世纪60年代初应运而生。具体来说，计算机视觉作为人工智能研究领域的一个分支，主要研究如何利用视频传感设备和计算机来模拟人类的视觉系统对外界的视觉信息进行采集和处理，使机器具备像人类一样的视觉能力甚至“思考”能力。计算机视觉通过摄像机等成像设备采集图像、视频或者多维数据等数字信号作为信息输入，再进一步利用计算机对这些信息进行处理，实现对目标的检测、识别和跟踪等功能，最后得出符合相应要求的判断和解释。计算机视觉是交叉性极强的学科，为了能够建立一整套能够模拟人类视觉功能并实现初步理解和决策的智能系统，它综合了不同的学科和领域，包括计算机科学、生物学、信号处理学、统计学、社会心理学和应用数学等。

计算机视觉受到近十几年计算机、成像设备以及存储设备等相关硬件快速更新换代的影响，受到了空前的关注，也取得了长足的发展。一方面，随着社会的进步，越来越多的领域对计算机视觉提出了迫切的实际需求。例如，随着安全上需求的急剧增加，使得越来越多的视频采集设备（监控设备）被布置在各种不同的场合。这些视频采集设备生成了海量的不间断的视频数据，依靠传统的人为方式进行处理已经难以实现基本的安防需要。因此，必须使用计算机视觉技术打造出一套新的智能安防监控平台来解决遇到的新问题和新挑战。还有我们所熟悉的许多应用，例如，文件扫描时的字符识别技术，照相时的人脸自动检测技术，身份验证时的指纹和虹膜识别技术，商业活动中常见的条码和二维码扫描技术等，都是计算机视觉在我们生活中的具体实现和应用。可见计算机视觉的应用已经渗透到了我们生活中的点点滴滴。

一方面，诸如制造业、产品检验、医疗诊断及军事等领域，都在很大程度上需要计算机视觉提供有效的技术手段来进一步提高工作效率，甚至替代传统的工作模式；另一方面，软件和硬件条件的提升促使计算机视觉具备了更多的进步空间。例如，红外成像设备的发展直接使得计算机视觉领域在对于弱小生物目标的检测和跟踪上取得了很多的成果[7]。在深度测量设备的辅助下生成具有深度信息的图像和视频，突破了原有图像的二维平面限制，取得了更准确有效的结果和更广阔的应用[8]。随着计算机计算能力的快速提升，存储成本的不断下降，许多之前由于计算量太大而受到限制的算法也趋于可行甚至是达到实时化[9]，越来越多的算法变得更加实际甚至进一步实现了工程化和产品化。

由于计算机视觉具有广泛的应用市场和发展前景，越来越多的研究者和机构都积极投身到该领域。近年来，计算机视觉相关的研究工作一直是学术领域和工程领域的热点和重点，许多重要的国际期刊和会议都将计算机视觉作为主题内容之一，这也促使计算机视觉得到了更多的关注和更快的发展。

4.1.2.2 计算机视觉技术应用

计算机视觉的研究内容十分丰富，主要包括图像处理、目标检测、目标跟踪、场景理解等。其中，目标跟踪作为视频信息分析的主要技术手段，是计算机视觉领域最重要的研究课题之一。目标跟踪就是针对视频序列中的每一帧，获取感兴趣目标的位置、速度等相关信息，甚至经过进一步的处理和分析，得出目标的运动轨迹或者是分析出目标的运动模式，为实现更高层次的理解和决策提供支持。目前，计算机视觉主要应用在如下五个方面。

（1）视频监控

视频监控是目标跟踪的重要应用领域，是现代化安防的重要组成部分。随着社会的快速发展，人们对安全的需求不断提升，尤其是在公共安全方面。作为安防的主要手段，视频监控系统已经在工作和生活中随处可见，遍布了银行、商场、工厂企业、道路交通等各种场所。监控数据的急剧增加和监控对象的日益复杂，导致传统的人工监控方式已无法满足安防的需求。因此，采用计算机视觉技术的智能视频监控系统，能够利用计算机对监控数据进行处理和分析，快速而及时地对异常情况做出判断和反应，同时能够辅助人们快速寻找和定位目标，做到对数据充分有效地利用，为安防工作提供了有力的支持。

（2）人机交互

计算机在现代社会所起的作用越来越重要，用途也日益广泛。采用鼠标和键盘传统的送样设备作为人机交互的方式，在很多场合已经难以满足新的需求，同时也提高了学习成本。通过摄像头作为辅助设备，利用计算机视觉技术对人的手势和动作进行识别和理解，能够实现更加自然的、拟人化的人机交互方式。例如，微软公司设计的Xbox360的体感周边外设Kinect，通过采用动态捕捉、影像识别等技术彻底颠覆了传统的游戏操作方式，创造了一种全新的人机交互体验。另外，针对一些特定群体，例如，老人和儿童，通过简单的手势和动作进行人机交互可降低操作难度，增加操作乐趣，甚至是帮助一些身体功能不便的人进行原本无法完成的操作。而在这些应用中，对人体关键部位的有效检测和跟踪是技术实现的重点。

（3）视觉导航

视觉导航是机器自身通过摄像设备获取视觉信息，再利用计算机视觉技术，特别是目标跟踪技术，在自主运动的过程中对外界的物体进行检测、识别和跟踪，从而进一步实现自主导航、自动寻径和障碍躲避等功能。视觉导航在军事和民用领域都有着重要的作用，无人驾驶汽车、无人机和武器精确制导等都是其在实际中的应用。

（4）医学诊断

计算机视觉及跟踪技术在医学图像分析中也有着广泛的应用。在医学诊断中，核磁共振和超声波技术可以针对病症提供具体的影像信息，但设备噪声等因素往往会对图像造成干扰，使其无法明确判定病症。利用图像增强、检测、跟踪等技术可以对医学图像进行优化处理，协助医师更准确地根据病症做出更合理的医学推断。

（5）场景理解

场景理解是在检测和跟踪的基础上，对图像和视频进行分析和理解，并通过先验知识的学习和积累，实现对自然场景的语义描述。这是计算机视觉中更高层次的研究，能够实现对场景的分类、比对、判别等更接近人类行为方式的分析。智能的图像检索和视频检索等都是这个方面的具体应用。

此外，计算机视觉的目标跟踪技术在远程遥感、智能车辆、虚拟现实、工厂自动化等方面的广泛应用，为安全生产领域的未来研究方向提供了重要的理论基础和应用案例，尤其是计算机视觉技术与行为安全管理的跨界融合研究更是前景广阔。

4.1.3 数据挖掘

随着计算机技术的发展，数据产生量越来越大，需要有效的数据分析处理手段，才能有效提取大量数据背后的潜在规律。因此，“数据挖掘”一词应运而生，并最早于1989年在知识发现（knowledge discovery in databases，KDD）专题研讨会上提出。法耶兹（Fayyad）等[10]首次定义了知识发现，后进一步得出数据挖掘是知识发现过程的核心步骤。

数据挖掘属于一种深层次的数据分析，是指从大量的数据中通过算法发现隐藏于其中的人们感兴趣、事先未知或潜在有用信息的过程[11]。数据挖掘方法被广泛应用于投资、制造、金融等各行各业。例如，美国运通公司通过对信用卡数据信息进行挖掘，制定了关联优惠的营销策略。安（Ahn）等[12]将数据挖掘方法运用与产品开发和销售过程中，从而预测新产品受欢迎的可能性。安光洙（Kwang-ll Ahn）[13]运用关联规则挖掘的方法，对零售业商场和商品位置进行了相关分析，从而为产品分配提供合理化建议。

近年来，大量研究着重分析了数据挖掘方法在安全学科的应用。随着互联网技术的发展，企业管理逐渐进入了数字化和网络化时代，实现了对人、机、环等要素的实时监控。安全科学领域数据来源广泛，有安全监管单位、企业部门、评价机构等；数据内容种类繁多，包括事故数据、管理数据、报告数据等；数据类型以非结构化数据为主[14]。以矿井提升机监控系统为例，大量的监测数据被运用于提升机的实时状态监测，其状态参数、钢丝绳参数、液压制动参数、电动机及其传动设备参数等构成了提升机数据库。

在安全科学研究方面，数据挖掘技术开始应用于煤矿、交通运输、石化等行业中，在煤矿生产管理方面，林培利[15]首先分析数据挖掘技术应用的可能性，进而提出了数据挖掘技术可以实现的聚类、描述、检测等功能。潘武敏[16]应用数据挖掘技术对人事考评管理系统进行了分析，构建了德、能、勤、绩考评数据库，提高了人事考评的精度和效率。在事故致因理论方面，莱韦森（Leveson）[17]基于数据挖掘技术，从大数据的角度考虑，进一步补充事故致因理论。在公共安全方面，李海义 等[18]基于数据挖掘技术，从智能化的角度考虑，建立了城市公交的安全信息管理系统。在应急管理方面，董枫 等[19]建立矿井灾害信息管理平台，实现了应急管理智能化。

4.1.3.1 数据挖掘流程

数据挖掘流程主要包括定义问题、数据准备、数据挖掘、结果分析、知识运用 5 个阶段[20]。

其中，定义问题是确定数据挖掘的目标。数据准备是指采集数据并删除错误数据或插入缺失值。首先进行数据的选择，即确定目标数据；其次进行数据预处理；最后，进行数据的再加工，即检测、填补丢失项以及删掉杂乱数据。数据挖掘是指根据数据的类型和特点，选取相应的算法对目标数据进行数据挖掘。结果分析是指对数据挖掘结果进行转化，以实现数据挖掘的目的。知识运用是指将分析解释后的结果与现实情况相结合，以实现决策。

4.1.3.2　数据挖掘技术

数据挖掘技术的方法种类较多，目前常用的主要包括统计技术、关联规则、基于历史的分析、遗传算法、聚集检测、链接分析、决策树、神经网络、粗糙集、模糊集、回归分析、差别分析和概念描述等。

其中，统计技术是采用合适的方法，验证给定的数据集是否符合某种分布或某种概率模型；关联规则是应用于大型数据库挖掘的技术，其核心是展现项集间关联与相关性的规则；基于历史的分析是根据经验寻找类似情况，进而应用于当前的例子中；遗传算法则是基于进化理论，采用遗传相关理论和方法，从而实现优化；聚集检测是将集合分组成为由类似的对象组成的多个类；链接分析是源于对 Web 结构中超链接的多维分析；决策树是一个预测模型，表现对象属性与对象值之间的一种映射关系；神经网络是由输入层、输出层和隐含层组成的具有学习能力的预测模型；粗糙集用来近似或粗略地定义种类；模糊集通过建立适当的隶属函数，经有关运算和变换对模糊对象进行分析；回归分析分为线性回归、多元回归和非线性同归；差别分析的目的是试图发现数据中的异常情况；概念描述是对某类对象的内涵进行描述并概括其有关特征。

近年来，数据挖掘技术广泛应用于投资、制造、金融等各行各业。在安全科学领域，随着企业安全数据量的增加，如何充分有效利用安全生产数据、挖掘释放数据价值成为企业安全管理的迫切需求。因此，运用数据挖掘技术提取海量数据中隐含的规律、规则和结构是当前研究的重点。

4.1.4　“泛场景”数据

场景是统计数据应用的出发点和落脚点，它基于生产和管理活动的特定环境。在场景数据中，核心要素是数据，而场景本身则具有特定的统计边界和维度。因此，场景数据可以理解为在特定统计边界和统计维度下收集、整理和分析的统计数据。

以场景化思维考虑行为安全数据统计，可以明确统计数据边界，从而实现对行为安全数据的规范化处理。深入分析和挖掘场景数据可以实现如下 6 个目标。

（1）分类

依据预设特性，可对研究对象进行不同的分类。例如，依据不安全行为的风险等级，对不安全行为进行分类。

（2）估计

依据研究对象某个变量的数据估计另一个变量的变化。例如，根据员工生理、心理状况，估计其不安全行为发生率。

（3）预测

依据研究对象某一特定维度的现有数据，预测该维度未来的发展变化趋势。

（4）相关性划分或关联性规则挖掘

例如，出现某个不安全行为会引发另一种不安全行为。

（5）聚类

聚类不依赖于预设特性，而是依据数据间的内在规律实现类别的划分。

（6）可视化

利用可视化方法，采用直观的表达方式，对数据进行直观的展示。

4.1.4.1 “泛场景”数据的含义

随着互联网、大数据技术的普及以及行业智能化、数字化技术的发展，各行业的数据量、数据采集方式以及数据分析角度也越来越丰富多样。特别在安全生产领域，已经呈现出数据采集渠道多元化、数据分析维度多样化、数据量庞大且复杂化的特点，但相应的安全数据资源利用率并不匹配其数据的发展速度，没能实现数据资源的利用有效化和价值最大化。

结合场景理论的分析，场景数据是场景理论的核心。场景可以用时间、地点、人物和做什么来描述，即某人在特定的时间和地点做某事。场景具有特定统计边界和维度，场景数据可以理解为具有特定统计边界和统计维度的统计数据。本书使用的“维度”一词，与数学、物理学领域中所指的“维度”有较大差别，是指描述或分析一个事件或问题的不同出发点、视角或重要组成部分。同时，在非物理学领域，“多维度”这一术语也被广泛使用。如吴超 等[21]定义了安全氛围的核心维度和具体维度，确定了最常用的 4 个维度，并据此构建了安全氛围的核心维度结构。金（Jin）等[22]以城市绿道的环境为场景，从维护性、独特性、自然性、愉悦性和唤起性等多维度研究参与者对绿道场景的审美反应。希洛（Shiloh）等[23]通过探索健康行为潜在的表征维度，在充分调查的基础上提出新的框架，将健康行为从 3 个维度进行表征，即重要性、负面经历和安逸。

“泛”是英文前缀 pan-的音译，是整个地区或整个范围、类别的意思。泛化关系是在一般描述的基础上进行扩展。由此拓展，场景的泛化是在场景一般描述的基础上，增添场景信息进行扩展。场景化就是将信息不齐全的情境，根据关键信息推导或收集完善成一个场景，通过挖掘场景数据潜在信息，实现场景的多维描述，从而扩展数据价值，建立数据分析模型，搭建监测监控平台，进而预测趋势以提供策略方向。依据该逻辑，本书所指的不安全行为的“泛场景”数据，可理解为从场景描述基本信息入手，围绕不安全行为的多个维度来描述场景数据。通过获取更丰富的关于不安全行为的“泛场景”数据，探索和扩展数据的价值，建立监测模型来预测不安全行为的趋势，为安全生产数据的综合分析和深度挖掘提供依据。

利用场景化的思维来考虑行为安全发生的场景，可以明晰场景数据的边界，实现不安全行为“泛场景”数据的标准化和规范化表述。本书对行为安全场景的描述是以行为安全为中心，通过对场景的时间、地点、人物和其他内部维度信息的广泛发掘来实现的。相关研究已证明，场景数据的有效分析可以预测安全发展，用以开展员工的行为安全研究，为安全管理提供可靠的支持。王雷 等[24]在对地铁调度员错误行为的研究中，提出了应急场景的概念，并实现了地铁事故数据的结构转换。佟瑞鹏 等[25]基于“泛场景”数据的多维描述，对矿工的不安全行为和225起煤矿瓦斯爆炸事故进行分析，实现了导致事故的不安全行为的“泛场景”数据描述和结构转换。黄妙华 等[26]结合大量车辆事故数据，筛选出导致严重事故的关联规则，建立了考虑交通条件和自然环境因素的汽车安全驾驶系统测试场景。白云 等[27]面向海外安全场景的复杂、多变等特性，提出事件描述框架，以及事件、主题、相关组织/人的多维特征分析方法体系，提升对海外安全场景进行多维度、准确全面态势的感知力。

当前安全场景数据的应用研究还不成熟，虽然场景数据繁多，但缺乏对数据的系统分析和有效整合，也多局限于最直观的环境状况和设备设施状态。并且，目前获取的场景数据大多来自监控记录、手机App、安全监管信息系统、日常检查记录等，大多以文字和图像的形式出现，而不是结构化的数据。因此，确定场景数据的来源和采集方式，探索行为安全的标准描述，对实现场景数据的可视化、规范化十分重要。

4.1.4.2 “泛场景”数据应用

场景数据的获取、识别、分类、分析等都需要应用到计算机视觉技术，将人工智能、大数据、云计算、虚拟现实、数字孪生等信息技术应用于场景数据研究中，构建新一代信息技术在行为安全中的应用框架，以期实现理论研究的实用化和具体化。在场景数据含义基础上，场景数据可理解为具有特定边界场景中的统计数据。而“泛场景”数据可表示为以时间、地点、人物、动作4个基本维度为基础，对场景进行多维描述，从多场景获取场景数据，形成源于多场景、包含多维度的数据集。“泛场景”数据可以理解为从多维度描述行为安全数据，从多场景获取行为安全数据。“泛场景”数据理论的提出，为安全生产数据的全面分析和深度挖掘提供理论基础。

从现场安全管理实际出发，工作状态可以看作为一种图像场景。徐晟 等[28]收集了

6 万多张现场隐患及违章照片，涉及大量员工的施工行为，依据相关法律法规和操作规程，将照片中存在的风险点标注出来，并以此作为员工安全培训的依据，从而构建了地铁施工安全学习体系。在进一步的研究中，他们提取照片中的风险点，形成了 8 000 多条施工行为场景数据，进一步形成了行为安全培训系统，最终形成行为安全培训知识库。肖铭钊 等[29]以武汉轨道交通三号线双墩站为研究案例，利用地铁施工行为安全培训系统，收集了员工培训后的数据。为了进一步验证以施工场景数据为核心的培训系统的客观性，他们通过培训反馈数据进行分析，说明了培训效果较好，从而证明了安全培训系统可以良好运行。郭聖煜 等[30]基于 8 000 多条施工场景数据，分析了不同岗位工种易发的不安全行为类型、不同施工任务和不同施工阶段的关系，从而作为员工培训的依据，实现员工个性化矫正系统。同时，他们设计了地铁施工工人行为安全管理系统，实现了现场隐患及违章场景的储存和场景数据的储存。进而，他们依据大量行为安全场景数据，应用关联规则的理论和方法，分析了数据挖掘的整体思路和过程，挖掘了工种岗位、施工阶段和不安全行为之间的强关联规则，得出某一工种在某一施工阶段最易发生的不安全行为，进一步探究了不安全行为发生的特征规律，从而为地铁施工工人不安全行为个性化矫正提供了依据。

总之，“泛场景”数据可以广泛挖掘场景数据的内在信息。“泛场景”数据可表示为以场景时间、地点、人物、动作 4 个基本维度为基础，对场景进行多维描述，形成源于多场景、包含多维度的数据集。通过与现场安全管理工作者的实践交流，以及对行为安全相关文献的总结，本书将工业生产过程中的行为安全“泛场景”数据的描述维度进行进一步划分，将其从行为时间、位置区域、行为个体、行为动作、专业类别、行为性质、行为痕迹和风险等级 8 个维度进行表征。

4.2 行为安全“泛场景”数据获取及挖掘

通过运用结构化的场景数据，能够揭示隐藏的关键信息，并为数据分析与数据挖掘设定边界。在“泛场景”框架下，能够构建一个多维度的行为数据库，从而为更全面、系统地挖掘行为安全数据信息提供理论基础。本书以不安全行为为主要研究对象，提出行为安全“泛场景”数据获取方法，如图 4.1 所示，主要包括 3 个部分内容，即不安全行为分析和识别、不安全行为“泛场景”数据边界处理、不安全行为场景实现。

第一部分内容是不安全行为分析和识别。根据事故报告、违章照片、专家经验、检查记录、安全标准及操作规程等形成重要的不安全行为清单，确定不安全行为的类型，从不安全行为自身特征出发提取描述不安全行为的维度。

第二部分内容是不安全行为“泛场景”数据边界处理。“泛场景”数据来源于视频监控拍摄和安全管理人员现场检查时拍摄的照片，以及日常检查记录、专项检查资料等文字材料，再依据第一部分不安全行为分类和编码标准对样本数据进行边界处理，从不同维度对从场景中提取的不安全行为进行表征，最终形成不安全行为“泛场景”数据库。

第三部分是不安全行为场景实现。借助第二部分形成的“泛场景”数据库建立多维数据模型，一方面从多维度体现不安全行为的场景事实表，另一方面从不安全行为单维度描述行为的关键信息，满足从多角度、多层次的数据查询和分析，实现“泛场景”数据的过滤和提取。

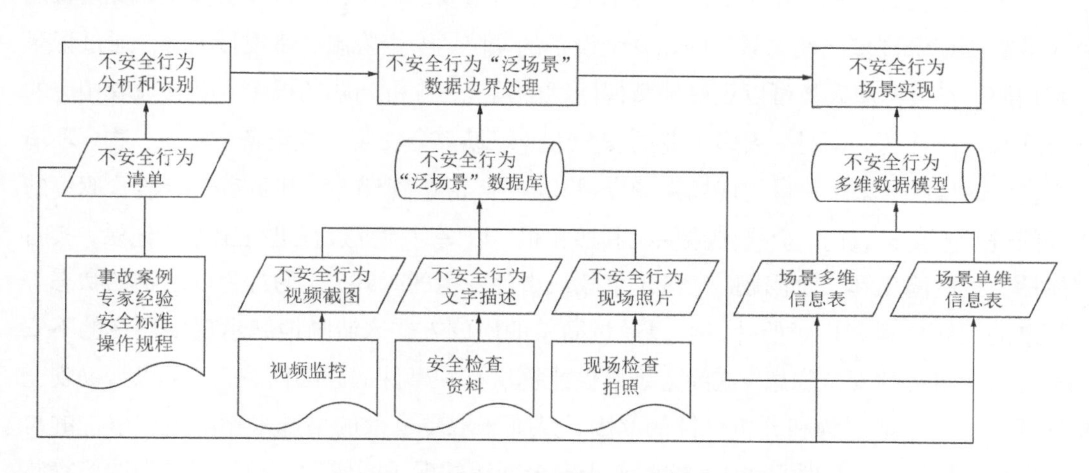

图4.1 行为安全“泛场景”数据获取方法

4.2.1 结构化场景数据获取

行为的发生可以看作是一个场景。根据数据的获取途径，可将其分为静态数据和动态数据。静态数据包括隐患照片、巡检记录、事故报告、执法记录等，主要来自企业日常的安全巡检、相关安全监管部门的执法检查，以及其他第三方机构的技术服务等。动态数据是通过物联网采集到的事故视频、监控记录以及传感器和各类终端采集到的数据。

从场景的表层含义来看，现场安全巡查过程中的隐患及违章照片即是现实的图像场景。现场巡视照片表达了人和环境的总和，真实展现了人的不安全行为和物的不安全状态。现场隐患、违章图像等为现实场景，记录事件的发生时刻、主体的行为过程以及事物状态，可做到事件的简单回放，反映现场人员的不安全行为或风险点，如进一步结合图像语义提取，建立语义信息与“泛场景”数据对应关系，则可实现“泛场景”数据的处理。

从场景化思维出发，人的不安全行为可以看作为一种场景。除了现场隐患照片等现实场景外，事故调查报告记录了事故经过、事故原因、整改防范措施以及事故处理结果等。事故调查报告是事故的完整回顾，尤其是事故发生经过和事故发生的原因两个方面内容，详细记录了造成事故发生最为直接的人的不安全行为和物的不安全状态。因此，事故调查报告中的行为安全场景存在于文字描述中，但也明确了行为安全发生的时间、地点、过程等场景信息，这些信息是场景数据的重要来源。在本书中将这类信息理解为抽象场景，以利于充分研究某一类事故中行为安全的特征。

（1）现实场景

作为安全管理的一部分，记录和拍照是非常重要的。在各种行业领域中，安全管理人员需要记录许多问题场景，例如安全设备的缺陷、安全隐患、违规行为等。通过记录和拍照，安全管理人员可以更好地掌握问题的情况，分析问题的根源，以及采取相应的措施来解决问题。同时，大多企业的安全生产现场都会安装监控设备，对人、物、环境进行实时监控，保存大量的现场视频资料和数据。应急管理部门和负有安全监管职责的部门进行安全检查时，会携带摄像机和照相机，以便对检查过程进行全方位记录，实时抓拍发现的隐患和安全问题。记录了事故或事件发生的时间、人的行为以及物的状态等信息的视频资料和现场照片，可以通过简单的回放方式来清晰地展示现场存在的不安全行为或潜在的安全隐患。这些记录不仅能提供有关事件的详细信息，还可以帮助安全管理人员更好地了解和分析事件的原因，从而采取更有效的措施来预防类似事件的再次发生。但在安全管理实践中，这些关于安全问题的现场图像和视频仅用作问题检查整改和违章处罚的证据，未能具备从场景中提取有效信息并加以分析利用的功能，没能充分体现现实场景的数据价值。

从场景的表层含义来看，现场安全巡查过程中的隐患及违章照片即是现实的图像场景。现场巡视照片表达了人和环境的总和，真实展现了人的不安全行为和物的不安全状态。现实场景示例如图 4.2 所示。

(a) 人的不安全行为

(b) 物的不安全状态

图 4.2　现实场景示例

图 4.2(a)清晰地展现了施工现场员工在进行高处作业时未佩戴安全带的违章行为。

从现场的违章记录中还可以明确违章行为发生的时间、地点，以及违章员工的年龄、工龄、工种等关键场景信息。

图 4.2（b）表现了配电箱内“一闸多机”的隐患状态。《施工现场临时用电安全技术规范》规定，每台用电设备必须有各自专用的开关箱，严禁用同一个开关箱直接控制 2 台及 2 台以上的用电设备。设备专用箱应做到“一机、一闸、一箱、一漏”，严禁一闸多机。

值得注意的是，从事故发生的角度，引起或可能引起事故的物的状态称为物的不安全状态；从能量释放的角度，有出现能量意外释放，引发事故的物态也称为物的不安全状态。物的不安全状态可分为两类：第一类是由于事故引发者的不安全动作造成的不安全物态；第二类是固有存在的不安全物态，而事故引发者没有进行有效处理。

由事故致因“2-4”模型可知，事故发生的原因包括人的不安全动作和物的不安全状态[31]。由于人的不安全动作是物的不安全状态的直接来源，即物的不安全状态隐藏着人的不安全动作，物的不安全状态既反映了物的自身特性，又反映了人的素质和人的决策水平，因此本书中不区分不安全行为场景和不安全物态场景，仅依据现场实际情况着重研究现实场景所包含的人的行为安全数据信息。

（2）抽象场景

官方权威发布的事故报告、日常安全检查记录及数据统计资料为抽象场景。事故调查报告遵循实事求是、尊重科学的原则，记录事故的简要经过、原因分析、事故损失、整改防范措施及事故处理结果，包含了与事故相关的人的不安全行为、物的不安全状态及管理缺陷等因素。安全检查是最常用的安全管理方式，主要对重要岗位、关键工序、常见隐患、危险源及特种作业等重点项进行日常排查、定期检查、专业性检查或不定期检查，详细记录安全隐患或不安全行为发生的时间、位置，以及涉及人员等重点信息。尽管文字记录的信息可能不够全面而无法直观感受场景，但仍可以从事故报告和检查记录中筛选和提取出不安全行为的具体场景数据。

以《江西丰城发电厂“11·24”冷却塔施工平台坍塌特别重大事故调查报告》为例，说明对行为安全场景的描述。2016 年 11 月 24 日，江西丰城发电厂发生施工平台坍塌特别重大事故，事故造成 73 人死亡、2 人重伤，直接经济损失 10 197.2 万元。2017 年 9 月 15 日，国务院调查组对外公布了本次事故的调查报告，调查认定该起事故为生产安全责任事故。该报告中，相关施工管理情况部分详细记录了事故发生的原因，提取其中的部分不安全行为如下：

1）7 号冷却塔工期缩短后，施工部未提出相应的施工组织措施和安全保障措施，其责任主体为施工部管理人员。

2）施工单位项目部未将筒壁工程定义为危险性较大的分部分项工程，其责任主体为项目部管理人员。

3）7号冷却塔筒壁施工队擅自进行拆模作业，其责任主体为施工队管理人员。

4）试验员未将混凝土试块送到混凝土搅拌站进行强度检测，其责任主体为实验员。

5）工程部部长宋某，未针对试块强度不够采取相应有效措施，其责任主体为工程部部长宋某。

4.2.2 结构化场景数据描述

无论是现场隐患及违章照片还是事故调查报告，其隐含的数据多是以文字形式存在的，甚至为隐性数据而并非结构化数据。因此，探索行为安全统一的数据结构化表达方式，对于显化场景数据及其数据的规范和量化有重要作用。行为安全场景数据结构化描述需要满足从多个维度对行为安全进行描述的要求，本书以“5W + 1H”分析法为基础，探索行为安全的多维度描述。“5W + 1H”分析法是在拉斯瓦尔（Lasswell）[32]提出的“5W”分析法基础上，通过实践应用和长期总结，最终形成的方法论。“5W+1H”即what（是什么）、who（什么人）、where（什么地方）、when（什么时间）、why（为什么）、How（怎么操作），其具体含义是对事件进行科学细致的分析和全面的描述。

通过收集大量现场违章照片和事故调查报告，经过不断尝试、长期实践，并结合相关文献学习总结，从行为安全自身特征出发，“泛场景”数据结构化描述应尽可能全面地反映行为本身。本书以“5W + 1H”为基础，为“泛场景”数据分析与挖掘设定边界，确定行为安全表征的8个维度，即行为时间、位置区域、行为个体、不安全动作、专业类别、行为性质、行为痕迹、风险等级[33,34]。行为安全“泛场景”数据维度划分见表4.1。

表4.1 行为安全“泛场景”数据维度划分

维度	英文（缩写）	含义	内容
行为时间	time（T）	不安全行为发生的时间	含年、月、日、班次等信息
位置区域	location（L）	不安全行为发生的位置区域	依据场景特性，划分不同位置区域
行为个体	behavioral individual（BI）	不安全行为个体	含年龄、工龄、岗位工种等固有属性
不安全动作	unsafe action（UA）	不安全行为的具体描述	具体的不安全行为

续表

维度	英文（缩写）	含义	内容
专业类别	professional category（PC）	不安全行为的专业属性	包括行业特性、工艺流程、生产阶段等
行为性质	behavioral attribute（BA）	不安全行为的性质	划分为违章操作、违章动作、不违章不安全动作
行为痕迹	behavioral trace（BT）	不安全行为的可追溯性	划分为有痕不安全行为和无痕不安全行为
风险等级	risk level（RL）	不安全行为的风险程度	划分为低风险、一般风险、较大风险、重大风险

（1）行为时间

行为时间用于描述行为发生的具体时间。时间具有延续性，这是事物发展的共同特点，时间维度可以划分年、月、日等层次，通过数据挖掘可以推测未来发展趋势，可实现由低层次向高层次的预测。依据不同的场景特性，可划分不同的时间维度。

（2）位置区域

位置区域用于描述行为发生区域的位置。与时间维度相同，依据不同的场景特性，划分的具体区域地点也不同。位置区域维度可以划分不同层次，通过数据分析可以实现对未来发展趋势的预测。

（3）行为个体

行为个体即动作的发出者，一般指现场员工以及管理人员。在“泛场景”数据采集过程中，行为个体维度可以进一步划分为年龄、工龄、岗位工种等内在属性。

（4）不安全动作

不安全动作即具体的不安全行为。根据国家标准《企业职工伤亡事故分类》，将生产经营过程中的不安全行为分为13类，见表4.2。从员工个人行为的角度来看，此分类可以在一定程度上涵盖工业生产中的不安全行为。

表4.2　不安全行为的类别

维度	英文缩写	含义
操作错误、忽视安全、忽视警告	WO	擅自开机、关机、移机；无视警告信号；进料速度过快；被设备挤压；酒后作业；其他
造成安全装置失效	FSD	拆除安全装置；安全装置堵塞；其他
使用不安全设备	UUE	临时使用易损设施；使用无安全装置的设备；其他

续表

维度	英文缩写	含义
手代替工具操作	TRM	由手工操作代替工具操作；人工清除切屑；其他
物体存放不当	ISO	原材料、生产工具、废品、半成品、成品存放不当
冒险进入危险场所	VDP	冒险进入涵洞；越过信号灯；擅自进入油罐或油井；其他
攀、坐不安全位置	CUP	攀爬站台护栏、汽车挡板和吊车钩；其他
在起吊物下作业、停留	WLO	起重作业过程中，在起吊物下作业、停留
机器运转时进行维修工作	ORM	在运行的机器上进行维修、检查、焊接、清洁和其他操作
有分散注意力行为	DB	工作时精神不集中、东张西望等
未使用个体防护用具	UPPE	未按要求佩戴安全帽、护目镜、防护面罩、防护手套、安全带等
不安全装束	UC	在操作有旋转部件的设备时，穿戴过于肥大的衣服或戴手套；其他
对易燃、易爆等危险物品处置不当	MFE	对易燃、易爆危险物品处理错误

（5）专业类别

专业类别用于描述不安全行为发生的行业特性和生产阶段，可依据不安全行为发生的行业特征、工艺流程、生产阶段进行划分。

（6）行为性质

行为性质用于描述行为安全的类型。行为性质即不安全行为的性质和类别，结合殷文韬 等[35]的研究，将其划分为违章指挥、违章操作、违章行动和不违章不安全动作 4 个类别。违章指挥是指管理人员违反现行法律法规等，指挥、命令他人进行违章作业，主要包括作业现场违章指挥和非作业现场违章指挥两类，多发生于实际生产生活中。违章指挥不是事故发生最直接的原因，却会导致事故直接原因中的违章操作和违章行动的发生。违章操作是指违反相关法律法规，具有操作对象或工具的不安全行为，如擅自关停局部通风机、作业前没有加固支架等。违章操作是物的不安全状态的直接来源。违章行动区别于违章操作，是指不以工作为目的或不涉及操作对象的不安全行为，如未佩戴安全帽、井下吸烟等。不违章不安全动作是指未违反法律法规，但动作本身是不安全的，可引起事故的发生。法律法规是在一定条件下形成的规范性文件，在生产现场随着生产方式方法的变化，会逐渐出现一些新的不安全行为而相关规定还没有及时更新的情况。

（7）行为痕迹

行为痕迹用于描述行为的可追溯性。本书中的行为痕迹参考神东煤炭集团等一些国内企业发布的《员工不安全行为管理手册》，依据行为发生后是否可追溯、是否会留下痕迹，将其划分为有痕不安全行为和无痕不安全行为。有痕不安全行为即不安全行为发生后，可以留下一定的痕迹，可以追溯，如配电箱未接地、“一闸多机”、配电箱电缆破损等。无痕不安全行为即不安全行为发生后不会留下一定的痕迹，不可追溯，只有在不安全行为发生过程中才可以被发现，如未佩戴安全帽、高处作业未佩戴安全带等。由于有痕不安全行为和无痕不安全行为的不同特性，针对有痕不安全行为，管理重点应及时进行责任认定，同时要依据企业相关规章制度进行相应的处罚；针对无痕不安全行为，管理重点应放在现场管理，即加强现场安全监督检查，及时发现并制止此类行为。

（8）风险等级

风险等级即行为的严重程度。参考《安全生产事故隐患排查治理暂行规定》中的规定，将事故隐患划分为一般事故隐患和重大事故隐患两个等级，结合一般事故、较大事故、重大事故、特别重大事故 4 个事故等级，经企业现场实践，本书将行为安全风险等级划分为低风险、一般风险、较大风险和重大风险 4 个等级。

从 8 个维度描述行为安全，覆盖了时间、地点、人物、动作等基本场景信息，同时也从“泛”多维度含义角度出发，从其性质、痕迹、类别、等级等角度进行描述，进一步完善了场景数据信息，为后续的数据分析与挖掘提供良好的基础。

以下选取建筑施工现场巡视图片，从行为安全的时间、位置区域、行为个体等 8 个维度进行现实场景数据采集示例，见表 4.3。

表 4.3　现实场景数据采集示例

现实场景	场景数据			
	行为时间	2023 年 9 月 23 日	专业类别	基础施工
	位置区域	施工区	行为性质	违章行动
	行为个体	砌筑工	行为痕迹	无痕不安全行为
	不安全动作	未佩戴劳动防护用品	风险等级	一般

本书从住宅工程项目和公路工程项目中，共收集了 2023 年的 259 张现场隐患及违章照片，经原始样本结构化处理，共获取 259 条结构化场景数据，经不安全动作的统一与简化处理，共得到 55 个不安全动作标准描述。现选取涵盖 55 个建筑施工标准化不安

全动作的 55 条场景数据，见表 4.4。

表 4.4 建筑施工标准化不安全动作的场景数据

序号	行为时间（2023 年）	位置区域	行为个体	不安全动作	专业类别	行为性质	行为痕迹	风险等级
1	3 月 24 日	配电区	电工	配电箱未接地	基础施工	违章操作	有痕	较大
2	3 月 24 日	施工区	焊工	电缆拖地	装饰装修	违章操作	无痕	一般
3	3 月 24 日	配电区	电工	“一闸多机”	基础施工	违章操作	有痕	较大
4	3 月 24 日	施工区	焊工	电缆破损，接头较多	主体结构	违章操作	有痕	一般
5	3 月 29 日	配电区	电工	漏电保护器失灵	基础施工	违章操作	有痕	较大
6	4 月 1 日	钢筋加工区	钢筋工	配电箱下堆满杂物	竣工验收	违章操作	有痕	一般
7	4 月 1 日	施工区	模板工	电缆未架空和固定	主体结构	违章操作	有痕	一般
8	4 月 4 日	施工区	模板工	使用明插座	主体结构	违章操作	无痕	较大
9	1 月 11 日	配电区	电工	配电箱检查记录不全	基础施工	违章行动	有痕	低
10	1 月 18 日	配电区	电工	配电箱无责任牌	装饰装修	违章行动	有痕	低
11	4 月 5 日	施工区	电工	电缆浸泡水中	装饰装修	违章行动	无痕	较大
12	5 月 6 日	配电区	电工	配电箱箱体损坏	主体结构	违章行动	有痕	低
13	4 月 28 日	施工区	电工	电焊机接线柱无防护罩	主体结构	违章操作	有痕	一般
14	6 月 18 日	施工区	焊工	电焊机未加装二次空载降压保护器	主体结构	违章操作	无痕	较大
15	6 月 26 日	配电区	电工	配电箱内违规接用插座	基础施工	违章操作	无痕	较大
16	7 月 31 日	施工区	电工	配电箱违规接线	主体结构	违章操作	有痕	较大
17	9 月 16 日	施工区	焊工	电焊违规使用插座	基础施工	违章操作	无痕	较大
18	9 月 28 日	施工区	焊工	焊接使用插座	主体结构	违章操作	无痕	较大
19	9 月 28 日	施工区	砌筑工	电缆线上搭设、搭接物体	主体结构	违章操作	有痕	较大
20	9 月 28 日	施工区	砌筑工	电缆未采取绝缘防护措施	基础施工	违章行动	有痕	较大
21	4 月 26 日	施工区	砌筑工	临边无防护	装饰装修	违章行动	有痕	较大
22	4 月 26 日	施工区	架子工	模板架搭设不平整、不规范	基础施工	违章操作	有痕	一般
23	4 月 28 日	施工区	模板工	安全网破损	主体结构	违章行动	有痕	一般

续表

序号	行为时间（2023年）	位置区域	行为个体	不安全动作	专业类别	行为性质	行为痕迹	风险等级
24	5月7日	施工区	架子工	扫地杆未连接	主体结构	违章操作	有痕	一般
25	5月7日	施工区	架子工	回顶杆立杆不合规范	基础施工	违章操作	有痕	一般
26	5月17日	施工区	砌筑工	预留洞口未设置防护	装饰装修	违章行动	有痕	较大
27	6月1日	施工区	架子工	外架螺栓未拧紧	基础施工	违章操作	有痕	低
28	5月6日	施工区	架子工	脚手板未满铺	主体结构	违章操作	有痕	较大
29	5月6日	施工区	钢筋工	未佩戴安全带	基础施工	违章行动	无痕	一般
30	9月16日	施工区	架子工	高处作业平台无防护	主体结构	违章行动	有痕	较大
31	3月24日	储料区	油漆工	使用碘钨灯	主体结构	违章行动	有痕	低
32	5月22日	施工区	抹灰工	吸烟	装饰装修	违章行动	无痕	低
33	1月6日	施工区	焊工	焊接作业未设置接火斗	基础施工	违章操作	无痕	较大
34	4月28日	生活区	—	灭火器未定期检查	装饰装修	违章行动	无痕	低
35	4月28日	生活区	油漆工	未按要求存放易燃、易爆物品	竣工验收	违章操作	有痕	一般
36	9月28日	施工区	砌筑工	未设置灭火器	竣工验收	违章行动	有痕	一般
37	10月1日	钢筋加工区	钢筋工	乙炔瓶无防回火装置	主体结构	违章行动	有痕	较大
38	10月17日	生活区	—	灭火器失效	主体结构	违章行动	有痕	一般
39	11月1日	施工区	焊工	氧气瓶倒地放置	主体结构	违章操作	有痕	一般
40	12月27日	施工区	焊工	氧气瓶、乙炔瓶间距不足	主体结构	违章行动	无痕	一般
41	12月27日	施工区	焊工	乙炔瓶压力表损坏	主体结构	违章行动	有痕	一般
42	6月13日	钢筋加工区	焊工	电焊机使用后焊条未取下	基础施工	违章操作	有痕	较大
43	4月1日	施工区	架子工	架体与建筑结构拉结不符合规范	主体结构	违章操作	有痕	较大
44	4月19日	施工区	架子工	脚手架底部横杆未连接	主体结构	违章操作	有痕	一般
45	5月6日	施工区	凿岩工	边坡未防护	基础施工	违章行动	有痕	较大
46	8月23日	拌合区	混凝土工	安全警示标识牌设置不规范	主体结构	违章行动	有痕	一般
47	3月27日	施工区	架子工	未佩戴安全帽	装饰装修	违章行动	无痕	一般

续表

序号	行为时间（2023 年）	位置区域	行为个体	不安全动作	专业类别	行为性质	行为痕迹	风险等级
48	4 月 26 日	钢筋加工区	钢筋工	杂物过多未清理	竣工验收	不违章不安全动作	有痕	低
49	4 月 26 日	吊装区	钢筋工	吊装码物不规范	基础施工	违章操作	有痕	较大
50	5 月 3 日	吊装区	钢筋工	吊斗钢丝绳卡环数量不符合规范	主体结构	违章操作	有痕	较大
51	9 月 28 日	施工区	模板工	装载机违规载人	装饰装修	违章操作	无痕	一般
52	9 月 28 日	木料加工区	木工	机械设备未设置防护罩	主体结构	违章行动	有痕	较大
53	8 月 16 日	施工区	凿岩工	未佩戴防尘口罩	基础施工	违章行动	无痕	一般
54	8 月 23 日	拌合区	混凝土工	缺少照明设备	主体结构	违章行动	有痕	一般
55	12 月 3 日	施工区	管道工	风水管线堆放杂乱、未固定	基础施工	违章行动	有痕	低

4.2.3 结构化场景数据挖掘

4.2.3.1 单维度可视化挖掘

可视化理论由阿农（Anon）[36]于 1987 年提出。他认为可视化是科学计算的一种方式，是为了使研究者能够直观地观测全部模拟和计算的过程，并直观展示数据的潜在价值，而将抽象的数据转换为直观图形图像的过程。之后，可视化理论逐渐引起学者们的关注，随着研究的加深，可视化的应用范围已经不仅仅局限于科学计算领域。可视化理论在安全学科也得到应用，主要体现在通过图像、图形和动画等可视化方式，直观地表现安全学科数据与信息。如今在建筑工程、地铁施工、设施设备管理等方面，很多学者都利用可视化理论进行了一定的研究工作，并取得了良好的进展。如，朴赞植（Chan-Sik Park）等[37]基于可视化技术，建立了建筑施工安全管理可视化系统。该系统由计划、监测、培训和可视化 4 个模块组成，可有效识别危险源，提高员工风险感知能力。谭章禄 等[38]构建了城市地下空间可视化管理方案，建立了地下空间安全可视化管理需求模型，为地下空间安全管理信息系统提供了科学的理论和方法。

可视化技术的核心目的是在最短的时间里直观高效地获取更多信息。对于不安全行为的统计分析，仅采用频数统计表是比较单薄的，而采用图形图表等可视化方式能够表达研究对象的特征结构，从而大大提高对于统计信息的认知效率。因此，本书选取统计图和统计表相结合的方式进行不安全行为“泛场景”数据的外部特征研究。

在可视化理论基础之上，本书基于“泛场景”数据，通过选取不同类型的可视化图表进行不安全行为单维度的实例研究，从而分析工人不安全行为的外部特征，使用的软件工具包括 IBM SPSS Statistics 22 和 Origin Pro 2017。

下面以从住宅工程项目和公路工程项目所收集的 8 个维度场景数据为例，进行单维度可视化分析。

（1）行为时间维度分析

为了分析建筑施工工人不安全行为发生数量在不同月份的分布规律，本书采用了月份作为时间维度的统计格式。可视化图展示了各月份不安全行为的发生数量，如图 4.3 所示。

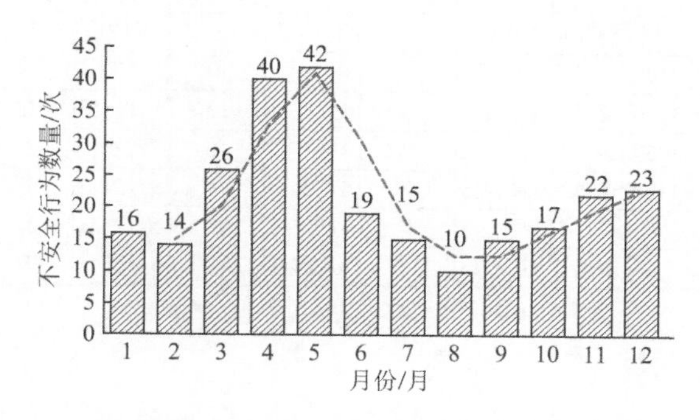

图 4.3　各月份不安全行为的发生数量

由图 4.3 可以看出，3 月、4 月、5 月的不安全行为数量较多，6 月开始不安全行为数量明显减少，7 月、8 月不安全行为数量持续降低。而后从趋势线可以看出，8 月以后不安全行为数量又呈现上升趋势。

结合企业实际情况进行分析，3 月、4 月、5 月不安全行为数量较多，主要是春节后的“后节日情绪”导致工人安全意识松懈，从而使违章行为增加。6 月不安全行为数量明显减少，主要是因为 6 月为我国的“安全生产月”，企业会开展很多安全检查、安全教育和安全促进活动，一系列不安全行为干预措施的实施，能够有效引导工人行为，工人安全意识提高，从而使不安全行为明显减少。7 月、8 月不安全行为数量持续减少，是因为“安全生产月”的一系列不安全行为干预措施持续发挥作用，从而使不安全行为数量继续减少。而 8 月以后不安全行为呈现上升趋势，主要是由于检查干预力度减弱，工人安全意识下降。

从不安全行为干预的角度分析，这也说明单一的不安全行为集中检查方式无法使不安全行为持续降低。不仅在建筑施工行业，在煤矿等行业也存在不安全行为干预时效性不足的问题。

为了进一步验证不安全行为干预时效性不足的问题，选取不安全行为数量较多的 3 月、4 月、5 月进行深入研究。结合案例企业实际情况，工程项目部基本每周不定期进行一次现场检查，即大致每个月进行 4 次现场检查。在每 2 个检查日中间随机选取一日为观察日，从而观察并记录不安全行为数量。例如：工程项目部在 3 月 4 日进行了一次现场安全检查，选取了 3 月 5 日为观察日；工程项目部于 3 月 11 日进行现场安全检查，选取了 3 月 16 日为观察日；工程项目于 3 月 17 日进行安全检查，选取 3 月 19 日为观察日。3 月、4 月、5 月不同日期的不安全行为数量可视化图表如图 4.4 所示。

月份 / 类别	3月		4月		5月	
	日期	数量/次	日期	数量/次	日期	数量/次
date1（检查日）	3月4日	5	4月3日	8	5月7日	12
date2（观察日）	3月5日	4	4月6日	10	5月10日	11
date3（检查日）	3月11日	8	4月12日	13	5月15日	13
date4（观察日）	3月16日	7	4月16日	10	5月20日	7
date5（检查日）	3月17日	7	4月20日	9	5月24日	8
date6（观察日）	3月19日	5	4月24日	11	5月26日	9
date7（检查日）	3月25日	6	4月29日	10	5月30日	9

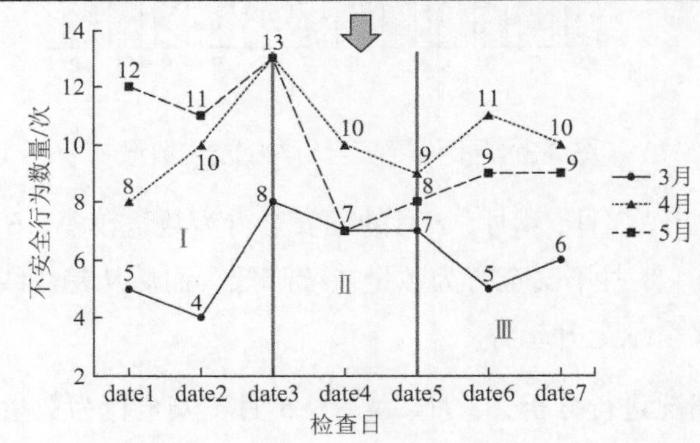

图 4.4　不同日期的不安全行为数量可视化图表

可见，date1、date3、date5 和 date7 为每月中的 4 个检查日，date2、date4 和 date6 为每个月选取的 3 个观察日。在Ⅰ、Ⅱ、Ⅲ检查周期内出现多个不安全行为先下降后上升的变化阶段，主要有Ⅰ阶段的 3 月和 5 月；Ⅱ阶段的 4 月和 5 月；Ⅲ阶段的 3 月。这进一步证明了不安全行为干预的时效性规律。因此，说明不安全行为干预方法不是一劳永逸的，要想干预措施具有长远性，需在单一现场检查制度基础之上，加入不同的安全提升措施和活动，不断调整，不断完善。

（2）位置区域维度分析

对前文所述的 259 条建筑施工不安全行为"泛场景"数据集进行位置区域频数统

计，见表4.5。

表4.5　位置区域频数统计

序号	位置区域	不安全行为发生数/次	百分比/%	累计百分比/%
1	施工区	152	59	59
2	配电区	56	22	81
3	钢筋加工区	26	10	91
4	木料加工区	3	1	92
5	吊装区	4	2	94
6	储料区	3	1	95
7	拌合区	6	2	97
8	生活区	9	3	100
总计		259	100	—

从表4.5中可以得出，施工区发生不安全行为的数量最多为152次，占总量的59%。同时可以看出，施工区、配电区、钢筋加工区3个位置区域发生不安全行为数量累计高达91%，其余的木料加工区、吊装区、储料区、拌合区和生活区5个位置区域的不安全行为均低于5%。

为直观清晰地反映各位置区域百分比，选取可视化视图（饼状图）展示各位置区域不安全行为数量百分比，如图4.5所示。

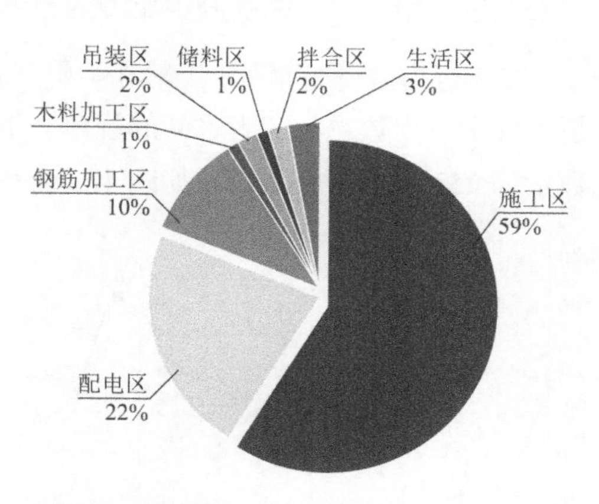

图4.5　各位置区域不安全行为数量百分比

结合企业实际，因本书研究数据样本来源于住宅项目和道路项目，且项目都处于施工阶段，施工区是工程项目部现场巡查的最重要的区域，因此检查出的不安全行为数量最多。同时，因施工现场临时用电技术复杂，所以电气方面隐患较多，企业不定期组织多次安全用电专项检查用以消除隐患，因此配电区检查出的不安全行为数量较多。

（3）行为个体维度分析

建筑施工不安全行为"泛场景"数据中，行为个体维度的统计格式为"岗位工种 + 年龄 + 工龄 + 学历"。

不同岗位工种的不安全行为数量（统计总数量为 252 次）分布如图 4.6 所示。

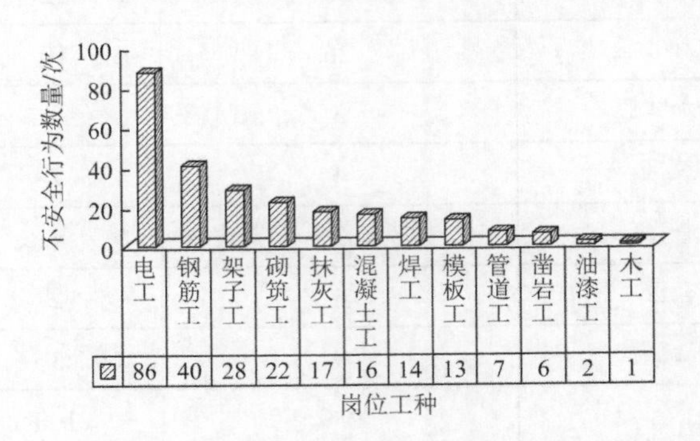

图 4.6　不同岗位工种的不安全行为数量分布

从图 4.6 中可以看出，电工、钢筋工和架子工发生的不安全行为数量最多，其中电工共发生 86 次不安全行为，占总数的 34.1%。

电工必须经过考核合格后才能持证上岗，同时施工现场涉及临时用电设备和线路的工作必须由电工完成。施工现场临时用电技术复杂，安全用电细节较多，因此电工发生的不安全行为数量最多。从企业安全管理工作考虑，需严格落实电工持证上岗的管理制度，定期开展有针对性的安全供电培训，不断提高电工专业技术水平。

在统计分析中发现，不安全行为数量与年龄、工龄和学历三者之间存在一定的内在关联，因此本书重点分析不安全行为数量与三者之间的规律。不安全行为数量与年龄、工龄和学历（各统计总数量为 253 次）的关系曲线如图 4.7 所示。

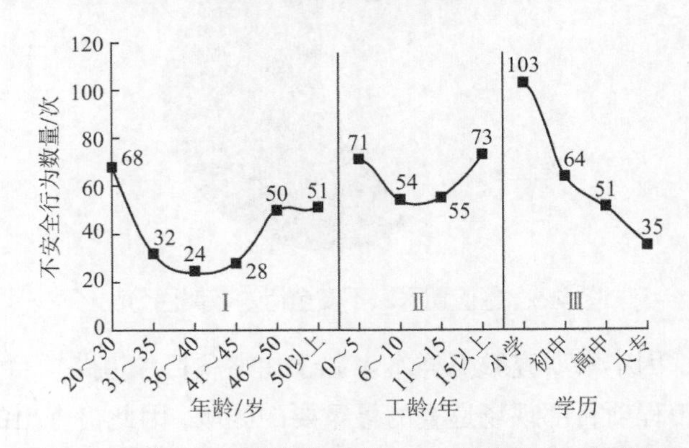

图 4.7　不安全行为数量与年龄、工龄和学历的关系曲线

Ⅰ区域为年龄统计区，从图4.7中可以看出，出现不安全行为最多的年龄为20～30岁（68次，26.9%），46～50岁（50次，19.8%）和50岁以上（51次，20.2%），表现在低年龄段和高龄年段。通过与企业安全管理人员进行访谈调查可知，低年龄段工人发生不安全行为次数多主要是因为经验不足，多表现为无意不安全行为，即经验不足、知识缺乏引起的疏忽和遗忘；高年龄段工人发生不安全行为主要表现为习惯性违章行为。

Ⅱ区域为工龄统计区，从图4.7中可以看出，不安全行为发生次数在工龄上的分布规律和年龄相同，因此可以得出，年龄越大工龄越大，且出现不安全行为次数最多的工龄段为0～5年（71次，28.1%）和15年以上（73次，28.9%）。与年龄角度的变化类似，低工龄的工人经验不足、知识缺乏是造成其发生不安全行为的主要原因，高工龄的工人习惯性违章是造成其发生不安全行为的根本原因。

Ⅲ区域为学历统计区，从图4.7中可以看出，学历由低到高，发生不安全行为的次数呈现递减的趋势，和年龄的变化趋势相反。因此，可以得出年龄越大学历越低的整体趋势。针对学历区域的统计，出现不安全行为最多的学历段为小学（103次，40.7%）。该学历段的工人学历较低，学习能力和接受能力较差，因此出现不安全行为较多。在统计中发现，小学学历工人中45岁以上占88%，其中50岁以上的工人全部为小学学历。这也进一步说明，高年龄、高工龄的工人学历较低，习惯性违章是其主要不安全行为。

为了更为清晰地反映年龄、工龄和学历三者之间的内在关联，选取可视化雷达图展示不安全行为发生数量在年龄、工龄和学历上的分布规律，如图4.8所示。Ⅰ区域为年龄统计区，Ⅱ区域为工龄统计区，Ⅲ区域为学历统计区。加粗线区域为不安全行为易发工人行为个体属性。可以看出，建筑施工易发不安全行为工人年龄多发生在20～30岁和45岁以上两个年龄段，其工龄多为0～5年和15年以上，其学历大多为小学。

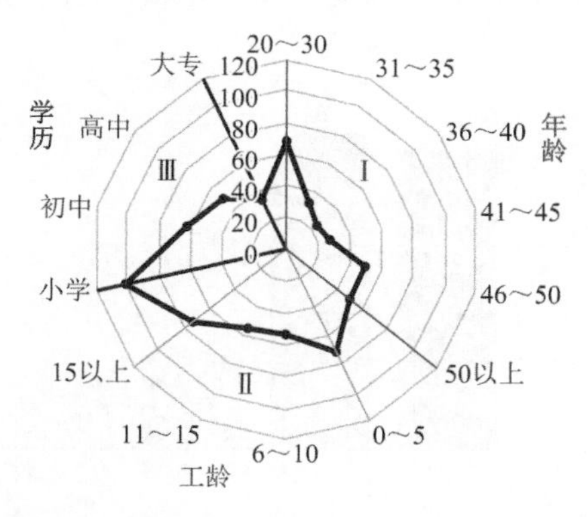

图4.8 不安全行为发生数量在年龄、工龄和学历上的分布规律

（4）不安全动作维度分析

基于55个标准化不安全动作，将其进一步分为电气类、高处作业类、动火作业类、

车辆类、机械类、起重类和其他共 7 类，每一类包括的不安全动作数量见表 4.6。

表 4.6 不安全动作类别及数量

不安全动作类别	主要事故类型	不安全动作数量/次
电气类	触电	20
高处作业类	坍塌、高处坠落、物体打击	16
动火作业类	火灾	12
车辆类	车辆伤害	1
机械类	机械伤害	1
起重类	起重伤害	2
其他	上述事故类型之外	3
总计		55

（5）专业类别维度分析

将 259 次总统计量以施工阶段划分专业类别维度，不同专业类别的不安全行为数量如图 4.9 所示。可以发现，基础施工和主体结构施工阶段发生的不安全行为数量最多，分别为 97 次和 103 次，百分比分别为 37.5%和 39.8%，而装饰装修阶段和竣工验收阶段发生的不安全行为则较少，分别为 33 次和 26 次，百分比分别为 12.7%和 10.0%。这主要是由于前两个施工阶段相比后两个阶段需要大量准备工作，施工涉及工艺多且复杂，需要大量的机械设备等参与，人员的不安全行为数量也会增多。因此，建筑施工企业应将不安全行为的干预重心放在基础施工和主体结构施工阶段。

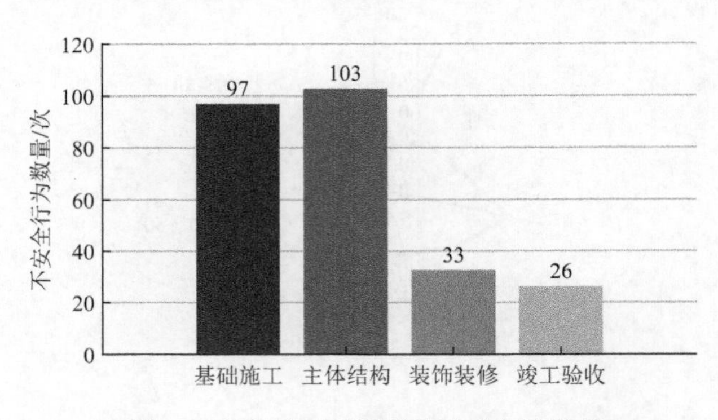

图 4.9 不同专业类别的不安全行为数量

（6）行为性质维度分析

对 259 条建筑施工不安全行为“泛场景”数据集进行行为性质维度的频数统计，根据原始样本结构化处理中对行为性质维度的划分，不同行为性质的不安全行为百分比如图 4.10 所示。

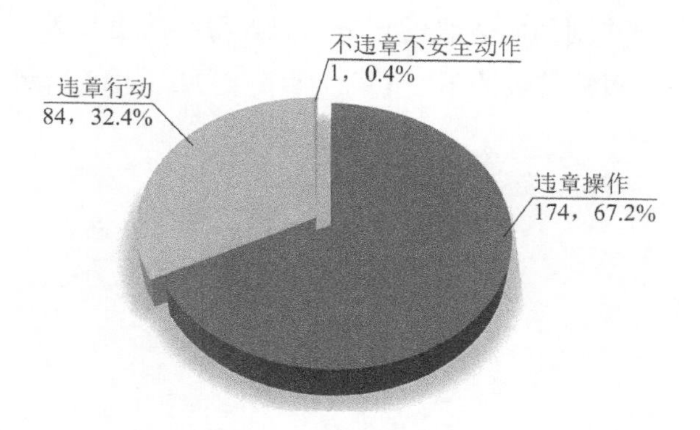

图 4.10　不同行为性质的不安全行为百分比

从图 4.10 中可以看出，违章操作发生 174 次，占总体的 67.2%。从现实情况来看，在建筑施工现场检查工作中，最直接的检查对象为物的不安全状态，即由工人不安全行为造成的不安全物态。因为违章操作是物的不安全状态的直接来源，因此违章操作发生次数最多。不违章不安全动作在本次调查活动中仅出现过一次，为“杂物过多未清理”。

（7）行为痕迹维度分析

对 259 条建筑施工不安全行为“泛场景”数据集进行行为痕迹维度的频数统计，根据原始样本结构化处理中对行为痕迹的划分，不同行为痕迹的不安全行为发生次数和百分比如图 4.11 所示。

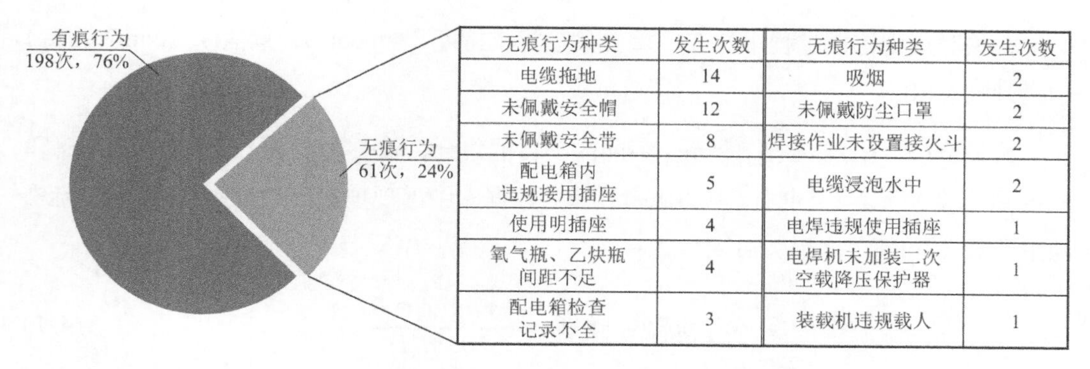

无痕行为种类	发生次数	无痕行为种类	发生次数
电缆拖地	14	吸烟	2
未佩戴安全帽	12	未佩戴防尘口罩	2
未佩戴安全带	8	焊接作业未设置接火斗	2
配电箱内违规接用插座	5	电缆浸泡水中	2
使用明插座	4	电焊违规使用插座	1
氧气瓶、乙炔瓶间距不足	4	电焊机未加装二次空载降压保护器	1
配电箱检查记录不全	3	装载机违规载人	1

图 4.11　不同行为痕迹的不安全行为发生次数和百分比

从图 4.11 中可以看出，有痕不安全行为出现 198 次，占总数量的 76%。无痕不安全行为出现 61 次，占总数量的 24%，经统计无痕行为有 14 个种类，发生次数最多的种类为电缆拖地、未佩戴安全帽和未佩戴安全带。

（8）风险等级维度分析

对 259 条建筑施工不安全行为“泛场景”数据集进行风险等级维度的频数统计，根据原始样本结构化处理中对风险等级的划分，风险等级维度反映了不同严重程度安全隐患的数量关系，不同风险等级的不安全行为百分比如图 4.12 所示。

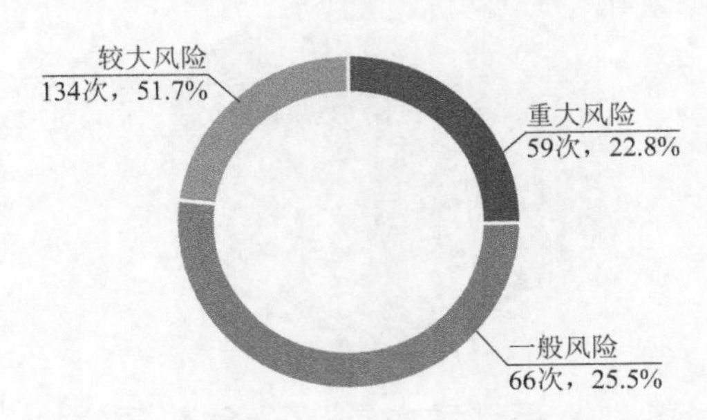

图 4.12　不同风险等级的不安全行为百分比

从图 4.12 中可以看出，较大风险等级的不安全动作出现 134 次，占 51.7%；一般风险等级的不安全动作出现 66 次，占 25.5%；重大风险等级的不安全动作出现 59 次，占 22.8%；无特别重大风险等级的不安全动作。较大风险、一般风险和重大风险的比例大约为 2∶1∶1。

4.2.3.2　多维度关联规则挖掘

关联规则是应用于大型数据库挖掘的技术，其核心是展现项集间关联与相关性的规则。关联规则是形如$A \Rightarrow B$的蕴涵式，其中，$A \Rightarrow B$表示A和B之间的关联；A为关联规则的先导（left-hand-side，LHS）；B为关联规则的后继（right-hand-side，RHS）。

在关联规则挖掘过程中的 3 个重要参量为支持度（support）、置信度（confidence）和提升度（lift）。

设集合$I = \{I_1, I_2, \cdots, I_m\}$是$m$个不同的项目的集合，被称为项集。支持度为 LHS 和 RHS 所包括的元素都同时出现的概率，即为数据库中出现项集A和B的次数$(A \cap B)$与总项集数量（count）之比，可表示为：

$$support(A \Rightarrow B) = \frac{count(A \cap B)}{count(I)} \tag{4.1}$$

支持度反映关联规则间的强弱，最小支持度（$support_{\min}$）是项集的最小支持阈值。定义频繁项集为支持度大于$support_{\min}$的项集。一般的支持度大于 8%为强链接，支持度小于 5%为弱链接，因此通常选取$support_{\min}$应大于 5%，最优选取$support_{\min}$大于 8%。

置信度为在集合中出现先导A的同时又含有后继B的概率，可表达为：

$$confidence(A \Rightarrow B) = \frac{support(A \cap B)}{support(A)} \tag{4.2}$$

在关联规则挖掘过程中，只有满足支持度和置信度都较高的关联规则才可以被认为是有参考价值的关联规则。设定最小置信度$confidence_{\min}$，定义强关联规则为关联规则$A \Rightarrow B$同时满足支持度大于或等于$support_{\min}$，置信度大于或等于$confidence_{\min}$。

提升度反映了后继受先导影响的大小。提升度大于1时，说明先导对后继有很大影响，此关联规则具有明显现实意义；提升度小于1时，说明受先导影响条件下后继出现概率比先导概率还小，此关联规则无现实意义；提升度等于1时，说明先导概率与后继概率彼此独立，不存在关联关系。提升度为$A \Rightarrow B$的置信度与B的支持度之比，可表示为：

$$lift(A \Rightarrow B) = \frac{confidence(A \Rightarrow B)}{support(B)} \tag{4.3}$$

本书选取IBM公司的SPSS Modeler 24.0软件为关联规则挖掘工具。SPSS Modeler是一款集多种算法的数据挖掘工具，支持从数据获取、转换、建模、评估到最终部署的整个数据挖掘流程。

下面以259条“泛场景”数据为集合I，设先导$A=${时间，位置区域，行为个体，行为性质，行为痕迹}，后继$B=${不安全动作}，通过挖掘关联规则$A_i \Rightarrow B$，从而探究表4.4列出的各维度与不安全动作维度的交互作用，深入分析不安全行为的内在特征。

因篇幅所限，避免重复，本书选取最具代表性的行为个体与不安全动作交互分析，深入分析工人岗位工种与不安全动作之间的关联规则，详细展现“泛场景”数据挖掘的完整过程，即设先导$A=${岗位工种}，后继$B=${不安全动作}，探究不同岗位工种的工人最容易发生哪种不安全动作。

（1）构建关联规则挖掘数据流

应用SPSS Modeler 24.0软件构建岗位工种与不安全动作关联规则挖掘数据流，具体操作步骤如下（见图4.13）。

1）定义数据流的源节点。从页面下方“源”中选择“statistics文件”添加到数据流区域，后续导入规范化岗位工种与不安全动作交互数据文件作为数据源。

2）为数据流添加“类型”节点，对数据源中的字段进行类型、格式和角色的设置。从页面下方“字段选项”中选择“类型”添加到数据流区域。

3）为数据流添加“过滤”节点。在“字段选项”中选择“过滤”添加到数据流区域，从而将不参与建模的字段过滤掉。

4）为数据流添加“网络”节点。选择“图形”中的“网络”添加到数据流区域。在模型运行过程中，在“字段”列表中选择添加字段，即可输出交互关系网络。

5）为数据流添加“Apriori”节点，开始进行关联规则挖掘。选择“建模”中的“Apriori”添加到数据流区域，通过设置最小支持度、最小置信度、最大前项数等参数，输出关联规则结果。

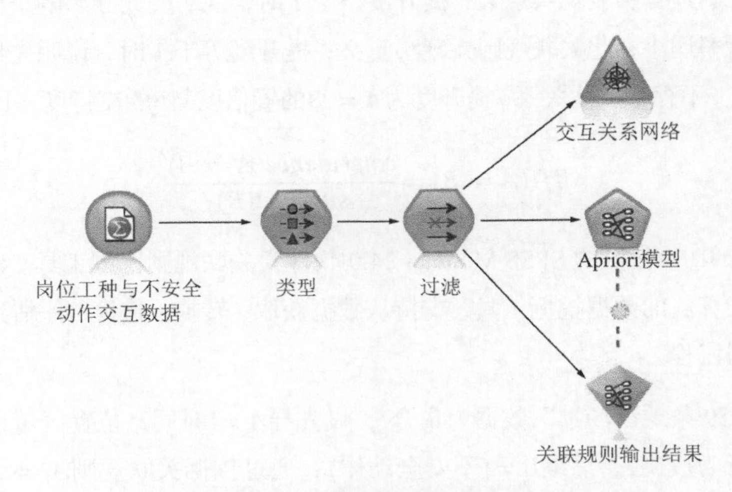

图4.13　关联规则挖掘数据流步骤

（2）构建布尔矩阵

利用“泛场景”数据中包含的信息进行布尔矩阵的构建。岗位工种与不安全动作信息布尔矩阵见表4.7。

表4.7　岗位工种与不安全动作信息布尔矩阵

序号	12个岗位工种			55个标准化不安全动作		
	电工	钢筋工	…	“一闸多机”	机械设备未设置防护罩	…
1	1	0	…	1	0	…
2	0	0	…	0	0	…
3	0	1	…	0	1	…
…	…	…	…	…	…	…

矩阵中行代表维度，包括岗位工种 12 个{电工，钢筋工，……}和不安全动作 55 个{“一闸多机”，机械设备未设置防护罩，……}；矩阵中序号，即为现实场景编号，针对每一条“泛场景”数据反映的信息，矩阵中数字 1 表示该项出现，0 表示该项未出现。最终形成 259 × 65 的布尔矩阵，将其输入 IBM SPSS Statistics 22 中，得到岗位工种与不安全动作交互布尔矩阵如图 4.14 所示。

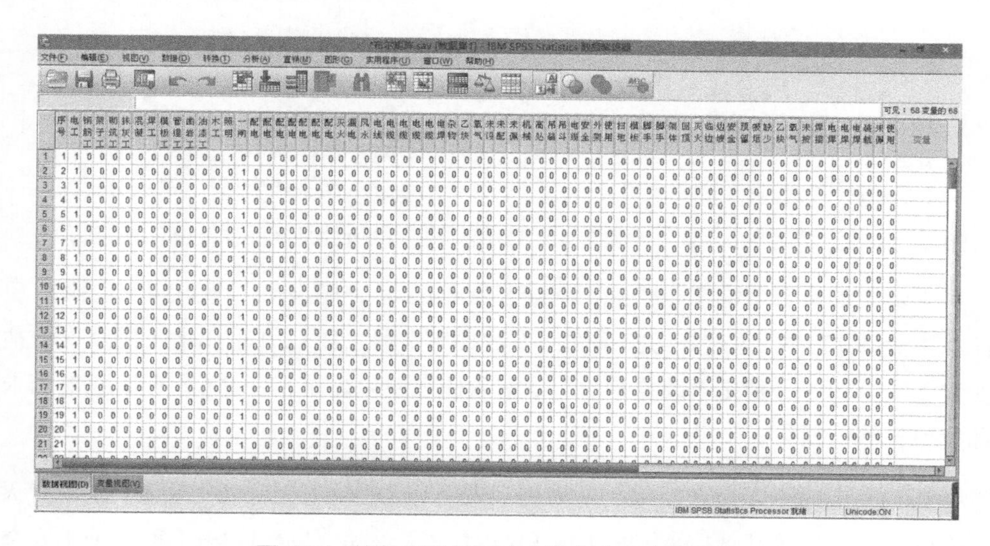

图 4.14　岗位工种与不安全动作交互布尔矩阵

（3）输出关联关系网络

在 SPSS Modeler 24.0 中导入已构建的岗位工种与不安全动作交互布尔矩阵，对数据源中的字段进行类型、格式和角色设定，过滤掉“序号”字段，依次添加 12 个岗位工种及其对应发生的不安全动作字段，点击“运行”，依次输出 12 个岗位工种与不安全动作交互关系网络。如图 4.15 所示为数量比较丰富且关系更为明显的电工、钢筋工、架子工和砌筑工的岗位工种与不安全动作交互关系网络。

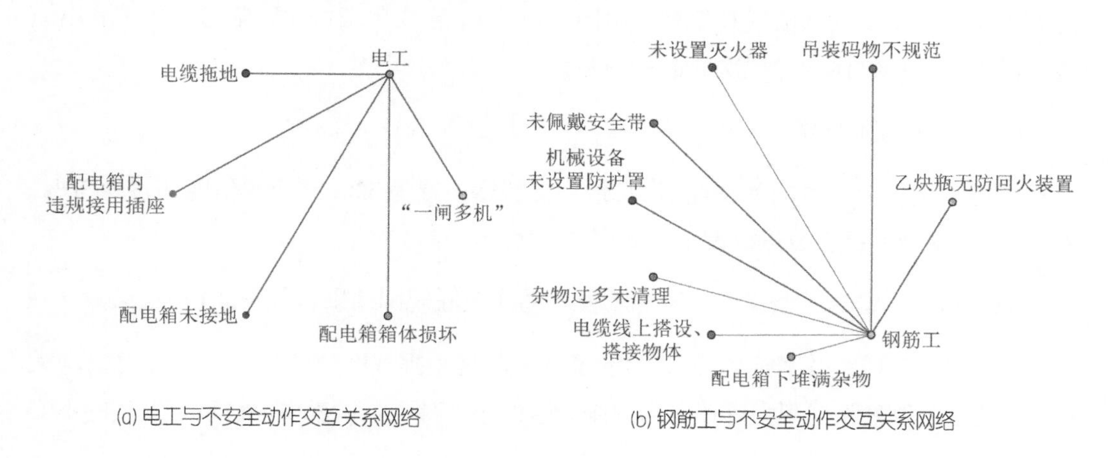

(a) 电工与不安全动作交互关系网络

(b) 钢筋工与不安全动作交互关系网络

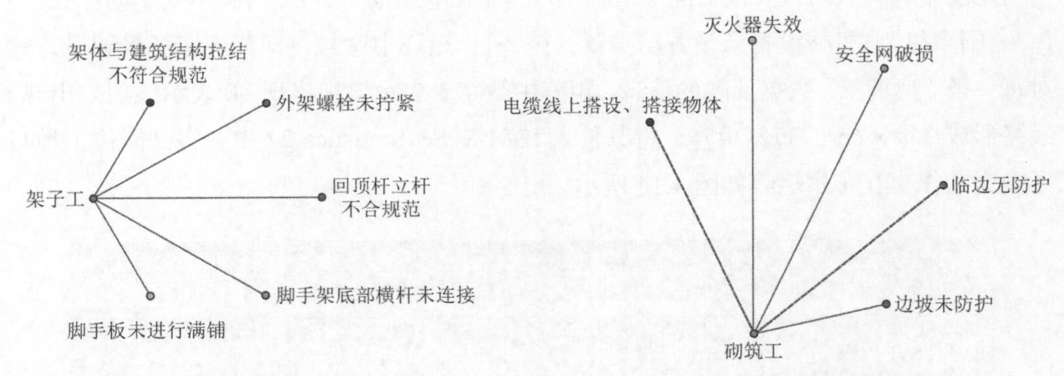

图 4.15　电工、钢筋工、架子工和砌筑工的岗位工种与不安全动作交互关系网络（部分）

电工发生的不安全动作包括照明线路布置杂乱、“一闸多机”、配电箱未接地、电缆浸泡水中等共 17 种。通过交互关系网络系数设定，图 4.15（a）输出电工发生次数最多的 5 种不安全动作分别是电缆拖地、配电箱内违规使用插座、“一闸多机”、配电箱未接地和配电箱箱体损坏。

钢筋工发生的不安全动作包括杂物过多未清理、乙炔瓶无防回火装置、未设置灭火器、未佩戴安全带等共 15 种。图 4.15（b）输出了钢筋工发生次数最多 8 种不安全动作，同时线的粗细代表维度同时出现的频数，同时出现的频数越高，其连线越粗；反之则越细。因此，这 8 种不安全动作中，出现频率更高的不安全动作为机械设备未设置防护罩、乙炔瓶无防回火装置、吊装码物不规范共 3 种。

架子工发生的不安全动作包括未佩戴安全带、未佩戴安全帽、外架螺栓未拧紧、模板架搭设不平整不规范等共 12 种，图 4.15（c）输出其发生次数较多的 5 种。

砌筑工发生的不安全动作包括灭火器失效，临边无防护，电缆线上搭设、搭接物体，边坡未防护以及安全网破损共 5 种，由图 4.15（d）连线粗细可知，临边无防护和电缆线上搭设、搭接物体为出现次数最多的两种。

（4）关联规则挖掘

为得到更多有价值的关联规则，将最小支持度设置为 5%，最小置信度调整为 30%，对 Apriori 模型关键参数进行设定，如图 4.16 所示。

通过运行，输出 5 条岗位工种和不安全动作关联规则结果，如图 4.17 所示。

由图 4.17 可知，针对电工而言，验证其关联规则提升度分别为 2.41 和 2.26，均大于 1，则这两条关联规则为有效的强规则。这说明，对于电工来说，最容易发生的不安全动作为配电箱未接地和“一闸多机”。

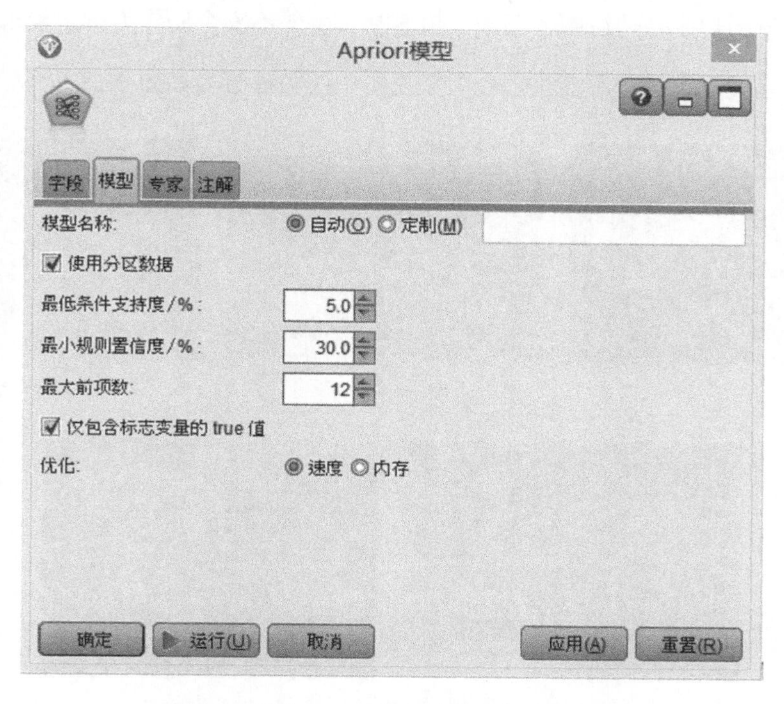

图 4.16　对 Apriori 模型关键参数进行设定

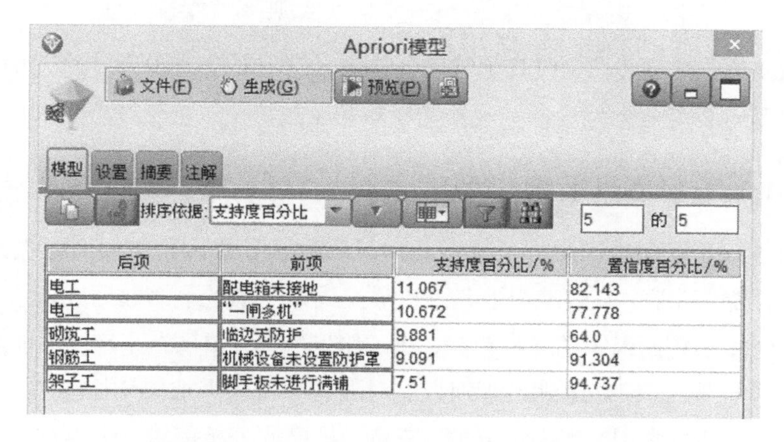

后项	前项	支持度百分比/%	置信度百分比/%
电工	配电箱未接地	11.067	82.143
电工	“一闸多机”	10.672	77.778
砌筑工	临边无防护	9.881	64.0
钢筋工	机械设备未设置防护罩	9.091	91.304
架子工	脚手板未进行满铺	7.51	94.737

图 4.17　岗位工种和不安全动作关联规则结果

针对砌筑工而言，验证其关联规则提升度为 7.11，大于 1，则该关联规则为有效的强规则。这说明，对于砌筑工来说，最容易发生的不安全动作为临边无防护。

针对钢筋工而言，验证其关联规则提升度为 4.55 ，大于 1，则该关联规则为有效强规则。这说明，对于钢筋工来说，最容易发生的不安全动作为机械设备未设置防护罩。

针对架子工而言，其支持度为 7.51%，达到了大于 5%的标准，接近但未达到大于

8%，所以为较强规则，可以接受。验证其关联规则提升度为 8.55，大于 1，则该关联规则为有效的较强规则。这说明，架子工最容易发生的不安全动作为脚手板未进行满铺。

因此，在岗位工种和不安全动作关联规则中的关键行为如图 4.18 所示。

(a) 临边无防护

(b) “一闸多机”

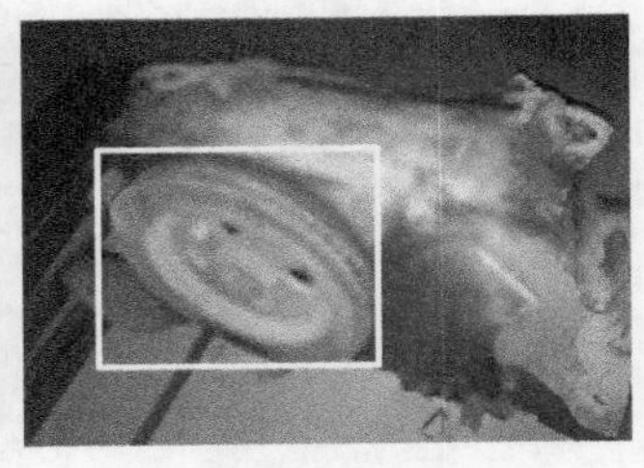
(c) 机械设备未设置防护

(d) 配电箱未接地

(e) 脚手板未满铺

图 4.18　岗位工种和不安全动作关联规则中的关键行为

采用同样的方法和步骤，以其他维度为先导，以不安全动作为后继，可以探究不同维度最易出现的不安全行为。

4.2.4　场景多维数据模型建立

考虑到各行业安全生产数据的爆发式增长和数据量级别，需要对数据进行分库分表，以便于清晰、科学、有效地提取某条、某类或某一场景下的数据或记录。多维数据模型是数据仓库中数据组织的一种模型，由“维度”和“事实”来定义，能够将数据组织成多维数据的形式，较好地满足管理人员对数据分析的需求。本书建立的多维数据模型是以场景标识建立索引，以满足分类、查询、排序或分析需求。多维数据模型的应用可根据行业特性、生产环境、应用场景的不同需求，可以对维度进行拓展。

在多维数据模型中，一部分数据是测量值，称为度量。度量是有数字、有单位的数据，依赖于维，而维提供了度量的上下文关系。维是观察数据的特定角度，是考虑问题所涉及的一类属性，属性的集合便构成一个维。某个维还可以存在细节程度互异的各个描述层面，称为维的层次。一个维往往具有多个层次，如时间维，可以从年、月、日、时等不同层次来描述。当多维度数组中的各个维都选中一个维成员，这些维成员的组合就是唯一的确定的度量值。维和度量的组合称为事实，事实可用多个维数组来表示。

对于逻辑上的多维数据模型，在物理上可以用关系数据模型来实现，如星型模型、雪花模型、星网模型等。星型模型是多维数据模型最为基础的实现方式，由一个事实表（大表）和多个维表（小表）组成，这样逻辑上的多维即可通过物理上的关系模型来表现。本书是对场景数据中的行为进行多维度分析，将其划分为 8 个维度。则场景实现多维数据模型如图 4.19 所示。维表是围绕事实表建立的较小的表，一个维表中包含该维的不同层次的描述，如图 4.19 所示中的时间维、区域位置维等就是维表。事实表的关键字由各个维表的关键字构成，因此事实表和各个维表都是一对多的联系。除了关键字外，事实表中还存放有大量数据，如岗位工种、施工作业区等。因此事实表中的一条记录就代表着一个事实，即维和度量的组合。

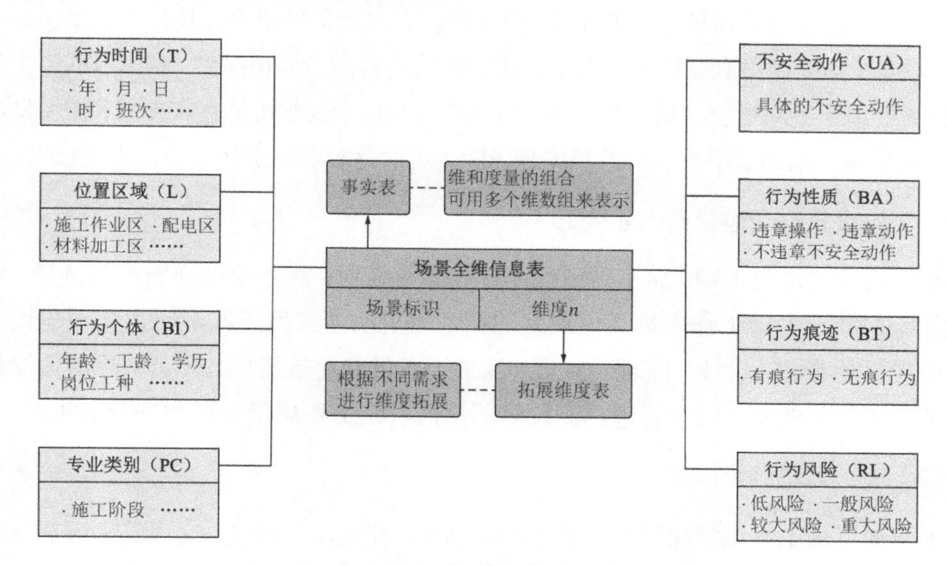

图 4.19　场景实现多维数据模型

多维数据模型作为典型的星形模型，可针对各个维进行预处理，该模型既提高了数据分析的速度，又可以满足用户从多维度、多层次进行数据查询和分析，实现联机分析处理。多维数据模型由场景全维信息表和场景单维信息表组成：场景全维信息表是用来记录每个场景的具体要素以及描述场景内发生具体事件的全部信息；单维信息表是进入场景全维信息表的入口，用来记录对于场景要素的单维度描述信息。

4.3　工程实践与应用

本节以城市轨道交通建设的施工环节为例，开展行为安全“泛场景”数据表征的工程实践与应用。

4.3.1 城市轨道交通建设安全管理存在的主要问题

城市轨道交通建设具有高度专业性，需要高水平的技术和复杂的硬件设备，并且建设周期很长，一旦发生事故，将会对社会产生严重的负面影响。通过统计城市轨道交通事故案例可以发现，建设阶段的事故数量和死亡人数明显高于运营阶段。这主要是由于建设现场作业人员和机械设备种类繁多、多工种交叉作业、各施工单位自身管理水平参差不齐等多因素并存导致事故发生甚至人员死亡。在工程建设阶段的各类事故中，坍塌事故发生概率最高，事故后果也最为严重。目前，城市轨道交通建设安全管理存在的主要问题包括如下四个方面。

（1）缺少完善的技术标准体系

目前，轨道交通建设技术标准体系尚未形成，各城市的轨道交通技术和设备引进渠道多样，设备的重要组件和配件是从各个国家引进或由各制造公司提供，难以形成自主研发技术体系。由于不同系统之间的兼容性、技术性能和标准要求可能存在差异，需要做出不同的应对措施，增加了事故应对的难度和风险，进而导致发生事故后救援难度较大。

（2）城市轨道交通建设人才匮乏

相比其他建设类工程，城市轨道交通建设具有专业性强、建设规模大等特征，在各建设环节均涉及大量工作人员。但现有的技术力量明显滞后于城市轨道交通建设工程的发展规模和速度，设计、监理、监测、施工等人员专业技能良莠不齐，可能因操作不当、工艺流程不熟悉、安全管理不到位等因素而引发工程质量问题和安全事故。

（3）施工环境困扰因素

由于地下施工环境情况复杂、难以准确勘探，在地质、环境、交通等多因素共同作用下，地质条件和施工条件不断变化，可能对原设计方案产生干扰，工程中变数增多、施工困难。另外，城市轨道交通建设工程大多途经商业区、人流密集区、居民区等，建设过程严重影响居民的正常生活，一旦施工过程中发生事故或者延期会造成较大的社会舆论影响。

（4）建设规模大且工期长

城市轨道交通建设规划随着城市发展逐步进行，存在规划设计缺乏统筹，前瞻性不足等问题，加上交通压力过大，可能出现施工和运营同时进行的现象，增加了安全风险。同时还可能存在抢工期的现象，即为了加快施工进度，导致设计、施工、调试的时间不足，带来的安全风险和质量问题会对工程造成更大的损失。

地铁作为城市轨道交通的典型代表，是贯穿城市各地区的高密度、高运量的城市轨道交通系统。《地铁工程施工安全评价标准》（GB 50715—2011）将地铁定义为：列车沿全线封闭线路运行的大运量城市轨道交通，通常设在地下隧道内，也包括在城市中心以外地区从地下转到地面或高架桥上的部分。地下地铁是我国最为常见的地铁敷设形式，地铁施工阶段的作业活动通常采用先进行车站深基坑施工，后进行区间隧道施工的方式。本节重点研究地铁施工建设中的工人不安全行为。

4.3.2　数据来源

本书从现实场景和抽象场景两个方面入手，选取A建设公司在北京轨道交通×号线××标土建××工区的B地铁施工项目作为研究案例，项目概况见表4.8。地铁施工项目是一个多系统、多专业的综合性工程，由土建工程和运营设备系统两部分组成，而土建工程又细分为车站、区间、附属设施和轨道工程。考虑到项目建设周期和实地调查时间安排，本书重点对B地铁施工项目的土建工程的地下车站施工过程开展研究。通过收集B地铁施工项目的现场隐患照片、安全巡检记录等场景数据作为原始数据来源。研究小组入驻B项目部长达3个月的时间，经过实地调查、人员访谈、资料收集、会议研讨等过程全面熟悉了解地铁施工项目，跟随项目安全管理人员进行日常安全检查，参加安全例会，利用手机、摄像机、录像机等设备记录拍摄，收集整理了1 000多张现场隐患照片和安全巡检记录[39]。

表4.8　项目概况

设计项目	设计方案
站台形式	岛式车站
层数	地下两层
开挖技术	明挖顺作法
里程端头	盾构接收
主体结构总长	220.9 m
标准段宽度	19.7 m
基坑深度	16.4 m
覆土高度	2.8 m
主体结构	现浇钢筋混凝土箱型框架结构
支护体系	地下连续墙（22 m深）+3道内支撑
围护结构	孔钻灌注桩+内支撑
防水形式	外包防水层

4.3.3 原始场景数据结构化处理

基于本书前述行为安全的“泛场景”数据理论，研究小组通过确定照片和记录中反映的不安全行为，提取现场照片和记录中包含的信息。由于安全管理人员对于巡查时拍摄的隐患照片、不安全行为照片和检查记录的说明存在一定差异，可能无法完整地体现不安全行为的8个表征维度。从语言表述的角度来看，无论是照片说明还是检查记录，表达同一种不安全动作在语言叙述上必然存在一定的差异。因此，研究小组通过长时间现场调查走访和广泛资料检索，以获取的原始数据为依托，从行为时间、位置区域、行为个体、不安全动作和专业类别等维度还原不安全行为的关键信息。

（1）行为时间

根据《中华人民共和国环境噪声污染防治法》，在城市市区噪声敏感建筑物聚集区域内，除了抢修、抢险作业以及因生产工艺或特殊需求而必须连续作业的情况之外，夜间禁止进行会导致环境噪声污染的建筑施工作业。结合地铁施工实际，在“泛场景”数据结构处理中，将班次设置为T维度，具体划分为早班、中班、晚班和夜班4个班次时间段。

（2）位置区域

多数情况下可以依据施工现场的平面布置图划分位置区域，也可根据功能划分施工区和辅助区。结合B地铁施工项目实际情况，通过查阅施工平面布置图，对比地铁施工不安全行为清单，将位置区域划分施工作业区、材料加工区、吊装区、配电区、储物区、生活区、轨行区共7个区域。

（3）行为个体

依据《中华人民共和国职业分类大典》中建筑施工工人的职业划分，建筑施工岗位有砌筑工、混凝土工、钢筋工等共12个工种。《住房城乡建设行业职工工种目录》中，建筑工程行业共包括砌筑工、窑炉修筑工、钢筋工、架子工、附着升降脚手架安装拆卸工、高处作业吊篮操作工等184个工种。地铁施工与建筑施工有很多相似性，结合地铁施工现场和工人实际情况，将工种作为BI维度划分标准，将工人分为7个工种，分别为普工、架子工、焊工、电工、钢筋工、模板工和机械操作人员。

（4）不安全动作

研究小组综合考虑地铁施工现状，进行不安全行为分类，形成了重要的不安全行为清单。地铁建设首先必须遵守我国的各项法律法规和规范标准，以《城市轨道交通工程质量安全检查指南》《地铁工程施工安全评价标准》《城市轨道交通工程建设安全生产标

准化　管理技术指南》和《城市轨道交通工程土建施工质量标准化管理技术指南》为参考，并从中剔除反映物的不安全状态的某些条款或要点。此外，由于没有特定的机构或网站统计、记录地铁施工建设中发生的安全事故，因此通过查阅应急管理部、住房和城乡建设部网站的公示信息和网络新闻、检索文献等方式，收集了2000年以来中国地铁施工建设过程中200多个事故案例，故本次的事故统计为不完全统计。研究小组通过统计因人的不安全行为引起的地铁施工事故，分析事故机理并提取工人的不安全行为。此外，研究小组收集了北京、深圳、西安等城市有关地铁施工建设的安全管理资料，汇总施工现场常见的不安全行为，完善了地铁施工不安全行为列表。

最终，研究小组总结出地铁施工建设过程中的297条不安全行为，包括文明施工（01）、安全防护（02）、施工用电（03）、消防安全（04）、施工机具（05）、脚手架（06）、机械起重（07）、明挖/盖挖施工（08）、盾构/TBM施工（09）、矿山隧道施工（10）、高架施工（11）、其他（12）共12个类型，部分示例内容见本章附录的附录A。表4.9为文明施工类部分不安全行为列表，包括该类别的检查项目和具体的不安全行为，编号为该类别下的不安全行为序号。

表4.9　文明施工类不安全行为列表

编号	检查项目	具体不安全行为
1.1	现场围挡	主城区内工地周围未设置封闭围挡
1.2		围挡高度不够或未沿施工现场四周连续设置
1.3		围挡设置不坚固、不稳定
1.4	封闭管理	无门卫值守或出入人员、起重机械未做登记
1.5	交通疏导	占用、挖掘道路未设置交通疏解、行人绕行、文明施工等施工标志
1.6		在围墙外未设置防来车碰撞墩或交通警示灯
1.7	施工场地	施工现场土方作业、裸露场地等未采取防止扬尘措施
1.8		施工现场随地大小便
1.9		在施工区域睡觉
1.10		倚靠护栏
1.11	材料管理	建筑材料、构件、料具堆放不整齐
1.12		建筑垃圾未及时清理、有序堆放
1.13	现场防火	水泥和其他易飞扬的细颗粒建筑材料未密闭存放或未采取覆盖措施
1.14	现场标志	无绿色施工警示标识或职业卫生、安全警示牌设置不足

续表

编号	检查项目	具体不安全行为
1.15	生活设施	食堂燃气瓶（罐）未单独设置存放间或存放间通风条件不好
1.16		生活垃圾未及时清理并装入容器
1.17	和谐社区	夜间未经许可施工
1.18		现场焚烧有毒、有害、恶臭的物质或其他废弃物
1.19		工程竣工后未在规定时间内拆除临时设施或恢复道路

研究小组通过对安全巡查照片和巡检记录的提取和分析，对照附录 A 梳理的地铁施工工人不安全行为清单，将原始场景数据中的不安全动作进行统一处理。对照清单后，研究小组最终得到 66 个不安全动作的标准描述。

（5）专业类别

地铁施工 B 项目采用明挖顺作法施工，本书只考虑明挖车站主体工程部分的施工情况，收集的原始数据也集中于明挖车站施工过程。因此，专业类别维度按照施工过程分为围护结构、开挖降水、架设支撑、开挖底板、底板浇筑、中板浇筑、顶板浇筑和拆除支撑 8 个主要的施工阶段。

（6）行为性质

行为性质分为违章指挥、违章操作、违章行动和不违章不安全动作 4 个类别。

（7）行为痕迹

依据行为发生后是否可追溯，将行为划分为有痕不安全行为和无痕不安全行为。

（8）风险等级

不安全行为风险等级的确定需要结合事故发生可能性、事故后果严重程度等，基于风险评估来进行确定，详细过程将在本书第五章介绍。

4.3.4 “泛场景”数据集建立

现场隐患照片、安全检查表、事故调查报告中隐含的场景数据多是以图片和文字的形式呈现，并非结构化数据。因此，探索统一的数据结构化表达方式对场景数据的呈现，以及数据的规范十分重要。研究小组对获取的地铁施工不安全行为场景数据进行“泛场景”结构化处理，对近千张隐患照片和安全巡检记录进行规范化、结构化处理，一共梳理出 393 条“泛场景”数据并对其进行编码，部分示例内容见本章附录的附录 B。其中共出现的66类不安全行为信息见表4.10。

表4.10　地铁施工66类不安全行为信息

序号	行为类型	行为痕迹	行为性质
1	围挡设置不坚固、不稳定	有痕	违章操作
2	在施工区域睡觉	无痕	违章动作
3	倚靠护栏	无痕	不违章 不安全动作
4	建筑垃圾未及时清理、有序堆放	有痕	违章操作
5	无绿色施工警示标识或职业卫生、安全警示牌设置不足	有痕	违章动作
6	食堂燃气瓶(罐)未单独设置存放间或存放间通风条件不好	无痕	违章操作
7	未正确佩戴安全帽	无痕	违章动作
8	安全带系挂不符合要求	无痕	违章动作
9	操作平台四周未按规定设置防护栏杆或未设置登高扶梯	有痕	违章动作
10	平台台面铺板不严或台面层下方未设置安全平网	有痕	违章操作
11	物料平台堆物超载	无痕	违章操作
12	线路敷设的电缆线老化、破皮未包扎或破损严重未及时更换	有痕	违章操作
13	存在乱拉乱接或架空缆线上吊挂物品现象	有痕	违章操作
14	电缆未架空固定	有痕	违章操作
15	开关箱体及箱门未做接零保护	有痕	违章动作
16	配电箱的电器安装板上未正确设置N线端子或PE线端子板	有痕	违章操作
17	开关箱违反“一机、一闸、一箱、一漏”	有痕	违章操作
18	电箱内布线混乱或配出线无护套保护	有痕	违章操作
19	配电箱内违规接、用插座	无痕	违章操作
20	电箱无门、无锁、无防雨措施	有痕	违章操作
21	未按规定配备消防器材	有痕	违章动作
22	在非指定吸烟区吸烟	无痕	违章动作
23	下雨天仍进行露天焊接作业	有痕	违章操作
24	电焊机未设置二次空载降压保护器	有痕	违章操作

续表

序号	行为类型	行为痕迹	行为性质
25	电焊机一次线长度超过规定或未进行穿管保护	有痕	违章操作
26	电焊机未设置防雨罩或接线柱未设置防护罩	有痕	违章操作
27	电焊机使用后焊条未取下	有痕	违章操作
28	电焊违规使用插座	无痕	违章操作
29	违规加固焊接作业	有痕	违章操作
30	施工机具未作保护接零或未设置漏电保护器	有痕	违章操作
31	施工机具的传动部位未设置防护罩	有痕	违章操作
32	施工机具维修保养记录不真实	有痕	违章操作
33	乙炔瓶平放	有痕	违章操作
34	乙炔瓶未安装回火防止器	有痕	违章操作
35	气瓶未设置防震圈或防护帽	有痕	违章操作
36	架体底部未设置垫板或垫板的规格不符合要求	有痕	违章操作
37	架体底部未设置扫地杆	有痕	违章操作
38	架体与建筑结构拉结不规范	有痕	违章操作
39	架体底层水平杆处未设置连墙件或其他可靠措施固定	有痕	违章操作
40	脚手板未满铺或铺设不牢、不稳	有痕	违章操作
41	钢管弯曲、变形、锈蚀严重	有痕	违章操作
42	轨道上堆积物料影响安全运行	有痕	违章动作
43	特种作业人员未持操作资格证上岗	有痕	违章操作
44	停层平台两侧未设置防护栏杆、挡脚板	有痕	违章动作
45	人员乘坐吊篮上下	无痕	违章动作
46	吊装时无关人员进入警戒区	无痕	违章动作
47	作业时起重臂下有人停留或吊运物体从人的正上方通过	无痕	违章动作
48	恶劣天气仍进行吊装作业	有痕	违章操作
49	在无专职信号指挥或司索人员指挥下进行操作	无痕	违章操作
50	起重机吊运构件（设备）前未进行试吊	无痕	违章操作
51	吊装散物时捆扎不牢	有痕	违章操作

续表

序号	行为类型	行为痕迹	行为性质
52	吊装超载作业	无痕	违章操作
53	起重机在松软不平的地面同时进行两个起吊动作	无痕	违章操作
54	采用专用吊笼时物料装放过满	无痕	违章操作
55	无设备运转记录或运转记录填写不真实	有痕	违章操作
56	基坑（含深度较大的沟、槽）未采取支护措施	有痕	违章操作
57	基坑底积水浸泡未采取有效措施或出现涌水（沙）	有痕	违章操作
58	弃土、料具堆放距坑边距离过近或堆放过高	有痕	违章操作
59	平板车搭载人	无痕	违章操作
60	大型满载平板车停放不当	有痕	违章动作
61	管片拼装后螺栓紧固不到位	有痕	违章操作
62	喷浆作业不当致使浆面裂缝、脱落或钢筋、锚杆外露	有痕	违章操作
63	施工中的电焊机、空压机、气瓶、打磨机等未固定存放于平台上	无痕	违章动作
64	混凝土浇筑后拆除内模内站人	无痕	违章动作
65	轨行区作业人员未穿荧光衣	无痕	违章动作
66	未经允许登乘工程车、轨道车或攀爬运行中的车辆	无痕	违章动作

4.3.5 “泛场景”数据编码

经8个维度的结构化处理，行为安全的描述更加系统化和规范化，但是并未实现编码量化表达。为了便于后续的数据分析与挖掘，需要以量化的方法对不安全行为各维度进行编码处理，见表4.11。393条“泛场景”数据编码的部分示例见本章附录的附录B。

表4.11　地铁施工工人不安全行为各维度编码表

维度	编码表示
行为时间（T）	T_1早班08：00—12：00　　T_2中班13：00—17：00
	T_3晚班18：00—22：00　　T_4夜班00：00—06：00
位置区域（L）	L_1施工作业区　　L_2材料加工区　　L_3吊装区
	L_4配电区　　L_5储物区　　L_6生活区　　L_7轨行区

续表

维度	编码表示
行为个体（BI）	BI_1 普工　BI_2 架子工　BI_3 焊工　BI_4 电工
	BI_5 钢筋工　BI_6 模板工　BI_7 机械操作人员
不安全动作（UA）	UA_1 围挡设置不坚固、不稳定
	UA_2 在施工区域睡觉
	UA_3 倚靠护栏
	…
	UA_{64} 混凝土浇筑后拆除内模内站人
	UA_{65} 轨行区作业人员未穿荧光衣
	UA_{66} 未经允许登乘工程车、轨道车或攀爬运行中的车辆
专业类别（PC）	PC_1 围护结构　PC_2 开挖降水　PC_3 架设支撑　PC_4 开挖底板
	PC_5 底板浇筑　PC_6 中板浇筑　PC_7 顶板浇筑　PC_8 拆除支撑
行为性质（BA）	BA_1 违章操作　BA_2 违章动作　BA_3 不违章不安全动作
行为痕迹（BT）	BT_1 有痕不安全行为　BT_2 无痕不安全行为
风险等级（RL）	RL_1 低风险　RL_2 一般风险　RL_3 较大风险　RL_4 重大风险

4.3.6 “泛场景”数据挖掘

4.3.6.1 单维度可视化分析

（1）行为时间维度分析

对 393 条地铁施工不安全行为“泛场景”数据集进行分析，统计不同班次的不安全行为的百分比，如图 4.20 所示。

经分析得出，T_2 中班发生不安全行为的数量百分比最大，发生次数 146 次，百分比高达 37%。这是因为该班次处于下午时间段，施工现场温度较高，是工人智力、体能和情绪的低潮重合期，大脑功能减弱，注意力不集中，容易发生事故。其次是 T_1 早班，发生不安全行为的百分比达到 28%，发生次数 110 次。这是因为上午工人刚刚进入工作状态，交叉作业多，工作任务重，手忙脚乱容易引起事故的发生。T_3 晚班发生不安全行为次数相对较少为 50 次，百分比为 13%。值得注意的是，T_4 属于深夜工作，是特殊情况需要赶工期的情况，但不安全行为发生次数 87 次，百分比仍然达到 22%。这种情况的主要原因是工人加班时间过长，过度劳累和困倦，容易带来思维混乱，进而操作失误引发伤亡事故。

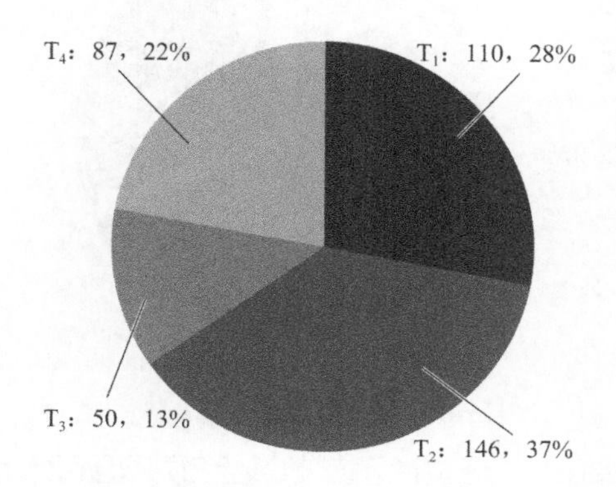

图 4.20　不同班次的不安全行为的百分比

（2）位置区域维度分析

根据不安全行为发生的位置区域探究其分布规律，不同位置区域的不安全动作频次统计见表 4.12。

表 4.12　不同位置区域的不安全动作频次统计

编码	位置区域	发生次数	有效百分比/%	累计百分比/%
L_1	作业施工区	137	35	35
L_3	吊装区	123	31	66
L_2	材料加工区	52	13	79
L_4	配电区	51	13	92
L_7	轨行区	22	6	98
L_5	储料区	5	1	99
L_6	生活区	3	1	100
总计		393	100	—

由表 4.12 可以看出，在 L_1 施工作业区发生不安全行为的次数最多，高达 137 次，百分比为 35%；排在第二位的是 L_3 吊装区，该区域范围广泛，发生不安全行为次数 123 次，百分比为 31%；L_2 材料加工区和 L_4 配电区的不安全行为发生次数分别为 52 次和 51 次。L_1、L_3、L_2 和 L_4 这 4 个位置区域发生的不安全行为累计百分比高达 92%，其余位置区域的百分比仅为 8%。为了更直观反映各位置区域的不安全行为数量百分比情况，选择饼状图进行展示，如图 4.21 所示。

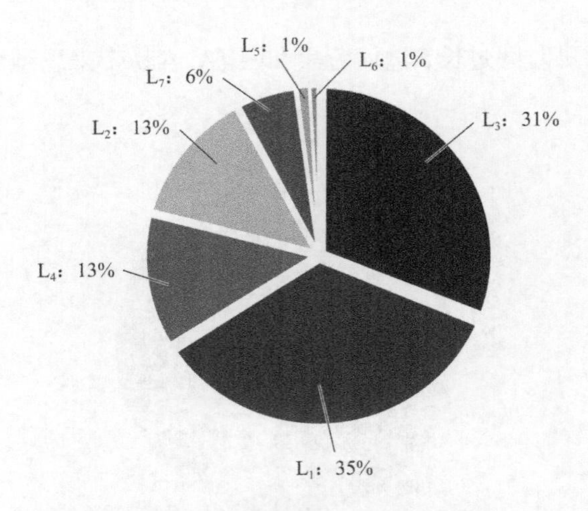

图 4.21　各位置区域的不安全行为数量百分比

从图 4.21 分析可知，L_1 施工作业区发生不安全行为 137 次，百分比最大为 35%，该区域需要设置醒目的安全标识和施工铭牌，同时注意降低施工噪声、防止粉尘污染，对于建筑垃圾也要及时清运。其次为 L_3 吊装区百分比为 31%，说明吊装作业发生不安全行为较多，需要针对吊装作业现场实施规范管理、文明施工。L_4 配电区涉及临时用电、高低压用电，配电路线复杂、技术要求高且危险性大，电工需要持证上岗并严格遵守操作过程。L_2 材料加工区常常会使用机械设备进行加工处理，场地选择应合理，减少工人的二次搬运，最好与施工区做到互不干扰。L_7 轨行区具有独特的区域特点，发生不安全行为的数为 22 次，该区域必须遵守"谁作业谁防护"的原则，进入轨行区施工必须穿反光背心。

（3）行为个体维度分析

在 393 条地铁施工不安全行为"泛场景"数据中，行为个体维度的统计格式为岗位工种，不同岗位工种的不安全行为数量分布如图 4.22 所示。

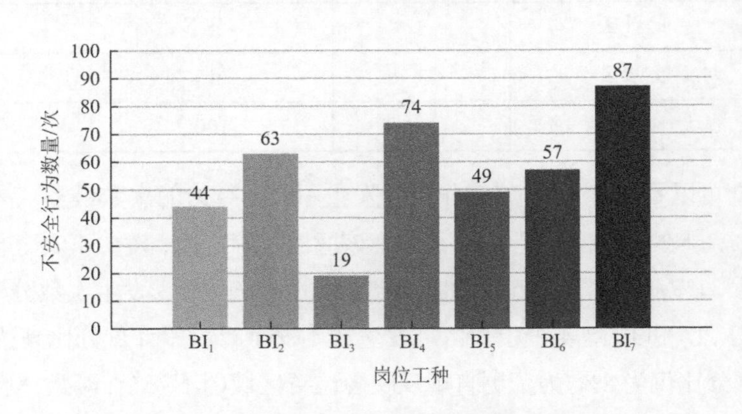

图 4.22　不同岗位工种的不安全行为数量分布

从图中可以看出 BI_7 机械操作工、BI_4 电工、BI_2 架子工的不安全行为数量较多，最多的是 BI_7 机械操作工发生 87 次，占总数的 22%。本书中的机械操作工包括地铁施工现场的起重机驾驶员、挖掘机驾驶员、起重司索信号工等。起重设备是现场使用频率高、不可缺少的重要机械，常见的起重机事故有高处坠落、坍塌、物体打击等，起重机司机应该经过培训考核合格，取得特种作业人员操作证后才能上岗。排在第二位的是 BI_4 电工，发生不安全行为 74 次，占总数的 19%。施工现场临时用电技术复杂，安全用电细节较多，因此电工发生的不安全行为数量较多。排在第三位的是 BI_2 架子工，发生不安全行为 63 次，百分比达到 16%。施工现场涉及多处支架搭设和拆除的高处作业，危险性较大，需要具备一定的专业技术能力。BI_6 模板工和 BI_5 钢筋工发生不安全行为分别为 57 次和 49 次。BI_1 普工的现场作业内容较为烦琐，一般为装卸、搬运等辅助作业，发生不安全行为 44 次。而 BI_3 焊工发生不安全行为的次数最少，只有 19 次，百分比仅为 5%。

综合来讲，发生不安全行为较多的岗位均为特种作业人群，对专业技术要求较高，需严格落实持证上岗制度，通过安全培训和技能比武，不断提高专业能力。尤其要针对机械操作工和电工进行重点关注，开展专项培训，管控不安全行为，从而降低事故的发生率。

（4）不安全动作维度分析

经过统计分析，具体不安全动作的类型和发生次数见表 4.13。

表 4.13　具体不安全动作的类型和发生次数

编码	具体不安全动作	类型	次数	发生概率
UA_1	围挡设置不坚固、不稳定	文明施工	2	0.005
UA_2	在施工区域睡觉		6	0.015
UA_3	倚靠护栏		4	0.010
UA_4	建筑垃圾未及时清理、有序堆放		1	0.003
UA_5	无绿色施工警示标识或职业卫生、安全警示牌设置不足		2	0.005
UA_6	食堂燃气瓶（罐）未单独设置存放间或存放间通风条件不好		1	0.003
UA_7	未正确佩戴安全帽	安全防护	9	0.023
UA_8	安全带系挂不符合要求		36	0.092
UA_9	操作平台四周未按规定设置防护栏杆或未设置登高扶梯		10	0.025

续表

编码	具体不安全动作	类型	次数	发生概率
UA_{10}	平台台面铺板不严或台面层下方未设置安全平网	安全防护	7	0.018
UA_{11}	物料平台堆物超载		4	0.010
UA_{12}	线路敷设的电缆线老化、破皮未包扎或破损严重未及时更换	施工用电	3	0.008
UA_{13}	存在乱拉乱接或架空缆线上吊挂物品现象		5	0.013
UA_{14}	电缆未架空固定		21	0.053
UA_{15}	开关箱体及箱门未做接零保护		6	0.015
UA_{16}	配电箱的电器安装板上未正确设置N线端子或PE线端子板		4	0.010
UA_{17}	开关箱违反“一机、一闸、一箱、一漏”		6	0.015
UA_{18}	电箱内布线混乱或配出线无护套保护		10	0.025
UA_{19}	配电箱内违规接、用插座		7	0.018
UA_{20}	电箱无门、无锁、无防雨措施		3	0.008
UA_{21}	未按规定配备消防器材	消防安全	2	0.005
UA_{22}	在非指定吸烟区吸烟		2	0.005
UA_{23}	下雨天仍进行露天焊接作业		1	0.003
UA_{24}	电焊机未设置二次空载降压保护器	施工机具	1	0.003
UA_{25}	电焊机一次线长度超过规定或未进行穿管保护		1	0.003
UA_{26}	电焊机未设置防雨罩或接线柱未设置防护罩		2	0.005
UA_{27}	电焊机使用后焊条未取下		2	0.005
UA_{28}	电焊违规使用插座		2	0.005
UA_{29}	违规加固焊接作业		1	0.003
UA_{30}	施工机具未作保护接零或未设置漏电保护器		6	0.015
UA_{31}	施工机具的传动部位未设置防护罩		21	0.053
UA_{32}	施工机具维修保养记录不真实		6	0.015
UA_{33}	乙炔瓶平放		1	0.003
UA_{34}	乙炔瓶未安装回火防止器		1	0.003
UA_{35}	气瓶未设置防震圈或防护帽		2	0.005

续表

编码	具体不安全动作	类型	次数	发生概率
UA_{36}	架体底部未设置垫板或垫板的规格不符合要求	脚手架	1	0.003
UA_{37}	架体底部未设置扫地杆		4	0.010
UA_{38}	架体与建筑结构拉结不规范		10	0.025
UA_{39}	架体底层水平杆处未设置连墙件或其他可靠措施固定		5	0.013
UA_{40}	脚手板未满铺或铺设不牢、不稳		3	0.008
UA_{41}	钢管弯曲、变形、锈蚀严重		3	0.008
UA_{42}	轨道上堆积物料影响安全运行	机械起重	9	0.023
UA_{43}	特种作业人员未持操作资格证上岗		11	0.028
UA_{44}	停层平台两侧未设置防护栏杆、挡脚板		20	0.051
UA_{45}	人员乘坐吊篮上下		2	0.005
UA_{46}	吊装时无关人员进入警戒区		17	0.043
UA_{47}	作业时起重臂下有人停留或吊运物体从人的正上方通过		8	0.020
UA_{48}	恶劣天气仍进行吊装作业		4	0.010
UA_{49}	在无专职信号指挥或司索人员指挥下进行操作		6	0.015
UA_{50}	起重机吊运构件（设备）前未进行试吊	机械起重	9	0.023
UA_{51}	吊装散物时捆扎不牢		18	0.046
UA_{52}	吊装超载作业		7	0.018
UA_{53}	起重机的地面松软不平时，起吊同时进行两个动作		8	0.020
UA_{54}	采用专用吊笼时物料装放过满		12	0.031
UA_{55}	无设备运转记录或运转记录填写不真实		6	0.015
UA_{56}	基坑（含深度较大的沟、槽）未采取支护措施	明挖/盖挖施工	1	0.003
UA_{57}	基坑底积水浸泡未采取有效措施或出现涌水（沙）		1	0.003
UA_{58}	弃土、料具堆放距坑边距离过近或堆放过高		1	0.003
UA_{59}	平板车搭载人	盾构/TBM施工	3	0.008
UA_{60}	大型满载平板车停放不当		1	0.003
UA_{61}	管片拼装后螺栓紧固不到位		4	0.010

续表

编码	具体不安全动作	类型	次数	发生概率
UA_{62}	喷浆作业不当致使浆面裂缝、脱落或钢筋、锚杆外露	矿山隧道施工	3	0.008
UA_{63}	施工中的电焊机、空压机、气瓶等未固定存放于平台上	高架施工	2	0.005
UA_{64}	混凝土浇筑后拆除内模内站人		1	0.003
UA_{65}	轨行区作业人员未穿荧光衣	其他	11	0.028
UA_{66}	未经允许登乘工程车、轨道车或攀爬运行中的车辆		4	0.010

按照具体的地铁施工不安全动作分析，发生次数最多的是 UA_8 安全带系挂不符合要求，发生数量高达 36 次，其次是发生数量为 21 次的 UA_{14} 电缆未架空固定以及 UA_{31} 施工机具的传动部位未设置防护罩，之后的是 UA_{44} 停层平台两侧未设置防护栏杆、挡脚板发生数量 20 次，UA_{51} 吊装散物时捆扎不牢和 UA_{46} 吊装时无关人员进入警戒区发生数量分别为 18 次和 17 次。以上不安全动作发生次数较高，尤其需要重点关注，应增强日常的监督检查，或者组织进行针对性的专项检查，尽可能消除或降低高频发生的不安全行为。不同类型不安全动作发生数量如图 4.23 所示。

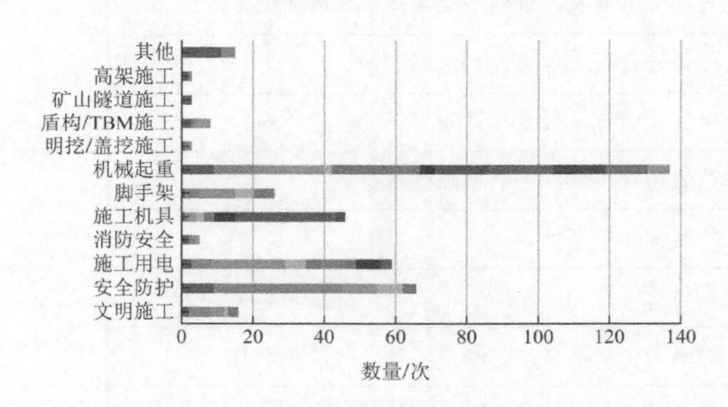

图 4.23　不同类型不安全动作发生数量

按照地铁施工不安全行为类型分析，文明施工类的不安全动作累计发生 16 次，包括 6 个具体的不安全动作，该类型下发生次数最多的是 UA_2 在施工区域睡觉，数量为 6 次；安全防护类的不安全动作累计发生 66 次，包括 5 个具体的不安全动作，该类型下发生数量最多的是 UA_8 安全带系挂不符合要求，次数高达 36 次；施工用电类的不安全动作累计发生 65 次，包括 9 个具体的不安全动作，该类型下发生数量最多的是 UA_{14} 电缆未架空固定，数量为 21 次；消防安全类的不安全动作累计发生 5 次，包括 3 个具体的不安全动作；施工机具类的不安全动作累计发生 46 次，包括 12 个具体的不安全动作，该类型下发生数量最多的是 UA_{31} 施工机具的传动部位未设置防护罩，数量为 21 次；

脚手架类的不安全动作累计发生 26 次，包括 6 个具体的不安全动作；机械起重类的不安全动作累计发生 137 次，包括 14 个具体的不安全动作，该类型下发生数量最多的是 UA_{44} 停层平台两侧未设置防护栏杆、挡脚板，数量为 20 次；明挖/盖挖施工类的不安全动作累计发生 3 次，包括 3 个具体的不安全动作；盾构/TBM 施工类的不安全动作累计发生 8 次，包括 3 个具体的不安全动作；矿山隧道施工类的不安全动作发生 3 次，仅涉及 1 个不安全动作；高架施工类的不安全动作累计发生 3 次，包括 2 个具体的不安全动作；其他类的不安全动作累计发生 15 次。

由此可知，地铁施工工人中机械起重类不安全行为发生数量最多，其次为安全防护和施工用电，施工机具类紧随其后。以上 4 个类型的不安全行为发生频次较高，需要重点监督管理，涉及的施工工人也需加强安全教育培训，提升个人安全素质，以减少不安全行为的发生。

（5）专业类别维度分析

以施工阶段划分专业类别维度，不安全行为数量统计后如图 4.24 所示。由图 4.24 可以看出，PC_4 开挖底板阶段出现不安全行为数量最多，高达 101 次，百分比为 26%，该阶段属于基础施工，需要周密、细致的测量工作才能控制土方开挖的深度及部位，应避免超挖及乱挖，这对后期的浇筑尤为重要。其次是 PC_3 架设支撑阶段，发生不安全行为的数量为 94 次，百分比为 24%。该阶段主要涉及架子工和模板工作业，高处作业是不安全行为防控的重点。分析可知，PC_4 开挖底板和 PC_3 架设支撑阶段发生的不安全行为数量百分比累计达到 50%，在现场监督管理时需要重点关注。接下来的是 PC_1 围护结构和 PC_8 拆除支撑阶段，发生不安全行为的数量基本持平，分别为 52 次和 48 次。这两个阶段多为多工种交叉作业，涉及普工和机械操作工的作业行为较多。而 PC_2 开挖降水和 PC_7 顶板浇筑阶段的不安全动作数量相差不大，分别为 32 次和 29 次。发生数量最少的是 PC_5 底板浇筑和 PC_6 中板浇筑阶段，不安全行为数量仅为 18 次和 19 次。

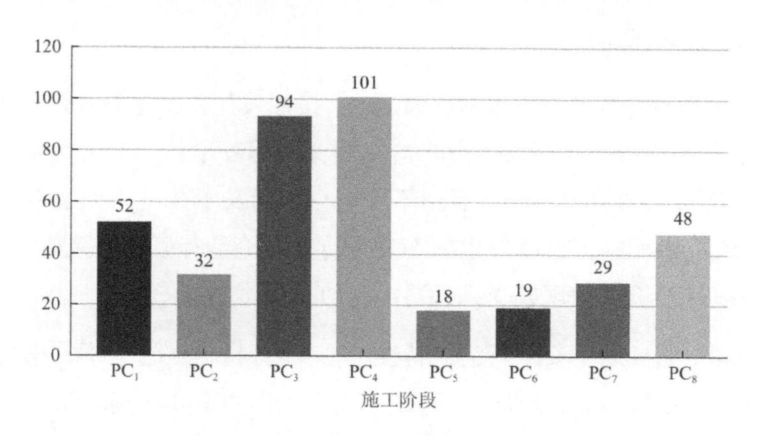

图 4.24　不同施工阶段的不安全行为数量

（6）行为性质维度分析

将不安全行为的行为性质分为违章操作、违章动作和不违章不安全动作。前两者是违反了法律法规、规章制度、操作规程等，违章操作是作用于物导致其呈现不安全状态，违章动作是人的直接不安全行为。而不违章不安全动作虽未违章但动作本身是不安全的，可能导致事故的发生。分析地铁施工工人不安全行为的行为性质，按照发生数量进行比较，百分比如图 4.25 所示。

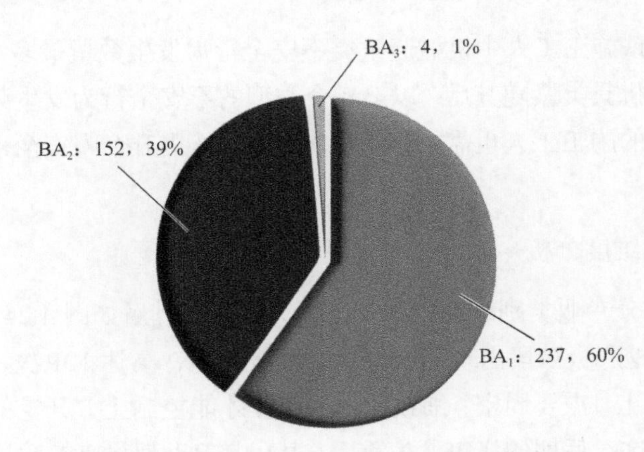

图 4.25　不同行为性质的不安全行为数量百分比

由图 4.25 可看出，BA_1 违章操作发生数量为 237 次，百分比为 60%；其次是 BA_2 违章动作，发生数量为 152 次，百分比为 39%，而 BA_3 不违章不安全动作仅发生 4 次，百分比为 1%。可以看出，绝大多数的不安全行为属于违章操作和违章动作，累计百分比高达 99%，而不违章不安全动作在现场比较罕见。进一步分析地铁施工工人不安全行为“泛场景”数据提取的 66 个具体的不安全动作，这些不安全动作中有 47 个不安全动作属于违章操作，有 18 个不安全动作属于违章动作，而不违章不安全动作仅 1 个。

（7）行为痕迹维度分析

分析地铁施工工人不安全行为的行为痕迹，按照发生数量进行比较。BT_1 有痕不安全行为发生数量为 234 次，百分比为 60%；BT_2 无痕不安全行为发生数量为 159 次，百分比为 40%。通过比较可以得出，有痕不安全行为的发生数量比无痕不安全行为多一些，但相差不大，说明施工现场发生的不安全行为不论是有痕还是无痕都会被捕捉到，不会因为不留痕迹而不被发现或受到惩罚。

行为痕迹同样是针对不安全行为的特性，进一步分析地铁施工不安全行为“泛场景”数据提取的 66 个具体的不安全动作，这些不安全动作中有 44 个属于有痕不安全行为，余下的 22 个属于无痕不安全行为，数量百分比如图 4.26 所示。

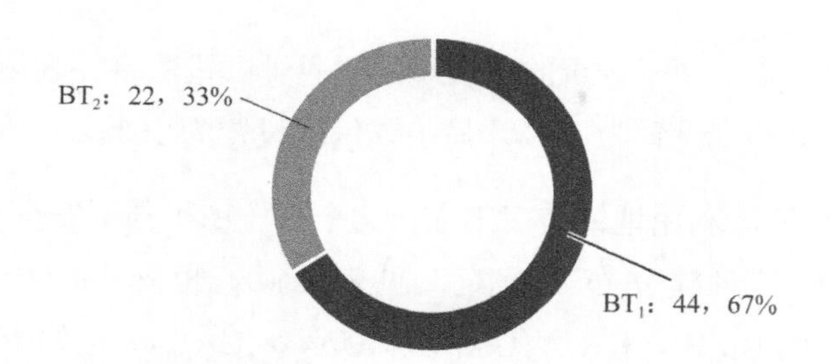

图 4.26　有痕和无痕不安全行为数量百分比

4.3.6.2　多维度关联规则分析

不同维度交互分析的目的在于探究不安全行为深层次的规律性，从而获取不安全行为的内部特征，提高安全管理效率。根据地铁施工工人多维度的不安全行为“泛场景”数据，理论上可以分析任意两个或多个维度。基于不安全行为“泛场景”数据的{T,L,BI,UA,PC,BA,BT,RL}维度信息，以不安全动作维度为核心，探究行为时间（T）、位置区域（L）、行为个体（BI）、不安全动作（UA）、专业类别（PC）、行为性质（BA）、行为痕迹（BT）和风险等级（RL）维度之间的交互关系，不同维度交互具有不同的实际意义。本书选用 SPSS Modeler 24.0 软件为关联规则挖掘工具，该软件拥有多种算法，支持从数据获取、转换、建模、评估到最终部署的整个数据挖掘流程。应用 SPSS Modeler 24.0 软件构建不安全行为“泛场景”数据的关联规则挖掘数据流，操作步骤如图 4.27 所示。

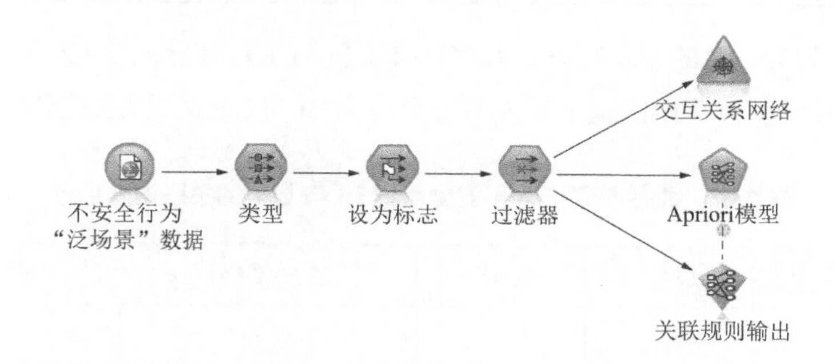

图 4.27　地铁施工工人不安全行为“泛场景”数据的关联规则挖掘数据流操作步骤

（1）二维交互分析

本书以地铁施工工人不安全行为 393 条“泛场景”数据为集合 I，设 LHS = {T,L,BI,PC,BA,BT,RL}，RHS = {UA}，通过关联规则分析挖掘 LHS 与 RHS 的关系，探究各不安全行为各维度之间的交互作用，探寻不安全行为的深层规律和内在特征。由于篇幅所限，不安全行为的二维交互分析选取具有代表性的维度进行分析，以 BI 与 UA 的关联规则分析为例，展示数据挖掘的过程。

设 LHS = {BI}，RHS = {UA}，深入探究工人岗位工种与不安全动作之间的关联规则。为了得到合适数量、便于分析的关联规则，通过试错法将关联规则 Apriori 模型参数进行设定，最小支持度设置为 10%，最小置信度设置为 10%。

1）构建布尔矩阵。利用地铁施工工人行为个体（BI）与不安全动作（UA）“泛场景”数据中的维度信息建立布尔矩阵，见表 4.14。矩阵中的行代表维度，包括 BI{BI_1,BI_2,BI_3,BI_4,BI_5,BI_6,BI_7}和 UA{UA_1,UA_2,UA_3,…,UA_{66}}。矩阵中的序号是现实场景的编号，即 393 条“泛场景”数据的真实反映。布尔矩阵中的字母 Y 表示出现，N 表示不出现，每行出现的多个 Y 代表同时出现。

表 4.14　地铁施工工人不安全行为 BI 与 UA 布尔矩阵

序号	BI							UA				
	BI_1	BI_2	BI_3	BI_4	BI_5	BI_6	BI_7	UA_1	UA_2	…	UA_{65}	UA_{66}
1	Y	N	N	N	N	N	N	Y	N	…	N	N
2	N	N	N	N	N	N	N	N	N	…	Y	N
3	N	Y	N	N	N	N	N	N	Y	…	N	N
…	…	…	…	…	…	…	…	…	…	…	…	…
393	N	N	N	N	N	N	Y	N	…	…	…	Y

最终形成 393 × 72 的布尔矩阵，并将构建好的布尔矩阵导入 SPSS Modeler 24.0 软件，通过 Apriori 模型计算地铁施工工人不安全行为 BI 与 UA 的关联规则结果，见表 4.15。

表 4.15　地铁施工工人不安全行为 BI 与 UA 的关联规则结果

交互维度	LHS	RHS	支持度/%	置信度/%
BI→UA	BI_7	UA_{51}	22.14	24.14
	BI_7	UA_{46}	22.14	11.49
	BI_7	UA_{53}	22.14	10.34
	BI_4	UA_{14}	18.83	10.81
	BI_4	UA_{12}	18.83	10.81
	BI_2	UA_8	16.03	20.63
	BI_6	UA_1	14.50	19.30
	BI_6	UA_{44}	14.50	12.28
	BI_6	UA_{10}	14.50	10.53

续表

交互维度	LHS	RHS	支持度/%	置信度/%
BI→UA	BI_5	UA_{31}	12.47	34.69
	BI_5	UA_{44}	12.47	14.29

2）输出关联关系网络。依次输出 BI 与 UA 的交互关系网络图，选取数量丰富且关系清晰的 BI_4 电工和 BI_7 机械操作工展示交互关系网络，如图 4.28 所示，图中连线的粗细程度代表关联性的强弱。

由图 4.28 可知，BI_4 与 UA_{12} 和 UA_{14} 之间的连线较粗，说明电工发生 UA_{12} 线路敷设的电缆线老化、破皮未包扎或破损严重未及时更换，以及 UA_{14} 电缆未架空固定的次数最多。同理，BI_7 机械操作工与不安全行为 UA_{51} 之间的连线较粗，说明机械操作工容易发生的不安全动作是 UA_{51} 吊装散物时捆扎不牢。

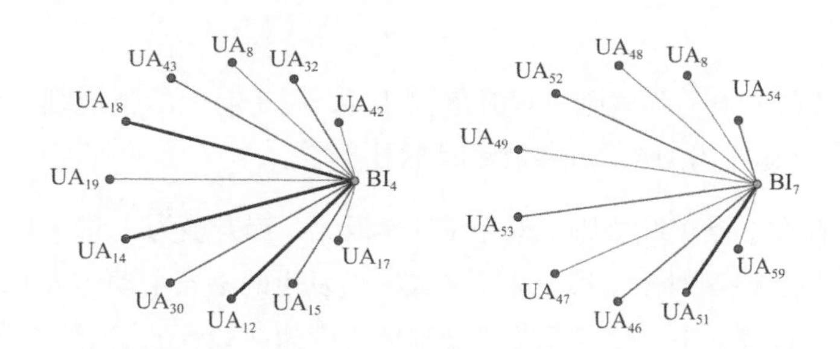

图 4.28　地铁施工工人不安全行为部分 BI 与 UA 的交互关系网络

3）挖掘关联规则。重新设置 Apriori 模型关键参数以便得到更有价值的关联规则，将最小支持度设置为 15%，最小置信度调整为 15%。采用同样的方法步骤，以其他维度为前项，以 UA 作为后项，探究不同维度与不安全动作间的关联规则，经模型构建、参数设定、软件运行后得出有效的强关联规则。两维度间的主要关联规则结果见表 4.16。

表 4.16　地铁施工工人不安全行为两维度间的主要关联规则结果

交互维度	LHS	RHS	支持度/%	置信度/%	提升度
T→UA	T_2	UA_{31}	37.15	15.75	2.00
	T_4	UA_{51}	22.14	20.69	3.87
L→UA	L_3	UA_{44}	31.30	17.07	3.05
BI→UA	BI_7	UA_{51}	22.14	24.14	4.52

续表

交互维度	LHS	RHS	支持度/%	置信度/%	提升度
BI→UA	BI_2	UA_8	16.03	20.63	2.32
PC→UA	PC_4	UA_{51}	25.70	17.82	3.34
	PC_3	UA_{31}	23.92	24.47	3.10
BA→UA	BA_2	UA_8	38.68	23.03	2.59
BT→UA	BT_2	UA_8	40.46	22.01	2.47

通过 Apriori 模型运行后共输出如下 9 条有效的关联规则。

①T→UA 存在 2 条关联规则，验证其关联规则提升度均大于 1，则关联规则为有效的强规则，说明在 T_2 中班时间段，最容易发生的不安全动作为 UA_{31} 施工机具的传动部位未设置防护罩；而在 T_4 夜班时间段，最容易发生的不安全动作为 UA_{51} 吊装散物时捆扎不牢。

②L→UA 只有 1 条关联规则，提升度大于 1，属于有效的强规则，说明在 L_3 吊装区常发生的不安全动作为 UA_{51} 吊装散物时捆扎不牢。

③BI→UA 存在 2 条关联规则，对于 BI_7 模板工，提升度为 $4.52>1$，则这条关联规则为有效的强规则，说明对于模板工来说，最容易发生的不安全动作为 UA_{51} 吊装散物时捆扎不牢；对于 BI_2 架子工，验证其关联规则提升度为 $2.32>1$，则该关联规则为有效的强规则，说明对于架子工来说，最容易发生的不安全动作为 UA_{14} 电缆未架空固定。

④PC→UA 存在 2 条关联规则，验证其关联规则提升度均大于 1，关联规则为有效的强规则。在 PC_4 开挖底板阶段，最常发生的不安全动作是 UA_{51} 吊装散物时捆扎不牢；而在 PC_3 架设支撑阶段，最容易发生的不安全动作为 UA_{31} 施工机具的传动部位未设置防护罩。

⑤BA→UA 和 BT→UA 均输出 1 条共 2 条关联规则，且提升度均大于 1，为有效的强规则。这表明对于 BA_2 违章动作和 BT_2 无痕不安全行为，发生最多的不安全动作是 UA_8 安全带系挂不符合要求。值得注意的是，在支持度 15%和置信度 15%条件下，并未输出符合的 RL→UA 的关联规则，即这两维度之间不存在强规则，说明各风险等级的不安全动作发生数量比较均衡，没有某个风险等级的某个不安全动作频繁发生。

（2）三维交互分析

对于不安全行为的三维交互分析，依然先选取具有代表性的维度进行分析，展示“泛场景”数据挖掘的过程，以{L,BA}作为前项，UA 作为后项，进行三维交互分析，深入探究哪类位置区域会发生违章操作、违章动作或不违章不安全动作。对 Apriori 模型参数进行设定，将最小支持度设置为 10%，最小置信度调整为 10%，运行后得到 7 条关联规则，见表 4.17。

表 4.17 地铁施工工人不安全行为 L、BA 与 UA 的关联规则结果

交互维度	LHS	RHS	支持度/%	置信度/%	提升度
L,BA→UA	L_1,BA_1	UA_{31}	20.61	20.99	2.66
	L_1,BA_2	UA_8	13.74	37.04	4.16
	L_1,BA_2	UA_9	13.74	18.52	7.28
	L_1,BA_2	UA_7	13.74	16.67	6.55
	L_3,BA_2	UA_{44}	12.21	43.75	7.82
	L_3,BA_2	UA_{46}	12.21	37.50	7.02
	L_4,BA_1	UA_{14}	10.94	18.60	8.12

输出 L、BA 和 UA 的交互关系网络如图 4.29 所示，选择数量较多且关系较明显的主要关系规则来说明其内部关系。从图中连线的粗细程度可以看出，{BA_2,UA_8}、{BA_1,UA_{31}}之间存在强关联性。意味着，UA_8 安全带系挂不符合要求是最常发生的 BA_2 违章动作，而 UA_{31} 施工机具的传动部位未设置防护罩是最常发生的 BA_1 违章操作。{L_3,UA_{44}}、{L_1,UA_8}之间连线较粗，也存在强关联性，表明在 L_3 吊装区最常发生的不安全动作是 UA_{44} 停层平台两侧未设置防护栏杆、挡脚板，而在 L_1 施工作业区最常发生的不安全动作是 UA_8 安全带系挂不符合要求。

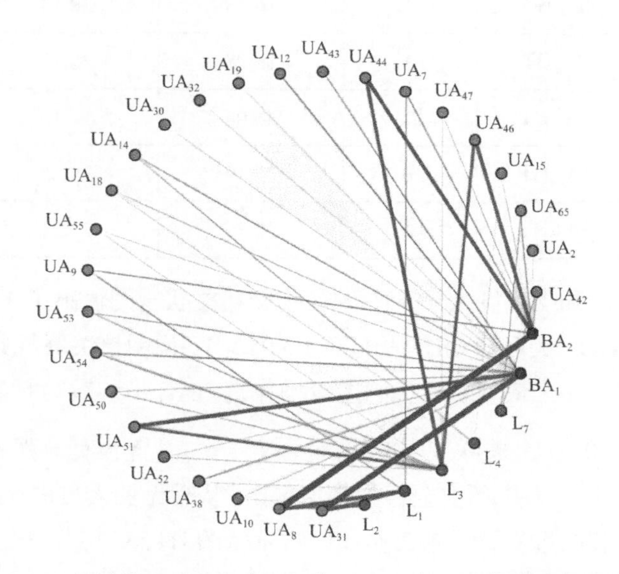

图 4.29 地铁施工工人不安全行为 L、BA 与 UA 的交互关系网络

同理，使用同样的方法和步骤，以其他维度两两组合作为 LHS，具体包括{T,L}、{T,BI}、{T,PC}、{T,BA}、{T,BT}、{T,RL}、{L,BI}、{L,PC}、{L,BT}、{L,RL}、{BI,PC}、{BI,BA}、{BI,BT}、{BI,RL}、{PC,BA}、{PC,BT}、{PC,RL}、{BA,BT}、{BA,RL}、{BT,RL}，UA 作为 RHS。为进一步获取更为优质和典型的关联规则，重新设定 Apriori 模型关键参数，将最小支持度和最小置信度调整为 15%，探索不同维度上最可能发生的不安全动作。地铁施工工人不安全行为三维间的主要关联规则结果见表 4.18。

表 4.18　地铁施工工人不安全行为 L、BA 与 UA 三维度间的主要关联规则结果

交互维度	LHS	RHS	支持度/%	置信度/%	提升度
T,BA→UA	T_2,BA_1	UA_{31}	23.16	25.27	3.20
T,BT→UA	T_2,BT_1	UA_{31}	24.43	23.96	3.04
L,BI→UA	L_3,BI_7	UA_{51}	18.07	23.94	4.48
L,BA→UA	L_1,BA_1	UA_{31}	20.61	20.99	2.66
	L_3,BA_1	UA_{51}	19.08	22.67	4.24
L,BT→UA	L_1,BT_1	UA_{31}	23.16	18.68	2.37
	L_3,BT_2	UA_{46}	17.30	26.47	4.95
	L_3,BT_2	UA_{54}	17.30	16.18	5.78
BI,BA→UA	BI_7,BA_1	UA_{51}	16.54	32.31	6.05
PC,BA→UA	PC_4,BA_1	UA_{51}	16.28	28.13	5.26
PC,BT→UA	PC_4,BT_1	UA_{51}	16.28	28.13	5.26
BA,BT→UA	BA_1,BT_1	UA_{31}	46.06	17.13	2.17
	BA_2,BT_2	UA_8	25.19	35.35	3.97
	BA_2,BT_2	UA_{46}	25.19	21.21	3.97

同时满足置信度和支持度大于 15%的三维交互关联规则输出了 14 条。举例说明，对于{BI_7,BA_1→UA_{51}}，关联规则的提升度为 6.05 > 1，说明该关联规则是一个有效的强规则，也表明机械操作工最容易发生的违章操作是 UA_{51} 吊装散物时捆扎不牢。

{L,BT→UA}下的 3 个关联规则的提升度均大于 1，皆为有效强关联。这意味着，L_3 吊装区常发生的 BT_2 无痕不安全行为是 UA_{46} 吊装时无关人员进入警戒区和 UA_{54} 采用专用吊笼时物料装放过满，L_1 施工作业区常发生的 BT_1 有痕不安全行为是 UA_{31} 施工机具的传动部位未设置防护罩。

三维交互分析可以发现，L_3 吊装区、L_1 施工作业区、T_2 中班及 PC_4 开挖底板阶段是不安全动作发生的位置区域、时间段和重点施工阶段，需要对其进行重点关注。T_2 中班出现不安全动作的原因，可能是下午天气炎热，工人体力和注意力下降。以{T_2,BA_1→UA_{31}}为例，说明午班 13：00—17：00 时间段内容易发生 UA_{31} 施工机具的传动部位未设置防护罩的违章操作。对于开挖底板施工阶段，时常发生的违章操作和有痕不安全行为是 UA_{51} 吊装散物时捆扎不牢。

（3）四维交互分析

进一步挖掘地铁施工工人不安全行为“泛场景”数据的四维交互关系，以 3 个维度的随机组合作为 LHS，具体包括{T,L,BI}、{T,L,PC}、{T,L,BA}、{T,L,BT}、{T,L,RL}、{T,BI,PC}、{T,BI,BA}、{T,BI,BT}、{T,BI,RL}、{T,PC,BA}、{T,PC,BT}、{T,PC,RL}、{T,BA,BT}、{T,BA,RL}、{T,BT,RL}；{L,BI,PC}、{L,BI,BA}、{L,BI,BT}、{L,BI,RL}、{L,PC,BA}、{L,PC,BT}、{L,PC,RL}、{L,BA,BT}、{L,BA,RL}、{L,BT,RL}；{BI,PC,BA}、{BI,PC,BT}、{BI,PC,RL}、{BI,BA,BT}、{BI,BA,RL}、{BI,BT,RL}；{PC,BA,BT}、{PC,BA,RL}、{PC,BT,RL}；{BA,BT,RL}，UA 作为 RHS。同样将 Apriori 模型的最小支持度设置为 10%，最小置信度调整为 15%。通过模型构建和运行得到 20 条有效的强规则。地铁施工工人不安全行为四维间的主要关联规则结果见表 4.19。

表 4.19　地铁施工工人不安全行为四维间的主要关联规则结果

交互维度	LHS	RHS	支持度/%	置信度/%	提升度
T,BA,BT→UA	T_2,BA_1,BT_1	UA_{31}	18.32	31.94	4.05
L,BI,BA→UA	L_3,BI_7,BA_1	UA_{51}	14.25	30.36	5.68
	L_3,BI_7,BA_1	UA_{53}	14.25	16.07	7.02
	L_4,BI_4,BA_1	UA_{14}	10.43	19.51	8.52
L,BI,BT→UA	L_3,BI_7,BT_2	UA_{46}	11.45	22.22	4.16
	L_3,BI_7,BT_2	UA_{53}	11.45	20.00	8.73
	L_4,BI_4,BT_1	UA_{14}	11.45	17.78	7.76
	L_3,BI_7,BT_2	UA_{54}	11.45	17.78	6.35
	L_3,BI_7,BT_2	UA_{52}	11.45	15.56	8.73
L,BA,BT→UA	L_1,BA_1,BT_1	UA_{31}	19.08	22.67	2.87
	L_3,BA_1,BT_2	UA_{54}	10.43	26.83	9.59

续表

交互维度	LHS	RHS	支持度/%	置信度/%	提升度
L,BA,BT→UA	L_3,BA_1,BT_2	UA_{53}	10.43	21.95	9.59
	L_3,BA_1,BT_2	UA_{50}	10.43	19.51	9.59
	L_3,BA_1,BT_2	UA_{52}	10.43	17.07	9.59
	L_4,BA_1,BT_1	UA_{14}	10.18	20.00	8.73
	L_4,BA_1,BT_1	UA_{18}	10.18	15.00	8.42
BI,BA,BT→UA	BI_4,BA_1,BT_1	UA_{14}	13.23	15.38	6.72
	BI_4,BA_1,BT_1	UA_{12}	13.23	15.38	5.50
PC,BA,BT→UA	PC_4,BA_1,BT_1	UA_{51}	12.47	36.73	6.87
	PC_3,BA_1,BT_1	UA_{31}	11.70	50.00	6.34

满足置信度大于 10%、支持度大于 15%的四维交互关联规则输出了 20 条。其中，强关联规则{L_4,BI_4,BA_1→UA_{14}}可表示为{配电区，电工，违章操作→电缆未架空固定}，即在配电区，电工最容易发生的违章操作是电缆未架空固定。强关联规则{L_3,BI_7,BT_2→UA_{54}}可表示为{吊装区，机械操作工，无痕不安全行为→采用专用吊笼时物料装放过满}，即在吊装区，机械操作工时常发生的无痕不安全行为是采用专用吊笼时物料装放过满。

综合来看，L_3 吊装区和 L_4 配电区是不安全动作的多发区域，BI_7 机械操作工是发生不安全动作的重点人群，施工现场大型起重设备使用较为频繁，机械操作工作业量增加的同时伴随着不安全行为的出现。不难发现四维交互中，涉及行为性质均为 BA_1 违章操作，意味着违章操作出现的频次较多，且明显高于违章动作和不违章不安全动作两类行为性质。而不安全动作 UA_{14} 电缆未架空固定出现次数较多，说明需要加强对该不安全动作的日常巡查和管理力度。

以 T、BI、PC 和 UA 为例，展示它们之间的交互关系网络，如图 4.30 所示，连线的粗细程度代表关联性的强弱。

选择图 4.30 中输出数量较多且关系较明显的关系规则说明其内在关系。例如：BI_7、T_4 和 UA_{51} 间连线清晰，说明机械操作人员在夜间作业时易发生吊装散物时捆扎不牢的不安全动作；T_2、PC_3 和 UA_{31} 间连线清晰，说明在架设支撑阶段，中班班次易发生施工机具的传动部位未设置防护罩的不安全动作；BI_5 与 UA_{31} 间的连线说明钢筋工易发生的不安全动作是施工机具的传动部位未设置防护罩；T_2 与 UA_8 间的连线说明中班班次易发生安全带系挂不符合要求的不安全动作；PC_3 和 PC_4 较其他施工阶段的连线更清晰，说明架设支撑和开挖底板施工阶段是不安全动作的频发阶段。

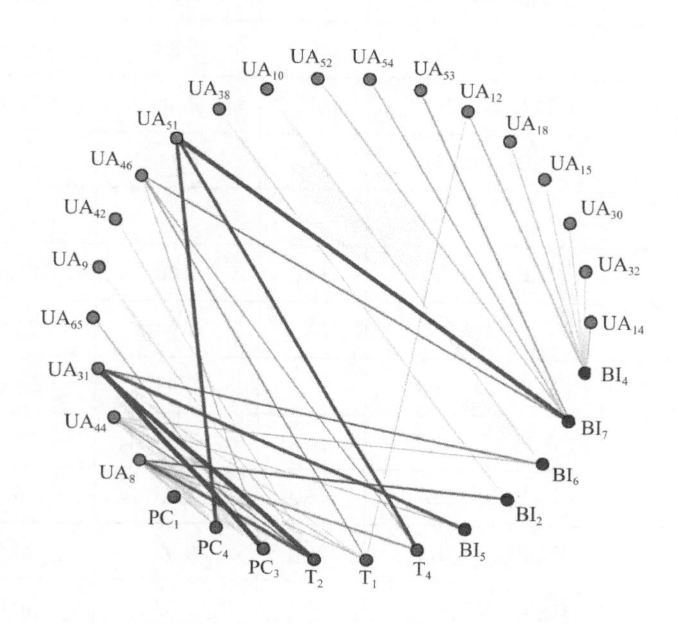

图 4.30 地铁施工工人不安全行为 T、BI、PC 和 UA 的交互关系网络

（4）五维交互分析

进一步挖掘地铁施工工人不安全行为“泛场景”数据的五维交互关系，以 4 个维度互相组合作为 LHS，具体包括{T,L,BI,PC}、{T,L,BI,BA}、{T,L,BI,BT}、{T,L,BI,RL}、{T,L,PC,BA}、{T,L,PC,BT}、{T,L,PC,RL}、{T,L,BA,BT}、{T,L,BA,RL}、{T,L,BT,RL}、{T,BI,PC,BA}、{T,BI,PC,BT}、{T,BI,PC,RL}、{T,BI,BA,BT}、{T,BI,BA,RL}、{T,BI,BT,RL}、{T,PC,BA,BT}、{T,PC,BA,RL}、{T,PC,BT,RL}、{T,BA,BT,RL}；{L,BI,PC,BA}、{L,BI,PC,BT}、{L,BI,PC,RL}、{L,BI,BA,BT}、{L,BI,BA,RL}、{L,BI,BT,RL}；{L,PC,BA,BT}、{L,PC,BA,RL}、{L,PC,BT,RL}、{L,BA,BT,RL}；{BI,PC,BA,RL}、{BI,PC,BA,BT}、{BI,PC,BA,RL}、{BI,BA,BT,RL}；{PC,BA,BT,RL}，UA 作为 RHS。在地铁施工工人不安全行为五维交互关联规则分析时发现，若将 Apriori 模型的最小支持度设置为 10%，并未输出有效的关联规则。为了得到合适数量、便于分析的关联规则，将最小支持度设置为 5%，最小置信度调整为 20%，通过模型构建和运行得到 21 条有效的强规则。地铁施工工人不安全行为五维间的主要关联规则结果见表 4.20。

表4.20　地铁施工工人不安全行为五维间的主要关联规则结果

交互维度	LHS	RHS	支持度/%	置信度/%	提升度
T,L,BI,PC→UA	T_4,L_3,BI_7,PC_4	UA_{51}	5.34	66.67	12.48
T,L,BI,BA→UA	T_4,L_3,BI_7,BA_1	UA_{51}	5.85	60.87	11.39
T,L,BA,BT→UA	T_2,L_1,BA_1,BT_1	UA_{31}	7.38	34.48	4.37
T,BI,PC,BA→UA	T_4,BI_7,PC_4,BA_1	UA_{51}	6.11	75.00	14.04
T,BI,PC,BT→UA	T_4,BI_7,PC_4,BT_1	UA_{51}	5.60	81.82	15.31
T,BI,BA,BT→UA	T_4,BI_7,BA_1,BT_1	UA_{51}	5.60	81.82	15.31
	T_1,BI_4,BA_1,BT_1	UA_{30}	5.34	23.81	15.60
T,PC,BA,BT→UA	T_2,PC_3,BA_1,BT_1	UA_{31}	7.63	76.67	9.72
	T_4,PC_4,BA_1,BT_1	UA_{51}	6.36	72.00	13.47
L,BI,PC,BA→UA	L_3,BI_7,PC_4,BA_1	UA_{51}	7.63	46.67	8.73
L,BI,BA,BT→UA	L_4,BI_4,BA_1,BT_1	UA_{14}	9.92	20.51	8.96
	L_3,BI_7,BA_1,BT_2	UA_{53}	7.63	30.00	13.10
	L_3,BI_7,BA_1,BT_2	UA_{54}	7.63	26.67	9.53
	L_3,BI_7,BA_1,BT_2	UA_{52}	7.63	23.33	13.10
	L_1,BI_2,BA_1,BT_1	UA_{38}	7.63	20.00	7.86
	L_3,BI_7,BA_1,BT_1	UA_{51}	6.62	65.38	12.24
	L_2,BI_6,BA_1,BT_1	UA_{31}	5.60	50.00	6.34
	L_2,BI_6,BA_1,BT_1	UA_{10}	5.60	27.27	15.31
L,PC,BA,BT→UA	L_1,PC_3,BA_1,BT_1	UA_{31}	6.11	41.67	5.28
	L_3,PC_4,BA_1,BT_1	UA_{51}	5.09	70.00	13.10
BI,PC,BA,BT→UA	BI_7,PC_4,BA_1,BT_1	UA_{51}	6.36	72.00	13.47

可见满足置信度大于 5%、支持度大于 20%的五维交互关联规则输出了 21 条。其中，强关联规则{L_4,BI_4,BA_1,BT_1→UA_{14}}可表示为{配电区，电工，违章操作，有痕不安全行为→电缆未架空固定}，即在配电区，电工最容易发生的不安全动作是电缆未架空固定，该动作属于违章操作和有痕不安全行为。强关联规则{T_4,L_3,BI_7,PC_4→UA_{51}}可表示为{夜班，吊装区，机械操作工，开挖底板→吊装散物时捆扎不牢}，即在开挖底板施

工阶段，机械操作工在吊装区进行夜间作业时，常发生的不安全动作是吊装散物时捆扎不牢。可以看出，高维度的关联规则输出结果更加的细致和清晰，可以准确掌握地铁施工工人不安全行为发生的细节。

（5）五维以上交互分析

在进行不安全行为五维交互分析时，在最小支持度为 10%的情况下无法输出有效的关联规则。因此，对于五维以上的关联规则，输出难度更大。经过试错法将 Apriori 模型的最小支持度设置为 5%，最小置信度设置为 5%，依然将 UA 作为 RHS，前项 LHS 设置分为以 5 个维度、6 个维度和 7 个维度互相组合，具体包括{T,L,BI,PC,BA}、{T,L,BI,PC,BT}、{T,L,BI,PC,RL}、{T,L,BI,BA,BT}、{T,L,BI,BA,RL}、{T,L,BI,BT,RL}、{T,L,PC,BA,BT}、{T,L,PC,BA,RL}、{T,L,BA,BT,RL}、{T,BI,PC,BA,BT}、{T,BI,PC,BA,RL}、{T,BI,PC,BT,RL}、{T,BI,BA,BT,RL}、{T,PC,BA,BT,RL}；{T,L,BI,PC,BA,BT}、{T,L,BI,PC,BA,RL}、{T,L,BI,PC,BT,RL}、{T,L,BI,BA,BT,RL}、{T,L,PC,BA,BT,RL}、{T,BI,PC,BA,BT,RL}、{L,BI,PC,BA,BT,RL}；{T,L,BI,PC,BA,BT,RL}，通过模型构建和运行得到 3 条有效的强规则。地铁施工工人不安全行为五维以上间的主要关联规则结果见表 4.21。

表 4.21　地铁施工工人不安全行为五维以上间的主要关联规则结果

交互维度	LHS	RHS	支持度/%	置信度/%	提升度
T,BI,PC,BA,BT→UA	T_4,BI_7,PC_4,BA_1,BT_1	UA_{51}	5.60	81.82	15.31
	T_4,BI_7,PC_4,BA_1,BT_1	UA_{43}	5.60	9.09	3.57
	T_4,BI_7,PC_4,BA_1,BT_1	UA_{31}	5.60	9.09	1.15

可见，满足置信度和支持度均大于 5%的五维以上交互的关联规则输出仅为 3 条。这意味着维数越多，需要满足的条件越苛刻，越无法输出符合条件的关联规则。以表 4.21 为例进行分析，强关联规则{$T_4,BI_7,PC_4,BA_1,BT_1→UA_{51}$}表示为{夜班，机械操作工，开挖底板，违章操作，有痕不安全行为→吊装散物时捆扎不牢}，即在开挖底板施工阶段，机械操作工在吊装区进行夜间作业时，常发生的违章操作是吊装散物时捆扎不牢，该动作属于有痕不安全行为。

五维以上的关联规则可以看出，基于不安全行为"泛场景"数据的七维和八维的交互分析，均未能输出有效结果，即同时满足多维条件，没有可以发生的不安全动作。对 8 个维度的交互关系用导向网络进行展示，设置弱链接上限为 15，强链接下限为 30，运行后输出地铁施工工人不安全行为八维度间的交互关系网络，如图 4.31 所示。

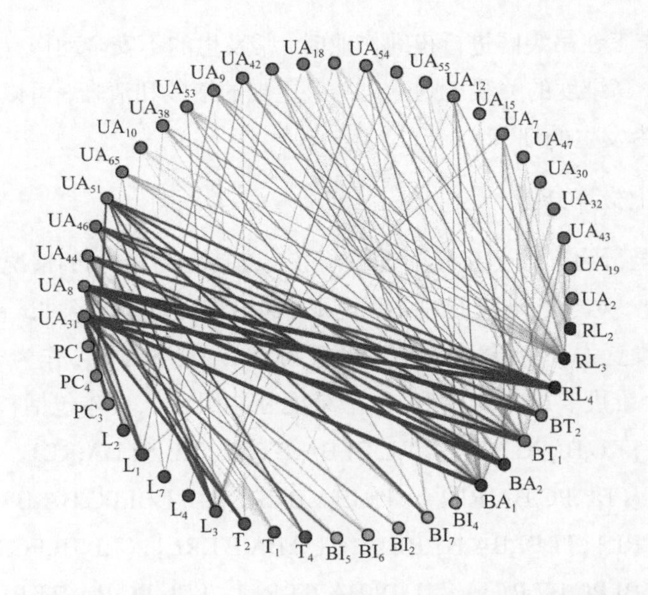

图 4.31　地铁施工工人不安全行为八维间的交互关系网络

4.4　本章小结

本章针对行为安全“泛场景”数据表征研究主题，阐述了“泛场景”数据理论，提出了行为安全“泛场景”数据获取及挖掘的方法。基于此，针对地铁施工工人开展了实证应用研究，得出如下结论：

（1）基于“人–机–环”，应用计算机视觉、数据挖掘、机器学习等人工智能理论和方法识别分析安全领域场景的时间、位置、动作等维度信息，为行为安全的智能识别和深度分析提供新的思路和方法。

（2）将“泛场景”数据理论与行为安全研究相结合，运用结构化的场景数据揭示隐藏的关键信息，构建“泛场景”框架下多维度的行为安全数据库，为更全面、系统地挖掘行为安全数据信息提供理论基础。

（3）行为安全“泛场景”数据从行为时间、位置区域、行为个体、行为动作、专业类别、行为性质、行为痕迹和风险等级 8 个维度进行表征。

（4）以地铁施工工人为研究对象，开展行为安全“泛场景”数据应用研究，梳理不安全行为 8 个维度信息，通过单维度统计分析、多维度交互分析、关键行为风险分析，挖掘不安全行为的内在特征和交互规律。

本章参考文献

[1] 特里·克拉克. 场景理论的概念与分析：多国研究对中国的启示[J]. 李鹭，译. 东岳论丛，2017, 38(1): 16-24.

[2] 吴军. 城市社会学研究前沿：场景理论述评[J]. 社会学评论，2014, 2(2): 90-95.

[3] 罗伯特·斯考伯，谢尔·伊斯雷尔. 即将到来的场景时代[M]. 赵乾坤，周宝曜，译. 北京：北京联合出版公司, 2014.

[4] 约书亚·梅罗维茨. 消失的地域[M]. 肖志军，译. 北京：清华大学出版社, 2002.

[5] 黄建生. 戈夫曼的拟剧理论与行为分析[J]. 云南师范大学学报：哲学社会科学版，2001(4): 91-93.

[6] 麦克卢汉. 理解媒介[M]. 周宪，许钧，译. 北京：商务印书馆, 2000.

[7] 张长城，杨德贵，王宏强. 红外图像中弱小目标检测前跟踪算法研究综述[J]. 激光与红外, 2007(2): 104-107.

[8] NARAYANA M, HANSON A, LEARNED-MILLER E. Coherent motion segmentation in moving camera videos using optical flow orientations[C]//Proceedings of the IEEE International Conference on Computer Vision. 2013: 1 577-1 584.

[9] KRIZHEVSKY A, SUTSKEVER I, HINTON G E. ImageNet classification with deep convolutional neural networks[J]. Advances in Neural Information Processing Systems, 2012, 25: 1 097-1 105.

[10] FAYYAD U, PIATETSKY-SHAPIRO G, SMYTH P. Knowledge discovery and data mining: towards a unifying framework[C]. International Conference on Knowledge Discovery and Data Mining. AAAI Press, 1996: 82-88.

[11] AGRAWAL R, MEHTA M, SHAFER J, et al. The quest data mining system[C]. Proc Kdd. 1996: 244-249.

[12] AHN H, AHN J J, OH K J, et al. Facilitating cross-selling in a mobile telecom market to develop customer classification model based on hybrid data mining techniques[J]. Expert Systems with Applications, 2011, 38(5): 5 005-5 012.

[13] AHN K I. Effective product assignment based on association rule mining in retail[J].

Expert Systems with Applications, 2012, 39(16): 12 551-12 556.

[14] 欧阳秋梅，吴超．大数据与传统安全统计数据的比较及其应用展望[J]．中国安全科学学报, 2016, 26(3): 1-7.

[15] 林培利．浅析计算机数据技术在煤矿行业中的应用[J]．江西建材, 2014(9): 229-230.

[16] 潘武敏．数据挖掘在煤矿企业人事考评管理信息系统中的应用[J]．煤炭技术, 2013(10): 261-262.

[17] LEVESON N. A new accident model for engineering safer systems[J]. Safety Science, 2004, 42(4): 237-270.

[18] 李海义，李俊，张骥．首都公共交通安全智能化管理思考与展望[J]．中国应急救援, 2015, 10(6): 4-7.

[19] 董枫，蒋仲安，高蕊．地理信息系统在矿井灾害应急救援中的应用[J]．矿业安全与环保, 2007, 34(3): 43-46.

[20] 田艳．数据挖掘技术的应用及发展[J]．统计与信息论坛, 2004, 19(4): 18-21.

[21] WU C, SONG X, WANG T, et al. Core dimensions of the construction safety climate for a standardized safety-climate measurement[J]. Journal of Construction Engineering and Management, 2015, 141(8): 04015018.

[22] JIN H C, SHAFER C S. Aesthetic responses to urban greenway trail environments[J]. Landscape Research, 2009, 34(1): 83-104.

[23] SHILOH S, NUDELMAN G. Exploring dimensions of health behaviors' representations[J]. Psychology & Health, 2020, 35(8): 1 017-1 032.

[24] WANG L, CHENG Y P, LIU H Y. An analysis of fatal gas accidents in Chinese coal mines [J]. Safety Science, 2014, 62: 107-113.

[25] TONG R P, ZHANG Y, CUI P, et al. Characteristic analysis of unsafe behavior by coal miners: multi-dimensional description of the pan-scene data[J]. International Journal of Environmental Research and Public Health, 2018, 15(8): 1 608.

[26] 黄妙华，王思楚．基于事故数据的智能汽车安全测试场景研究[J]．机械设计与制造, 2022(10): 23-27.

[27] 白云，李白杨，周艳，等．海外公共安全场景下的开源情报组织与分析方法研究：基于“事件–主题–相关者”的多源数据融合框架[J]．情报杂志, 2022, 41(3): 38-46.

[28] 徐晟，骆汉宾．基于图示语言的工人行为安全培训系统[J]．土木工程与管理学报, 2014(3): 51-55.

[29] 肖铭钊，郭聖煜，余群舟，等．基于图示语言的地铁施工安全培训效果分析[J]．土木工

程与管理学报, 2015(1): 59-64.

[30] GUO S Y, LUO H B, YONG L. A big data-based workers behavior observation in China metro construction[J]. Procedia Engineering, 2015, 123: 190-197.

[31] 傅贵, 殷文韬, 董继业, 等. 行为安全“2-4”模型及其在煤矿安全管理中的应用[J]. 煤炭学报, 2013, 38(7): 1 123-1 129.

[32] LASSWELL H D. The structure and function of communication in society[J]. The Communication of Ideas, 1948, 37: 215-228.

[33] 佟瑞鹏, 陈策, 刘思路, 等. 面向行为安全的“泛场景”数据理论与应用研究[J]. 中国安全科学学报, 2017, 27(2): 1-6.

[34] 佟瑞鹏, 陈策, 戚鹏, 等. 面向行为安全的多维场景数据模型与应用[J]. 中国安全科学学报, 2016, 26(11): 1-6.

[35] YIN W T, FU G, GAO P, et al. Analysis and statistics of workers' unsafe acts in coal mine gas explosion[C]. Proceedings of the 2nd International Symposium of Mine Safety Science and Engineering, 2013: 731-735.

[36] ANON. Visualization in scientific computing: a synopsis[J]. Computer Graphics, 1987, 7(7): 61-70.

[37] PARK C S, KIM H J. A framework for construction safety management and visualization system[J]. Automation in Construction, 2013, 33(4): 95-103.

[38] TAN Z L, LV M, LIU H, et al. Research and realization of information system in the urban underground space based on internet of things[C]. International Conference of Information Science and Management Engineering. 2013: 1 083-1 090.

[39] 佟瑞鹏, 范冰倩, 孙宁昊, 等. 地铁施工作业人员不安全行为靶向干预方法[J]. 中国安全科学学报, 2022, 32(6): 10-16.

本章附录

附录 A

附表 4.1　地铁施工工人不安全行为清单（部分示例）

序号	不安全行为类型	检查项目	编号	具体不安全行为
1	文明施工（01）	现场围挡	1.1	主城区内工地周围未设置封闭围挡
2			1.2	围挡高度不够或未沿施工现场四周连续设置
3			1.3	围挡设置不坚固、不稳定
4		封闭管理	1.4	无门卫值守或出入人员、起重机械未做登记
5		交通疏导	1.5	占用、挖掘道路未按设置交通疏解告示、行人绕行提示、文明施工用语等施工标志
6			1.6	在围墙外未设置防来车碰撞墩或交通警示灯
7		施工场地	1.7	施工现场土方作业、裸露场地等未采取防止扬尘措施
8			1.8	施工现场随地大小便
9			1.9	在施工区域睡觉
10			1.10	倚靠护栏
11		材料管理	1.11	建筑材料、构件、料具堆放不整齐
12			1.12	建筑垃圾未及时清理、有序堆放
13		现场防火	1.13	水泥和其他易飞扬的细颗粒建筑材料未密闭存放或未采取覆盖等措施
14		现场标志	1.14	无绿色施工警示标识或职业卫生、安全警示牌设置不足
15		生活设施	1.15	食堂燃气瓶（罐）未单独设置存放间或存放间通风条件不好
16			1.16	生活垃圾未及时清理并装入容器
17		和谐社区	1.17	夜间未经许可施工
18			1.18	现场焚烧有毒、有害、恶臭的物质或其他废弃物
19			1.19	工程竣工后未在规定时间内拆除临时设施或恢复道路

续表

序号	不安全行为类型	检查项目	编号	具体不安全行为
20	安全防护（02）	防护用品	2.1	施工现场不戴安全帽
21			2.2	未正确佩戴安全帽
22			2.3	在建工程外侧未使用密目式安全网封闭
23			2.4	高架桥面边等临边未使用安全网
24			2.5	钢结构、屋面安装未设安全平网
25			2.6	高处作业未系安全带
26			2.7	安全带系挂不符合要求
27			2.8	不按规定设置安全绳
28			2.9	电焊人员未按要求佩戴护目镜
29			2.10	钻孔、注浆、喷混凝土、切割、打磨及其他扬尘作业不戴防尘口罩
30			2.11	密闭/有限空间作业未配备防中毒/窒息等个体防护装备
31		临边防护	2.12	临边部位未设置防护栏杆
32			2.13	轨行区入口处未按规定设置防护栏杆
33			2.14	未搭设防护棚或防护不严、不牢固
34		悬空作业	2.15	悬空作业处未设置防护栏杆或其他可靠的安全设施
35		移动式操作平台	2.16	操作平台四周未按规定设置防护栏杆或未设置登高扶梯
36		物料平台	2.17	平台台面铺板不严或台面层下方未设置安全平网
37			2.18	物料平台未在明显处设置限定荷载标牌
38			2.19	物料平台堆物超载

附录B

附表4.2　地铁施工工人不安全行为393条“泛场景”数据及其编码表（部分示例）

场景序号	行为时间 T	位置区域 L	行为个体 BI	不安全动作 UA	专业类别 PC	行为属性 BA	行为痕迹 BT	风险等级 RL
1	T_2	L_1	BI_2	UA_{39}	PC_6	BA_1	BT_1	RL_2
2	T_2	L_3	BI_2	UA_{44}	PC_4	BA_2	BT_1	RL_4

续表

场景序号	行为时间 T	位置区域 L	行为个体 BI	不安全动作 UA	专业类别 PC	行为属性 BA	行为痕迹 BT	风险等级 RL
3	T_4	L_1	BI_7	UA_{31}	PC_4	BA_1	BT_1	RL_4
4	T_2	L_2	BI_6	UA_2	PC_4	BA_2	BT_2	RL_2
5	T_2	L_1	BI_2	UA_{37}	PC_6	BA_1	BT_1	RL_2
6	T_4	L_3	BI_7	UA_{49}	PC_4	BA_1	BT_2	RL_2
7	T_2	L_7	BI_6	UA_{42}	PC_4	BA_2	BT_1	RL_3
8	T_3	L_1	BI_2	UA_8	PC_3	BA_2	BT_2	RL_4
9	T_2	L_3	BI_7	UA_{54}	PC_4	BA_1	BT_2	RL_3
10	T_3	L_3	BI_7	UA_{46}	PC_3	BA_2	BT_2	RL_4
11	T_3	L_3	BI_7	UA_{51}	PC_2	BA_1	BT_1	RL_4
12	T_3	L_1	BI_2	UA_{61}	PC_8	BA_1	BT_1	RL_2
13	T_2	L_1	BI_2	UA_8	PC_4	BA_2	BT_2	RL_4
14	T_4	L_1	BI_2	UA_{39}	PC_3	BA_1	BT_1	RL_2
15	T_4	L_1	BI_2	UA_7	PC_3	BA_2	BT_2	RL_3
16	T_2	L_7	BI_5	UA_{42}	PC_3	BA_2	BT_1	RL_3
17	T_2	L_3	BI_5	UA_{46}	PC_3	BA_2	BT_2	RL_4
18	T_2	L_3	BI_7	UA_{54}	PC_2	BA_1	BT_2	RL_3
19	T_2	L_2	BI_1	UA_8	PC_1	BA_2	BT_2	RL_4
20	T_4	L_3	BI_1	UA_{55}	PC_7	BA_1	BT_1	RL_2
21	T_1	L_3	BI_4	UA_{43}	PC_1	BA_1	BT_1	RL_3
22	T_1	L_1	BI_1	UA_5	PC_8	BA_2	BT_1	RL_1
23	T_1	L_1	BI_2	UA_{43}	PC_8	BA_1	BT_1	RL_3
24	T_3	L_3	BI_2	UA_{44}	PC_2	BA_2	BT_1	RL_4
25	T_1	L_4	BI_4	UA_{43}	PC_8	BA_1	BT_1	RL_3
26	T_4	L_1	BI_2	UA_4	PC_2	BA_1	BT_1	RL_1
27	T_2	L_4	BI_4	UA_{43}	PC_1	BA_1	BT_1	RL_3
28	T_2	L_2	BI_6	UA_{43}	PC_7	BA_1	BT_1	RL_3

续表

场景序号	行为时间 T	位置区域 L	行为个体 BI	不安全动作 UA	专业类别 PC	行为属性 BA	行为痕迹 BT	风险等级 RL
29	T_3	L_1	BI_5	UA_9	PC_4	BA_2	BT_1	RL_3
30	T_3	L_3	BI_7	UA_{48}	PC_5	BA_1	BT_1	RL_2
31	T_2	L_7	BI_6	UA_{66}	PC_3	BA_2	BT_2	RL_2
32	T_1	L_2	BI_6	UA_{10}	PC_4	BA_1	BT_1	RL_3
33	T_2	L_2	BI_6	UA_{11}	PC_4	BA_1	BT_2	RL_2
34	T_1	L_1	BI_6	UA_9	PC_4	BA_2	BT_1	RL_3
35	T_2	L_2	BI_6	UA_{31}	PC_3	BA_1	BT_1	RL_4
36	T_2	L_3	BI_6	UA_{44}	PC_4	BA_2	BT_1	RL_4
37	T_1	L_4	BI_4	UA_{43}	PC_8	BA_1	BT_1	RL_3
38	T_3	L_1	BI_7	UA_{59}	PC_2	BA_1	BT_2	RL_2
39	T_1	L_2	BI_6	UA_{38}	PC_4	BA_1	BT_1	RL_3
40	T_4	L_3	BI_7	UA_{43}	PC_4	BA_1	BT_1	RL_3

第5章 行为安全概率风险评估

行为安全风险的评估能够确定行为安全风险的来源，并在伤害或事故发生前确定控制措施，从而保障从业者在工作中的安全和健康。基于前文研究，本章将融合概率分析技术，构建分析评估程序，实现行为安全概率风险评估。

5.1 行为安全概率风险理论

随着人们对安全与风险问题的持续关注，以及将概率分析技术用于风险分析，处理不确定性的切实必要，概率风险评估（probabilistic risk assessment，PRA）成为热门研究领域，现已在核工业、航天工业、医学、环境保护、灾害预防等多个行业和领域得到了广泛的应用[1]。

人既是安全保护对象，又是安全实现主体。随着对个体行为重要性与复杂性的认识逐渐深入，学者们开始针对造成事故的行为开展风险评估研究[2,3]。相关评估方法可分为定性风险评估和定量风险评估两类。其中的定性风险评估方法主要依赖于专家的知识和经验，通过主观判断来评估给定变量（如风险发生概率）对评估对象的影响，从而得出评估结果。因为不同学者对行为具体的分析可能产生不同的风险评估结果，存在较大的主观性和随机性，所以会导致结果高估或低估。概率风险评估作为典型定量分析方法，因其能够以概率分布的形式表达人为风险因素的不确定性和随机性，现已得到充分应用。

5.1.1　不确定性

不确定性是风险概念化和风险评估中的关键概念，是指由于假设的简化、可用信息的稀少和不精确性，以及对系统及其响应缺少理解而引起的可能性的变动范围[4]。不确定性固有存在于任何风险评估过程中，可被解释为是对风险评估结果信心的"量度"，对于复杂系统的分析更是不可避免地涉及许多不确定性。在实践层面上，不确定性是由与模型结构、概率评估、信息收集和灵敏度分析相关的重要建模问题驱动的[5]。在行为安全风险评估中，可将不确定性分为参数的不确定性、模型的不确定性和情境的不确定性三类，如图5.1所示。

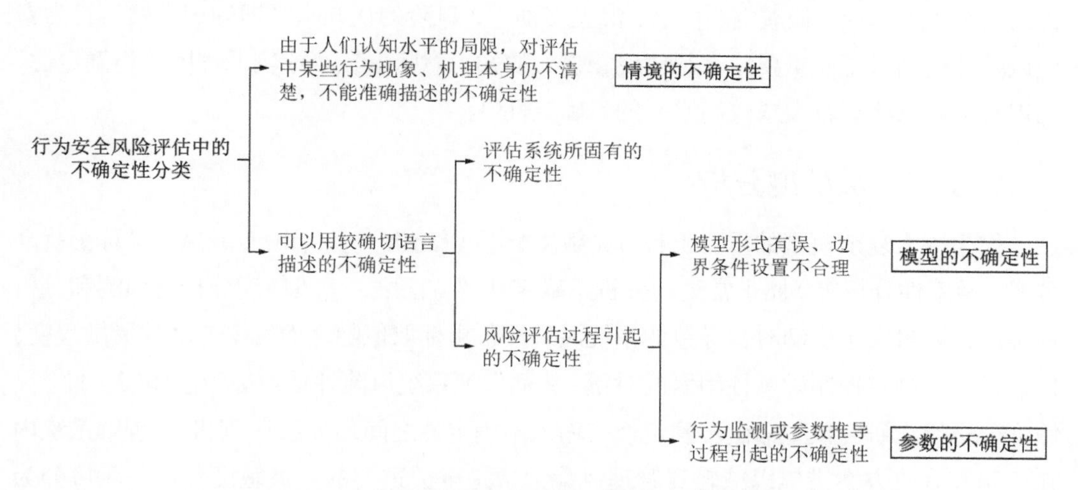

图5.1　行为安全风险评估中的不确定性分类

（1）参数的不确定性

行为安全风险评估过程中，参数的不确定性主要包括典型行为发生可能性和事故后果严重程度两类参数的不确定性。行为发生可能性的不确定性主要由于个体行为表征受到心理、生理和环境等多种动态因素的影响。同时，对行为安全风险的研究大多数基于行为观察，并对其发生频率进行归类和赋权，一定程度上造成结果值存在主观性，不利于描述真实场景下行为发生概率。事故后果严重程度是行为安全风险评估中的关键性参数，由于工艺、设备、环境、管理和人等各个方面的动态性与差异性造成其不确定性，然而其数据的准确性直接决定着评估结果的可信度。

（2）模型的不确定性

行为安全风险评估模型最基本的逻辑内核，是以风险评估中最常用的事故发生可能性与后果严重程度的乘积表示事故危险性。该模型是通过真实情况简化后得到的，与行为对系统实际造成的风险水平存在一定的差异[6]。另外，行为安全风险评估模型在构建过程中，会忽略一些影响评估结果的参数及难以在模型中表示的各种因素，使得评估结果与风险水平的真实值之间存在一定的差异。

（3）情境的不确定性

情境的不确定性主要是由人们认知水平的局限引起的，表现为评估者对某些行为现象及其内在机理本身仍不清楚，不能准确地对风险进行描述，具体包括事件的描述误差、专业判断的失误及信息丢失造成评估的不完整性等。究其原因，从建构论风险观出发，风险是具有主观性的、由人类发明的概念，本质上是人们在社会生活过程中建构起来的，它反映了人们的信念、价值和文化观念。在行为安全领域，尤其是易发生极端事件的安全关键行业，如航空、核电、海上石油等，风险的认知水平即知识强度对行为安全风险评估结果至关重要。直观地说，强大的知识意味着较小或较低程度的不确定性，知识贫乏则意味着较大或较高水平的不确定性[7]。

5.1.2 灵敏度分析

作为探索复杂模型的重要工具，灵敏度分析（sensitivity analysis，SA，又称为扰动分析、敏感性分析等）属于常见的分析不确定性的方法之一。灵敏度分析是预测和分析不确定性因素发生变动时，导致的系统风险评价指标取值随之而发生变动的灵敏程度，借以进一步制定控制敏感性因素的对策，从而保证系统风险评估与决策总体安全性。灵敏度分析旨在研究模型输出不确定性与输入不确定性之间的关系[8]，它对于理解系统内在机制和修改方案措施以减轻和管理风险常常是至关重要的。灵敏度分析一般可分为局部灵敏度分析和全局灵敏度分析。局部灵敏度分析通常基于导数，即围绕参考点的导数，分析输入变量的变动对输出结果的影响；而全局灵敏度分析则用于研究全域内输入不确定性对输出不确定性的影响。

在行为安全概率风险评估过程中应用灵敏度分析，主要是评估不确定性变动对最终行为安全风险后果所产生的影响，这些不确定性变动可能存在于假设、模型、参数等的取值和基本事件中。在行为安全概率风险评估实施过程中，要不断进行灵敏度分析，筛选出对评估模型输出结果影响较大的参数作为模型中的随机变量，以降低模型复杂程度。同时，通过灵敏度分析，可以量化分析出哪些输入因素对最终风险结果的影响较大，如行为的位置区域、行为性质、风险等级等的变动，从而为评估系统的行为安全风险决策提供支持。

5.1.3 概率风险评估

5.1.3.1 以不确定性分析为核心的数据分析技术

风险评估是指旨在识别和描述可能的危害及其原因和后果，以及它们发生的不确定性的分析过程。根据评估方法性质和结果呈现形式，风险评估可分为定性评估和定量评估两类，风险定性评估方法虽然能为系统中各关键因素的冗余设计提供足量信息，但难以准确、全面地表征系统中的总体风险，难以说明事故发生可能性、事件累加风险、系统部件重要度排序等情况。在风险定性评估方法的基础之上，定量风险评估可对不确定性进行估计，进而能使分析评估结果在行为安全风险管理决策过程中得到更为合理而有效的应用。

在不确定性表达工具中，概率论是最传统、应用最广泛的一种，其所对应的风险评估被称为概率风险评估。概率风险评估的主要特点之一在于它将事件的不确定性纳入模型中加以考虑，但这一点往往为使用者所忽视，从而使其应用效果大打折扣。概率风险评估过程包括危险鉴定、原因和后果分析，以及对不同情境发生的可能性及其后果的概率分析。此过程最终得出风险描述，该描述可以与管理审查和判断一起使用，以支持风险管理决策的制定。概率风险评估过程如图5.2所示。

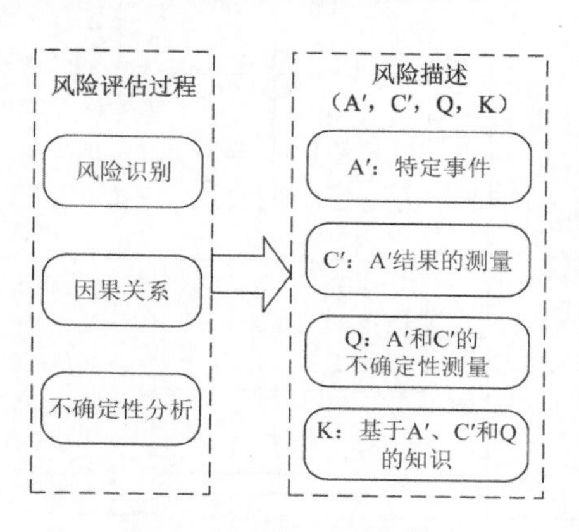

图5.2　概率风险评估过程

行为安全概率风险评估属于定量评估方法，基于对实际概率的模拟，在计算机上进行统计处理，利用概率分布准确可靠地评估行为安全风险，消除单一数学方法的误差，可在模拟分析的基础上提供行为安全管理信息。行为安全概率风险评估中的不确定性分析涉及两个方面的内容：

一方面是不确定性的来源。获取概率风险评估的数据输入，即行为的发生概率，需要用到专家意见综合、贝叶斯分析等不确定性分析技术，还要对与行为概率相关的信息进行分析，并将行为发生概率分布以概率密度函数的形式描述出来，以表示其可能的取值和变动范围。

另一方面是不确定性的传播。将各行为表征的不确定性分布传播到影响行为安全的各要素中，进而传播到最终行为安全后果中并进行综合集成，需要用到蒙特卡罗模拟等不确定性传播技术，从而实现对系统行为安全风险的综合分析与评估。

5.1.3.2 以行为安全风险干预为目标的应用方向

作为一种有效地定量且以不确定性分析为核心的风险评估技术，行为安全概率风险评估可用于支持结构化的行为安全风险管理过程，实现有关风险的最优决策。作为一种能使任何一项安全管理活动有效进行的合乎逻辑的工作程序，基于 PDCA 循环的动态风险管理现已得到业界认可及广泛应用，其与概率风险评估的关系如图 5.3 所示。从图 5.3 中可以清楚地看出，概率风险评估与风险管理过程的接口在于“风险识别”和“风险分析”这两个过程。与定性风险评估方法不同，概率风险评估能够提供量化的分析支持。

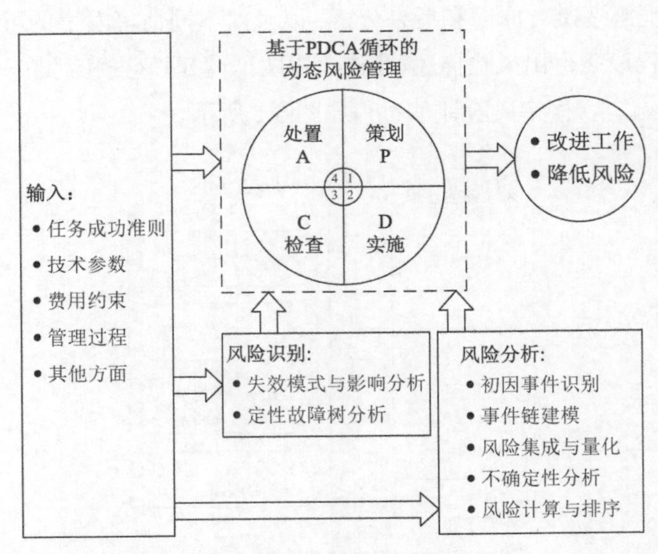

图 5.3 基于 PDCA 循环的动态风险管理与概率风险评估的关系

行为的产生是一个复杂的决策过程，而行为安全研究重点在于识别并通过干预手段纠正关键的不安全行为，以实现安全控制，维持安全行为。行为安全概率风险评估在行为安全“外部”“内部”演化机制和行为安全“泛场景”数据表征的基础上，评估出系统的行为安全风险，识别、分析出复杂系统中影响行为安全绩效的薄弱环节，帮助管理人员和工程师有效地确定提高行为安全可靠性和安全性的优先排列次序。这些评估结果反过来可为制定可行的行为安全管理策略来降低行为安全风险水平提供依据。行为安全概率风险评估通过识别出主要的风险影响因素来促进行为安全管理，使资源得到有效分配来减少重要的风险因素，而不至于把资源浪费在那些对风险不甚重要的影响因素上。

除了可以分析系统行为安全风险总体水平外，行为安全概率风险评估还提供了一个基本框架，能够对那些关乎系统行为安全水平的重要事件（或事件序列）的不确定性进行量化。通过行为安全概率风险的不确定性量化分析，可使决策者得以了解不确定性来源，比较出各种管理方案所能降低的不确定性。从这个意义上来讲，行为安全概率风险评估补充了传统的安全性、可靠性分析，能够支持与行为安全风险相关的决策活动。

5.2　行为安全概率风险评估的实施

行为安全概率风险评估的实施一般由定义评估目标和范围、熟悉评估系统、评估模型构建、数据收集和分析、不确定性分析、重要度排序与结果分析 6 个步骤组成，根据实际工程应用情况，实施步骤可以有所增减。

5.2.1　行为安全概率风险评估实施步骤

5.2.1.1　定义评估目标和范围

开展行为安全概率风险评估工作，首先要定义评估目标和范围，并描述评估结果的用途，确定出应用目标、评估分析的深度和广度、所关注的后果状态，以及所需的信息来源。依据目标和范围，确定评估中所涉及的任务场景、各子系统以及厂房、车间、设备等相关系统配置，确定需要进行分类和识别的具体行为。同时，要确定行为安全影响因素筛选原则，如多米诺模型、轨迹交叉模型、事故致因“2-4”模型等。

本步骤的实施要点如下：

（1）明确实施行为安全概率风险评估的目的。例如，评估系统生产全生命周期内各任务阶段、各工作场景的行为安全水平，为评估系统不同工种和岗位的员工行为提供风险分级管理的理论依据。

（2）定义任务范围及系统边界，确定行为安全影响因素、行为表征及相关分析的详细程度，从而确定分析的范围和深度。

（3）确定所需开展分析的后果类型和严重度，如任务失败、停工或人员伤亡等。明确所采用的风险评估内核，一般基于后果严重度和发生可能性等级来建立；以特定后果的概率目标和准则为基础，确定总的风险目标或可接受准则。

（4）识别出可利用的信息和数据。在确定行为安全概率风险评估目标的过程中，应综合利用其他分析结果来确定风险目标。例如，结合其他公认活动（如民航、公共交通等）的发生可能性，参考类似生产系统的事故报告或危险分析结果确定后果严重度。值得注意的是，与一般风险评估要求一致，本步骤所得结果应及时提交风险管理人员及相关专家进行评审，以确保行为安全概率风险评估工作目标和出发点的正确性。

5.2.1.2 熟悉评估系统

在开展行为安全概率风险评估建模与分析之前，需要详细了解评估系统对各种扰动的响应。只有先了解评估系统是如何正常工作的，才能正确理解系统是如何失效的。因此，必须全面熟悉生产任务和评估系统的组成和功能，包括行业生产工艺流程、人员配备情况、岗位安全生产规范和要求（尤其是需要人为操作的岗位）等。风险评估人员应当广泛收集系统信息，并与相关人员（工人、安全主管、其他领域专家）进行广泛且深入地交流，以明确研究目的、行为安全风险偏好等研究中遇到的问题，这对于行为安全概率风险评估后续工作的顺利开展具有十分重要的作用。并且，在获取系统风险信息时，需要考虑到风险并协性、隶属性的特点，因为不同的受益人可能对风险的感受不同，从而造成对风险的基本态度不同。

本步骤的实施要点如下：

（1）识别和描述行为安全风险评估范围、系统与工作状况，包括生产工艺流程、人员配备情况、岗位安全生产规范和要求等。

（2）明确整个生产任务的成功准则，以及为保证任务成功所需的各子系统的成功准则。

（3）在本步骤的分析中，应重点考虑生产系统运行过程、系统内“工人个体-组织层面-环境层面”等各种接口关系以及人在生产系统运行中的作用。

5.2.1.3 评估模型构建

评估模型构建是行为安全概率风险评估程序中的关键步骤，其目的是根据评估系统运行过程中的行为表征，对其进行分类和描述后，构建基于不确定性分析的行为安全概率风险评估模型。在具体建模时，本书计算过程最基本的内核是以风险评估中常用的事故发生可能性与后果严重程度的乘积表示事故危险性。该建模过程涉及对行为的分类与识别、对行为的量化描述，以及风险评估功能函数的构建。此步骤需要充分利用评估系统事故报告、行为安全演化机理及过程的研究成果，以及前期的风险评估报告等资料。

本步骤的实施要点如下：

（1）对评估系统中行为表征的分类，应从工程实际、产生原因和表现形式三个方面出发，开展完善和规范的梳理。

（2）确定行为安全影响因素时，在结合具体事故致因模型进行因素细化的基础上，也应将研究内容的细致程度和重要程度纳入考虑，以进行相关因素的筛选和确定；在确定行为安全影响因素的不确定性范围时，需要对研究对象的实际情况有更多的了解。

（3）在确定具体行为的发生概率时，现有研究大多基于行为观察，并对其发生频率进行归类和赋权，存在主观性，不利于描述实际场景下行为的发生概率。因此，为了降低主观性引起的偏差，在计算行为的发生概率时，要额外考虑人为因素对事故发生的影响。

（4）事故危险性取决于事故发生的可能性以及事故后果的严重程度。在考虑事故发生可能性时，需要明确的是，某一行为的出现并不会必然导致事故发生。因此，如何借助其他指标来描述和分析事故的可能性，是行为安全概率风险评估过程中需要格外注意的。

5.2.1.4　数据收集和分析

数据收集和分析是确定行为安全概率风险评估模型中各影响因素权重、不确定性范围、行为发生概率及行为事故危险性的过程，它涉及收集和分析信息和数据，以提供必要的概率分布。这里需要充分利用行为安全致因机理研究成果、行为安全“泛场景”数据积累、事故报告、专家判断等数据和信息。

本步骤的实施要点如下：

（1）针对行为安全概率风险评估模型中影响因素的特点，识别所需的基本数据。

（2）收集有关各行为发生可能性的数据和信息，包括客观数据（现场数据和实验室数据）、半客观数据（通用数据库、相似系统数据、物理模型或仿真模型得到的数据）和主观数据（领域专家的经验判断数据）。

（3）使用统计方法估计行为的发生概率，并给出不确定性分布。

（4）建立行为安全概率风险评估数据库，分类存储收集的信息、数据、参数估计结果以及概率分布等。

概率模型是风险分析的核心，行为安全概率风险模型中关于随机性（可变性）的建模即是采用概率模型来处理的。行为安全概率风险建模要求引入模型假设和模型参数，模型假设和模型参数反映了给定条件下，风险评估者对系统行为安全风险状态的认识程度。另外，值得注意的是，在收集和分析数据的过程中，必须充分考虑数据和信息的不确定性。正确地考虑风险评估过程中的随机性，以及对这些风险状态的“认知不确定性”，对于风险评估结果的准确性至关重要。

5.2.1.5 不确定性分析

不确定性分析的目的是对风险量化评估结果的可靠程度进行分析，评估不确定性对最终后果的影响。行为安全概率风险评估的主要目的之一，就是充分考虑行为的不确定性，以建立起符合实际的模型。作为行为安全概率风险模型建立和评估的主要内容，不确定性分析为评估结果在行为安全风险管理决策过程中的正确应用奠定了基础，即利用蒙特卡罗模拟等不确定性分析方法，将行为安全影响因素、行为发生概率及其后果严重度的不确定性，转化为评估行为安全风险水平的不确定性，并进行灵敏度分析。

本步骤的实施要点如下：

（1）建立行为安全影响因素的不确定性分布，在评估行为安全概率风险时，考虑数据不确定性。

（2）采用蒙特卡罗模拟或其他分析方法，对各影响因素的不确定性分布进行综合（也被称为不确定性传播），计算出行为安全风险水平的不确定性。

（3）评价各个影响因素的不确定性变动对最终评估结果不确定性的影响，并排序记录。

如前所述，不确定性对风险值计算结果（如均值水平）影响很大。因此，行为安全概率风险评估必须开展不确定性分析，充分考虑模型和参数中的不确定性，使行为安全管理决策更为准确。行为安全概率风险评估人员有责任找到量化和分析不确定性的方法，并以适宜的方式把分析过程与模型不确定性和风险认知程度结合起来，使得风险评估结果更好被决策者理解和使用。并且，最终呈交给风险决策者的行为安全概率风险评估结论中，必须包括对所涉及的不确定性的总体程度的正确估计，并说明哪一种不确定性源头对评估结果的影响最大。同时，进行灵敏度分析，以揭示能够造成中间的或最终的行为安全风险结果变化最大的因素。

5.2.1.6 重要度排序与结果分析

行为安全概率风险评估程序的最后一步，是采用适宜的方法对行为安全风险影响因素与不确定性影响因素的重要度进行排序，以合适的方式（如图表形式）表示行为安全风险评估结果，包括不同类别的行为发生概率、同一行为分类下不同岗位的发生概率、所关注的后果状态的风险、重要度排序结果及薄弱环节的确定等。根据这些评估结果，可以进行基于行为安全风险的方案权衡和资源分配等管理决策，促进行为安全风险沟通与交流，为事故预防和行为安全管理给出准确依据，使管理实现精准化。

（1）步骤实施要点

本步骤的实施要点如下：

1）识别主要的行为安全风险影响因素。

2）选择合适的方法计算这些行为安全风险影响因素的重要程度，并进行排序。

3）以适当的图表形式对系统行为安全风险评估结果进行表达。

4）在需要时，提出降低行为安全风险水平的措施。

（2）风险评估结果表达

风险评估结果的详细程度和表达形式取决于风险评估的目标。图表呈现方式清晰明了、易于理解，通常作为表达风险评估结果的有效方法。在行为安全概率风险评估报告中，可以使用图表表达所要呈现的信息，包括：

1）各种行为风险状态总的可能性。

2）评估系统内的主要风险行为，以及每一种行为发生的可能性。

3）导致系统行为安全风险总体水平的各行为的相对排序。

4）行为安全风险水平及其与可靠性和安全性目标的比较。

5）重要度计算结果。

6）与各种估计相关的不确定性。

7）风险曲线等。

值得注意的是，在行为安全概率风险评估结论中，必须通过某种方式表达所得的结果对风险评估目标的满足程度。例如，如果进行行为安全概率风险评估的目的是要评定可选用的行为安全管理方案，风险评估结果就应该根据一定的分级标准，来对比不同的行为干预或管理措施。此外，还需要给出降低行为安全风险水平的措施等决策建议，以支持系统行为安全风险管控决策。在资源有限的情况下，有必要优先考虑重要的行为安全风险影响因素。

5.2.2　行为安全概率风险分析方法与软件工具

5.2.2.1　行为安全概率风险分析方法

行为安全概率风险评估是多种风险建模和分析方法的综合运用。通过贝叶斯网络、蒙特卡罗方法、专家意见综合法、头脑风暴法、结构化或半结构化访谈等方法，可以实现评估流程。行为安全概率风险评估流程与常用分析方法的关系如图 5.4 所示。

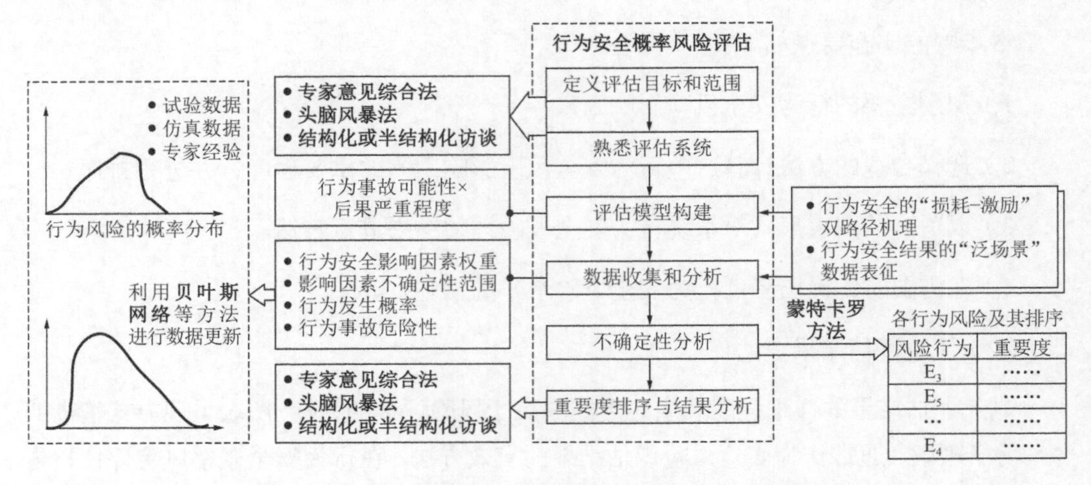

图 5.4　行为安全概率风险评估流程与常用分析方法的关系

具体来说，开展行为安全概率风险评估，需要定义评估目标和范围、熟悉评估系统，此时借助专家意见综合法、头脑风暴法、结构化或半结构化访谈等方法，可以为行为安全概率风险模型构建打下良好的基础。除了建模外，行为安全概率风险评估还要借助贝叶斯网络、蒙特卡罗方法等数据分析方法开展不确定性分析，最终计算得出各不同行为的风险水平和系统总体行为安全风险水平，以及各行为的定量排序结果，确定影响系统行为安全风险水平的薄弱环节。对结果进行分析，制定降低系统行为安全风险、改善行为安全管理现状的措施时，也可结合专家意见综合法、头脑风暴法、结构化或半结构化访谈等方法，提出具有针对性的改善措施或管理方案。本书对两类典型且常用的建模和分析方法，即贝叶斯网络、蒙特卡罗方法开展详细介绍。

（1）贝叶斯网络

1）方法概述。贝叶斯网络是贝叶斯理论与图论结合的产物，是使用数理统计知识解决复杂系统中不确定性问题的有效建模方法[9]。贝叶斯网络是一个复杂的体系，包含许多网络结构，比如朴素贝叶斯网络、树状贝叶斯网络、层次贝叶斯网络等，但是这些贝叶斯网络都是以贝叶斯定理为基础的。贝叶斯定理是 18 世纪英国数学家托马斯·贝叶斯创立的理论，用以表示两个条件概率之间的关系，其前提是任何已知信息（先验）可以与随后的测量数据（后验）相结合，在此基础上去推断事件的概率。贝叶斯理论的基本表达式是：

$$P(A \mid B)=\{P(A)P(B \mid A)\}/\sum_{i}P(B \mid E_i)P(E_i) \tag{5.1}$$

其中，事件X的概率表示为$P(X)$；在事件Y发生的情况下，X的概率表示为$P(X|Y)$，E_i代表第i个事件。

式(5.1)的最简化形式为：

$$P(A \mid B)=\{P(A)P(B \mid A)\}/P(B) \tag{5.2}$$

与传统统计理论不同的是，贝叶斯理论并未假定所有的分布参数为固定的，而是设定这些参数是随机变量。为更易理解，可将贝叶斯概率视为某个人对某个事件的信任程度。那么相比之下，古典概率取决于客观证据。由于贝叶斯理论是对概率的主观解释，因此它为决策思维和建立贝叶斯网络（信念网、信念网络及贝叶斯网络）提供了现成的依据。

2）优点及局限性。贝叶斯网络分析方法的优点及局限性见表 5.1。

表 5.1　贝叶斯网络分析方法的优点及局限性

序号	优点	局限性
1	推导式证明易于理解	对于复杂系统，确定贝叶斯网络中所有节点之间的相互作用相当困难
2	提供了一种利用客观信念解决问题的机制	需要众多的条件概率知识，这通常需要专家判断提供，而计算机软件工具只能基于这些假定来提供答案

3）应用。近年来，贝叶斯网络因其坚实的数学基础和直观的因果关系图形表达，以及强大的数学推理机制，被广泛应用于描述事件多态性和故障逻辑关系不确定性。贝叶斯网络不仅能够用于预测，也可用于诊断，非常适用于工程系统的可靠性、安全性分析与评价。贝叶斯网络在不确定性领域得到了广泛的应用，包括医学诊断、图像仿真、基因学、语音识别、经济学、外层空间探索等，尤其是对于具有概率统计特征的数据挖掘和知识发现任务非常适用。贝叶斯网络有效地融合了定性分析和定量研究方法。在贝叶斯网络研究中，不同的网络结构可以反映出构建人的知识结构以及对世界的认知，而条件概率的大小则反映出事物之间的相互依赖程度[10]。对于任何需要利用结构关系和数据来了解未知变量的领域，这都是被证明行之有效的。

（2）蒙特卡罗方法

1）方法概述。蒙特卡罗方法是继机理分析法和直接相似法之后又一重要的建模方法，又被称为统计试验方法或随机抽样技术，其概念的提出可以追溯到 19 世纪末，现已成为人们解决复杂统计模型和高维问题的主要工具[11]。蒙特卡罗方法是基于实验思考方法论的一种实验建模方法，具有简便、建模周期短、适用于复杂随机系统的特点。在实际工程问题中，很多复杂系统无法运用分析技术对不确定性因素的影响进行模拟，而蒙特卡罗方法可以通过考虑投入随机变量和运行N次计算（即所谓模拟）的样本，以获得希望结果的N个可能成果。可以认为，蒙特卡罗方法的核心步骤是抽样。当面对一个复杂的目标函数（尤其是多峰或高维的目标分布）时，如何高效地从这个目标分布中抽样，成为解决其他一系列问题（如参数估计、积分、最优化问题）的关键步骤。

蒙特卡罗方法是一种以概率统计理论和方法为基础的数值计算方法。该方法的基本原理是，在构造的概率空间中确定一个依赖于随机变量x（任意维）的统计量$g(x)$，其数学期望为：

$$E(g) = \int g(x)\,\mathrm{d}F(x) \tag{5.3}$$

其中，$F(x)$为x的分布函数；$E(g)$正好等于所要求的G值。然后产生随机变量的简单子样$x_1, x_2, \cdots, x_N$，其相应的统计量$g(x_1), g(x_2), \cdots, g(x_N)$的算术平均值作为$G$的近似估计，计算式如下：

$$\widehat{G_N} = \frac{1}{N}\sum_{i=1}^{N} g(x_i) \tag{5.4}$$

其中，N为子样个数。

在行为安全概率风险评估过程中应用蒙特卡罗方法，可以把各参数取值的不确定性，沿着评估模型的数理关系传播，得到行为安全风险水平的不确定性。以图 5.5 及式(5.5)为例，借助蒙特卡罗方法的不确定性传播技术，首先将底事件的不确定性往上传播到事件链中间的事件上，最终得到顶事件的不确定性。其中，Φ_T为顶事件，Φ_i为中间事件，Φ_{ij}为底事件（$i, j = 1,2,3,\cdots$）。

$$\Phi_T = \Phi_1 + \Phi_2 + \cdots + \Phi_i = \Phi_{11}\Phi_{12} + \Phi_{21}\Phi_{22}\Phi_{23} + \cdots + \Phi_{i1}\cdots\Phi_{ij} \tag{5.5}$$

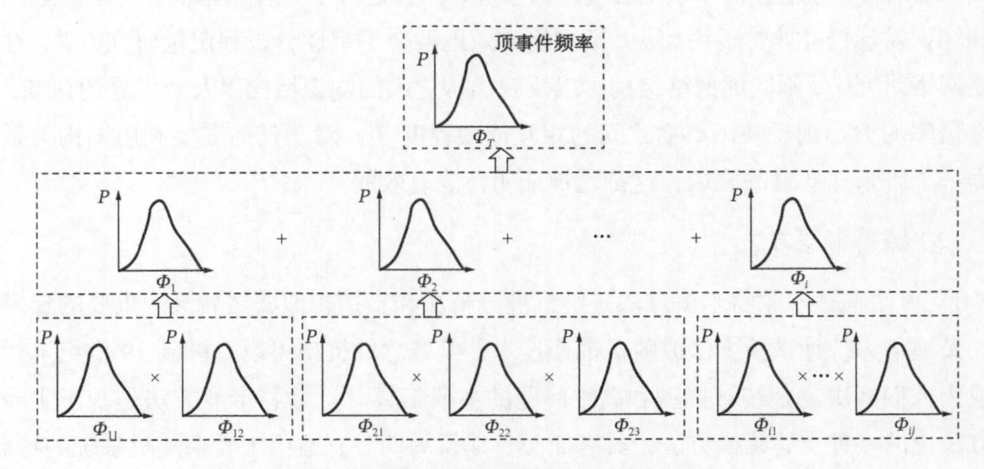

图 5.5　蒙特卡罗方法的不确定性传播

2）优点及局限性。蒙特卡罗方法的优点及局限性见表5.2。

表5.2 蒙特卡罗方法的优点及局限性

序号	优点	局限性
1	适用于任何类型分布的输入变量	解决方案的准确性取决于可执行的模拟次数
2	模型便于开发，并可根据需要进行拓展	依赖于能够代表参数不确定性的有效分布
3	可对实际产生的任何影响或关系进行表示	大型复杂的模型可能对建模者具有挑战性，很难使利益相关者参与到该过程中
4	模型便于理解，因为输入数据与输出结果之间的关系是透明的	可能无法取得满意的结果和较低的可能性事项，因此无法让组织的风险偏好体现在分析中

3）应用。蒙特卡罗方法需与将计算机技术作为辅助手段的应用方式相适配。因此，20世纪40年代中期后，随着科学技术的发展和电子计算机的发明，蒙特卡罗方法得到了快速的发展和应用，甚至在传统物理、数学中棘手的复杂工程系统建模中，都能大展身手。当下，蒙特卡罗方法的应用范围日趋广阔，现已被广泛应用到包括生物学、化学、计算机科学、经济与金融学等在内的各类科学研究与工程领域中，成为计算数学的一个重要分支。由于蒙特卡罗方法可以适用于一些更复杂的统计模型和一些更微观的分子模型，越来越受到各领域学者的关注，并且取得了长足的发展。在安全科学领域，蒙特卡罗方法因其以概率模型为基础，可构造或描述概率过程，且能实现从已知概率分布抽样，到广泛应用于健康风险评估、建筑施工风险估计、地铁隧道坍塌风险预测等方面。针对行为安全风险，蒙特卡罗方法被初步应用于家具制造工人不安全行为、煤矿工人不安全行为的风险评估过程[12,13]。

5.2.2.2 行为安全概率风险分析软件工具

行为安全概率风险评估过程复杂，建模和数据分析难度较大，需要专门的软件工具支持。目前常见的可用于行为安全概率风险评估与分析的软件工具有 Crystal Ball、Analytica 建模平台、@RISK 等。这些工具各有特点：Crystal Ball 的突出优点在于基于蒙特卡罗网络的数据分析能力；Analytica 建模平台应用智能数组技术，在解决多维计算问题上具有优势；@RISK 与 Excel 紧密结合，在易用性、直观性上具有独到的优势。

（1）Crystal Ball

1）软件概述。Crystal Ball 是由美国决策工程（Decisioneering）公司开发的一个办公软件套件，以基于微软电子表格的分析工具为特色，被公认为目前应用最广泛、使用最方便的数据模拟/分析包。它提供了项目管理风险评估和决策分析工具来帮助决策者理解风险的大小，并做出相应的决策。由美国《财富》杂志评出的 100 家公司中，75% 以上在企业管理中都会用到 Crystal Ball。

Crystal Ball 是一种易于使用的 Excel 插件，被设计用来帮助不同水平的电子表格用户来进行蒙特卡罗模拟，它可以让用户在不确定性模型变量上定义概率分布，模拟随机产生变量在不同情况下的模型输出结果；并且有效地简化了随机变量的设置，使得一个随机变量只占用一个单元格，该单元格就可以产生几千甚至上万个随机数；经过成千上万次的严格运算，将每种结果分别赋予各种可能性。在这个过程中，减少了必须由人工输入各种不同可能性的工作量，节约了时间。在 Crystal Ball 中，某些较复杂的工作，如生成分布的随机数、复制电子表格、汇集结果和计算统计量等都是自动执行的。

2）建模过程。使用 Crystal Ball 进行风险分析包括以下几个步骤：

①忽略问题的随机性，建立问题确定性的 Excel 模型。

②定义“假设”（assumption）单元格。选择模型中需要定义为随机变量的数值单元格，确定每个随机变量单元格中随机变量的分布以及相应的参数。这样的随机变量单元格称为“假设”。假设必须是数值单元格，不能包含引用或公式。分别用 Crystal Ball 中的“定义假设”（define assumption）工具图标定义每一个假设。Crystal Ball 风险分析模型中至少要定义一个假设单元格。定义完毕后，假设单元格的颜色为绿色。

③定义“预测”（forecast）单元格。选择模型中受随机变量（假设单元格）变化影响，决策者需要观察其大小和分布的变量单元格。这样的单元格称为“预测”。分别用 Crystal Ball 中的“定义预测”（define forecast）工具图标定义每一个预测。Crystal Ball 风险分析模型中至少要定义一个预测单元格。定义完毕后，预测单元格的颜色变为蓝色。

④定义“决策”（decision）单元格。选择模型中，决策者可以决定使用对决策单元格产生影响的单元格，这样的单元格称为“决策”。分别用 Crystal Ball 中的“定义决策”（define decision）工具图标定义每一个决策。Crystal Ball 风险分析模型中可以没有决策单元格，也可以选择一个决策单元格或两个决策单元格。定义完毕后，决策单元格的颜色为黄色。

⑤定义“运行参数”（run references）。选择模型中随机变量产生的随机数个数以及其他运行参数。

⑥开始模拟运行。

⑦利用 Crystal Ball 的分析工具对模拟结果进行风险分析。

⑧保存和输出风险分析结果。

3）软件功能。Crystal Ball 有很多分析工具可以用来分析仿真后的结果，主要包括层叠图（overlay chart）、趋势图（trend chart）、敏感性图（sensitivity chart）、龙卷图（tornado chart）等。此外，Crystal Ball 还带有一个很好的预测工具 CB Predictor，它可以对数据进行回归和时间序列预测，并生成相应的数据序列和图形。结合软件功能，总结 Crystal Ball 的技术特点如下：

①Crystal Ball 在不确定性模型变量上定义概率分布，通过模拟在定义的可能范围内产生随机的数值。

②Crystal Ball 中的电子表格能产生和分析成千上万种可选的方案，可以量化任意给定方案的风险水平。

③预测工具 CB Predictor 通过时间序列并使用数据的水平、趋势、季节和误差来预测数据序列的未来值。

④Crystal Ball 在进行模拟时，在模型方法的选择上具有自动搜索功能，能自动选择最优的模拟模型。

⑤Crystal Ball 具有能自动运行多重模拟来测试不同假设单元间组合的功能，还具有与其他软件工具进行整合，生成交钥匙（turnkey）应用来避免用户涉及程序的复杂机构，甚至具备构建定制报告或模拟后自动分析的能力。

4）应用情况。Crystal Ball 仿真技术有助于项目管理者理解问题的本质，并且在解决项目管理中的不确定性的定量分析上，有良好的绩效表现。Crystal Ball 已广泛应用于建设、能源、管理、电信等行业风险评估过程。然而，需要注意的是，它并不完全适用于所有的行业。在应用 Crystal Ball 的时候，一定要考虑它的适用性，对于许多复杂系统而言，设计过程、检验和确认模拟模型都是非常花费时间和费用的。

（2）Analytica 建模平台

1）软件概述。Analytica 建模平台是美国 Lumina 公司决策支持分析系统的一部分，是一个创建、分析、交流决策模型的可视化工具。Analytica 建模平台的结构化构模方式，可以清楚地表达模型各单元之间的关系，并且通过对相关单元的整合，实现模型的分层，从而将复杂的小单元集成为几个大的模块，而每个模块又可以继续分解和整合下去。Analytica 建模平台的另一个主要特点是智能数组技术的应用，可以方便地增加或减少系统的维数，比如时间维、空间维、决策维等，可支持十维以上的计算。与线性表不同的是，它无需人工调整，可以自动地、无重复地切换各维的变量取值，并随时生成报表和图例，以便于分析。另外，Analytica 建模平台还提供了独立的动力学仿真、风险分析和灵敏度分析功能，提供了上百种经济学、统计学和数学计算函数，几乎能涵盖所有的数学表达公式。

2）建模过程。使用 Analytica 建模平台进行风险分析包括以下几个步骤：

①模型变量定义。基于 Analytica 建模平台，将风险分析模型涉及的基本变量和决策变量进行初步定义，定义内容包括变量的类型、名称、单位、标识符等属性。

②模型关系图构建。变量初步定义完成后，对模型基本变量直接进行赋值，所有变量赋值完成后，Analytica 建模平台可自动形成面向风险评估分析模型的变量关系图。

③模型客户终端平台系统构建。完成风险评估分析模型变量关系图的构建后，利用 Analytica 建模平台强大的功能，建立风险评估分析模型的终端用户界面。最后，实现评估结果的输出。

3）软件功能。Analytica 建模平台的软件功能主要包括以下三个方面：

①直观的流程图便于模拟模型的创建，同时可清晰地和同事、顾客交流。

②智能数组可让用户方便、可靠地创建和管理多维数表格，而这一切在 Excel 电子制表程序中是没有的。

③高效的蒙特卡罗模拟器能让用户快速地评估风险和不确定性，找出哪些变量是更重要的，以及其原因。

4）应用情况。Analytica 建模平台在大量的工程分析和决策分析中得到了成功的应用，覆盖军事、航空航天、金融投资、经济贸易、工程设计、医疗保健和环境工程等多领域研究。

（3）@RISK

1）软件概述。@RISK 是一套用于 Excel 的专业风险模型分析软件，借助于@RISK 和 Excel，能为任何有风险的情况建立模型，应用范围覆盖商业、科学和工程设计。通过将@RISK 与 Excel 的模型建立功能相结合，可以设计出最能满足需求的模型。作为 Excel 的插件，所有@RISK 函数均是真正的 Excel 函数，并且与 Excel 基本函数的行为方式完全一样。@RISK 窗口全部与电子表格中的单元格直接链接，因此在某一位置进行更改，其他位置会相应进行更改。另外，@RISK 图表通过调用窗口指向其所属单元格。与 Crystal Ball 一致，@RISK 执行风险分析时也采用蒙特卡罗方法模拟，在 Excel 电子表格中显示众多可能结果，并告知用户这些结果的发生概率。这表示用户可以判断要承担和要避免的风险，从而帮助用户在存在不确定因素的情况下做出最好的决策。

2）建模过程。使用@RISK软件进行风险分析包括以下几个步骤：

①建立模型。首先，使用@RISK概率分布函数替换电子表格中的不确定值，概率分布函数包括正态分布（normal）、均匀分布（uniform）等，总数超过65个。这些@RISK函数只代表在一个单元格中出现的不同可能值的范围，而不是将此单元格限制为只表示一个单一值。然后，从图形化分布库中选择分布，或者使用特定输入项的历史数据定义分布，还可以使用@RISK的复合函数合并多个分布。此外，也可以与其他使用@RISK库的用户共享特定分布函数。最后，选择输出项，即对其包含的值感兴趣的“结果”单元格。

②运行模拟。单击“模拟”按钮并观察。@RISK对电子表格模型可进行数千次重新计算。在每次计算过程中，@RISK从输入的@RISK函数中进行随机抽样，并替换原有值，然后记录生成的结果，同时可通过使用演示模式运行模拟和随模拟运行实时更新的图表和报表来向他人说明此过程。

③理解风险。模拟的结果反映出可能结果的完整范围，包括它们出现的概率。使用直方图、散点图、累积曲线、箱线图等来绘制结果的图表，然后通过龙卷风图和灵敏度分析来确定关键因素。将结果粘贴至Excel、Word和PowerPoint中，或者放在@RISK库中供其他@RISK用户使用。

3）软件功能。@RISK支持的功能包括建模、@RISK函数、概率分布、@RISK模拟分析、图像、高级模拟和高分辨率图像显示，具体说明如下：

①建模。作为Excel的插件，@RISK直接与Excel“链接”来增加风险分析功能。@RISK系统提供设置、执行和查看风险分析结果所需的所有必要的工具。

②@RISK函数。@RISK在Excel的函数集中增加了一组新函数，这些函数允许操作者为单元格值指定不同的分布类型。同时，操作者可以将分布函数添加到整个工作表中的任何数量的单元格和公式中，并且可以包括引数（即单元格引用和表达式），从而允许操作者确定极为复杂的不确定性因素。为了帮助操作者为不确定值制定分布函数，@RISK提供一个图形化弹出窗口，操作者可以在该窗口中预览分布函数，并将它们添加到公式中。

③概率分布。@RISK提供的概率分布工具允许操作者在Excel中为单元格值指定任何类型的不确定性。

④@RISK模拟分析。@RISK具有指定和执行Excel模型模拟的复杂功能。蒙特卡罗和拉丁超立方体两种抽样技术均受支持，并且可以为操作者的电子表格模型中的任

何单元格或单元格范围生成可能结果的分布。模拟选项和模型输出项的选择均采用 Windows 风格的菜单、对话框和鼠标输入。

⑤图像。采用高分辨率图像显示来自@RISK 模拟的输出分布。单元格范围的直方图、累积曲线和摘要图提供了强大的结果显示功能。此外，所有图表均可以在 Excel 中显示，以进一步增强和生成纸质副本。

⑥高级模拟。@RISK 提供的用于控制和执行模拟的选项是迄今为止功能最强大的，这些选项包括：蒙特卡罗或拉丁超立方抽样、每个模拟任意数目的迭代、一项分析中任意数目的模拟运行、电子表格抽样和重新计算的动画显示、为随机数生成器设置种子，以及模拟过程中实时查看结果和统计量等。

⑦高分辨率图像显示。@RISK 在为选定的每个输出单元格的可能结果绘制概率分布图。例如，@RISK 图像功能为相对频率分布和累积概率曲线生成单元格范围内多个分布的摘要图，同时可生成分布的统计报表、计算分布中目标值的出现概率，并能够将图像作为 Windows 元文件导出，以便进一步应用。

4）应用情况。@RISK 可用于分析各种行业中存在的风险和不确定性因素。无论是金融行业、科技领域还是其他面临定量分析中不确定风险因素的行业，都可以利用@RISK 进行风险建模及风险分析。目前，@RISK 在金融、石油和天然气、保险、制造、医疗、制药、科学以及其他多个领域都有着广泛的应用。

5.3 工程实践与应用

为进一步说明本章前文所建立的行为安全概率风险评估程序的有效性和适用性，基于前文研究，本书将分别选取矿山生产、地铁施工领域为研究对象，开展矿工安全行为及地铁施工工人不安全行为的概率风险评估。

5.3.1 矿工安全行为的双路径管理建模分析

基于本书第三章所阐明的矿工行为安全“损耗-激励”双路径机理理论及其应用，本节采用蒙特卡罗方法，采用 Crystal Ball 软件工具，以矿工的安全行为管理提升为目标，构建行为安全双路径管理分析模型，探究不同管理策略对行为安全的管理效能，获得行为干预的关键管控要点。

5.3.1.1 概率分析模型构建与随机模拟实施

（1）功能函数形成与概率分析模型构建

参考杨帆 等[14]、陈洋[15]、吴鹏[16]的研究，基于对矿工行为安全双路径模型中各要素的描述性统计及对其作用机理的分析（详见第 3 章），可获得矿工行为安全双路径模型中各要素之间作用关系功能函数，见式(5.6)～式(5.32)。

$$WP = (0.672SAE + 0.740WL + 0.812SM + 0.851RS + 0.905LS + 0.921OS + 0.882COT)/7 + 0.352 \tag{5.6}$$

$$SAC = (0.788CO + 0.855RP + 0.871ED + 0.908CF + 0.946SE + 0.882SC)/6 + 0.516 \tag{5.7}$$

$$PR = (0.731EF + 0.844HO + 0.912RE + 0.874OP)/4 + 0.641 \tag{5.8}$$

$$PR \cdot WP = (0.909INT_{11} + 0.779INT_{12} + 0.652INT_{13} + 0.579INT_{14})/4 - 0.105 \tag{5.9}$$

$$PR \cdot SAC = (0.920INT_{21} + 0.819INT_{22} + 0.795INT_{23} + 0.763INT_{24})/4 + 0.213 \tag{5.10}$$

$$EX = 0.719WP + 0.648 \tag{5.11}$$

$$CY = 0.592WP - 0.144SAC - 0.146PR - 0.074PR \cdot WP - 0.065PR \cdot SAC + 1.759 \tag{5.12}$$

$$LEP = 0.122WP + 0.309SAC + 0.156PR + 0.194PR \cdot WP + 0.177PR \cdot SAC + 1.639 \tag{5.13}$$

$$DE = -0.103WP + 0.438SAC + 0.340PR + 0.162PR \cdot WP + 0.086PR \cdot SAC + 0.885 \tag{5.14}$$

$$AB = -0.073WP + 0.410SAC + 0.383PR + 0.141PR \cdot WP + 0.066PR \cdot SAC + 0.582 \tag{5.15}$$

$$EC = -0.270EX - 0.224CY + 0.228LEP + 0.121DE + 0.317AB + 2.605 \tag{5.16}$$

$$SUC = 0.209EX + 0.433CY - 0.251LEP + 0.099DE + 0.159AB + 0.956 \tag{5.17}$$

$$AP = -0.243EX - 0.173CY + 0.195LEP + 0.251DE + 0.356AB + 1.940 \tag{5.18}$$

$$CP = 0.276EX + 0.328CY - 0.309LEP + 0.115DE + 1.828 \tag{5.19}$$

$$INT_{11} = (RS \cdot COT - \overline{RS \cdot COT})(HO - \overline{HO}) \tag{5.20}$$

$$INT_{12} = (LS \cdot OS - \overline{LS \cdot OS})(RE - \overline{RE}) \tag{5.21}$$

$$INT_{13} = (WL \cdot SM - \overline{WL \cdot SM})(OP - \overline{OP}) \tag{5.22}$$

$$INT_{14} = (SAE - \overline{SAE})(EF - \overline{EF}) \tag{5.23}$$

$$INT_{21} = (SE \cdot SC - \overline{SE \cdot SC})(HO - \overline{HO}) \tag{5.24}$$

$$INT_{22} = (CF - \overline{CF})(RE - \overline{RE}) \tag{5.25}$$

$$INT_{23} = (ED - \overline{ED})(OP - \overline{OP}) \tag{5.26}$$

$$INT_{24} = (CO \cdot RP - \overline{CO \cdot RP})(EF - \overline{EF}) \tag{5.27}$$

$$RS \cdot COT = 0.500RS + 0.500COT \tag{5.28}$$

$$LS \cdot OS = 0.500LS + 0.500OS \tag{5.29}$$

$$WL \cdot SM = 0.500WL + 0.500SM \tag{5.30}$$

$$SE \cdot SC = 0.500SE + 0.500SC \tag{5.31}$$

$$CO \cdot RP = 0.500CO + 0.500RP \tag{5.32}$$

上述公式中，各个变量分别表示矿工行为安全双路径模型中的不同要素及其各个维度，它们的具体含义见表5.3。

表5.3 矿工行为安全双路径模型中各要素之间作用关系功能函数中的变量含义

变量	含义	变量	含义
WP	工作压力	LPE	低职业效能感
SAE	安全环境	DE	奉献
WL	工作负荷	AB	专注
SM	安全管理	EC	深度安全遵从行为
RS	角色压力	SUC	浅度安全遵从行为
LS	领导风格	AP	自主安全参与行为
OS	组织支持	CP	从众安全参与行为
COT	控制感	$PR \cdot WP$	个人资源×工作压力
SAC	安全文化	$PR \cdot SAC$	个人资源×安全文化
CO	管理层的安全承诺	INT_{11}	个人资源×工作压力的维度1
RP	安全规章与程序	INT_{12}	个人资源×工作压力的维度2
ED	安全教育培训	INT_{13}	个人资源×工作压力的维度3
CF	安全沟通与反馈	INT_{14}	个人资源×工作压力的维度4
SE	安全监督与支持环境	INT_{21}	个人资源×安全文化的维度1
SC	矿工的安全认知	INT_{22}	个人资源×安全文化的维度2
PR	个人资源	INT_{23}	个人资源×安全文化的维度3
EF	自我效能	INT_{23}	个人资源×安全文化的维度4
HO	希望	$RS \cdot COT$	交互项：角色压力×控制感

续表

变量	含义	变量	含义
RE	韧性	$LS \cdot OS$	交互项：领导风格×组织支持
OP	乐观	$WL \cdot SM$	交互项：工作负荷×安全管理
EX	耗竭	$SE \cdot SC$	交互项：矿工的安全认知×管理层的安全承诺
CY	玩世不恭	$CO \cdot RP$	交互项：安全规章与程序×安全教育培训
$\overline{SAE}$	安全环境的均值	$\overline{CF}$	安全监督与支持环境的均值
$\overline{ED}$	安全沟通与反馈的均值	$\overline{RS \cdot COT}$	角色压力×控制感的均值
$\overline{EF}$	自我效能的均值	$\overline{LS \cdot OS}$	领导风格×组织支持的均值
$\overline{HO}$	希望的均值	$\overline{WL \cdot SM}$	工作负荷×安全管理的均值
$\overline{RE}$	韧性的均值	$\overline{SE \cdot SC}$	矿工的安全认知×管理层的安全承诺的均值
$\overline{OP}$	乐观的均值	$\overline{CO \cdot RP}$	安全规章与程序×安全教育培训的均值

基于式(5.6)～式(5.32)，参考蒋绍忠[17]、佟瑞鹏 等[18]的研究，运用 Crystal Ball 11.1 软件可构建概率性矿工行为安全双路径管理分析模型，如图 5.6 所示。其中，图 5.6（a）为模型运行界面，是本书所构建的概率性矿工行为安全双路径管理分析模型的主要部分，展示了模型的抽样及运行次数、数据输入、数据输出等参数设置的界面；图 5.6（b）为运行参数设置界面，是展示了抽样次数、置信区间参数的设置；图 5.6（c）为变量输入界面，展示了需输入数据变量的数据输入；图 5.6（d）～图 5.6（h）分别为模拟运行之后，该模型输出的主要数据图，分别为变量的累计频率频数图、频率频数图、频率频数统计图、百分位分布图和敏感性分析图。

（2）基准数据获得与模型运行实施

对于矿工行为安全双路径模型的各要素，通过正态性检验，表明了所获调查数据均符合正态分布（详见第 3 章），为矿工行为安全双路径管理的概率分析提供了基准数据。

基于所获基准数据及图 5.6 所示模型，将蒙特卡罗模拟的抽样次数设置为 10 000，置信区间设置为 95%，运行所建模型，结果表明该模型运行良好。佟瑞鹏 等[19]提出，当设置抽样次数为 10 000 时便能获得精确可靠的结果。因此，本书所得结果可信度良好。接下来，分别将工作压力和安全文化的基准数据减小或增大 0.5 单位，同样将抽样次数设置为 10 000，置信区间设置为 95%，再次运行模型。同时，分别将工作倦怠和工作投入的基准数据减小或增大 0.5 单位，采取相同的参数设置方法，再次运行模型。

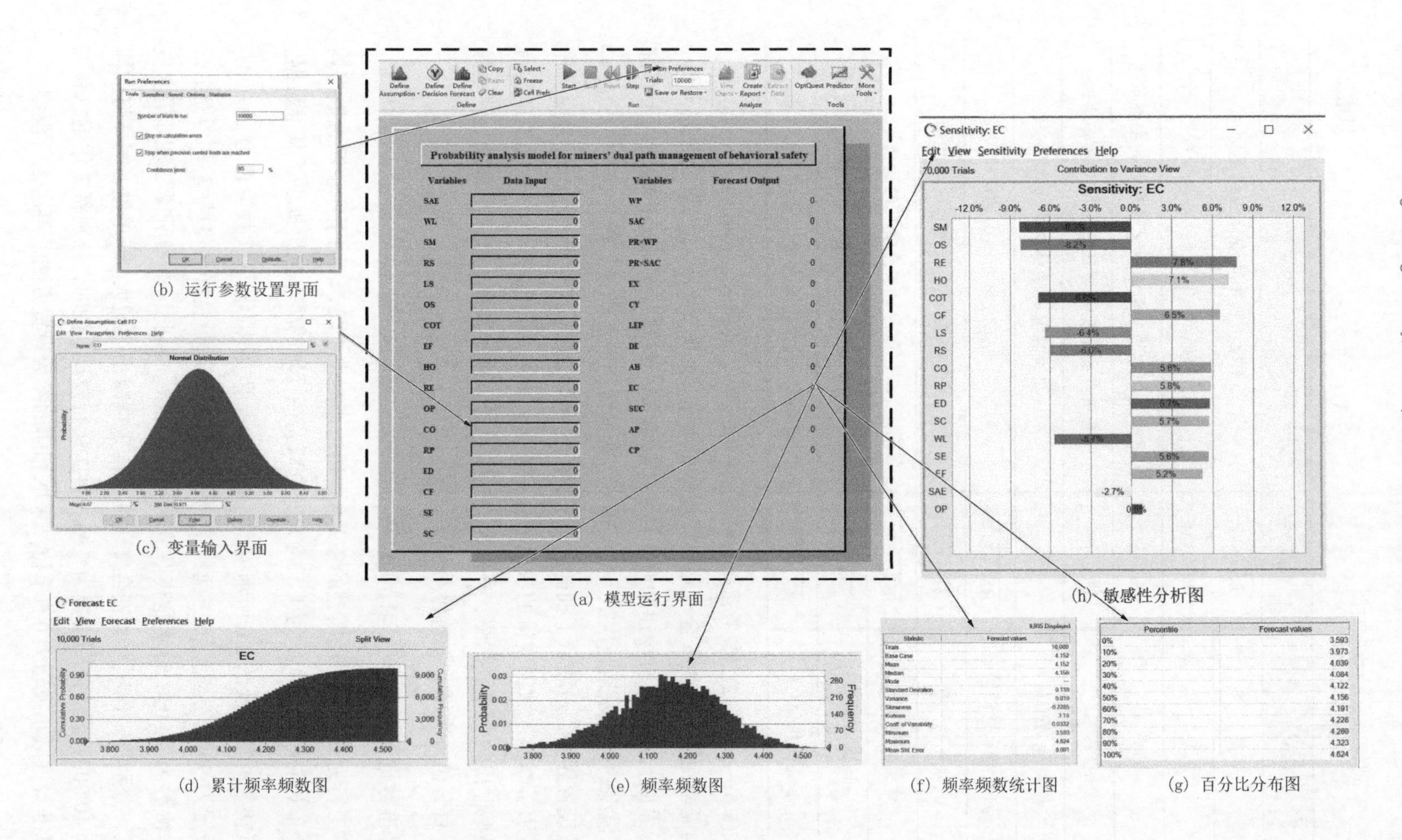

图 5.6 概率性矿工行为安全双路径管理分析模型

需要说明的是，由于调查所得矿工的工作压力水平较低，安全文化水平较高，当减小或增大 1.0 单位时，则会导致与生产实践情况不符，因而仅减小或增大 0.5 单位。相应地，工作倦怠和工作投入也随之变化 0.5 单位。此外，由于个人资源是积极的个人特征，是从业者一种重要的自有资源[20]，因此，模拟过程中个人资源的水平保持不变。

5.3.1.2 不同管理策略的管理效能分析

（1）基于预测因素干预的管理效能分析

1）工作压力干预的管理效能分析。当且仅当工作压力变化 0.5 单位时，矿工工作倦怠、工作投入、安全遵从行为、安全参与行为的概率分布统计情况，即工作压力干预的管理效能变化统计见表 5.4，对比分析如图 5.7 所示。

参考马斯拉奇（Maslach）等[21]的研究，分析可知，当工作压力减小 0.5 单位时，将有 25%左右的矿工表现出的耗竭处于较低状态，99%左右处于中等及以下状态（降低 0.24 单位），发生了明显的变化；反之，当工作压力增大 0.5 单位时，所有矿工表现出的耗竭均处于中等及以上状态（增大 0.29 单位），发生了明显的变化。

当工作压力减小 0.5 单位时，虽然所有矿工表现出的玩世不恭仍处于中等及以上状态，但仅有 10%左右的矿工处于较高状态（减小 0.20 单位），发生了明显的变化；反之，当工作压力增大 0.5 单位时，所有矿工表现出的玩世不恭仍将处于中等及以上状态，且有 85%左右的矿工处于较高状态（增大 0.24 单位），发生了明显的变化。所有矿工表现出的低职业效能感均处于中等及以下状态，当工作压力减小或增大 0.5 单位时，所有矿工表现出的低职业效能感仍均处于中等及以下状态，未发生明显变化。

当工作压力减小或增大 0.5 单位时，所有矿工表现出的奉献仍均处于较高状态，未发生明显变化；所有矿工表现出的专注仍均处于较高状态，并未发生明显变化。

当工作压力减小或增大 0.5 单位时，所有矿工表现出的深度安全遵从行为仍均处于较高状态，也均处于 3.5 分及以上，分别增大和减小了 0.11 和 0.14 单位，发生了较为明显的变化；所有矿工表现出的浅度安全遵从行为仍均处于较低状态，99%左右的矿工均仍处于 2.5 分及以下，分别减小和增大了 0.12 和 0.14 单位，发生了较为明显的变化。

当工作压力减小或增大 0.5 单位时，所有矿工表现出的自主安全参与行为仍均处于较高状态，当工作压力减小时，所有矿工均处于 3.5 分及以上，当工作压力增大时，95%左右的矿工仍处于 3.5 分及以上，分别增大和减小了 0.10 和 0.12 单位，发生了较为明显的变化；所有矿工表现出的从众安全参与行为仍均处于较低状态，95%左右的矿工均仍处于 2.5 分及以下，分别减小和增大了 0.11 和 0.14 单位，发生了较为明显的变化。

表 5.4　工作压力干预的管理效能变化统计

百分比%	工作倦怠									工作投入					
	耗竭			玩世不恭			低职业效能感			奉献			专注		
	减小	基准	增大	减小	基准	增大	减小	基准	增大	减小	基准	增大	减小	基准	增大
5	1.51	1.77	2.07	1.26	1.48	1.72	3.58	3.62	3.68	3.61	3.60	3.54	3.41	3.40	3.37
25	1.69	1.94	2.23	1.42	1.63	1.87	3.68	3.73	3.77	3.78	3.75	3.71	3.58	3.56	3.53
50	1.83	2.07	2.36	1.54	1.74	1.98	3.76	3.80	3.85	3.90	3.86	3.82	3.70	3.67	3.64
75	1.98	2.21	2.49	1.67	1.86	2.10	3.84	3.88	3.93	4.01	3.96	3.93	3.81	3.78	3.75
95	2.22	2.42	2.72	1.89	2.05	2.29	3.98	4.00	4.05	4.18	4.12	4.09	3.98	3.94	3.92

百分比%	安全遵从行为						安全参与行为					
	深度遵从			浅度遵从			自主参与			从众参与		
	减小	基准	增大	减小	基准	增大	减小	基准	增大	减小	基准	增大
5	4.00	3.91	3.77	1.88	2.00	2.15	3.97	3.90	3.76	1.96	2.09	2.23
25	4.16	4.06	3.92	1.97	2.09	2.23	4.15	4.05	3.92	2.05	2.17	2.31
50	4.27	4.16	4.02	2.04	2.15	2.30	4.26	4.16	4.03	2.13	2.24	2.38
75	4.37	4.25	4.11	2.11	2.22	2.36	4.37	4.25	4.13	2.20	2.31	2.45
95	4.50	4.37	4.24	2.23	2.33	2.48	4.51	4.39	4.27	2.32	2.42	2.56

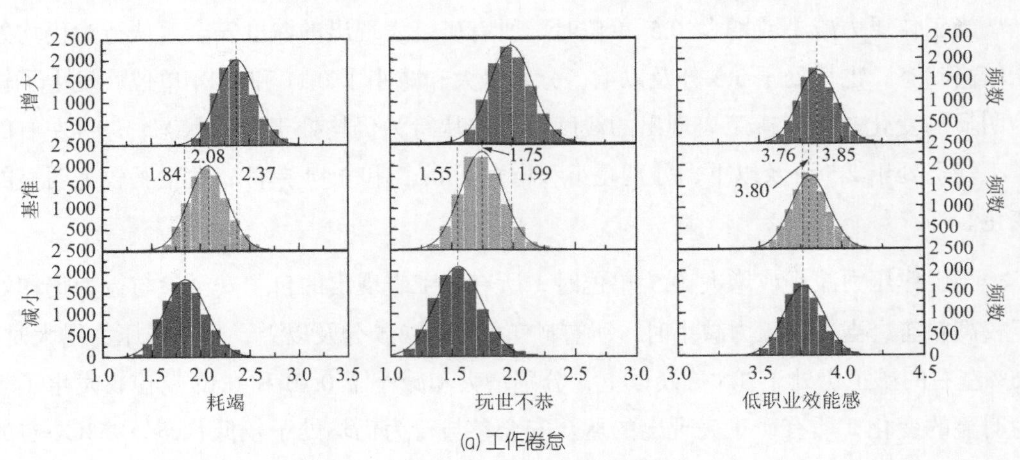

(a) 工作倦怠

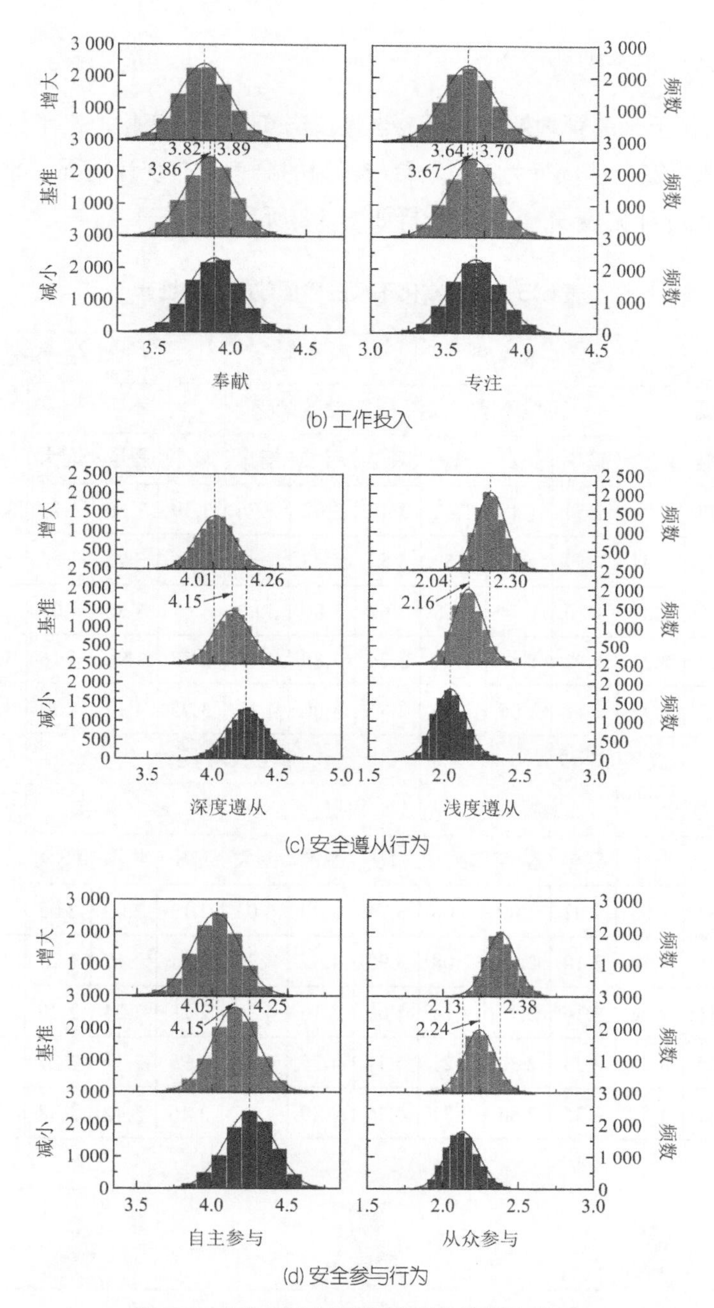

图 5.7　工作压力干预的管理效能对比分析

综上所述，当工作压力变化时，矿工工作倦怠的耗竭、玩世不恭维度均会发生明显变化，安全遵从行为、安全参与行为均会发生较为明显的变化，而工作倦怠的低职业效能感维度、工作投入均不会发生明显变化。其中，耗竭和玩世不恭变化的幅度最大，且变化幅度相当；安全遵从行为、安全参与行为的变化幅度次之，且变化幅度相当。低职业效能感维度、工作投入未发生明显变化，也说明在开展行为安全管理时，仅采取单一路径管理并不能取得令人满意的效果。

2）安全文化干预的管理效能分析。当且仅当安全文化变化 0.5 单位时，矿工工作倦怠、工作投入、安全遵从行为、安全参与行为的概率分布统计情况，即安全文化干预的管理效能变化统计见表 5.5，对比分析如图 5.8 所示。

表 5.5　安全文化干预的管理效能变化统计

百分比%	工作倦怠									工作投入					
	耗竭			玩世不恭			低职业效能感			奉献			专注		
	减小	基准	增大	减小	基准	增大	减小	基准	增大	减小	基准	增大	减小	基准	增大
5	1.78	1.77	1.78	1.54	1.48	1.42	3.49	3.62	3.76	3.39	3.60	3.77	3.22	3.40	3.57
25	1.94	1.94	1.94	1.69	1.63	1.57	3.59	3.73	3.86	3.56	3.75	3.94	3.38	3.56	3.74
50	2.06	2.07	2.07	1.80	1.74	1.68	3.66	3.80	3.93	3.67	3.86	4.05	3.49	3.67	3.85
75	2.20	2.21	2.21	1.92	1.86	1.80	3.74	3.88	4.01	3.78	3.96	4.16	3.61	3.78	3.96
95	2.43	2.42	2.42	2.11	2.05	1.99	3.87	4.00	4.13	3.95	4.12	4.32	3.78	3.94	4.12
百分比%	安全遵从行为						安全参与行为								
	深度遵从			浅度遵从			自主参与			从众参与					
	减小	基准	增大	减小	基准	增大	减小	基准	增大	减小	基准	增大			
5	3.79	3.91	4.03	2.02	2.00	2.00	3.74	3.90	4.04	2.13	2.09	2.05			
25	3.94	4.06	4.18	2.10	2.09	2.08	3.90	4.05	4.20	2.21	2.17	2.13			
50	4.03	4.16	4.28	2.16	2.15	2.14	4.01	4.16	4.30	2.28	2.24	2.20			
75	4.13	4.25	4.37	2.23	2.22	2.21	4.11	4.25	4.41	2.35	2.31	2.27			
95	4.25	4.37	4.50	2.35	2.33	2.31	4.25	4.39	4.55	2.46	2.42	2.38			

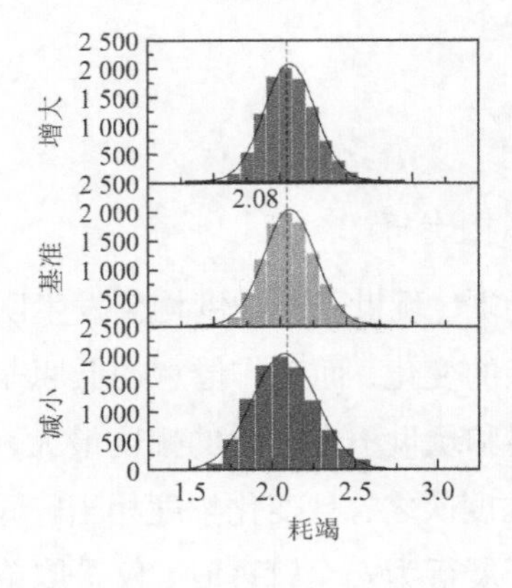

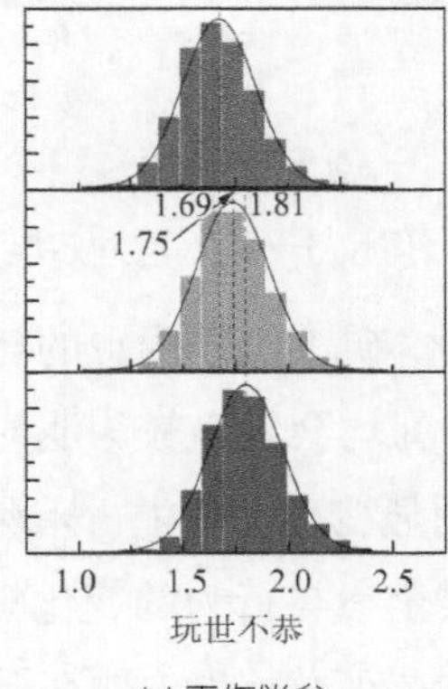

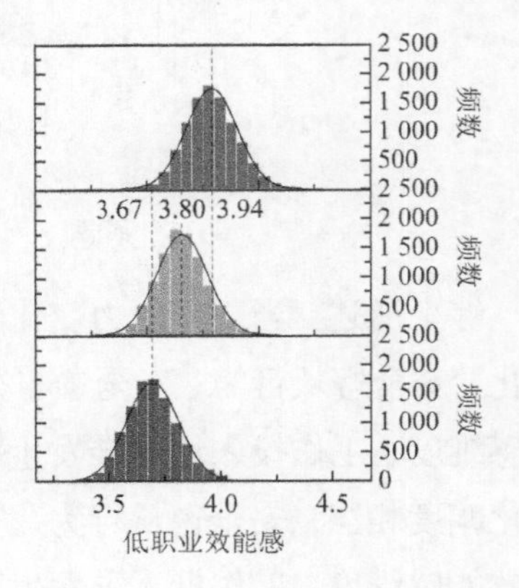

(a) 工作倦怠

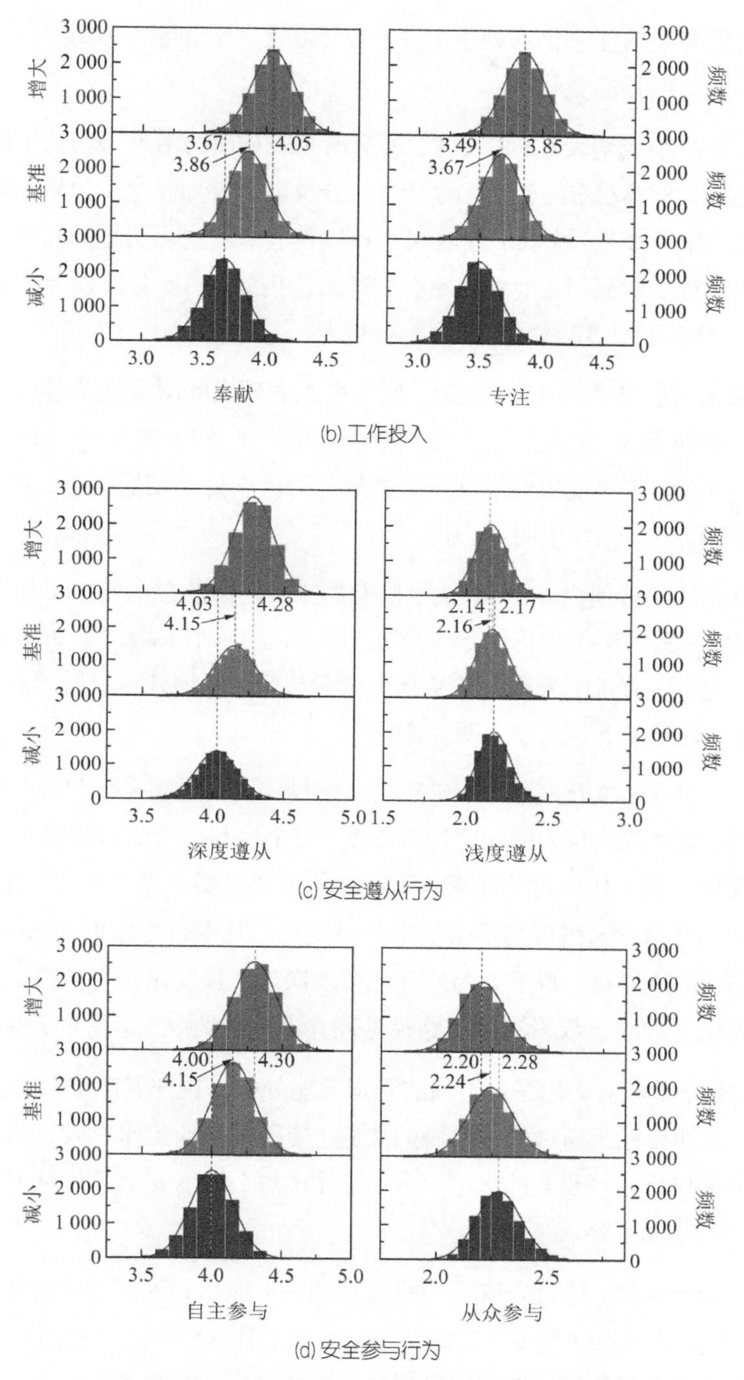

图 5.8　安全文化干预的管理效能对比分析

安全文化与矿工工作倦怠的耗竭之间的作用路径并不显著。因此，分析可知，当安全文化减小或增大 0.5 单位之时，耗竭并没有明显的变化；当安全文化减小或增大 0.5 单位时，所有矿工表现出的玩世不恭仍均处于中等及以上状态，未发生明显变化；所有矿工表现出的低职业效能感仍均处于中等及以下状态，分别减小和增大了 0.13 和 0.14 单位，发生了较为明显的变化。

当安全文化减小或增大 0.5 单位时，所有矿工表现出的奉献仍均处于较高状态。当安全文化减小时，85%左右的矿工仍处于 3.5 分及以上；当安全文化增大时，99%左右的矿工处于 3.5 分及以上，均减小或增大了 0.19 单位，发生了明显的变化。所有矿工表现出的专注仍均处于较高状态，95%左右的矿工均仍处于 3.5 分及以上，均减小或增大了 0.18 单位，发生了明显的变化。

当安全文化减小或增大 0.5 单位时，所有矿工表现出的深度安全遵从行为仍均处于较高状态，也均处于 3.5 分及以上，分别减小或增大了 0.12 和 0.13 单位，发生了较为明显的变化；所有矿工表现出的浅度安全遵从行为仍均处于较低状态，99%左右的矿工仍处于 2.5 分及以下，未发生明显变化。

当安全文化减小或增大 0.5 单位时，所有矿工表现出的自主安全参与行为仍均处于较高状态，95%左右的矿工均仍处于 3.5 分及以上，均减小或增大了 0.15 单位，发生了较为明显的变化；所有矿工表现出的从众安全参与行为仍均处于较低状态，95%左右的矿工仍处于 2.5 分及以下，未发生明显变化。

综上所述，当安全文化变化时，矿工的工作投入会发生明显变化，工作倦怠的低职业效能感维度、安全遵从行为的深度遵从维度、安全参与行为的自主参与维度均会发生较为明显的变化，而工作倦怠的耗竭和玩世不恭维度、安全遵从行为的浅度遵从维度、安全参与行为的从众参与维度均不会发生明显变化。其中，工作投入的变化幅度最大；低职业效能感、深度遵从、自主参与的变化幅度次之，且变化幅度相当。因此，也说明在开展行为安全管理时，仅采取单一路径管理并不能收到令人满意的效果。

3）工作压力和安全文化综合干预的管理效能分析。在开展矿工行为安全双路径管理的过程中，预期目标为通过管理手段的实施，使得矿工的工作投入、深度安全遵从行为、自主安全参与行为等要素的水平上升，工作倦怠、浅度安全遵从行为、从众安全参与行为等要素的水平下降。

通过上述分析可知，通过采取单一路径管理并不能达到预期管理目标，因而实施双路径管理（工作压力水平下降 0.5 单位且安全文化上升 0.5 单位）。运用本书所构建的分析模型，可获得双路径管理时矿工工作倦怠、工作投入、安全遵从行为、安全参与行为的概率分布统计情况，即工作压力和安全文化综合干预的管理效能变化统计见表 5.6，对比分析如图 5.9 所示。

当实施双路径管理后，将有 25%左右的矿工表现出的耗竭处于较低状态，99%左右处于中等及以下状态，减小 0.23 单位，发生了明显的变化；虽然所有矿工表现出的玩世不恭仍处于中等及以上状态，但仅有 5%左右的矿工处于较高状态，减小 0.25 单位，发生了明显的变化；所有矿工表现出的低职业效能感仍均处于中等及以下状态，增大 0.10 单位，发生了较为明显的变化。

表 5.6　工作压力和安全文化综合干预的管理效能变化统计

百分比%	工作倦怠						工作投入			
	耗竭		玩世不恭		低职业效能感		奉献		专注	
	基准	干预后	基准	干预后	基准	干预后	基准	干预后	基准	干预后
5	1.77	1.51	1.48	1.20	3.62	3.72	3.60	3.80	3.40	3.59
25	1.94	1.69	1.63	1.36	3.73	3.82	3.75	3.97	3.56	3.76
50	2.07	1.84	1.74	1.48	3.80	3.89	3.86	4.08	3.67	3.87
75	2.21	1.99	1.86	1.62	3.88	3.97	3.96	4.20	3.78	3.99
95	2.42	2.22	2.05	1.82	4.00	4.11	4.12	4.36	3.94	4.15

百分比%	安全遵从行为				安全参与行为					
	深度遵从		浅度遵从		自主参与		从众参与			
	基准	干预后	基准	干预后	基准	干预后	基准	干预后		
5	3.91	4.12	2.00	1.87	3.90	4.12	2.09	1.93		
25	4.06	4.28	2.09	1.95	4.05	4.29	2.17	2.02		
50	4.16	4.39	2.15	2.02	4.16	4.40	2.24	2.09		
75	4.25	4.49	2.22	2.10	4.25	4.51	2.31	2.16		
95	4.37	4.62	2.33	2.22	4.39	4.66	2.42	2.28		

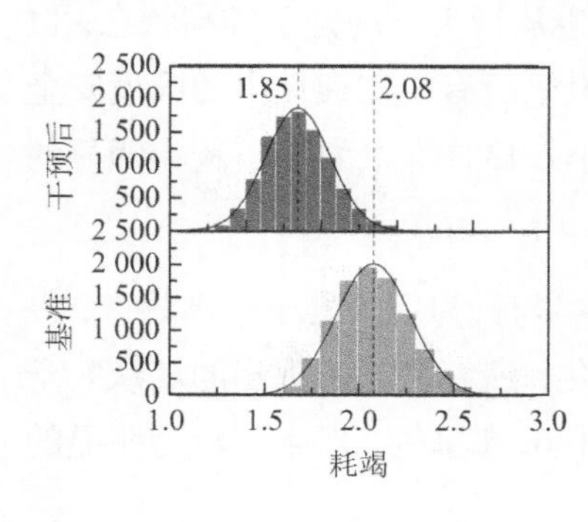

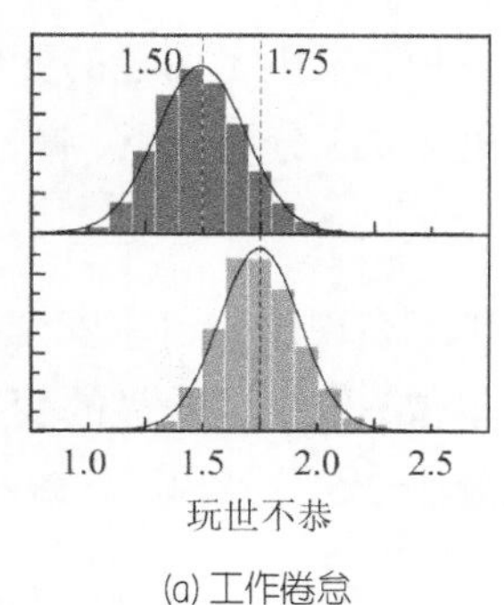

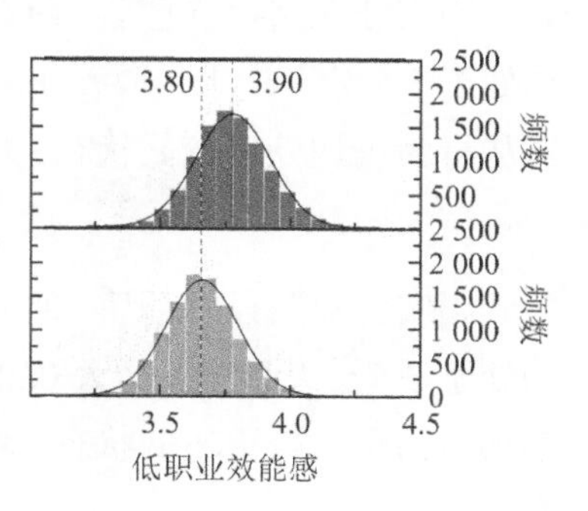

(a) 工作倦怠

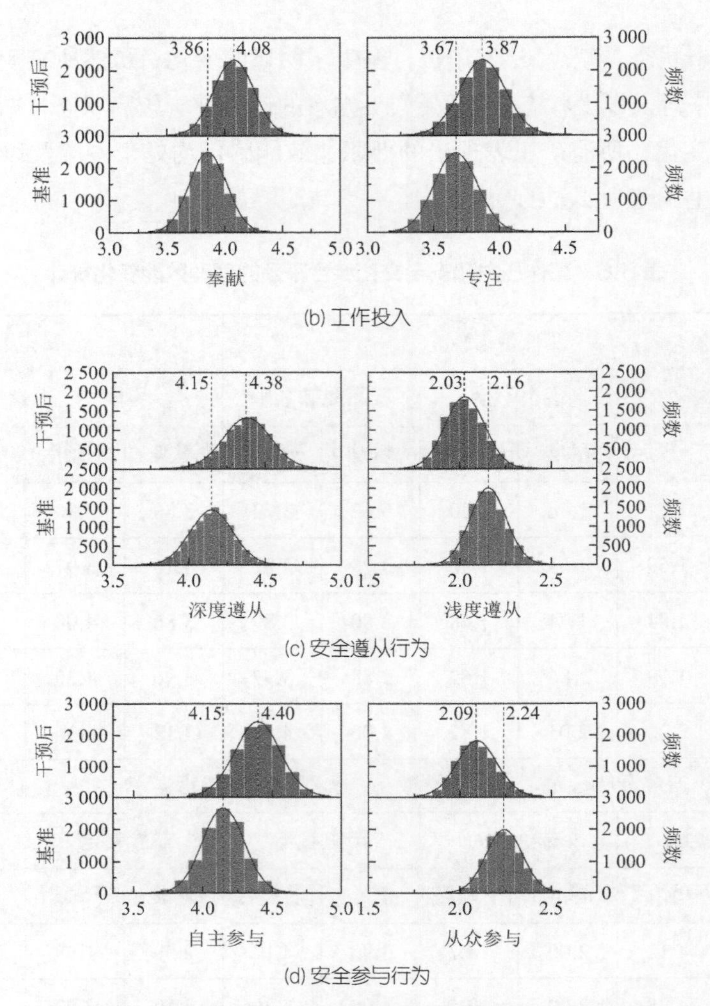

图 5.9　工作压力和安全文化综合干预的管理效能对比分析

当实施双路径管理后，99%左右的矿工表现出的奉献状态处于 3.5 分及以上，增大 0.22 单位，发生了明显的变化；95%左右的矿工表现出的专注状态均仍处于 3.5 分及以上，增大 0.20 单位，发生了明显的变化。

当实施双路径管理后，所有矿工表现出的深度安全遵从行为仍均处于较高状态，也均处于 3.5 分及以上，增大 0.23 单位，发生了明显的变化；所有矿工表现出的浅度安全遵从行为仍均处于较低状态，均处于 2.5 分及以下，减小 0.13 单位，发生了较为明显的变化。

当实施双路径管理后，所有矿工表现出的自主安全参与行为仍均处于较高状态，也均处于 3.5 分及以上，增大 0.25 单位，发生了明显的变化；所有矿工表现出的从众安全参与行为仍均处于较低状态，均处于 2.5 分及以下，减小 0.15 单位，发生了较为明显的变化。

对比采取单一路径和双路径管理的管理效能变化情况，如图 5.10 所示。

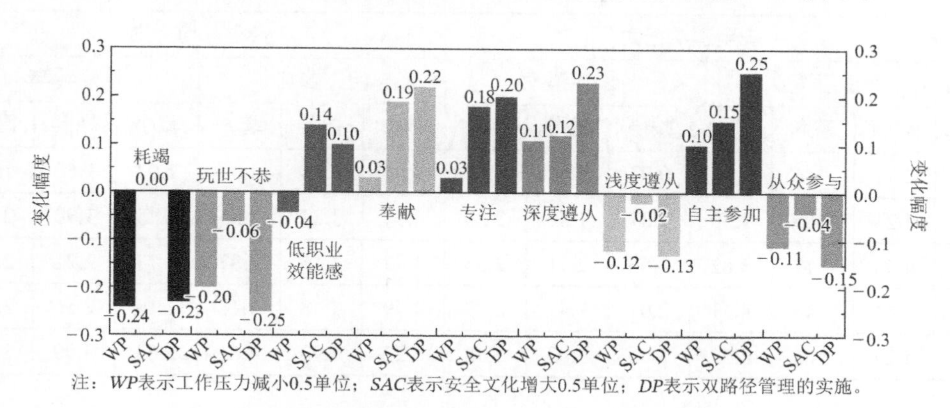

注：*WP*表示工作压力减小0.5单位；*SAC*表示安全文化增大0.5单位；*DP*表示双路径管理的实施。

图 5.10　单一路径和双路径干预的管理效能变化情况对比

综上所述，当实施双路径管理时，矿工的工作倦怠、工作投入、安全遵从行为、安全参与行为均发生了明显或较为明显的变化，尤其是矿工的深度安全遵从行为、自主安全参与行为增长了近 1 倍左右。因此，也进一步说明了在开展矿工行为安全管理时，采取双路径管理的必要性。

（2）基于职业心理因素干预的管理效能分析

在实际生产过程中，也可以通过除调整工作压力、强化安全文化之外的其他措施对矿工的职业心理进行干预。因此，下面将继续探究当矿工职业心理发生变化时，其行为表征的变化情况。

1）工作倦怠干预的管理效能分析。当且仅当工作倦怠变化 0.5 单位时，矿工安全遵从行为、安全参与行为的概率分布统计情况，即工作倦怠干预的管理效能变化统计见表 5.7，对比分析如图 5.11 所示。

当工作倦怠减小或增大 0.5 单位时，所有矿工表现出的深度安全遵从行为仍均处于较高状态，分别增大和减小了 0.36 和 0.35 单位，发生了明显的变化。当工作倦怠减小 0.5 单位时，所有矿工浅度安全遵从行为仍处于较低状态（减小了 0.45 单位）；然而，当工作倦怠增大 0.5 单位时，矿工浅度安全遵从行为则会表现出较高状态（增大了 0.44 单位），均发生了明显的变化。

当工作倦怠减小或增大 0.5 单位时，所有矿工表现出的自主安全参与行为仍均处于较高状态，分别增大和减小了 0.31 和 0.3 单位，发生了明显的变化。当工作倦怠减小 0.5 单位时，所有矿工表现出的从众安全参与行为仍处于较低状态（减小了 0.45 单位）；然而，当工作倦怠增大 0.5 单位时，矿工表现出的从众安全参与行为表现出较高状态（增大了 0.45 单位），均发生了明显的变化。

表 5.7　工作倦怠干预的管理效能变化统计

百分比%	安全遵从行为						安全参与行为					
	深度遵从			浅度遵从			自主参与			从众参与		
	减小	基准	增大	减小	基准	增大	减小	基准	增大	减小	基准	增大
5	3.71	3.36	3.03	0.97	1.42	1.87	3.64	3.34	3.07	1.02	1.50	1.94
25	4.21	3.85	3.50	1.37	1.81	2.26	4.14	3.84	3.55	1.45	1.90	2.35
50	4.53	4.17	3.82	1.66	2.11	2.56	4.47	4.16	3.87	1.77	2.21	2.67
75	4.84	4.48	4.11	2.01	2.45	2.89	4.79	4.48	4.18	2.10	2.56	3.01
95	5.24	4.88	4.52	2.60	3.03	3.48	5.22	4.90	4.61	2.63	3.09	3.54

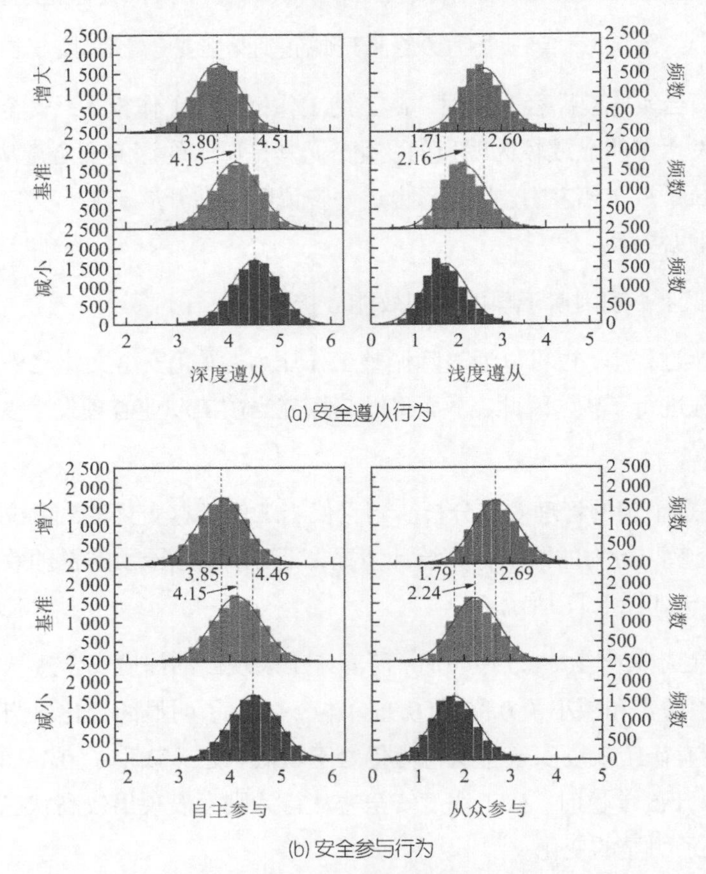

(a) 安全遵从行为

(b) 安全参与行为

图 5.11　工作倦怠干预的管理效能变化对比分析

综上所述，当工作倦怠变化时，矿工的安全遵从行为、安全参与行为均会发生明显变化。其中，浅度安全遵从行为、从众安全参与行为的变化幅度最大，可以得出，当工作倦怠变化 1 单位时，后两者相应地变化 0.9 单位左右。因此，也较充分说明了在矿山生产过程中，关注矿工的职业心理状态、管控工作倦怠的重要性。

2）工作投入干预的管理效能分析。当且仅当工作投入变化 0.5 单位时，矿工安全遵从行为、安全参与行为的概率分布统计情况，即工作投入干预的管理效能变化统计见表 5.8，对比分析如图 5.12 所示。

表 5.8　工作投入干预的管理效能变化统计

百分比%	安全遵从行为						安全参与行为					
	深度遵从			浅度遵从			自主参与			从众参与		
	减小	基准	增大	减小	基准	增大	减小	基准	增大	减小	基准	增大
5	3.18	3.36	3.60	1.33	1.42	1.57	3.10	3.34	3.67	1.46	1.50	1.57
25	3.66	3.85	4.08	1.70	1.81	1.95	3.59	3.84	4.14	1.86	1.90	1.97
50	3.98	4.17	4.38	2.00	2.11	2.24	3.91	4.16	4.46	2.17	2.21	2.27
75	4.26	4.48	4.69	2.33	2.45	2.57	4.20	4.48	4.78	2.51	2.56	2.60
95	4.68	4.88	5.08	2.92	3.03	3.17	4.64	4.90	5.20	3.05	3.09	3.15

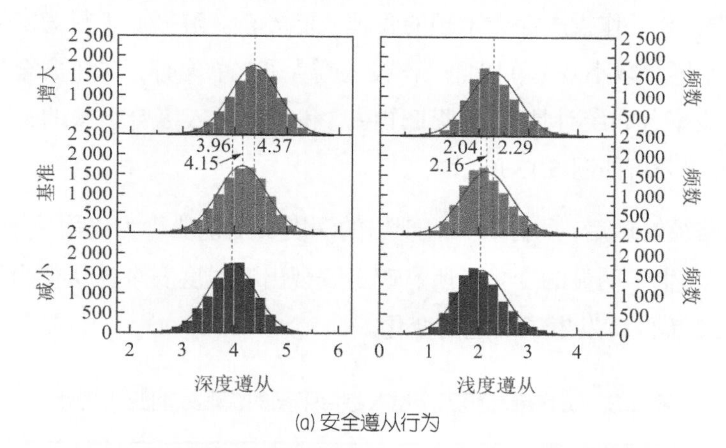

(a) 安全遵从行为

(b) 安全参与行为

图 5.12　工作投入干预的管理效能变化对比分析

当工作投入减小或增大 0.5 单位时，所有矿工表现出的深度安全遵从行为仍均处于较高状态，分别减小和增大了 0.19 和 0.22 单位，发生了明显的变化；所有矿工表现出的浅度安全遵从行为仍均为较低状态，分别减小和增大了 0.12 和 0.13 单位，发生了较为明显的变化。

当工作投入减小或增大 0.5 单位时，所有矿工表现出的自主安全参与行为仍均为较高状态，分别增大和减小了 0.26 和 0.30 单位，发生了明显的变化；所有矿工表现出的从众安全参与行为仍均为较低状态，未发生明显变化。

综上所述，当工作投入变化时，矿工安全遵从行为的深度遵从维度、安全参与行为的自主参与维度均会发生明显变化，浅度遵从会发生较为明显的变化，而从众参与则不会发生明显变化。其中，自主参与行为的变化幅度最大。对比当工作倦怠变化时安全遵从行为、安全参与行为的变化情况可知，当同时干预工作倦怠、工作投入，即采取双路径管理时，对矿工行为安全的改观更为明显。

3）工作倦怠和工作投入综合干预的管理效能分析。遵循矿工行为安全双路径管理的思路，当工作倦怠减小 0.5 单位且工作投入增大 0.5 单位时，矿工安全遵从行为、安全参与行为的概率分布统计情况，即工作倦怠和工作投入综合干预的管理效能变化统计见表 5.9，对比分析如图 5.13 所示。

当实施双路径管理后，所有矿工表现出的深度安全遵从行为仍均处于较高状态，增大 0.59 单位，发生了明显的变化；所有矿工表现出的浅度安全遵从行为仍均处于较低状态，减小 0.32 单位，发生了明显的变化。

表 5.9　工作倦怠和工作投入综合干预的管理效能变化统计

百分比%	安全遵从行为				安全参与行为			
	深度遵从		浅度遵从		自主参与		从众参与	
	基准	干预后	基准	干预后	基准	干预后	基准	干预后
5	3.36	3.95	1.42	1.11	3.34	3.98	1.50	1.09
25	3.85	4.44	1.81	1.49	3.84	4.45	1.90	1.50
50	4.17	4.76	2.11	1.78	4.16	4.78	2.21	1.81
75	4.48	5.07	2.45	2.13	4.48	5.10	2.56	2.15
95	4.88	5.47	3.03	2.71	4.90	5.52	3.09	2.69

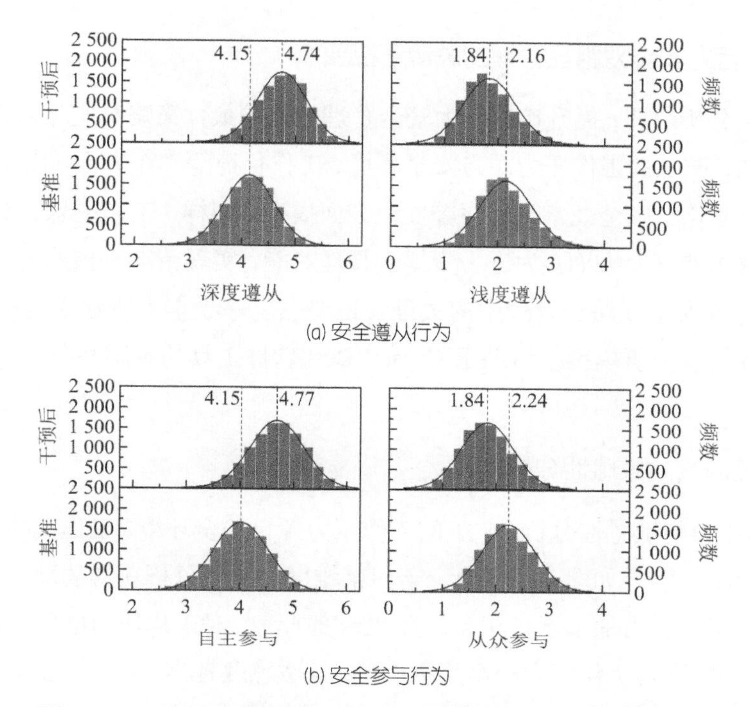

(a) 安全遵从行为

(b) 安全参与行为

图5.13 工作倦怠和工作投入综合干预的管理效能变化对比分析

当实施双路径管理后，所有矿工表现出的自主安全参与行为仍均处于较高状态，增大 0.62 单位，发生了明显的变化；所有矿工表现出的从众安全参与行为仍均处于较低状态，减小 0.40 单位，发生了明显的变化。

对比采取单一路径和双路径干预职业心理因素的管理效能变化情况，如图 5.14 所示。综上所述，当实施双路径管理时，矿工的安全遵从行为、安全参与行为均发生了明显或较为明显的变化，尤其是矿工的深度安全遵从行为、自主安全参与行为增长了近 1 倍左右。因此，更进一步说明了在开展矿工行为安全管理时，采取双路径管理的必要性。

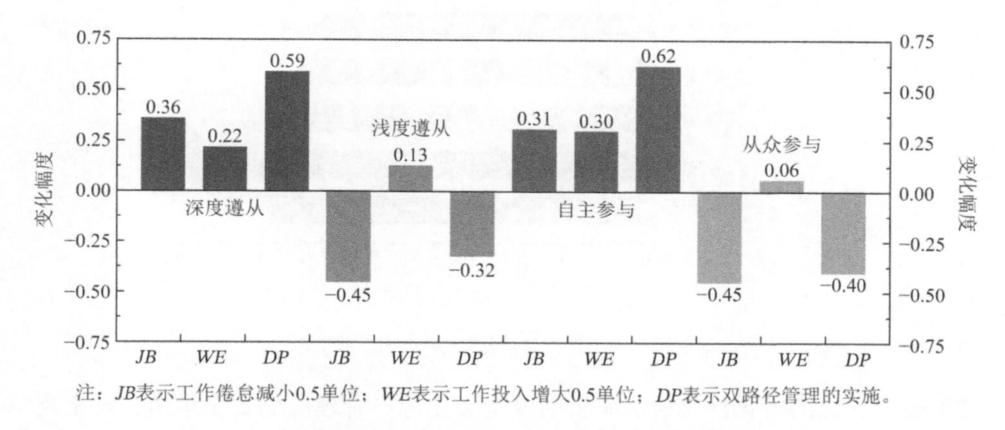

图5.14 单一路径和双路径干预职业心理因素的管理效能变化情况对比

5.3.1.3 行为安全双路径管理的关键管控要点

经过前文分析表明，提升矿工行为安全管理效能的最优策略是实施双路径管理。然而由前文可知，矿工的工作压力源自安全环境、工作负荷等 7 个方面，安全文化需要从管理层的安全承诺、安全规章与程序等 6 个方面提升。同样，工作倦怠、工作投入的改善也需考虑 3 个或 2 个方面。为进一步提升管理效能，实现精准干预的目的，需筛选获得开展矿工行为安全双路径管理中的关键管控要点。基于本书所建立的概率性矿工行为安全双路径管理分析模型，借助于 Crystal Ball 软件工具的敏感性分析功能，可实现上述目的。

（1）预测因素的敏感性分析

1）工作压力的敏感性分析。矿工的工作压力源自安全环境、工作负荷等 7 个方面，对其敏感性分析的结果如图 5.15 所示。若对某维度敏感性分析获得的敏感度大于 0，则表示该维度与工作压力的水平正相关，且敏感度越大，对工作压力的影响越大；反之，若敏感度小于 0，则与工作压力的水平负相关，且敏感度越小，对工作压力的影响越小；若敏感度等于 0，则不相关，两者之间无影响关系[18]。

分析可知，矿工工作压力的不同维度都与其正相关，安全管理、控制感、领导风格、组织支持的敏感度最大，角色压力、工作负荷的敏感度次之，安全环境的敏感度最小。

综上所述，在通过干预工作压力以开展矿工行为安全双路径管理的过程中，应重点关注安全管理、控制感、领导风格、组织支持 4 个因素。

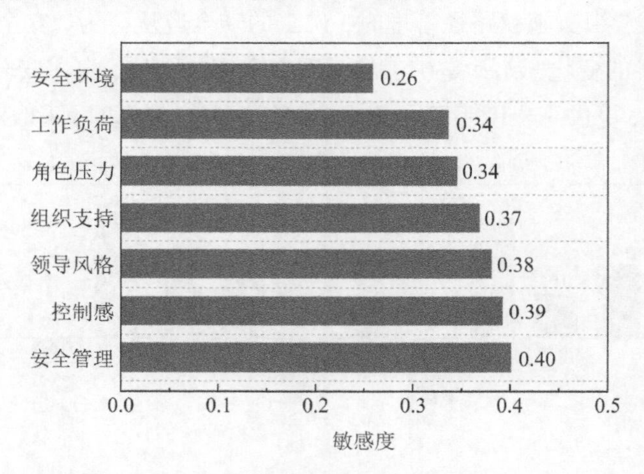

图 5.15 工作压力的敏感性分析的结果

2）安全文化的敏感性分析。矿工的安全文化源自管理层的安全承诺、安全规章与程序、安全教育培训等 6 方面，对其敏感性分析的结果如图 5.16 所示。

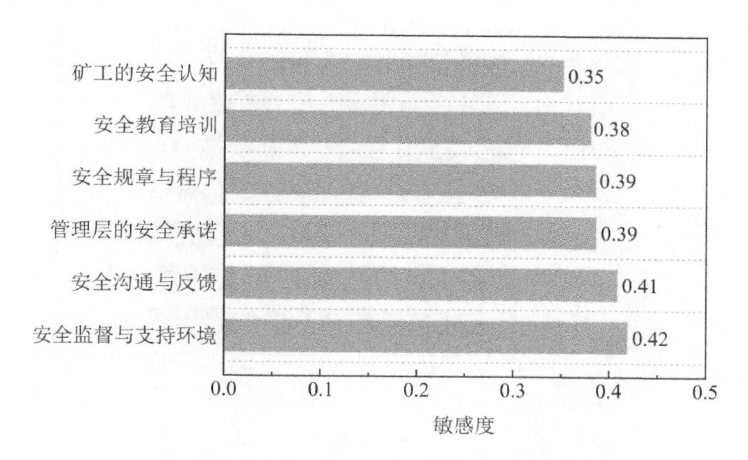

图 5.16　安全文化的敏感性分析的结果

分析可知，矿工安全文化的不同维度都与其正相关，安全监督与支持环境、安全沟通与反馈的敏感度最大，管理层的安全承诺、安全规章与程序、安全教育培训的敏感度次之，矿工的安全认知的敏感度最小。

综上所述，在通过干预安全文化以开展矿工行为安全双路径管理的过程中，应重点关注安全监督与支持环境、安全沟通与反馈两个因素。同时，其他 4 个因素也不宜忽略。

（2）职业心理因素的敏感性分析

1）工作倦怠的敏感性分析。基于工作压力、安全文化的各维度，分别对矿工工作倦怠的 3 个维度进行敏感性分析，结果如图 5.17 所示。

分析可知，对于耗竭维度，由于仅受到矿工工作压力的影响，因此，工作压力中各维度对于耗竭的敏感性与各维度对于工作压力的敏感性相同。

对于玩世不恭维度，从工作压力的各维度来看，安全管理、控制感、领导风格三者的敏感度最大，组织支持、角色压力、工作负荷的敏感度次之，安全环境的敏感度最小，而且都与玩世不恭正相关。从安全文化的各维度来看，6 个维度都与玩世不恭负相关，安全监督与支持环境、矿工的安全认知敏感度最大，其他 4 个维度的敏感度次之。工作压力各维度的敏感度大于安全文化的敏感度，玩世不恭受工作压力的影响更大。

对于低职业效能感维度，从工作压力的各维度来看，7 个维度都与低职业效能感正相关，并且除安全环境外，其他 6 个维度的敏感度相当。从安全文化的各维度来看，6 个维度也都与低职业效能感正相关，除矿工的安全认知外，其他 5 个维度的敏感度相当。安全文化各维度的敏感度大于工作压力的敏感度，可以得出，低职业效能感受安全文化的影响更大。

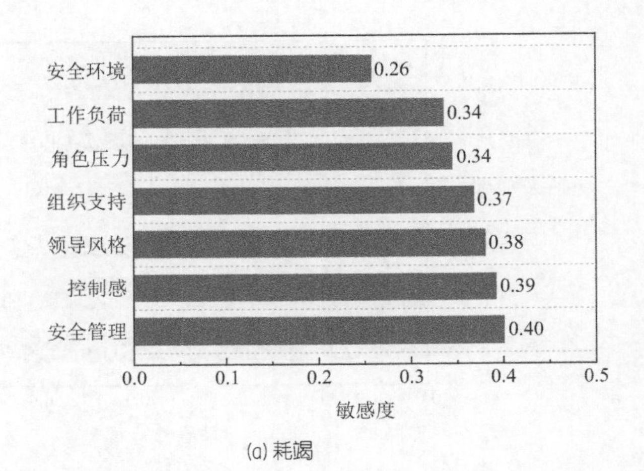

(a) 耗竭

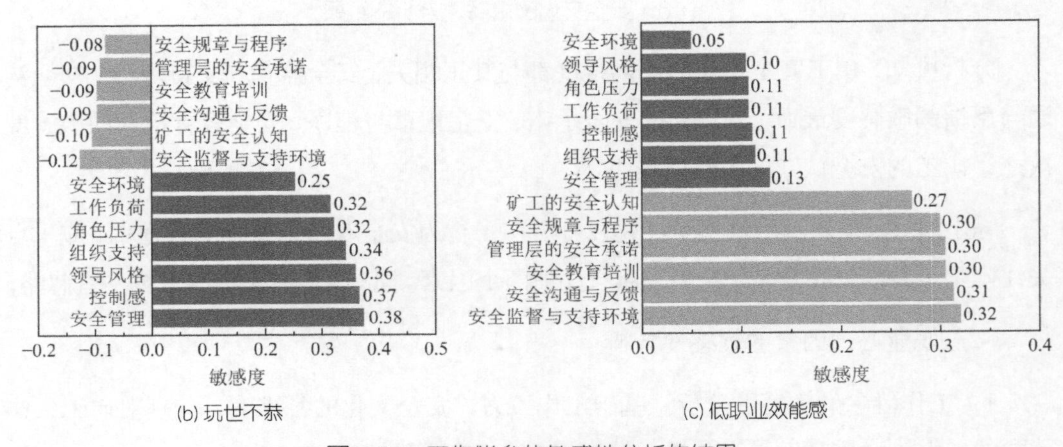

(b) 玩世不恭　　(c) 低职业效能感

图 5.17　工作倦怠的敏感性分析的结果

综上所述，在通过管控工作压力、安全文化以干预矿工的工作倦怠过程中，应同时管控这两个因素，这也进一步说明了实施行为安全双路径管理的必要性。同时，在管控过程中，应重点关注工作压力管控中的安全管理、控制感、领导风格、组织支持 4 个因素，以及安全文化中的安全监督与支持环境、安全沟通与反馈两个因素。

2）工作投入的敏感性分析。基于工作压力、安全文化的各维度，分别对矿工工作投入的两个维度进行敏感性分析，结果如图 5.18 所示。

分析可知，对于奉献维度，从工作压力的各维度来看，7 个维度都与奉献负相关，且敏感度都很小，均可以忽略。从安全文化的各维度来看，6 个维度都与奉献正相关，安全监督与支持环境、安全沟通与反馈两者的敏感度最大，其他 4 个维度的敏感度相当。可以得出，奉献受安全文化的影响更大。

对于专注维度，工作压力和安全文化各维度对其敏感性与对于奉献的敏感性类似，工作压力各维度的敏感性也都可以忽略。在安全文化的各维度中，安全监督与支持环境、安全沟通与反馈两者的敏感度最大，其他4个维度的敏感度相当。可以得出，专注受安全文化的影响更大。

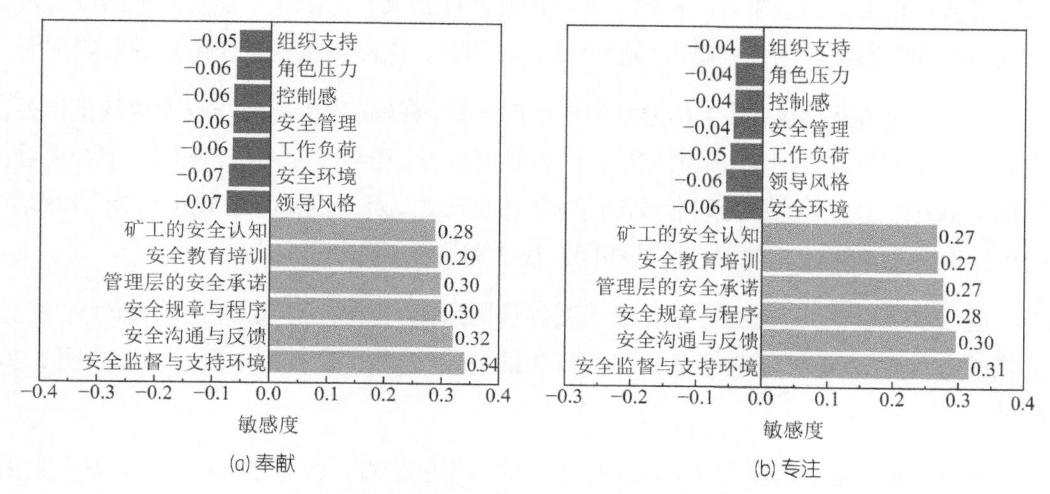

(a) 奉献　　(b) 专注

图5.18 工作投入的敏感性分析的结果

综上所述，工作投入受安全文化的影响更大，在通过管控工作压力、安全文化以干预矿工的工作倦怠过程中，应重点关注安全文化，并重点关注安全文化中的安全监督与支持环境、安全沟通与反馈两个因素。

（3）结果表征形式的敏感性分析

1）安全遵从行为的敏感性分析。基于工作倦怠、工作投入两个职业心理因素的各维度，分别对矿工安全遵从行为的深度遵从和浅度遵从两个维度进行敏感性分析，结果如图5.19所示。

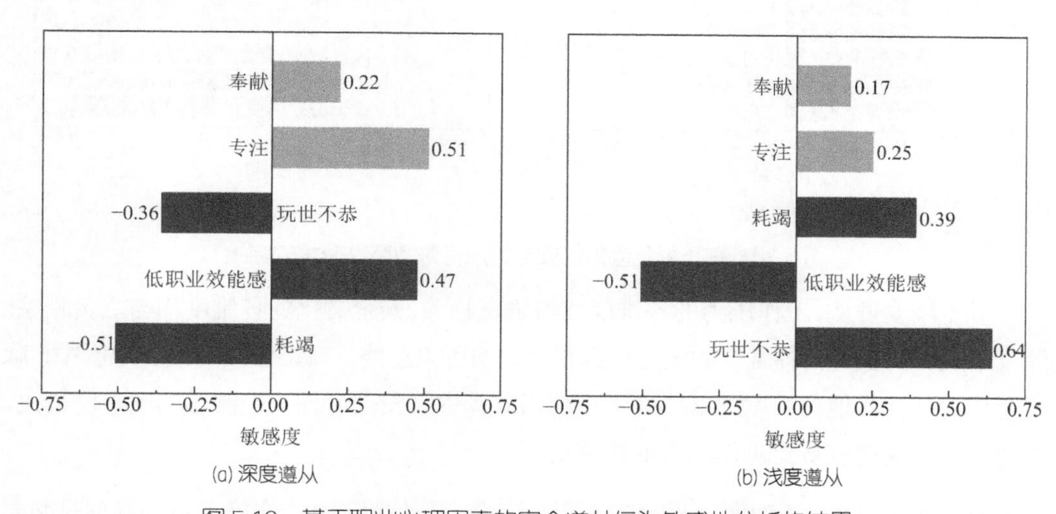

(a) 深度遵从　　(b) 浅度遵从

图5.19 基于职业心理因素的安全遵从行为敏感性分析的结果

分析可知，对于深度遵从维度，从工作倦怠的各维度来看，耗竭、玩世不恭与深度遵从负相关。低职业效能感为反向计分，与之正相关。从工作投入的各维度来看，均与深度遵从正相关。综合来看，耗竭、专注的敏感度最大，低职业效能感的敏感度次之，玩世不恭的敏感度较小，奉献的敏感度最小。因此，深度遵从受工作倦怠的影响更大。

对于浅度遵从维度，从工作倦怠的各维度来看，耗竭、玩世不恭与浅度遵从正相关，低职业效能感与之负相关。从工作投入的各维度来看，均与浅度遵从正相关。综合来看，玩世不恭的敏感度最大、低职业效能感的敏感度次之，耗竭的敏感度较小，专注和奉献的敏感度最小。因此，与深度遵从相同，浅度遵从受工作倦怠的影响更大。

进一步来说，工作倦怠、工作投入受到预测因素的影响，因此基于工作压力、安全文化的各维度，分别对矿工安全遵从行为的各维度进行敏感性分析，结果如图 5.20 所示。

分析可知，对于深度遵从，从工作压力的各维度来看，均与之负相关；从安全文化的各维度来说，均与之正相关。综合来说，除安全环境外，其他各维度的敏感度大小相当。其中，安全管理、领导风格、控制感以及安全监督与支持环境、安全沟通与反馈的敏感度最大。总的来说，深度遵从受工作压力、安全文化两者的影响程度相当。

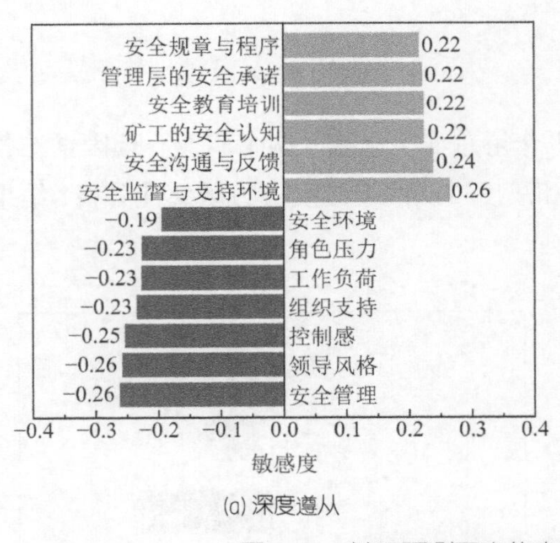

(a) 深度遵从

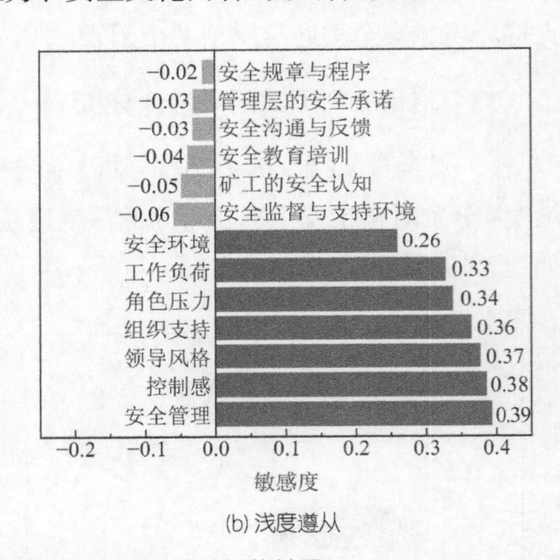

(b) 浅度遵从

图 5.20 基于预测因素的安全遵从行为敏感性分析的结果

对于浅度遵从，工作压力的各维度均与之正相关，安全文化的各维度均与之负相关。综合来说，安全文化各维度的敏感度都很小，均可以忽略。在工作压力的各维度中，除安全环境外，其他各维度的敏感度大小相当。其中，安全管理、控制感的敏感度最大。总的来说，浅度遵从受工作压力的影响更大。

综上所述，进一步说明了干预矿工行为安全表征的过程中，实施双路径管理是必要的。同时，在管控矿工安全遵从行为的过程中，矿工的工作倦怠、工作投入两类职业心理状态均需要重点关注。同样，应重点关注工作压力管控中的安全管理、控制感、领导风格、组织支持 4 个因素，以及安全文化中的安全监督与支持环境、安全沟通与反馈两个因素。

2）安全参与行为的敏感性分析。基于工作倦怠、工作投入两个职业心理因素的各维度，分别对矿工安全参与行为的两个维度进行敏感性分析，结果如图 5.21 所示。

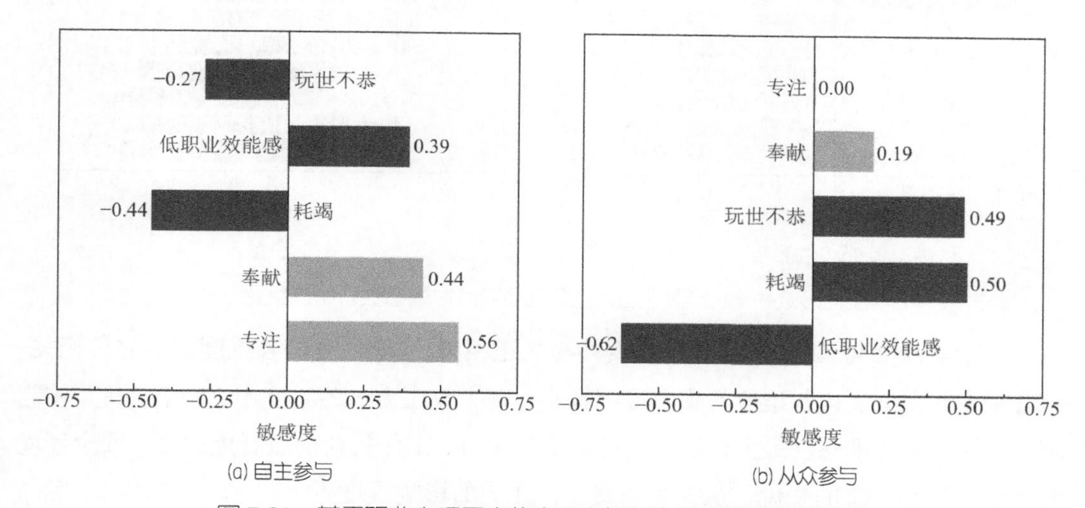

图 5.21　基于职业心理因素的安全参与行为敏感性分析的结果

分析可知，对于自主参与，从工作倦怠的各维度来看，耗竭、玩世不恭与自主参与负相关，低职业效能感与之正相关。从工作投入的各维度来看，均与自主参与正相关。综合来看，专注的敏感度最大，奉献、耗竭、低职业效能感的敏感度次之，玩世不恭的敏感度最小。总的来说，自主参与受工作倦怠、工作投入两者的影响程度相当。

对于从众参与维度，从工作倦怠的各维度来看，低职业效能感与之负相关，耗竭、玩世不恭与自主参与正相关。从工作投入的各维度来看，奉献与之正相关，而专注与之的敏感度为 0，即无相关关系。综合来看，低职业效能感的敏感度最大，耗竭、玩世不恭的敏感度次之，奉献的敏感度最小。总的来说，从众参与受工作倦怠的影响程度更大。

同样，基于工作压力、安全文化的各维度，分别对矿工的安全参与行为的各维度开展进一步的敏感性分析，结果如图 5.22 所示。

分析可知，对于自主参与，工作压力的各维度均与之负相关，安全文化的各维度均与之正相关。综合来说，安全监督与支持环境、安全沟通与反馈的敏感度最大。其他各要素中，安全文化的其他 4 个维度，以及工作压力中的安全管理、领导风格、控制感共计 7 个要素的敏感度次之；工作压力的其他 4 个维度的敏感度较小。总的来说，自主参与受安全文化的影响程度略大。

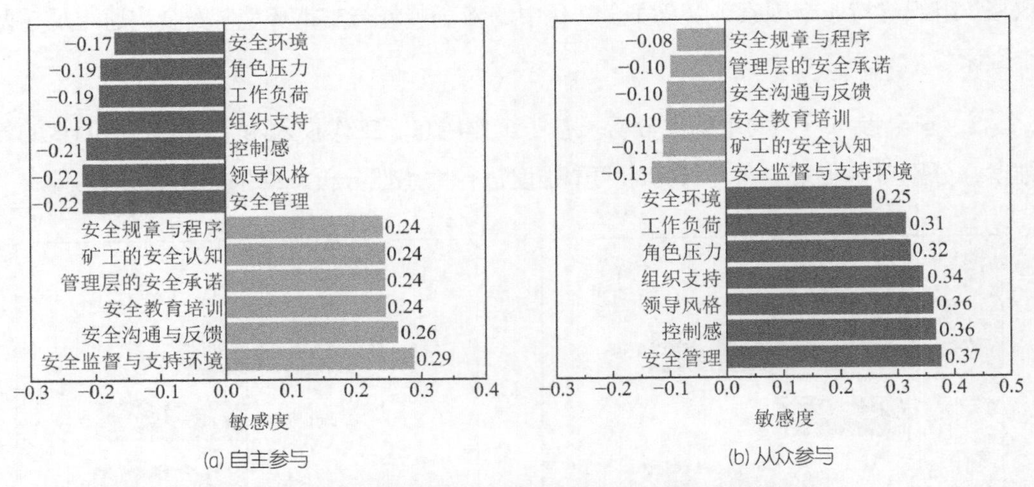

图 5.22　基于预测因素的安全参与行为敏感性分析的结果

对于从众参与，工作压力的各维度均与之正相关，安全文化的各维度均与之负相关。综合来说，安全文化各维度的敏感度都较小。在工作压力的各维度中，安全管理、控制感、领导风格的敏感度最大，组织支持、角色压力、工作负荷的敏感度次之，安全环境的敏感度最小。总的来说，从众参与受工作压力的影响程度更大。

综上所述，进一步说明了干预矿工行为安全表征的过程中，实施双路径管理的必要性。同时，在管控矿工从众参与行为的过程中，矿工的工作倦怠、工作投入两类职业心理状态也均需要重点关注。同样，应重点关注工作压力管控中的安全管理、控制感、领导风格、组织支持 4 个因素，以及安全文化中的安全监督与支持环境、安全沟通与反馈两个因素。

5.3.2　地铁施工工人不安全行为概率风险评估

基于本书第 4 章所阐述的地铁施工工人不安全行为“泛场景”数据表征结果，以下采取蒙特卡罗方法，使用 Crystal Ball 软件工具，以地铁施工工人不安全行为概率风险评估为目标，构建概率分析模型，评估不安全行为的风险等级，获得行为干预的关键管控要点。

5.3.2.1　地铁施工工人不安全行为量化

（1）不安全行为影响因素及权重分析

确定地铁施工工人不安全行为的影响因素，需要对地铁施工项目、施工条件，以及施工工人的行为特征进行综合考量后，确定科学全面、具有可实操性的影响因素。导致地铁施工工种不安全行为的因素有很多，通过文献阅读、实际现场调查，选择具备可操作性的人员、设备、管理、技术各类因素作为首要的影响因素，再考虑到地铁施工地质条件和周边环境的复杂性，并将其纳入环境因素。换言之，将地铁施工工人不安全行为影响因素划分为5个层面，分别为人员因素、设备因素、管理因素、技术因素以及环境因素，每类层面再细化具体的影响因素，形成地铁施工工人不安全行为影响因素框架，如图5.23所示。

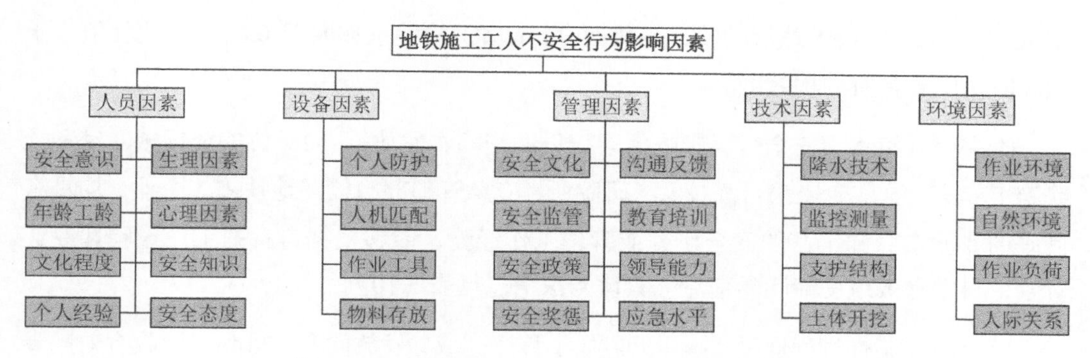

图5.23 地铁施工工人不安全行为影响因素框架

经过梳理，归纳出地铁施工工人不安全行为的影响因素包括5个层面28个影响因子。其中，人员因素（individual factor，IF）中包括生理因素、心理因素、安全知识、安全态度、安全意识、年龄工龄、文化程度及个人经验8个影响因子；设备因素（device factor，DF）中包括个人防护、人机匹配、作业工具及物料存放4个影响因子；管理因素（management factor，MF）中包括安全文化、安全监督、安全政策、安全奖惩、沟通反馈、教育培训、领导能力及应急水平8个影响因子；技术因素（technology factor，TF）中包括地铁施工重点环节的降水技术、监控测量、支护结构及土体开挖4个影响因子；环境因素（environmental factors，EF）中包括作业环境、自然环境、作业负荷及人际关系4个影响因子。

本书采用蒙特卡罗方法和德尔菲专家调查法对不安全行为进行概率风险评估。鉴于不同影响因素对不安全行为发生的作用效果有所不同，为准确研究各影响因素，本书设计了不安全行为影响因素权重调查问卷，详见本章附录的附录A。在蒙特卡罗方法中，需要设定不同参数的定义值，其中包括不安全行为影响因素的权重值，使得后续能够计算不安全行为的风险概率。因此，本书采用德尔菲专家调查法，邀请安全领域专家、参与过地铁施工专业人士参与问卷调查，确定不安全行为28个影响因素的权重。本次调查问卷采用李克特5级量表法，将各影响因素对不安全行为的影响程度划分为5个感知选项，并分别赋值 1～5 分，其中 1 分代表无影响，5 分代表影响非常大。评分越高，表明该因素对不安全行为的影响作用越强。

不安全行为影响因素权重调查问卷属于量表，需要考查问卷的可信度和能效度。量表问卷的可信度即信度检验，通过量表的 Cronbach's α值，判断量表的内部一致性。一般情况下，若 Cronbach's α值大于 0.9，意味着量表的内部一致性非常高，若 Cronbach's α值为 0.7～0.9 时，意味着量表的内部一致性较好。量表问卷的效度是考查量表中每一个题项的能效度，即每个题对于量表而言是否发挥作用，需要对各题项的样本数据进行 KMO 检验和 Bartlett 球形检验，一般而言，KMO 检验系数大于 0.6，显著度p值小于 0.05 时，问卷具有结构效度。

本书研究组将不安全行为影响因素权重调查问卷发放给 126 位安全领域专家和地铁施工专家，这些专家来自高校、科研院所、应急管理部门以及地铁施工企业，均具有良好的专业素养和丰富的安全研究或管理工作经验，能够根据自身的工作经验和专业背景，科学有效地反馈问卷信息。具体专家信息见表 5.10。

整个问卷调查过程通过“腾讯问卷”小程序完成，发放问卷 126 份，回收有效问卷 100 份，答复率约为 79.4%。利用 SPSS 软件对收集的问卷样本数据进行信效度分析，软件运算得到信效度的检验结果，见表 5.11。其中，Cronbach's α值为 0.884，大于 0.7；KMO 值为 0.707，大于 0.6；Bartlett 球形检验显著度为$p = 0.000$，小于 0.05。

表 5.10　不安全行为影响因素权重问卷调查的专家信息

专家来源	从事安全研究或管理工作经验年限	问卷发放数	问卷回收数
高校	10 年以上	7	27
	6～10 年	11	
	3～5 年	8	
科研院所	10 年以上	6	8
	5～10 年	8	
应急管理部门	3 年以上	15	11
地铁施工企业	管理人员 3 年以上	34	54
	专业技术人员 5 年以上	37	
合计		126	100

表 5.11　影响因素权重调查问卷信效度的检验结果

项目	Cronbach's α值	KMO 值	Bartlett 球形检验显著度（p）
判断标准	大于 0.7	大于 0.6	小于 0.05
影响因素权重调查问卷	0.884	0.707	0.000

汇总并分析有效问卷中不安全行为影响因素的得分，将每类影响因素及其影响因子的平均值进行比较，见表 5.12。可以看出，设备影响因素的平均值较高，为 4.19，说明设备的本质安全化对于不安全行为的影响较大；而管理因素和技术因素的平均值分别为 3.63 和 3.70，均值接近，意味着管理因素和施工技术也对不安全行为有着较大的影响；人员因素和环境因素对不安全行为的影响相对较小。单从影响因子平均值分析可以看出，个人防护的均值最高，达到 4.58，表明个人防护对不安全行为的影响最大，个人防护用品的正确使用十分重要；其次为安全监督，平均值为 4.55，意味着安全监督在不安全行为管控方面发挥着巨大的作用。

表 5.12　不安全行为影响因素及其影响因子的平均值比较

影响因素	影响因子	影响因子平均值	影响因素平均值
人员因素 IF	生理因素 IF_1	3.48	3.24
	心理因素 IF_2	3.58	
	安全知识 IF_3	3.66	
	安全态度 IF_4	3.71	
	安全意识 IF_5	3.64	
	年龄工龄 IF_6	2.51	
	文化程度 IF_7	2.54	
	个人经验 IF_8	2.76	
管理因素 MF	安全文化 MF_1	3.44	3.63
	安全监督 MF_2	4.55	
	安全政策 MF_3	3.12	
	安全奖惩 MF_4	3.33	
	沟通反馈 MF_5	3.19	
	教育培训 MF_6	3.60	
	领导能力 MF_7	3.40	
	应急水平 MF_8	4.44	

续表

影响因素	影响因子	影响因子平均值	影响因素平均值
设备因素 DF	个人防护 DF_1	4.58	4.19
	人机匹配 DF_2	3.48	
	作业工具 DF_3	4.42	
	物料存放 DF_4	4.27	
技术因素 TF	降水技术 TF_1	3.62	3.70
	监控测量 TF_2	4.44	
	支护结构 TF_3	3.41	
	土体开挖 TF_4	3.33	
环境因素 EF	作业环境 EF_1	3.71	3.36
	自然环境 EF_2	3.09	
	作业负荷 EF_3	3.63	
	人际关系 EF_4	3.02	

依据不安全行为影响因素问卷中影响因素的均值分析，参照冈萨雷斯（González）等[22]的研究，将5个层面的影响因素取值范围设定在0～10，并计算5个层面影响因素及其28个影响因子的权重值，见表5.13。

表5.13 不安全行为影响因素及其影响因素权重值

影响因素	影响因子	权重值	影响因素	影响因子	权重值
人员因素 IF	生理因素 IF_1	0.13	管理因素 MF	安全文化 MF_1	0.12
	心理因素 IF_2	0.14		安全监督 MF_2	0.16
	安全知识 IF_3	0.14		安全政策 MF_3	0.11
	安全态度 IF_4	0.14		安全奖惩 MF_4	0.11
	安全意识 IF_5	0.14		沟通反馈 MF_5	0.11
	年龄工龄 IF_6	0.10		教育培训 MF_6	0.12
	文化程度 IF_7	0.10		领导能力 MF_7	0.12
	个人经验 IF_8	0.11		应急水平 MF_8	0.15
设备因素 DF	个人防护 DF_1	0.27	技术因素 TF	降水技术 TF_1	0.24
	人机匹配 DF_2	0.21		监控测量 TF_2	0.30

续表

影响因素	影响因子	权重值	影响因素	影响因子	权重值
设备因素 DF	作业工具 DF_3	0.26	技术因素 TF	支护结构 TF_3	0.23
	物料存放 DF_4	0.26		土体开挖 TF_4	0.23
环境因素 EF	作业环境 EF_1	0.28	环境因素 EF	作业负荷 EF_3	0.27
	自然环境 EF_2	0.23		人际关系 EF_4	0.22

综上所述，按照权重值，可以将总体影响因素x和各类影响因素及其影响因子分别用以下公式进行表示：

$$x = IF + DF + MF + TF + EF \quad x \in [0,50] \tag{5.33}$$

$$IF = 0.13IF_1 + 0.14IF_2 + 0.14IF_3 + 0.14IF_4 + 0.14IF_5 + 0.10IF_6 + 0.10IF_7 + 0.11IF_8 \tag{5.34}$$

$$DF = 0.27DF_1 + 0.21DF_2 + 0.26DF_3 + 0.26DF_4 \tag{5.35}$$

$$\begin{aligned} MF = {} & 0.12MF_1 + 0.16MF_2 + 0.11MF_3 + 0.11MF_4 + 0.11MF_5 + 0.12MF_6 + \\ & 0.12MF_7 + 0.15MF_8 \end{aligned} \tag{5.36}$$

$$TF = 0.24TF_1 + 0.30TF_2 + 0.23TF_3 + 0.23TF_4 \tag{5.37}$$

$$EF = 0.28EF_1 + 0.23EF_2 + 0.27EF_3 + 0.22EF_4 \tag{5.38}$$

（2）不安全行为影响因素不确定性范围

蒙特卡罗方法是基于概率分布函数的不确定性评估，概率分布函数的振幅表示不确定性的范围。只有对不确定性进行准确描述，基于风险的评估和决策过程才更有效。以往的研究在明确影响因素不确定性范围时，通常采用问卷调查的方法。本书研究也通过对每个影响因素设置若干相关问题，邀请地铁施工或相关行业人员进行问卷调查，进一步了解不安全行为影响因素不确定范围。

针对5个层面的不安全行为影响因素及其28个影响因子，本书编制了不安全行为影响因素不确定性范围调查问卷，问卷具体内容见本章附录的附录B。调查问卷依然采取量表的形式，为简化计算过程，每个问题的答案设置为3个程度选项，分别被赋予8分、5分和2分的分值[23]，示例见表5.14。问卷调查的对象是地铁施工行业或相关建筑行业的土木工程师、建筑商、建筑师和安全工程师，以及施工现场的安全管理人员、监理工程师、班组长、一线工人等。

调查问卷的数据收集汇总后，针对28个影响因子的相关问题的问卷得分需要进行运算，将分数进行归一化处理，得到每个影响因子的归一化的问卷分数（questionnaire score，QS）。英国健康与安全委员会对归一化分数对应的不确定性范围进行了规定[24]，见表 5.15，不确定性范围分为高、中、低 3 个层级，分别对应 7～10、4～6、0～3 这 3 个数值区间。依据表 5.15 的对应关系，可以确定各不安全行为影响因素的不确定性范围，而不确定性范围的数值将作为蒙特卡罗方法模拟时的输入值，服务于后续的模拟。

表 5.14　不安全行为影响因素不确定性范围调查问卷示例

序号	题目	选项及分值		
		8 分	5 分	2 分
1	发现小的工伤和未遂事故，您会及时上报	完全符合	基本符合	完全不符合
2	您公司尽可能为员工提供顺畅的沟通交流渠道	完全符合	基本符合	完全不符合
3	您公司会积极快速响应员工反映的安全问题	完全符合	基本符合	完全不符合
4	如果发现同事违章操作，您会及时批评制止他	完全符合	基本符合	完全不符合
5	您认为在安全交流方面，各级沟通畅通、反馈及时	完全符合	基本符合	完全不符合
6	开完安全会议后，您能够及时知晓会议结果	完全符合	基本符合	完全不符合

表 5.15　不安全行为影响因素的不确定性范围

层级	归一化分数（QS）	不确定性范围
高	$6 \leqslant QS < 8$	7～10
中	$4 \leqslant QS < 6$	4～6
低	$2 \leqslant QS < 4$	0～3

（3）不安全行为发生概率分析

不安全行为的风险评估研究主要基于行为安全观察进行。在评估过程中，对研究对象开展行为观察是首要步骤。通过观察，研究人员对不安全行为的种类、发生频次进行归纳、总结和赋权。这一过程主要依赖人工进行，存在一定的主观性，对结果的准确性可能造成一定影响，使得评估结果无法完全准确地反映真实场景下不安全行为的发生概率。因此，计算不安全行为发生概率时，需要特别考虑人因对意外事件的影响。

事故发生频率一般使用故障频率方法进行评估，其频率值也是基于历史数据进行统计的，相应地，计算的准确性也依赖于所使用数据的质量和可靠性。人因是不安全行为不确定性的重要来源，人因管理也越来越被认为在风险防控方面发挥着至关重要的作用。英国健康与安全委员会提出了通用频率的概念，并认为化学工业的大多事故可归因于技术故障和人因，需要在频率计算中引入人因。蒙特卡罗方法模拟可以实现这一目标，在模拟时充分考虑人因的不确定性、不可预测性和复杂变异性，使用模糊逻辑的方法对高频变量的失效频率进行修正[23]。

蒙特卡罗方法是基于变量输入，用概率密度函数描述不确定性。考虑到人因的影响，在计算时需要引入蒙特卡罗方法频率修正数$MF(x)$来改变频率，将不确定性降低至最小，以获得更准确、更真实的频率值。已知不安全行为影响因素与事故发生概率成负相关，引入函数$F(x)$作为不安全行为影响事故发生频率的修正值，如公式(5.39)所示。

$$F(x) = ax + b \tag{5.39}$$

式中，函数$F(x)$中a为负数。当x为最小值时，$F(x)$为最大值$F(x)_{max}$；当x取最大值时，$F(x)$则为最小值$F(x)_{min}$。

根据行为安全“2-4”模型及相关事故数据研究，不安全行为是导致事故发生的直接原因，导致事故发生的概率可达到75%。这表明，当没有与人类活动相关因素可以导致事故时，即在最佳情况下，$MF(x)$对通用故障率没有变化，该值为1；当存在人因，甚至所有参数假设都为最大值时，即对事故频率影响最大，$MF(x)$的最大值为1.75。依据前文对影响因素x的定义和描述，x的取值范围为[0,50]。当x取最小值0时，$F(x)$为最大值，且$F(x) = b$，经过计算得出b值为1.75；当x取最大值50时，$F(x)$为最小值，经过计算得出a值为-0.015。因此，函数$F(x)$求解后可表示为：

$$F(x) = -0.015x + 1.75 \tag{5.40}$$

不确定性可以用概率密度函数来描述，该函数反映了模型参数的不确定性。在概率风险评估中，蒙特卡罗方法被用来模拟这些不确定性，通过为每个灵敏度参数指定概率分布来实现。这种方法不仅在变量输入时可实现多个不确定性的变量输入，而且在输出分布时能够反映该输入不确定性变量在指定范围内的综合影响，并基于多次试验或迭代可以得出蒙特卡罗方法频率修正数$MF(x)$。

（4）不安全行为事故概率风险值

任何事故既存在危害程度的差异，也存在发生可能性大小的区别。事故危险性或危害度是对事故危险或危害程度的一种度量，是由事故的可能性和事故后果的严重性决定的。

1）不安全行为危险性。风险矩阵法是在风险评估领域中被广泛采用的一种定性的风险评估分析方法，综合考虑危险发生的可能性和伤害的严重程度，从而对风险大小进行评估。为了对不安全行为的危险性进行评价，本书用不安全行为危险指数来评价不安全行为的危害程度，并表示为：

$$RI = L \cdot S \tag{5.41}$$

式中，RI表示不安全行为危险指数；L表示不安全行为发生事故的可能性；S表示不安全行为导致事故后果的严重度。

2）事故发生的可能性。事故预防一般从安全管理和技术改进两方面入手，但人因影响在事故发生中最为重要，有必要研究不安全行为引起的事故的可能性，量化不安全行为引起的事故的程度。也有学者通过可靠性对不安全行为进行量化，除了考虑人的可靠性，同时还考虑到设备的可靠性和人与设备之间的关系[25,26]。

通过考虑不安全行为发生事故的可能性的影响因素，赋予不安全行为导致事故发生的可能性分值，见表 5.16。一般情况下，不可能发生的事件为 0，而必然发生的事件为 1。然而，从安全角度考虑时，完全不发生事故是不可能的。所以，将极端不可能发生事故的情况分值定为 0.01，而不安全行为必然导致事故发生的分数定为 1。其他情况在这两种极端情况之间的取中间值[2]。

表 5.16　不安全行为导致事故发生的可能性分值

事故发生可能性	分值
完全不可能发生	0.01
不可能发生	0.05
偶然发生	0.1
可能发生	0.5
极有可能发生	1

3）事故后果的严重度。依据《生产安全事故报告和调查处理条例》（国务院令第 493 号），将生产安全事故分为一般事故、较大事故、重大事故和特别重大事故 4 个等级。《企业职工伤亡事故分类》（GB 6441—1986）中按照事故严重程度，将事故分为轻伤事故、重伤事故和死亡事故。孙淑英[26]根据家具企业实际情况，对作业过程的事故严重程度进行分级，认为造成人员死亡的后果严重程度的分数为 10，受到惊吓的分数为 1，其他情况在此范围内规定分数。本书综合考虑以上分类标准和赋值情况，结合地铁施工工人不安全行为导致事故类型和后果严重程度等实际情况，提出不安全行为导致事故后果严重程度划分及其分值，见表 5.17。

表 5.17 不安全行为导致事故后果严重程度划分及其分值

事故后果严重程度	分值
受到惊吓	2
暂时性劳动能力丧失	4
永久性部分劳动能力丧失	6
永久性完全劳动能力丧失	8
死亡	10

4）不安全行为概率风险值。某些不安全行为危险性较低，导致工人的安全意识和安全态度变低，不安全行为发生频率变高，会带来严重危害。因此，除了考虑不安全行为危险性，还需考虑不安全行为的发生频率。结合冈萨雷斯 等人关于不安全行为风险概率研究，将不安全行为概率风险值的计算公式表示如下：

$$R = MF(x) \cdot P \cdot RI \tag{5.42}$$

式中，R表示不安全行为概率风险值；$MF(x)$表示人因影响蒙特卡罗方法频率修正数；P表示不安全行为发生概率；RI表示不安全行为危险指数。

至此，不安全行为的影响因子权重和不确定性范围通过问卷调查结果分析可得以明确。相应地，蒙特卡罗方法模拟时需要考虑的不安全行为影响事故发生频率的修正函数也求解可得。结合概率风险评估方法和蒙特卡罗方法模拟迭代计算过程，不安全行为的危险性分析和概率风险值可按照公式进行推算，从而确定不安全行为对应的风险等级，完善维度表征，将“泛场景”数据从图像文本信息转化为具体风险数值。同时，通过确定不安全行为不同类型的发生频率和风险值，为事故预防、技能培训、安全管理提供决策依据，为实现靶向干预奠定基础。

5.3.2.2 地铁施工工人不安全行为概率风险评估模型

（1）基于蒙特卡罗方法的不安全行为概率风险评估基本流程

经过本节前文的研究分析，基于蒙特卡罗方法的不安全行为概率风险评估的基本流程如下：

1）构造功能函数。不同的不安全行为导致事故发生的概率以及造成事故后果严重程度皆不同，通过二者之间的乘积关系量化不安全行为风险后果，构造相应功能函数［式(5.42)］，将不安全行为概率风险用数值进行衡量。

2）确定变量分布。概率分布能较好描述风险分析中变量的不确定性。基于不安全行为的事故统计、现场观察或其他统计基础，可以确定不安全行为的发生概率。通过不安全行为导致后果的严重程度，进而确定事故损失概率分布。

3）模拟分析结果。利用 Crystal Ball 11.1 软件代入功能函数，经模拟可得多个随机风险值。当有充足的抽样次数后，软件迭代次数可达 10 000，再运用统计学处理风险值，从而确定不安全行为概率风险的大小。

（2）不安全行为概率风险评估模型构建路线

如图 5.24 所示，不安全行为概率风险评估模型构建路线为：首先，通过不安全行为影响因素分析，确定影响因素权重和不确定性范围，对不安全行为进行概率分析，确定修正函数；其次，进行不安全行为事故危险性分析，采用不安全行为导致事故发生的可能性与事故后果严重程度的乘积表示事故危险性；最后，基于蒙特卡罗方法，对不安全行为概率风险值进行模拟计算。

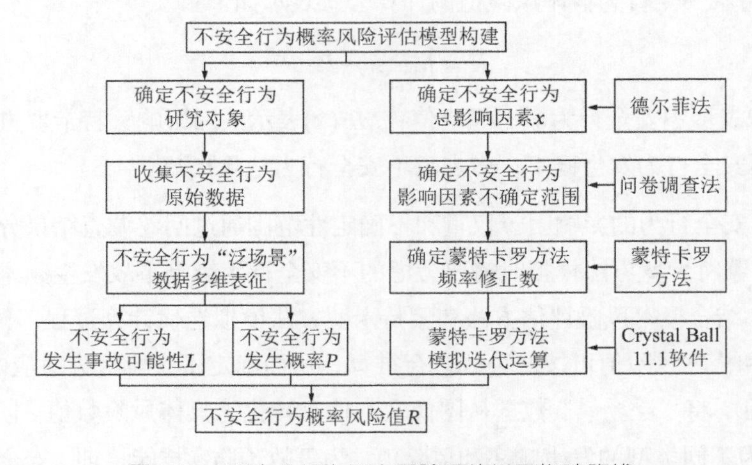

图 5.24　不安全行为概率风险评估模型构建路线

由图 5.24 可知，不安全行为概率风险值R需要通过左右两条路线进行计算确定，右侧路线基于蒙特卡罗的流程方法，左侧路线以本书第 4 章研究为基础。具体内容如下：

1）通过不安全行为影响因素相关文献研究，凝练国内外学者对不安全行为影响因素的研究分析结果，编制不安全行为影响因子调查问卷，采用德尔菲专家法进行影响因素权重确定，用影响因素加权公式对不安全行为总影响因素x进行描述。

2）确定不安全行为的研究对象，针对不安全行为影响因素不确定性范围编制问卷，并对工人开展问卷调查，确定影响因素不确定性范围，为蒙特卡罗方法模拟迭代设定运算参数。

3）考虑到人因影响，为将不确定性降低至最小，以获得更准确、更真实的频率值，在计算时引入蒙特卡罗方法频率修正数$F(x)$。结合不安全行为总影响因素x公式的取值范围，求解后确定$F(x)$的表达公式。该公式将作为蒙特卡罗方法模拟迭代计算时输入公式，量化不安全行为影响因素的影响作用。

4）通过实地调查收集不安全行为原始数据，对不安全行为“泛场景”数据进行结构化处理，将图像、文本信息按照不安全行为维度进行表征，进而形成不安全行为“泛场景”数据库，确定不安全行为导致事故可能性L，以及通过简单计算得到不安全行为发生概率P。

5）利用 Crystal Ball 11.1 软件对以上各参数、公式、变量进行输入，经过模拟迭代运算，得出不安全行为概率风险值R。

（3）不安全行为概率风险评估模型构建关系

基于本书第 4 章对不安全行为“泛场景”数据萃取，完成原始数据的收集整理，经过不安全行为的维度表征完成数据的结构化处理，形成不安全行为“泛场景”数据库，实现不安全行为的识别、分类及规范化描述。通过本章对不安全行为影响因素权重和不确定性范围确定，厘清不安全行为概率风险值的计算过程，构建基于蒙特卡罗方法的不安全行为概率风险评估模型，如图 5.25 所示。

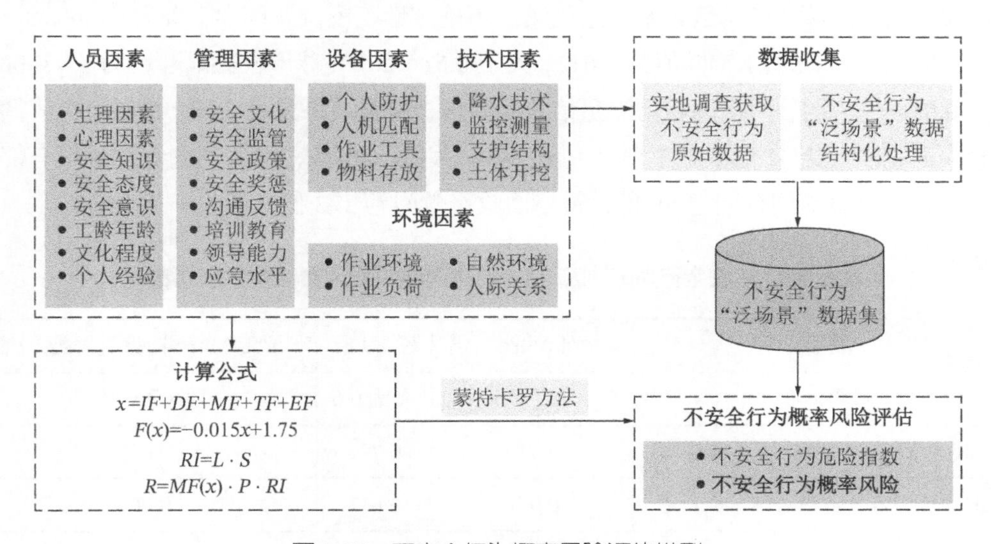

图 5.25　不安全行为概率风险评估模型

基于蒙特卡罗方法的不安全行为概率风险评估模型不仅考虑人员、设备、管理、技术及环境层面对不安全行为的影响，明晰了不安全行为概率风险评估的计算公式，同时利用了前文形成的不安全行为“泛场景”数据库，提取不安全行为发生的概率等关键信息，实现了不安全行为概率风险的量化。在该模型中，影响因素分析是不安全行为概率风险评估公式确定的必要条件，蒙特卡罗方法是进行概率风险评估的运算工具，而不安全行为“泛场景”数据集为风险评估提供具体数据。可见，各部分均是不安全行为概率风险评估不可或缺的关键要素，缺一不可。

5.3.2.3 地铁施工工人不安全行为概率风险评估模型验证

（1）不安全行为样本分析

本书对不安全行为的影响因素展开分析，以确定不安全行为影响因素不确定性范围。具体的不安全行为影响因素不确定性范围调查问卷内容详见本章附录的附录B，由于不安全行为影响因素及其影响因子数量较多，调查问卷中相应的问题设置超过了100道，答题人可能对答题产生抗拒心理，影响问卷测量效果。因此，研究小组特地将附录B不安全行为影响因素不确定性范围调查问卷分两次发放，第一次问卷针对人员因素和设备因素，第二次问卷针对管理因素、技术因素及环境因素。

首先，通过“腾讯问卷”小程序预先将问卷发给部分工人进行预测试，得到了93份调查问卷。利用SPSS软件对收集的样本数据进行信效度分析，第一次发放关于人员因素和设备因素的不确定性范围调查问卷，得到Cronbach's α值为0.910，大于0.9；KMO值为0.721，大于0.6；Bartlett球形检验显著度为$p=0.000$，小于0.05。第二次发放的关于管理因素、技术因素及环境因素的不确定性范围调查问卷，得到Cronbach's α值为0.951，大于0.9；KMO值为0.613，大于0.6；Bartlett球形检验显著度为$p=0.000$，小于0.05。这说明，两次问卷均满足信效度要求，检验结果见表5.18。然后，再将调查问卷大面积发放给B地铁施工项目人员，共计发放380份，除去问卷答案选填全部一样、答题不完整等问题问卷58份，最终回收有效问卷322份，回收率为84.7%。

表5.18 不安全行为影响因素不确定性范围调查问卷信效度检验结果

项目	Cronbach's α值	KMO值	Bartlett球形检验显著度（p）
判断标准	大于0.7	大于0.6	小于0.05
IF和DF不确定性调查问卷	0.910	0.721	0.000
MF、TF及EF不确定性调查问卷	0.951	0.613	0.000

以第4章中所收集的B地铁施工项目的现场隐患照片、安全巡检记录等场景数据作为数据来源，经过对原始数据的规范化、结构化处理，获取393条结构化场景数据。每一条场景数据的不安全行为都可以用8个维度进行表征，其中具体不安全动作维度经过与不安全行为清单进行统一、对照处理后，共计得到66个具体不安全动作，再通过计算可以得出每个不安全动作的发生概率P，见表5.19。

表 5.19　地铁施工工人不安全动作发生概率

序号	具体不安全动作	发生概率P	类型及其总概率
1	UA_1 围挡设置不坚固、不稳定	0.005	文明施工，0.041
2	UA_2 在施工区域睡觉	0.015	
3	UA_3 倚靠护栏	0.010	
4	UA_4 建筑垃圾未及时清理、有序堆放	0.003	
5	UA_5 无绿色施工警示标识或职业卫生、安全警示牌不足	0.005	
6	UA_6 食堂燃气瓶（罐）未单独设置存放间或存放间通风条件不好	0.003	
7	UA_7 未正确佩戴安全帽	0.023	安全防护，0.168
8	UA_8 安全带系挂不符合要求	0.092	
9	UA_9 操作平台四周未按规定设置防护栏杆或未设置登高扶梯	0.025	
10	UA_{10} 平台台面铺板不严或台面层下方未设置安全平网	0.018	
11	UA_{11} 物料平台堆物超载	0.010	
12	UA_{12} 线路敷设的电缆线老化、破皮未包扎或破损严重未及时更换	0.008	施工用电，0.165
13	UA_{13} 存在乱拉乱接或架空缆线上吊挂物品现象	0.013	
14	UA_{14} 电缆未架空固定	0.053	
15	UA_{15} 开关箱体及箱门未做接零保护	0.015	
16	UA_{16} 配电箱的电器安装板上未正确设置 N 线端子或 PE 线端子板	0.010	
17	UA_{17} 开关箱违反“一机、一闸、一箱、一漏”	0.015	
18	UA_{18} 电箱内布线混乱或配出线无护套保护	0.025	
19	UA_{19} 配电箱内违规接、用插座	0.018	
20	UA_{20} 电箱无门、无锁、无防雨措施	0.008	
21	UA_{21} 未按规定配备消防器材	0.005	消防安全，0.013
22	UA_{22} 在非指定吸烟区吸烟	0.005	
23	UA_{23} 下雨天仍进行露天焊接作业	0.003	
24	UA_{24} 电焊机未设置二次空载降压保护器	0.003	施工机具，0.116
25	UA_{25} 电焊机一次线长度超过规定或未进行穿管保护	0.003	
26	UA_{26} 电焊机未设置防雨罩或接线柱未设置防护罩	0.005	
27	UA_{27} 电焊机使用后焊条未取下	0.003	

续表

序号	具体不安全动作	发生概率P	类型及其总概率
28	UA_{28}电焊违规使用插座	0.005	施工机具，0.116
29	UA_{29}违规加固焊接作业	0.003	
30	UA_{30}施工机具未作保护接零或未设置漏电保护器	0.015	
31	UA_{31}施工机具的传动部位未设置防护罩	0.053	
32	UA_{32}施工机具维修保养记录不真实	0.015	
33	UA_{33}乙炔瓶平放	0.003	
34	UA_{34}乙炔瓶未安装回火防止器	0.003	
35	UA_{35}气瓶未设置防震圈或防护帽	0.005	
36	UA_{36}架体底部未设置垫板或垫板的规格不符合要求	0.003	脚手架，0.065
37	UA_{37}架体底部未设置扫地杆	0.010	
38	UA_{38}架体与建筑结构拉结不规范	0.023	
39	UA_{39}架体底层水平杆处未设置连墙件或其他可靠措施固定	0.013	
40	UA_{40}脚手板未满铺或铺设不牢、不稳	0.008	
41	UA_{41}钢管弯曲、变形、锈蚀严重	0.008	
42	UA_{42}轨道上堆积物料影响安全运行	0.023	机械起重，0.348
43	UA_{43}特种作业人员未持操作资格证上岗	0.028	
44	UA_{44}停层平台两侧未设置防护栏杆、挡脚板	0.051	
45	UA_{45}人员乘坐吊篮上下	0.005	
46	UA_{46}吊装时无关人员进入警戒区	0.043	
47	UA_{47}作业时起重臂下有人停留或吊运物体从人的正上方通过	0.020	
48	UA_{48}恶劣天气仍进行吊装作业	0.010	
49	UA_{49}无专职信号指挥或司索人员指挥下进行操作	0.015	
50	UA_{50}起重机吊运构件（设备）前未进行试吊	0.023	
51	UA_{51}吊装散物时捆扎不牢	0.046	
52	UA_{52}吊装超载作业	0.018	
53	UA_{53}起重机在松软不平的地面同时进行两个起吊动作	0.020	
54	UA_{54}采用专用吊笼时物料装放过满	0.031	
55	UA_{55}无设备运转记录或运转记录填写不真实	0.015	

续表

序号	具体不安全动作	发生概率P	类型及其总概率
56	UA_{56}基坑（含深度较大的沟、槽）未采取支护措施	0.003	明挖/盖挖施工，0.009
57	UA_{57}基坑底积水浸泡未采取有效措施或出现涌水（沙）	0.003	
58	UA_{58}弃土、料具堆放距坑边距离过近或堆放过高	0.003	
59	UA_{59}平板车搭载人	0.008	盾构/TBM施工，0.021
60	UA_{60}大型满载平板车停放不当	0.003	
61	UA_{61}管片拼装后螺栓紧固不到位	0.010	
62	UA_{62}喷浆作业不当致使裂缝、脱落或钢筋、锚杆外露	0.008	矿山隧道施工，0.008
63	UA_{63}施工中的电焊机、空压机、气瓶等未固定存放于平台上	0.005	高架施工，0.008
64	UA_{64}混凝土浇筑后拆除内模内站人	0.003	
65	UA_{65}轨行区作业人员未穿荧光衣	0.028	其他，0.038
66	UA_{66}未经允许登乘工程车、轨道车或攀爬运行中的车辆	0.010	

（2）不安全行为评估标准确定

根据不安全行为影响因素不确定性范围问卷调查结果，对 5 个层面的影响因素及其 28 个不安全行为影响因子内容进行汇总分析。因为各因素设置问题数量不一致，需要对其问卷分数进行归一化处理，通过计算得到各影响因素不确定性的归一化分数（QS），见表 5.20。

表 5.20　影响因素不确定性的归一化分数

影响因素	影响因子	题项平均值	题项数量	归一化分数（QS）
人员因素 IF	生理因素 IF_1	34.01	6	5.67
	心理因素 IF_2	23.76	4	5.94
	安全知识 IF_3	44.38	7	6.34
	安全态度 IF_4	25.85	4	6.46
	安全意识 IF_5	46.02	7	6.57
	年龄工龄 IF_6	12.46	2	6.23
	文化程度 IF_7	20.06	3	6.69
	个人经验 IF_8	13.81	3	4.60
设备因素 DF	个人防护 DF_1	19.20	3	6.40
	人机匹配 DF_2	25.75	4	6.44

续表

影响因素	影响因子	题项平均值	题项数量	归一化分数（QS）
设备因素 DF	作业工具 DF_3	23.21	4	5.80
	物料存放 DF_4	13.33	2	6.67
管理因素 MF	安全文化 MF_1	23.79	4	5.95
	安全监督 MF_2	34.80	5	6.96
	安全政策 MF_3	47.83	7	6.83
	安全奖惩 MF_4	24.41	4	6.10
	沟通反馈 MF_5	34.42	6	5.74
	教育培训 MF_6	46.13	7	6.59
	领导能力 MF_7	22.94	4	5.73
	应急水平 MF_8	12.73	2	6.36
技术因素 TF	降水技术 TF_1	20.77	3	6.92
	监控测量 TF_2	38.45	6	6.41
	支护结构 TF_3	20.39	3	6.80
	土体开挖 TF_4	28.35	4	7.09
环境因素 EF	作业环境 EF_1	31.33	5	6.27
	自然环境 EF_2	14.03	2	7.02
	作业负荷 EF_3	18.85	4	4.71
	人际关系 EF_4	10.85	2	5.42

为定量化描述地铁施工工人不安全行为影响因素的不确定性范围，如前文所述，归一化分数（QS）与不确定范围具有对应关系，将其对应到具体的不确定性范围，后见表 5.21。同时表中也包含不安全行为影响因素的概率密度函数分布情况。

表 5.21　不安全行为影响因素不确定性范围

影响因素	影响因子	归一化分数（QS）	不确定性范围	概率密度函数
人员因素 IF	生理因素 IF_1	5.67	4～6	均匀分布
	心理因素 IF_2	5.94	4～6	
	安全知识 IF_3	6.34	7～10	
	安全态度 IF_4	6.46	7～10	
	安全意识 IF_5	6.57	7～10	

续表

影响因素	影响因子	归一化分数（QS）	不确定性范围	概率密度函数
人员因素 IF	年龄工龄 IF_6	6.23	7～10	均匀分布
	文化程度 IF_7	6.69	7～10	
	个人经验 IF_8	4.60	4～6	
设备因素 DF	个人防护 DF_1	6.40	7～10	均匀分布
	人机匹配 DF_2	6.44	7～10	
	作业工具 DF_3	5.80	4～6	
	物料存放 DF_4	6.67	7～10	
管理因素 MF	安全文化 MF_1	5.95	4～6	均匀分布
	安全监督 MF_2	6.96	7～10	
	安全政策 MF_3	6.83	7～10	
	安全奖惩 MF_4	6.10	7～10	
	沟通反馈 MF_5	5.74	4～6	
	教育培训 MF_6	6.59	7～10	
	领导能力 MF_7	5.73	4～6	
	应急水平 MF_8	6.36	7～10	
技术因素 TF	降水技术 TF_1	6.92	7～10	均匀分布
	监控测量 TF_2	6.41	7～10	
	支护结构 TF_3	6.80	7～10	
	土体开挖 TF_4	7.09	7～10	
环境因素 EF	作业环境 EF_1	6.27	7～10	均匀分布
	自然环境 EF_2	7.02	7～10	
	作业负荷 EF_3	4.71	4～6	
	人际关系 EF_4	5.42	4～6	

（3）基于蒙特卡罗方法的概率风险评估模型模拟

开展不安全行为风险研究时可以发现，即使相同的不安全行为，可能造成事故的严重程度不尽相同，无法用某一定值衡量不安全行为的风险。蒙特卡罗方法可以将不安全行为的风险值以概率分布的形式展现出来，以更加客观地表示不安全行为的概率风险分布情况。

结合前文所述不安全行为概率风险评估的式(5.33)～式(5.42)，应用 Crystal Ball 11.1 软件，分别输入地铁施工工人不安全行为影响因素的不确定性范围和概率密度函数。采用蒙特卡罗方法设置不安全行为概率、不安全行为危险指数及概率分布参数。根据不安全行为风险设置定义预测单元，将蒙特卡罗方法模拟的最大实验量设置为 10 000，置信区间设置为 95%，其他参数均为软件的默认值，获得地铁施工工人不安全行为概率风险评估结果。Crystal Ball 11.1 软件的模拟运行图如图 5.26 所示。

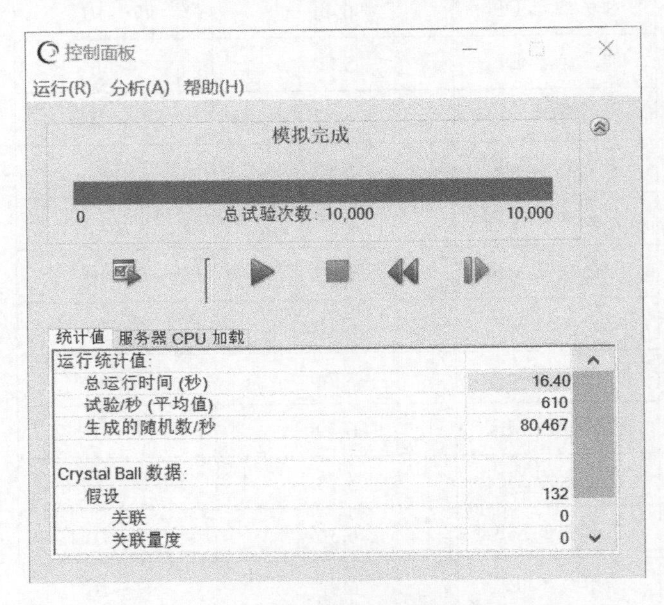

图 5.26　Crystal Ball 11.1 软件的模拟运行图

（4）不安全行为概率风险评估模型结果

1）不安全行为发生概率结果分析。为了解 B 地铁施工项目中工人不安全行为的高频动作和类型，根据表 5.19 中不安全动作发生概率的数据进行分析。选取发生次数超过 10 次，即排名前 9 的高频具体不安全动作，见表 5.22。

分析表明，发生次数最多的不安全动作是安全带系挂不符合要求，发生高达 36 次，发生概率 0.092。这说明，地铁施工过程涉及高处作业较多，施工工人由于侥幸心理和贪图一时方便，对安全带的规范系挂疏于检查。其次的不安全动作电缆架空未固定，发生数量为 21 次。地铁施工现场多处作业涉及临时用电，电缆架空未固定的现象时有发生，加上不安全动作施工机具的传动部位未设置防护罩，作业时使用的机具繁多，存在防护罩损失或丢失的情况，这些都极易造成安全事故。停层平台两侧未设置防护栏杆、挡脚板发生数量为 20 次，说明对于临边和洞口作业等重点部位，需要加强防护，设置防护栏杆和挡脚板，采用密目式安全网封闭。除了表中列出的前 9 个高频不安全动作，剩余的不安全动作发生次数相对较低，都为 10 次及以下。

表 5.22　地铁施工工人高频不安全动作

序号	具体不安全动作	发生次数	发生概率
1	UA_8 安全带系挂不符合要求	36	0.092
2	UA_{14} 电缆未架空固定	21	0.053
3	UA_{31} 施工机具的传动部位未设置防护罩	21	0.053
4	UA_{44} 停层平台两侧未设置防护栏杆、挡脚板	20	0.051
5	UA_{51} 吊装散物时捆扎不牢	18	0.046
6	UA_{46} 吊装时无关人员进入警戒区	17	0.043
7	UA_{54} 采用专用吊笼时物料装放过满	12	0.031
8	UA_{43} 特种作业人员未持操作资格证上岗	11	0.028
9	UA_{65} 轨行区作业人员未穿荧光衣	11	0.028

地铁施工工人不安全行为清单将不安全行为分为文明施工、安全防护、施工用电等共 12 类，根据表 5.19 中不安全行为发生频率的数据对不安全行为类型进行百分比分析，如图 5.27 所示，图中的百分数表示某类型的不安全行为发生概率占总体不安全行为发生概率的百分比。

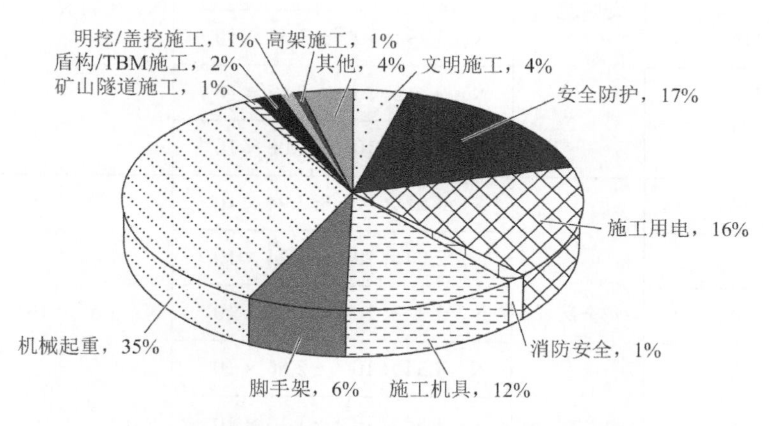

图 5.27　不同类型不安全行为发生概率百分比分析

由图 5.27 可知，地铁施工工人不安全行为类型中，“机械起重”“安全防护”“施工用电”“施工机具”4 种类型发生概率较高，百分比分别达到 35%、17%、16%和 12%。这表明，在地铁施工过程中，机械起重应用频繁，该类型的不安全行为频发，值得重点关注；安全防护类型的不安全行为一直是建设行业的关注重点，因防护不到位导致事故发生的案例屡见不鲜；施工用电类型的不安全行为主要是指施工现场临时用电涉及的不安全行为，包括电气设备安装、设备使用维修、用电防火等；地铁施工现场涉及施工机具种类繁多，在其使用、存放、检修、调试及保养过程中，均需注意不安全行为的发生。

2）不安全行为发生概率风险结果分析。应用 Crystal Ball 11.1 软件进行不安全行为概率风险的蒙特卡罗方法模拟，得出地铁施工工人不安全行为的概率风险值。首先，进行拟合度检验，对统计指标分别进行 KS（Kolmogorov-Smirnov）和 AD（Anderson-Darling）拟合度检验，经过计算可以得出，地铁施工工人各类型的不安全行为危险指数RI符合正态分布（N）。其次，对各影响因素进行定义假设，按照均匀分布输入其不确定范围，再输入式(5.33)～式(5.40)，并对蒙特卡罗方法频率修正数进行定义预测，经过迭代运算后得出$MF(x) = 1.19$。最后，输入式(5.41)～式(5.42)进行软件模拟运算，得出由概率风险评估模型模拟的不安全行为风险模拟结果，均服从正态分布（N）。地铁施工工人不安全行为概率风险值统计见表 5.23。

表 5.23　地铁施工工人不安全行为概率风险值统计

序号	具体不安全动作	类型	概率风险值R	总风险值
1	UA_1	文明施工	N，$1.09\times10^{-2}\pm6.92\times10^{-2}$	N，$8.04\times10^{-2}\pm2.52\times10^{-2}$
2	UA_2		N，$2.63\times10^{-2}\pm1.78\times10^{-2}$	
3	UA_3		N，$2.13\times10^{-2}\pm1.53\times10^{-2}$	
4	UA_4		N，$5.79\times10^{-3}\pm3.54\times10^{-3}$	
5	UA_5		N，$9.31\times10^{-3}\pm7.17\times10^{-3}$	
6	UA_6		N，$6.74\times10^{-3}\pm5.08\times10^{-3}$	
7	UA_7	安全防护	N，$4.61\times10^{-2}\pm2.94\times10^{-2}$	N，$3.65\times10^{-1}\pm1.37\times10^{-1}$
8	UA_8		N，$2.04\times10^{-1}\pm1.24\times10^{-1}$	
9	UA_9		N，$5.32\times10^{-2}\pm4.01\times10^{-2}$	
10	UA_{10}		N，$4.34\times10^{-2}\pm2.86\times10^{-2}$	
11	UA_{11}		N，$1.82\times10^{-2}\pm1.13\times10^{-2}$	
12	UA_{12}	施工用电	N，$1.81\times10^{-2}\pm1.33\times10^{-2}$	N，$3.64\times10^{-1}\pm1.06\times10^{-1}$
13	UA_{13}		N，$2.92\times10^{-2}\pm2.15\times10^{-2}$	
14	UA_{14}		N，$1.19\times10^{-2}\pm8.43\times10^{-2}$	

续表

序号	具体不安全动作	类型	概率风险值 R	总风险值
15	UA_{15}	施工用电	N，$3.19\times10^{-2}\pm2.04\times10^{-2}$	N，$3.64\times10^{-1}\pm1.06\times10^{-1}$
16	UA_{16}		N，$2.22\times10^{-2}\pm1.62\times10^{-2}$	
17	UA_{17}		N，$3.20\times10^{-2}\pm2.24\times10^{-2}$	
18	UA_{18}		N，$5.31\times10^{-2}\pm3.27\times10^{-2}$	
19	UA_{19}		N，$4.09\times10^{-2}\pm3.09\times10^{-2}$	
20	UA_{20}		N，$1.81\times10^{-2}\pm1.15\times10^{-2}$	
21	UA_{21}	消防安全	N，$1.14\times10^{-2}\pm8.81\times10^{-3}$	N，$2.781\ 0^{-2}\pm1.271\ 0^{-2}$
22	UA_{22}		N，$9.72\times10^{-3}\pm7.50\times10^{-3}$	
23	UA_{23}		N，$6.67\times10^{-3}\pm4.42\times10^{-3}$	
24	UA_{24}	施工机具	N，$6.36\times10^{-3}\pm4.44\times10^{-3}$	N，$2.52\times10^{-1}\pm9.17\times10^{-2}$
25	UA_{25}		N，$4.59\times10^{-3}\pm2.84\times10^{-3}$	
26	UA_{26}		N，$1.10\times10^{-2}\pm6.83\times10^{-3}$	
27	UA_{27}		N，$1.08\times10^{-2}\pm7.61\times10^{-3}$	
28	UA_{28}		N，$1.19\times10^{-2}\pm6.91\times10^{-3}$	
29	UA_{29}		N，$6.63\times10^{-3}\pm4.69\times10^{-3}$	
30	UA_{30}		N，$3.21\times10^{-2}\pm2.38\times10^{-2}$	
31	UA_{31}		N，$1.17\times10^{-1}\pm8.28\times10^{-2}$	
32	UA_{32}		N，$2.86\times10^{-2}\pm2.35\times10^{-2}$	
33	UA_{33}		N，$6.27\times10^{-3}\pm4.22\times10^{-3}$	
34	UA_{34}		N，$6.59\times10^{-3}\pm4.43\times10^{-3}$	
35	UA_{35}		N，$1.05\times10^{-2}\pm7.58\times10^{-3}$	
36	UA_{36}	脚手架	N，$6.39\times10^{-3}\pm3.91\times10^{-3}$	N，$1.38\times10^{-1}\pm4.06\times10^{-2}$
37	UA_{37}		N，$2.13\times10^{-2}\pm1.29\times10^{-2}$	
38	UA_{38}		N，$5.46\times10^{-2}\pm3.11\times10^{-2}$	
39	UA_{39}		N，$2.62\times10^{-2}\pm1.66\times10^{-2}$	
40	UA_{40}		N，$1.56\times10^{-2}\pm1.09\times10^{-2}$	

续表

序号	具体不安全动作	类型	概率风险值R	总风险值
41	UA_{41}	脚手架	N，$1.38\times10^{-2}\pm9.61\times10^{-3}$	N，$1.38\times10^{-1}\pm4.06\times10^{-2}$
42	UA_{42}	机械起重	N，$4.73\times10^{-2}\pm3.47\times10^{-2}$	N，$7.51\times10^{-1}\pm1.54\times10^{-1}$
43	UA_{43}		N，$6.09\times10^{-2}\pm3.94\times10^{-2}$	
44	UA_{44}		N，$1.07\times10^{-1}\pm7.15\times10^{-2}$	
45	UA_{45}		N，$1.19\times10^{-2}\pm6.96\times10^{-3}$	
46	UA_{46}		N，$9.96\times10^{-2}\pm6.40\times10^{-2}$	
47	UA_{47}		N，$4.13\times10^{-2}\pm3.26\times10^{-2}$	
48	UA_{48}		N，$2.22\times10^{-2}\pm1.65\times10^{-2}$	
49	UA_{49}		N，$3.15\times10^{-2}\pm2.06\times10^{-2}$	
50	UA_{50}		N，$5.11\times10^{-2}\pm3.42\times10^{-2}$	
51	UA_{51}		N，$1.01\times10^{-1}\pm6.81\times10^{-2}$	
52	UA_{52}		N，$3.47\times10^{-2}\pm2.26\times10^{-2}$	
53	UA_{53}		N，$5.19\times10^{-2}\pm3.08\times10^{-2}$	
54	UA_{54}		N，$6.02\times10^{-2}\pm3.69\times10^{-2}$	
55	UA_{55}		N，$3.06\times10^{-2}\pm2.34\times10^{-2}$	
56	UA_{56}	明挖/盖挖施工	N，$6.47\times10^{-3}\pm4.04\times10^{-3}$	N，$1.99\times10^{-2}\pm7.14\times10^{-3}$
57	UA_{57}		N，$6.66\times10^{-3}\pm4.18\times10^{-3}$	
58	UA_{58}		N，$6.76\times10^{-3}\pm4.48\times10^{-3}$	
59	UA_{59}	盾构/TBM施工	N，$1.86\times10^{-2}\pm1.27\times10^{-2}$	N，$4.12\times10^{-2}\pm1.86\times10^{-2}$
60	UA_{60}		N，$5.12\times10^{-3}\pm3.46\times10^{-3}$	
61	UA_{61}		N，$1.75\times10^{-2}\pm1.32\times10^{-2}$	
62	UA_{62}	矿山隧道施工	N，$1.47\times10^{-2}\pm9.04\times10^{-3}$	N，$1.47\times10^{-2}\pm9.04\times10^{-3}$
63	UA_{63}	高架施工	N，$9.23\times10^{-3}\pm6.02\times10^{-3}$	N，$1.56\times10^{-2}\pm7.66\times10^{-3}$
64	UA_{64}		N，$6.35\times10^{-3}\pm4.75\times10^{-3}$	
65	UA_{65}	其他	N，$6.73\times10^{-2}\pm4.32\times10^{-2}$	N，$8.95\times10^{-2}\pm4.55\times10^{-2}$
66	UA_{66}		N，$2.22\times10^{-2}\pm1.50\times10^{-2}$	

对表 5.23 内容进一步分析可知，地铁施工工人 12 种不安全行为类型的风险值百分比如图 5.28 所示。图中的百分数表示该类型的不安全行为风险值占总风险值的百分比。

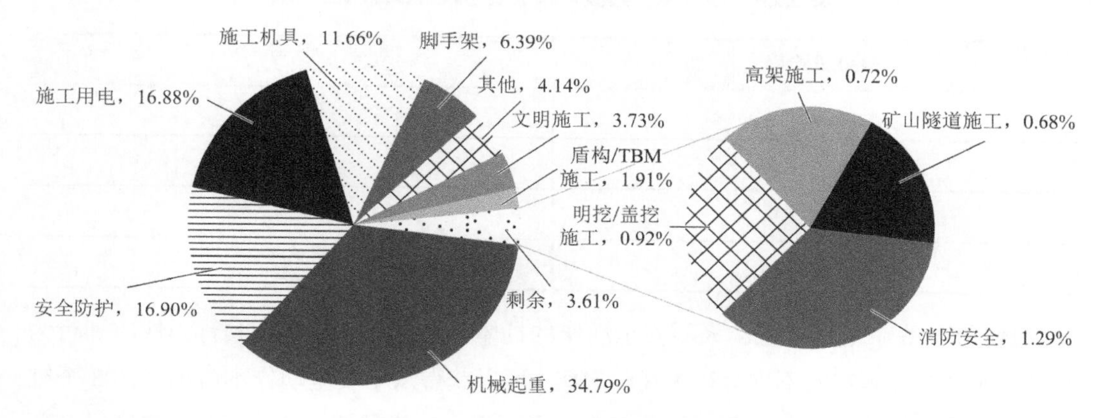

图 5.28　地铁施工工人 12 种不安全行为类型的风险值百分比

分析可知，在不安全行为类型中，机械起重的总风险值为 7.51×10^{-1}，百分比达到 34.79%，排在第一位；排在第二位的是安全防护，总风险值为 3.65×10^{-1}，百分比为 16.90%；施工用电紧随其后位列第三，总风险值为 3.64×10^{-1}，百分比为 16.88%。施工机具的总风险值为 2.52×10^{-1}，百分比为 11.66%；脚手架的总风险值为 1.38×10^{-1}，百分比为 6.39%，二者风险也处于较高水平，不容忽视。而高架施工、矿山隧道施工、明挖/盖挖施工等类型的不安全行为的总风险值较小，这是由于这些类型在 B 地铁施工项目中发生不安全行为次数较少。

对比图 5.27 和图 5.28 可以发现，无论是发生概率还是风险值，机械起重、安全防护、施工用电 3 种类型的不安全行为均排名前三。这表明，在地铁施工过程中，工人最容易发生上述 3 种类型的不安全行为，在施工现场安全防护不到位的情况下，对工人的人身伤害风险较高。基于蒙特卡罗方法的不安全行为概率风险评估模型在 B 地铁施工项目的应用，可以明确发现，在地铁施工过程中安全管理需要重点关注的是不安全行为。

（5）地铁施工工人不安全行为特征维度分析

在本书前文地铁施工工人不安全行为场景实现中，对 B 地铁施工项目收集到的近千张隐患照片和巡检记录，按照“泛场景”数据提取思路从中有效提取涉及不安全行为表征的 5 个维度，剩余 3 个维度是从不安全动作本身出发进行表征，包括行为性质、行为痕迹和风险等级。本章通过蒙特卡罗方法模拟得出不安全行为事故概率风险值，对地铁施工工人的不安全行为的概率风险进行评估和量化，对不安全行为风险有了更为准确的描述。通过分析表 5.23 中各类型不安全行为概率风险值的大小，将其划分为 4 个等级，分别对应为不安全行为的低风险、一般风险、较大风险、重大风险 4 个风险等级，见表5.24。

表5.24　不安全行为概率风险值与风险等级对应关系

概率风险值R	风险等级
$R<1$	低风险
$1\leqslant R<4$	一般风险
$4\leqslant R<9$	较大风险
$9\leqslant R<25$	重大风险

通过对66个地铁施工工人不安全动作的具体分析，进一步确定其行为性质和行为痕迹。加之前文确定的不安全行为风险等级，可以获得从不安全动作本身出发的3个维度表征信息，见表5.25。至此，地铁施工工人不安全行为的8个“泛场景”维度已全部得到表征，同样，地铁施工工人不安全行为“泛场景”数据集也得到完善，详见本书第4章附录B所示。

表5.25　地铁施工工人不安全动作3个维度表征信息

序号	具体不安全动作	行为性质	行为痕迹	风险等级
1	UA_1围挡设置不坚固、不稳定	违章操作	有痕	一般风险
2	UA_2在施工区域睡觉	违章动作	无痕	一般风险
3	UA_3倚靠护栏	不违章不安全动作	无痕	一般风险
4	UA_4建筑垃圾未及时清理、有序堆放	违章操作	有痕	低风险
5	UA_5无绿色施工警示标识或职业卫生、安全警示牌不足	违章动作	有痕	低风险
6	UA_6食堂燃气瓶（罐）未单独设置存放间或存放间通风条件不好	违章操作	无痕	低风险
7	UA_7未正确佩戴安全帽	违章动作	无痕	较大风险
8	UA_8安全带系挂不符合要求	违章动作	无痕	重大风险
9	UA_9操作平台四周未按规定设置防护栏杆或未设置登高扶梯	违章动作	有痕	较大风险
10	UA_{10}平台台面铺板不严或台面层下方未设置安全平网	违章操作	有痕	较大风险
11	UA_{11}物料平台堆物超载	违章操作	无痕	一般风险
12	UA_{12}线路敷设的电缆线老化、破皮未包扎或破损严重未及时更换	违章操作	有痕	一般风险
13	UA_{13}存在乱拉乱接或架空缆线上吊挂物品现象	违章操作	有痕	一般风险
14	UA_{14}电缆未架空固定	违章操作	有痕	重大风险

续表

序号	具体不安全动作	行为性质	行为痕迹	风险等级
15	UA_{15} 开关箱体及箱门未做接零保护	违章动作	有痕	一般风险
16	UA_{16} 配电箱的电器安装板上未正确设置 N 线端子或 PE 线端子板	违章操作	有痕	一般风险
17	UA_{17} 开关箱违反“一机、一闸、一箱、一漏”	违章操作	有痕	一般风险
18	UA_{18} 电箱内布线混乱或配出线无护套保护	违章操作	有痕	较大风险
19	UA_{19} 配电箱内违规接、用插座	违章操作	无痕	较大风险
20	UA_{20} 电箱无门、无锁、无防雨措施	违章操作	有痕	一般风险
21	UA_{21} 未按规定配备消防器材	违章动作	有痕	一般风险
22	UA_{22} 在非指定吸烟区吸烟	违章动作	无痕	低风险
23	UA_{23} 下雨天仍进行露天焊接作业	违章操作	有痕	低风险
24	UA_{24} 电焊机未设置二次空载降压保护器	违章操作	有痕	低风险
25	UA_{25} 电焊机一次线长度超过规定或未进行穿管保护	违章操作	有痕	低风险
26	UA_{26} 电焊机未设置防雨罩或接线柱未设置防护罩	违章操作	有痕	一般风险
27	UA_{27} 电焊机使用后焊条未取下	违章操作	有痕	一般风险
28	UA_{28} 电焊违规使用插座	违章操作	无痕	一般风险
29	UA_{29} 违规加固焊接作业	违章操作	有痕	低风险
30	UA_{30} 施工机具未作保护接零或未设置漏电保护器	违章操作	有痕	一般风险
31	UA_{31} 施工机具的传动部位未设置防护罩	违章操作	有痕	重大风险
32	UA_{32} 施工机具维修保养记录不真实	违章操作	有痕	一般风险
33	UA_{33} 乙炔瓶平放	违章操作	有痕	低风险
34	UA_{34} 乙炔瓶未安装回火防止器	违章操作	有痕	低风险
35	UA_{35} 气瓶未设置防震圈或防护帽	违章操作	有痕	一般风险
36	UA_{36} 架体底部未设置垫板或垫板的规格不符合要求	违章操作	有痕	低风险
37	UA_{37} 架体底部未设置扫地杆	违章操作	有痕	一般风险
38	UA_{38} 架体与建筑结构拉结不规范	违章操作	有痕	较大风险
39	UA_{39} 架体底层水平杆处未设置连墙件或其他可靠措施固定	违章操作	有痕	一般风险
40	UA_{40} 脚手板未满铺或铺设不牢、不稳	违章操作	有痕	一般风险
41	UA_{41} 钢管弯曲、变形、锈蚀严重	违章操作	有痕	一般风险
42	UA_{42} 轨道上堆积物料影响安全运行	违章动作	有痕	较大风险

续表

序号	具体不安全动作	行为性质	行为痕迹	风险等级
43	UA_{43} 特种作业人员未持操作资格证上岗	违章操作	有痕	较大风险
44	UA_{44} 停层平台两侧未设置防护栏杆、挡脚板	违章动作	有痕	重大风险
45	UA_{45} 人员乘坐吊篮上下	违章动作	无痕	一般风险
46	UA_{46} 吊装时无关人员进入警戒区	违章动作	无痕	重大风险
47	UA_{47} 作业时起重臂下有人停留或吊运物体从人的正上方通过	违章动作	无痕	较大风险
48	UA_{48} 恶劣天气仍进行吊装作业	违章操作	有痕	一般风险
49	UA_{49} 无专职信号指挥或司索人员指挥下进行操作	违章操作	无痕	一般风险
50	UA_{50} 起重机吊运构件（设备）前未进行试吊	违章操作	无痕	较大风险
51	UA_{51} 吊装散物时捆扎不牢	违章操作	有痕	重大风险
52	UA_{52} 吊装超载作业	违章操作	无痕	一般风险
53	UA_{53} 起重机在松软不平的地面同时进行两个起吊动作	违章操作	无痕	较大风险
54	UA_{54} 采用专用吊笼时物料装放过满	违章操作	无痕	较大风险
55	UA_{55} 无设备运转记录或运转记录填写不真实	违章操作	有痕	一般风险
56	UA_{56} 基坑（含深度较大的沟、槽）未采取支护措施	违章操作	有痕	低风险
57	UA_{57} 基坑底积水浸泡未采取有效措施或出现涌水（沙）	违章操作	有痕	低风险
58	UA_{58} 弃土、料具堆放距坑边距离过近或堆放过高	违章操作	有痕	低风险
59	UA_{59} 平板车搭载人	违章操作	无痕	一般风险
60	UA_{60} 大型满载平板车停放不当	违章动作	有痕	低风险
61	UA_{61} 管片拼装后螺栓紧固不到位	违章操作	有痕	一般风险
62	UA_{62} 喷浆作业不当致使裂缝、脱落或钢筋、锚杆外露	违章操作	有痕	一般风险
63	UA_{63} 施工中的电焊机、空压机、气瓶等未固定存放于平台上	违章动作	无痕	低风险
64	UA_{64} 混凝土浇筑后拆除内模内站人	违章动作	无痕	低风险
65	UA_{65} 轨行区作业人员未穿荧光衣	违章动作	无痕	较大风险
66	UA_{66} 未经允许登乘工程车、轨道车或攀爬运行中的车辆	违章动作	无痕	一般风险

5.4 本章小结

本章针对行为安全概率风险评估研究主题，明晰了不确定性、灵敏度分析、概率风险评估等典型行为安全概率风险理论，介绍了行为安全概率风险评估的实现程序与手段。基于此，分别选取矿山生产、地铁施工领域为研究对象，开展矿工安全行为及地铁施工工人不安全行为的概率风险评估的实证研究，得出如下结论：

（1）从不确定性、灵敏度分析、概率风险评估 3 个概念入手，介绍了行为安全概率风险相关理论，明确了行为安全概率风险评估的内涵与实质。

（2）对于行为安全概率风险评估，从 6 个步骤出发介绍了行为安全概率风险评估的实施程序，以贝叶斯网络、蒙特卡罗方法为代表的行为安全概率风险分析方法，以及 Crystal Ball、Analytica、@RISK 三种常见的行为安全概率风险分析软件工具。

（3）以矿工安全行为的管理提升为研究目标，构建了概率性的矿工行为安全双路径管理分析模型，开展了不同管理策略管理效能的模拟研究，获取了行为安全干预的关键管控要点。

（4）以地铁施工工人不安全行为的概率风险评估为研究目标，引入蒙特卡罗方法频率修正数$MF(x)$，构建了基于蒙特卡罗方法的不安全行为概率风险评估模型，获得了地铁施工工人不安全行为概率风险。

本章参考文献

[1] MODARRES M, ZHOU T, MASSOUD M. Advances in multi-unit nuclear power plant probabilistic risk assessment[J]. Reliability Engineering & System Safety, 2017, 157: 87-100.

[2] TONG R P, YANG Y Y, MA X F, et al. Risk assessment of miners' unsafe behaviors: A case study of gas explosion accidents in coal mine, China[J]. International Journal of Environmental Research and Public Health, 2019, 16(10): 1 765.

[3] 李红霞，樊恒子，陈磊，等. 智慧矿山工人不安全行为影响因素模糊评价[J]. 矿业研究与开发, 2021, 41(1): 39-43.

[4] GUYONNET D, CÔME B, PERROCHET P, et al. Comparing two methods for addressing uncertainty in risk assessments[J]. Journal of Environmental Engineering, 1999, 125(7): 660-666.

[5] WINKLER R L. Uncertainty in probabilistic risk assessment[J]. Reliability Engineering & System Safety, 1996, 54(2-3): 127-132.

[6] 佟瑞鹏，程蒙召，马晓飞，等. 不确定性条件下煤尘职业健康损害评价方法及应用[J]. 中国安全科学学报, 2018, 28(4): 139-144.

[7] 佟瑞鹏，谢贝贝，安宇. 黑天鹅事件定义及分类的探讨[J]. 中国公共安全(学术版), 2017(2): 44-48.

[8] SALTELLI A, SOBOL I M. About the use of rank transformation in sensitivity analysis of model output[J]. Reliability Engineering & System Safety, 1995, 50(3): 225-239.

[9] 胡春玲. 贝叶斯网络结构学习及其应用研究[D]. 合肥：合肥工业大学, 2011.

[10] 刘瑞. 基于贝叶斯网络的洪水灾害风险评估与建模研究[D]. 上海：华东师范大学, 2016.

[11] 邵伟. 蒙特卡罗方法及其在一些统计模型中的应用[D]. 济南：山东大学, 2012.

[12] 佟瑞鹏，马晓飞. 基于蒙特卡罗方法的家具制造工人不安全行为风险评估[J]. 中国安全生产科学技术, 2018, 14(7): 187-192.

[13] 许素睿. 基于蒙特卡罗方法的煤矿工人不安全行为风险评估[J]. 中国安全科学学报, 2020, 30(4):172-178.

[14] YANG F, LI X D, SONG Z Y, et al. Job burnout of construction project managers: considering the role of organizational justice[J]. Journal of Construction Engineering and Management, 2018, 144(11).

[15] 陈洋. 煤矿员工不安全羊群行为驱动机理及管控研究[D]. 徐州: 中国矿业大学, 2020.

[16] 吴鹏. 煤矿组织霸凌与员工行为选择关系研究: 心理调焦的影响[D]. 徐州: 中国矿业大学, 2018.

[17] 蒋绍忠. 数据模型与决策: 基于 Excel 的建模和商务应用[M]. 北京: 北京大学出版社, 2013.

[18] TONG R P, LI H W, ZHANG B L, et al. Modeling of unsafe behavior risk assessment: A case study of Chinese furniture manufacturers[J]. Safety Science, 2021, 136: 105 157.

[19] TONG R P, YANG X Y, SU H, et al. Levels, sources and probabilistic health risks of polycyclic aromatic hydrocarbons in the agricultural soils from sites neighboring suburban industries in Shanghai[J]. Science of the Total Environment, 2018, 616: 1 365-1 373.

[20] HOBFOLL S E. The ecology of stress[M]. America: Hemisphere Publishing Corporation, 1988.

[21] MASLACH C, JACKSON S E, LEITER M P. Maslach burnout inventory manual[M]. Menlo Park: Mind Garden, 2017.

[22] GONZÁLEZ D J R, GUIX A, MARTÍ V, et al. Monte Carlo simulation as a tool to show the influence of the human factor into the quantitative risk assessment[J]. Process Safety and Environmental Protection, 2016, 102: 441-449.

[23] 黄清武, 陈伯辉, 沈斐敏. 人的不安全行为干预技术[J]. 安全与健康, 2002(23): 31-32.

[24] 李彦章, 王正国, 尹志勇, 等. 摩托车驾驶员驾驶行为、人格、交通安全态度与事故的关系研究[J]. 心理科学, 2008, 31(2): 491-493.

[25] SHERMAN E, MATHUR A, SMITH R B. Store environment and consumer purchase behavior: mediating role of consumer emotions[J]. Psychology & Marketing, 1997, 14: 361-378.

[26] 孙淑英. 家具企业实木机加工作业安全行为研究[D]. 南京: 南京林业大学, 2008.

本章附录

附录 A　不安全行为影响因素权重调查问卷

尊敬的专家：

您好！非常感谢您能够参与本次问卷调查。本问卷旨在了解地铁施工工人不安全行为影响因素权重。我们郑重承诺，对您的信息资料严格保密，此问卷仅用于学术研究。您的意见对我们的研究具有重要意义，请按照个人经验和安全知识进行填写。

填写说明：

1. 涉及的问题不设置标准答案，选项采用李克特 5 级量表法，分值 0～5 分代表影响作用由弱到强，0 分表示无影响，5 分表示影响非常强烈。

2. 问卷为匿名作答（在相应方框中打“√”），每人只能作答一次。非常感谢您的配合！

附表 5.1　不安全行为影响因素权重调查表

序号	影响因素	影响因子	影响作用评分（分数越高表明影响作用越强）				
			1 分	2 分	3 分	4 分	5 分
1	人员因素	生理因素	□	□	□	□	□
2		心理因素	□	□	□	□	□
3		安全知识	□	□	□	□	□
4		安全态度	□	□	□	□	□
5		安全意识	□	□	□	□	□
6		文化程度	□	□	□	□	□
7		个人经验	□	□	□	□	□
8		年龄工龄	□	□	□	□	□
9	设备因素	个人防护	□	□	□	□	□

续表

序号	影响因素	影响因子	影响作用评分（分数越高表明影响作用越强）				
			1分	2分	3分	4分	5分
10	设备因素	作业工具	□	□	□	□	□
11		物料存放	□	□	□	□	□
12		人机匹配	□	□	□	□	□
13	管理因素	安全文化	□	□	□	□	□
14		安全监管	□	□	□	□	□
15		安全制度	□	□	□	□	□
16		安全奖惩	□	□	□	□	□
17		沟通反馈	□	□	□	□	□
18		教育培训	□	□	□	□	□
19		领导能力	□	□	□	□	□
20		应急水平	□	□	□	□	□
21	技术因素	降水技术	□	□	□	□	□
22		监控测量	□	□	□	□	□
23		支护结构	□	□	□	□	□
24		土体开挖	□	□	□	□	□
25	环境因素	作业环境	□	□	□	□	□
26		自然环境	□	□	□	□	□
27		作业负荷	□	□	□	□	□
28		人际关系	□	□	□	□	□

附录B 不安全行为影响因素不确定性范围调查问卷

您好！非常感谢您能够参与本次问卷调查。本问卷旨在了解地铁施工工人不安全行为影响因素不确定性范围。我们郑重承诺，对您的信息资料严格保密。此问卷仅用于学术研究，您的意见对我们的研究具有重要意义。请按照岗位实际、个人经验和主观感受进行填写。

填写说明：

问卷为匿名作答，每人只能作答一次（在相应方框中打“√”），请您认真独立作答。非常感谢您的配合！

（一）人员因素部分

附表 5.2 人员因素不确定性范围调查

序号	影响因子	题目	选项		
			完全符合	基本符合	完全不符合
1	生理因素	您的身体一直处于健康状态	□	□	□
2		工作方面的问题从未影响过您的睡眠	□	□	□
3		您对待工作总是能集中注意力	□	□	□
4		您目前的工作不会导致身体状况变差	□	□	□
5		在日常工作中，您很少感到疲倦	□	□	□
6		您在工作中不会经常被无关的事物吸引注意力	□	□	□
7	心理因素	工作时您不会觉得紧张	□	□	□
8		您的情绪波动不会影响到正常工作	□	□	□
9		在工作中遇到障碍或干扰时，您能够保持镇定和冷静	□	□	□
10		在工作中如果有同事在身边，您的行为不会受到影响	□	□	□
11	安全知识	您掌握了各种安全事故的应急救援方法	□	□	□
12		您了解作业现场的安全操作规程	□	□	□
13		您掌握劳动防护用品的规范佩戴方法	□	□	□
14		在工作中，您能很好地识别现场存在危险的地方，并采取处置措施	□	□	□
15		您在工作中可以很好地运用自身储备的安全知识	□	□	□
16		除公司培训内容外，您还主动学习安全知识	□	□	□
17		您熟悉国家和地方现行的安全相关法律法规、政策文件	□	□	□
18	安全态度	您认为事故是可以避免的	□	□	□
19		管理者的违章指挥，您通常不会遵从	□	□	□
20		想要得到别人的尊重，您认为在很大程度上取决于安全工作	□	□	□
21		在工作中，您认为安全比效率更重要	□	□	□
22	安全意识	在工作过程中，您认为安全是第一位的	□	□	□
23		您认为公司里的所有员工都对安全负有责任	□	□	□
24		您能在工作中主动识别和发现风险与隐患	□	□	□
25		您在工作中会时刻注意与安全相关的事物	□	□	□
26		您认为自己有充足的安全意识	□	□	□

续表

序号	影响因子	题目	选项		
			完全符合	基本符合	完全不符合
27	安全意识	您能够充分认识到违章行为导致事故严重后果	□	□	□
28		您会提醒同事注意安全，防范风险	□	□	□
29	文化程度	您认为高学历对安全知识的理解和吸收会更好	□	□	□
30		您认为与高学历的员工沟通交流更顺畅	□	□	□
31		您认为文化程度较高的员工安全意识更强一些	□	□	□
32	个人经验	您认为安全知识来源于工作日常积累	□	□	□
33		您认为凭借个人经验可以识别工作中的安全隐患	□	□	□
34		您认为凭借个人经验可以独立处理工作中发生的事故	□	□	□
35	年龄工龄	您认为和同龄人交流更容易，在一起工作也更方便	□	□	□
36		您认为与年轻人一起工作更有活力、更有干劲	□	□	□

（二）设备因素部分

附表5.3　设备因素不确定性范围调查

序号	影响因子	题目	选项		
			完全符合	基本符合	完全不符合
1	个人防护	您目前使用的个人安全防护用具很齐全	□	□	□
2		您认为个人防护用具在工作时对安全起到了很大的作用	□	□	□
3		您的安全防护用具会定期进行更换	□	□	□
4	人机匹配	您在工作中操作的设备完好，使用安全，可靠性高	□	□	□
5		您公司机械设备的布置符合工艺流程和空间布局的基本要求	□	□	□
6		您认为在工作中操作设备可靠性对不安全行为影响很大	□	□	□
7		您工作中使用设备机械的人机界面符合人员操作习惯	□	□	□
8	作业工具	您认为工作中使用的作业工具摆放科学、取用方便	□	□	□
9		您认为公司的设备设施的总体安全性较好	□	□	□
10		您认为在工作中使用的机械设备在运营期间响应及时、反应灵敏	□	□	□
11		您认为设备维修人员能够及时检修设备，做好维修记录	□	□	□

续表

序号	影响因子	题目	选项		
			完全符合	基本符合	完全不符合
12	物料存放	您公司施工现场为物资存放设置了仓库和堆放场地	□	□	□
13		您认为作业现场材料存放合理，有利于正常工作	□	□	□

（三）管理因素部分

附表 5.4　管理因素不确定性范围调查

序号	影响因子	题目	选项		
			完全符合	基本符合	完全不符合
1	安全文化	您的工作场所随处可见安全警示标语	□	□	□
2		您公司安全制度的制定会征求员工的意见	□	□	□
3		您将安全绩效较好的同事视为榜样	□	□	□
4		工作场所中，您的同事经常讨论安全问题	□	□	□
5	安全监督	您认为安全检查需要预先制定安全检查内容	□	□	□
6		您公司的安全监管人员能够及时发现工作中的安全问题	□	□	□
7		您公司安全部门会定期进行安全隐患大排查	□	□	□
8		安全巡查过程中，您公司的安全管理人员会对发现的安全问题下发整改通知书	□	□	□
9		您公司安全部门会开展随机和专项安全检查	□	□	□
10	安全政策	您公司制订的安全计划和安全目标总是明确的	□	□	□
11		您认为安全管理体系十分有必要，需要严格执行	□	□	□
12		您认为公司的安全管理组织结构和职责应该划分落实到各级人员	□	□	□
13		您认为公司的安全计划应该涵盖公司整体生产运行过程，并汇编成册	□	□	□
14		您认为公司的安全管理资源应该统一管理，按需分配	□	□	□
15		您认为安全生产管理制度应该完整编制成文件，再反复讲解	□	□	□
16		您认为安全制度应该所有人都要同样执行	□	□	□
17	安全奖惩	您公司会对安全业绩出色的管理人员获得表彰奖励	□	□	□
18		您公司会对员工的安全行为进行表扬或奖励	□	□	□
19		员工发现安全隐患并及时上报，您公司会视情况予以奖励	□	□	□
20		您公司会对出现安全问题的责任人进行处罚并公示	□	□	□

续表

序号	影响因子	题目	选项		
			完全符合	基本符合	完全不符合
21	沟通反馈	发现小的工伤或未遂事故，您会及时上报	□	□	□
22		您公司尽可能为员工提供顺畅的沟通交流渠道	□	□	□
23		您公司会积极快速响应员工反映的安全问题	□	□	□
24		若发现同事违章操作，您会及时批评、制止他	□	□	□
25		您认为在安全交流方面，各级沟通畅通，反馈及时	□	□	□
26		开完安全会议后，您能够及时知晓会议结果	□	□	□
27	教育培训	您公司会定期开展安全教育培训	□	□	□
28		您公司定期评估培训内容，科学制订年度培训计划	□	□	□
29		为提高员工参与安全培训的积极性，您公司会举办多样性培训方式	□	□	□
30		您公司安全培训邀请的师资力量雄厚，知识储备水平较高	□	□	□
31		您公司开展的安全教育培训设置合理、内容丰富，您很愿意参加	□	□	□
32		通过安全培训，您认为您的知识和技能得到了提高	□	□	□
33		您公司对员工的安全培训采取理论和实践相结合的方式进行	□	□	□
34	领导能力	发现安全隐患，您公司管理层会迅速处理	□	□	□
35		您公司管理层愿意为保障员工安全进行资金投入	□	□	□
36		您公司的高层管理者对安全关注度高，经常参加安全工作	□	□	□
37		您公司的管理层不断学习安全知识，考取安全相关证书	□	□	□
38	应急水平	您公司会针对可能发生的事故定期组织开展应急演练	□	□	□
39		您公司设计的应急预案和应急启动程序科学恰当	□	□	□

（四）技术因素部分

附表 5.5　技术因素不确定性范围调查

序号	影响因子	题目	选项		
			完全符合	基本符合	完全不符合
1	降水技术	您公司在施工前，设计人员会针对现场情况设计降水参数，制定具体的降水方案	□	□	□
2		您公司施工前，根据设计要求编制降水专项方案，进行专家论证，并进行降水试验	□	□	□

续表

序号	影响因子	题目	选项		
			完全符合	基本符合	完全不符合
3	降水技术	为保证施工质量，您公司选用科学有效的降水施工工艺	□	□	□
4	监控测量	您公司能够有效监控将变形控制在允许范围之内，保障地层稳定和施工安全	□	□	□
5		您公司能够对项目本身及周边环境安全进行安全监测	□	□	□
6		您公司制定了一系列预警机制对可能存在的风险和隐患进行及时准确预测	□	□	□
7		您公司邀请第三监测单位进行数据监测，保障工程项目的安全和质量	□	□	□
8		您公司能够按照编制的监测方案安装监测点，有效收集数据	□	□	□
9		为保证施工安全，您公司在施工全过程中进行全面系统的检测工作	□	□	□
10	支护结构	您公司根据地质条件选择进行支撑体系设计，基坑开挖前在车站结构周围建立维护结构	□	□	□
11		您公司科学设计支护结构的具体参数，保证结构强度和稳定性以及施工安全	□	□	□
12		您公司支撑平稳牢固，设置了支撑防坠落措施	□	□	□
13	土体开挖	您公司按方案规定的程序、方式挖土，遵守先撑后挖原则，严禁超挖	□	□	□
14		在挖土机工作时，您公司设专人监护指挥，防止施工机械碰撞、损伤支撑结构	□	□	□
15		在挖土机工作时，在作业半径范围内，您公司禁止无关人员进入	□	□	□
16		施工机械进场时，您公司按规定进行验收，并且保证机械操作人员持证作业	□	□	□

（五）环境因素部分

附表 5.6　环境因素不确定性范围调查

序号	影响因子	题目	选项		
			完全符合	基本符合	完全不符合
1	作业环境	您认为工作环境和岗位条件环境良好，适宜工作	□	□	□
2		您所处作业场所的噪声、粉尘等控制良好，有利于正常工作	□	□	□
3		您公司为员工设置了休息区，并且环境良好	□	□	□

续表

序号	影响因子	题目	选项		
			完全符合	基本符合	完全不符合
4	作业环境	您所处的作业场所的采光和照明条件良好	□	□	□
5		您所处的作业场所的温度、风度、湿度等微气候符合要求，适宜工作	□	□	□
6	自然环境	您认为极端天气会影响正常工作	□	□	□
7		在不利于现场施工的天气情况下，您公司会及时发布停工通知	□	□	□
8	作业负荷	您可以合理安排自己的工作时间	□	□	□
9		您很少接到来自两个或更多发生冲突的工作安排	□	□	□
10		您有充足的时间来完成工作	□	□	□
11		您公司员工的流动性较小	□	□	□
12	人际关系	无论什么时候，您和同事都有共同话题	□	□	□
13		在一般困难的情境中，您总能保持乐观	□	□	□

第6章 不安全行为靶向干预方法

行为安全干预被证明是强化个体安全行为、消除不安全行为，从而提升系统行为安全水平的有效管理方法。在前文研究的基础上，本章将阐述不安全行为“靶向干预数据分析—靶向干预节点定位—靶向干预策略实现”的持续循环靶向干预过程。

6.1 不安全行为靶向干预模式

6.1.1 靶向干预含义

“靶向”一词广泛应用于医学领域。例如，20世纪末，医学专家应用靶向技术向肿瘤区域精确递送药物进行靶向治疗，也被称为“生物导弹”。其他领域与“靶向”相似的提法为“精准”“定向”等，如“精准扶贫”“精准安全管理”等。

“靶向”较“精准”而言，更具有方向性和指向性，可以实现不精确行为的精准定位、精准干预和精准管理。与靶向治疗相似，本书将靶向思维与安全管理相结合，对安全管理中存在的问题采取对症下药、精准施策、优化管理等解决方案。换言之，靶向干预是指可精准控制的定向安全管理，其实质就是瞄准痛点、靶向发力，具有精确性、合理性、目的性和实用性等特点，可有效消除和控制事故致因因素，减少安全事故的发生并有效提高系统安全水平。

本书提出的不安全行为靶向干预，是以工人不安全行为为干预目标，通过分析不安全行为的发生规律和内在特征，通过抓住痛点、各个击破、以点带线、以线带面的方式，引导行为安全，提升安全管理水平；通过不安全行为“泛场景”数据分析找准干预节点，从节点出发扩散安全管理范围，进而探究在不安全行为发生原因上寻找干预抓手，制定干预策略，优化管理体系，实施精准干预；贯穿不安全行为管控这一条主线，直达要义，做到管理合理、决策科学、措施有效，以实现不安全行为的靶向干预。

6.1.2　不安全行为靶向干预模式构建

当前行为研究的重点在于理论和方法，其中应用最广泛的是基于行为安全观察法对工人的不安全行为进行观察、分析和矫正；也有基于计划行为理论、神经网络等方法分析不安全行为产生的认知机理研究。在此基础上，再考虑采取干预措施促进人员的安全行为，重点从技术和管理等不同角度对干预措施进行探索。虽然对不安全行为的探索研究越来越多，但仍缺乏一个相对完整的行为干预体系框架。基于前文的研究基础，以下提出更具有针对性的不安全行为靶向干预模式。

基于本书前文章节对组织行为与个体行为交互规律、行为安全的“损耗-激励”双路径机理、行为安全“泛场景”数据表征、行为安全概率风险评估的研究结果，将靶向干预的理念应用于不安全行为风险管控中，有助于弥补传统行为安全干预的局限，主要体现在：第一，在获得行为安全概率风险及灵敏度分析结果的基础上，通过对评估系统各岗位工种的行为安全风险水平开展具体分析，定位面向不同工种行为安全的靶向干预节点。第二，不安全行为靶向干预将从个体层面和组织层面的角度出发，制定针对靶向干预节点的干预措施，并采用“隐形＋显性”手段对关键行为进行干预。第三，通过评估干预效果，及时对“泛场景”数据信息进行交流和更新，定期对关键系统环节、关键岗位和关键人员重新开展不安全行为概率风险评估，再重新定位靶向干预节点，更新靶向干预节点清单，实现对不安全行为的持续循环干预。对于不同系统开展的不安全行为靶向干预会有所差异，但可以对系统的主要核心内容和方法步骤进行归纳。如图6.1所示为不安全行为靶向干预模式框图。

本书提出的靶向干预模式，是在传统干预方法的基础上，运用数据挖掘技术，深入探索人员不安全行为的内在特征。在研究中，本书通过全面收集不安全行为的时间、位置、行为个体等维度信息，并进行数据边界处理，为后续的分析提供基础。接着，利用这些维度信息，深入分析了不安全行为的单维度特定规律和多维度交互规律，从而识别出显著影响因素、作用强度以及制约条件。同时，通过概率风险评估，确定了较大和重大风险关键行为，从而定位不安全行为靶向干预节点。针对干预节点，本书选择具有针对性的、有效的行为安全干预策略和实施路径。在干预实施后，研究组持续观察、反馈、评价行为结果，及时更新、分析数据，并重新定位干预节点，实现对不安全行为的“数据采集—边界处理—特征提取—维度分析—措施制定—行为观察—效果评价—数据再收集”的持续循环干预过程[1]。

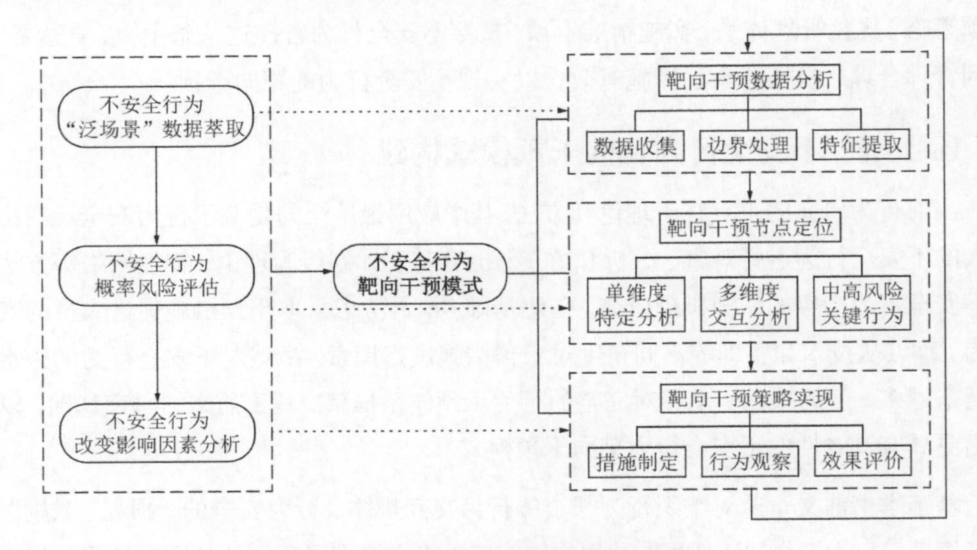

图6.1　不安全行为靶向干预模式框图

6.2　不安全行为靶向干预流程

6.2.1　不安全行为干预过程研究

不安全行为靶向干预模式的本质在于挖掘内在联系、找准关键节点、实施精准干预，其关键在于干预过程的实施。学术界从不同角度对不安全行为干预过程开展研究，借此理解和优化靶向干预方法，主要包括以下三个方面：

一是行为安全理论将减少不安全行为的具体流程描述为“定义目标行为—观察目标行为—干预改进行为—测试干预效果”的持续改进过程[2]。有学者遵循该流程，结合不同领域特点，主张对不安全行为进行“场景分析—行为识别—行为干预”[3,4]。靶向干预方法在此基础上，引入数据挖掘技术，将干预流程分为“靶向干预数据分析—靶向干预节点定位—靶向干预策略实现”。

二是有学者根据对不安全行为干预不同的强度水平和目的，将干预分为三类，即通用干预、选择性干预和目标干预[5]。而目标干预是强度最高的一类干预，目的是减少问题行为的频率和强度。靶向干预方法精准对标强度最高的目标干预，最具方向性、准确性和高效性。

三是现有的干预策略大致可分为基于前奏的干预策略、基于结果的干预策略以及综合性的干预策略三类[6]。其中，基于前奏的干预策略是以行为产生的环境调整为出发点，为个体提供或创造适合非异常行为产生环境的干预策略；基于结果的干预策略是指从行为结果的角度出发，消减异常行为及强化恰当行为的干预策略；靶向干预的方法重点关注个体内在特征，基于不安全行为维度关系定位干预节点。据此，提出既基于前奏又基于结果的综合性干预策略。

6.2.2　不安全行为靶向干预流程分析

本书认为，运用靶向干预方法实现对人员不安全行为的定向干预为模板，具体流程可分为三步，即靶向干预数据分析、靶向干预节点定位和靶向干预策略实现，每一步的结果均为下一步的条件，如图6.2所示。

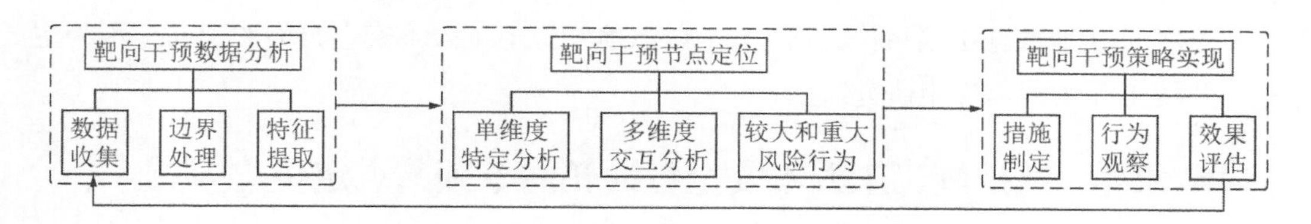

图6.2　不安全行为靶向干预流程

第一步，靶向干预数据分析。靶向干预数据分析是指分析人员不安全行为发生的场景，基于“泛场景”数据对不安全行为维度信息进行结构化处理，提取各维度信息特征。例如，针对地铁施工项目中收集的现场隐患照片和安全巡检记录，通过确定照片和记录中反映的不安全行为，可提取不安全行为发生的行为个体、行为时间、施工阶段和具体不安全动作等维度信息。然后，结合现场实际情况，对原始场景数据进行规范化和结构化的边界处理，获取结构化场景数据并进行编码处理，为后期维度分析和定位节点奠定数据基础。

第二步，靶向干预节点定位。靶向干预节点定位是指在上一步形成的结构化场景数据的基础上，进行单维度特定分析和多维度交互分析，加上前文利用不安全行为概率风险评估确定的较大和重大风险不安全行为，共同定位靶向干预节点。这步的具体过程包括：对“泛场景”数据进行单维度分析，得出行为时间、行为个体、行为属性及不安全动作等特征规律；采用关联规则方法进行不同维度间交互分析，探究不安全行为深层次的规律性，获取不安全行为的内部特征；利用概率风险评估方法，通过模拟计算不安全行为的风险值，确定较大和重大风险的不安全行为。因此，本步骤是结合单维度特定分析、多维度交互分析及概率风险评估结果，定位干预节点，为不安全行为干预措施提供依据。

第三步，靶向干预策略实现。靶向干预策略实现是指根据数据挖掘获得的关联规则和较大、重大风险关键行为，以及行为特性和行为改变影响因素确定的干预节点，制定干预措施，反馈并评估干预效果。本步骤重点是依据确定的靶向干预节点，从个体和组织层面提出包含制度建设、安全文化、行为管控等方面的干预措施并实施。干预措施实施后，应持续观察反馈结果，用配对样本t检验评估干预效果。然后，结合干预后行为数据信息的更新，分析并重新定位干预节点，实现对不安全行为的持续循环干预。

6.3 工程实践与应用

承接本书前文章节的研究，尤其是第 4 章关于行为安全“泛场景”数据表征的基础理论、实践应用的研究结果，本节仍选取 A 建设公司在北京轨道交通 × 号线 × × 标土建 × × 工区的 B 地铁施工项目作为研究案例，以地铁施工工人不安全行为的靶向干预为主题，开展工程实践与应用研究。

6.3.1 地铁施工工人不安全行为靶向干预节点定位

地铁施工工人的不安全行为的发生有其内在复杂性，受地质条件、施工工艺、人员特质、管理水平等因素影响较大。因此，需要结合理论上存在的变量间交互方式与实际安全管理需求。通过分析不安全行为数据各维度分布信息，可以揭示其内在特征规律和多维交互关系。另外，需要评估系统中行为安全风险水平较大、对系统总体行为安全风险影响程度较大的关键系统阶段、关键岗位工种、关键行为个体、关键行为类型以及关键影响因素。基于此，可以利用标准采集、事故分析、规程查询、专家咨询、案例参考等方法手段，对所得研究结果开展分析。依据前文行为安全“泛场景”数据表征的研究，可从 8 个维度直观地反映行为的时间分布规律、空间分布规律以及行为个体分布规律，结合统计学方法得出系统行为安全风险在上述维度的分布特征，运用关联规则进行多维度分析定位靶向干预节点[7]。

通过将理论上存在的不安全行为风险分布特征与实际安全管理需求相结合，可定位针对系统不安全行为风险水平各维度特征的靶向干预节点。之后通过分类汇总，可建立行为安全靶向干预节点清单，为实际的安全管理工作提供有力支持。不安全行为靶向干预节点定位的实施流程如图 6.3 所示。

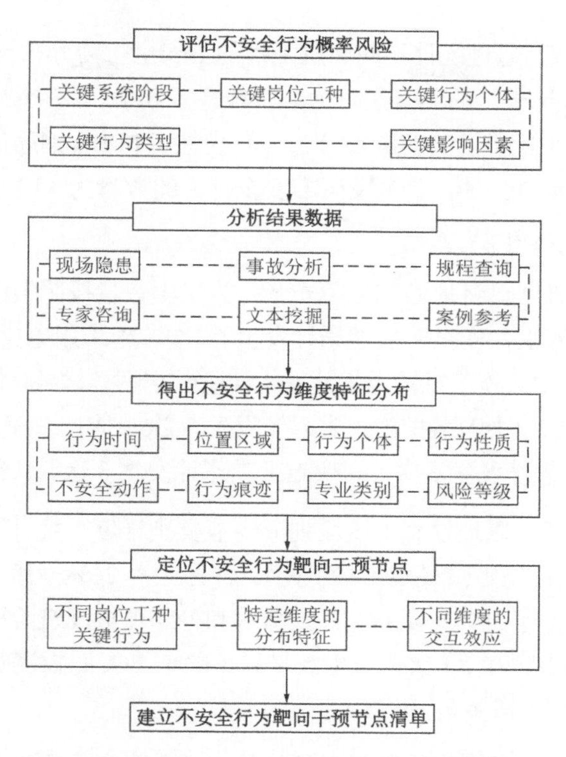

图 6.3　不安全行为靶向干预节点定位的实施流程

6.3.1.1　不安全行为维度特征分析

本书第 4 章、第 5 章以案例地铁施工项目为研究对象，已开展行为安全“泛场景”数据表征、行为安全概率风险评估的应用研究，梳理了有效调查的 393 条地铁施工不安全行为“泛场景”数据的 8 个维度信息，通过单维度统计分析、多维交互分析、关键行为风险分析，获取了不安全行为的内在特征和交互规律。现根据本章研究需要，统计总结出如下数据，以进行不安全行为维度特征分析。

（1）单维度统计分析的结果

1）行为时间维度。统计不安全行为发生数量在不同班次的分布规律（即发生数量在总数量中的百分比）可得，T_2 中班发生不安全行为的数量（146 次）百分比最大，百分比高达 37%；其次是 T_1 早班，发生不安全行为数量（110 次）的百分比达到 28%；T_3 晚班发生不安全行为数量（50 次）相对较少，百分比为 13%。T_4 属于深夜工作，数量较多（87 次），百分比达到 22%。

2）位置区域维度。统计每个位置区域发生不安全行为数量可得，在 L_1 施工作业区发生不安全行为的次数最多，百分比为 35%；L_3 吊装区次之，百分比为 31%；L_1、L_3、L_2 和 L_4 这 4 个位置区域发生的不安全行为累计百分比高达 92%，其余位置区域百分比仅为 8%。

3）行为个体维度。通过统计不同岗位工种的不安全行为分布规律可得，BI_7机械操作工、BI_4电工、BI_2架子工的不安全行为数量较多。其中，BI_7机械操作工发生87次，BI_4电工发生74次，BI_2架子工发生63次，BI_6模板工和BI_5钢筋工发生不安全行为的数量分别为57次和49次，BI_1普工发生不安全行为的数量为44次。BI_3焊工发生不安全行为的数量最少，只有19次。

4）不安全动作维度。将地铁施工不安全行为发生数量按照类型进行统计可得，文明施工类累计发生16次，安全防护类累计发生66次，施工用电类累计发生65次，消防安全类累计发生5次，施工机具类累计发生46次，脚手架类累计发生26次，机械起重类累计发生137次，明挖/盖挖施工类累计发生3次，盾构/TBM施工类累计发生8次，矿山隧道施工类累计发生3次，高架施工类累计发生3次，其他类累计发生15次。

5）专业类别维度。以地铁施工阶段划分专业类别维度，统计分析可得，PC_4开挖底板阶段出现不安全行为数量最多（101次），百分比为26%；其次是PC_3架设支撑阶段，共94次，百分比为24%；而PC_2开挖降水和PC_7顶板浇筑阶段的不安全行为数量相差不大，分别为32次和29次；发生数量最少的是PC_5底板浇筑和PC_6中板浇筑阶段，不安全行为数量为18次和19次。

6）行为性质维度。按照发生数量对地铁施工工人不安全行为的行为性质进行分类可得，BA_1违章操作发生数量最多（237次），百分比为60%；其次是BA_2违章动作，数量为152次，百分比为39%；而BA_3不违章不安全动作仅发生4次，百分比为1%。

7）行为痕迹维度。BT_1有痕不安全行为发生数量（234次），百分比为60%；BT_2无痕不安全行为发生数量为159次，百分比为40%。对于地铁施工不安全行为“泛场景”数据提取的66个具体的不安全动作中，有44个不安全动作属于有痕不安全行为，其他的属于无痕不安全行为。

8）风险管控维度。基于本书第5章运用风险概率评估的方法，可以确定不安全行为的风险等级。分析不同风险等级发生不安全行为次数百分比可得，发生次数最多的是重大风险的不安全行为，百分比为35%；一般风险的不安全行为百分比为30%；较大风险的不安全行为百分比为29%；低风险的不安全行为百分比为6%。

同样，分析地铁施工不安全行为“泛场景”数据提取的66个具体的不安全动作，可以发现，低风险的不安全动作有17个，一般风险的不安全动作有30个，较大风险的不安全动作有13个，重大风险的不安全动作有6个。

（2）多维交互分析

通过关联规则分析挖掘各不安全行为各维度之间的交互作用，可探寻不安全行为的深层规律和内在特征。

对不安全行为进行四维及四维以下交互分析，可得其主要关联规则见表6.1。以二维交互分析结果为例，T→UA存在两条关联规则，验证其关联规则提升度均大于1，则关联规则为有效的强规则，说明在T_2中班时间段，最容易发生的不安全动作为UA_{31}施工机具的传动部位未设置防护罩；而T_4夜班时间段，最容易发生的不安全动作为UA_{51}吊装散物时捆扎不牢。

表6.1　四维及四维以下的主要关联规则

交互维度	LHS	RHS	支持度/%	置信度/%	提升度
T→UA	T_2	UA_{31}	37.15	15.75	2.00
	T_4	UA_{51}	22.14	20.69	3.87
L→UA	L_3	UA_{44}	31.30	17.07	3.05
BI→UA	BI_7	UA_{51}	22.14	24.14	4.52
	BI_2	UA_8	16.03	20.63	2.32
PC→UA	PC_4	UA_{51}	25.70	17.82	3.34
	PC_3	UA_{31}	23.92	24.47	3.10
BA→UA	BA_2	UA_8	38.68	23.03	2.59
BT→UA	BT_2	UA_8	40.46	22.01	2.47
T，BA→UA	T_2，BA_1	UA_{31}	23.16	25.27	3.20
T，BT→UA	T_2，BT_1	UA_{31}	24.43	23.96	3.04
L，BI→UA	L_3，BI_7	UA_{51}	18.07	23.94	4.48
L，BA→UA	L_1，BA_1	UA_{31}	20.61	20.99	2.66
	L_3，BA_1	UA_{51}	19.08	22.67	4.24
L，BT→UA	L_1，BT_1	UA_{31}	23.16	18.68	2.37
	L_3，BT_2	UA_{46}	17.30	26.47	4.95
	L_3，BT_2	UA_{54}	17.30	16.18	5.78
BI，BA→UA	BI_7，BA_1	UA_{51}	16.54	32.31	6.05
PC，BA→UA	PC_4，BA_1	UA_{51}	16.28	28.13	5.26
PC，BT→UA	PC_4，BT_1	UA_{51}	16.28	28.13	5.26
BA，BT→UA	BA_1，BT_1	UA_{31}	46.06	17.13	2.17
	BA_2，BT_2	UA_8	25.19	35.35	3.97
	BA_2，BT_2	UA_{46}	25.19	21.21	3.97
T，BA，BT→UA	T_2，BA_1，BT_1	UA_{31}	18.32	31.94	4.05
L，BA，BT→UA	L_1，BA_1，BT_1	UA_{31}	19.08	22.67	2.87

对不安全行为进行五维及五维以下交互分析，可得其间的主要关联规则见表 6.2。以表 6.2 中分析的强关联规则{T_4，BI_7，PC_4，BA_1，BT_1→UA_{51}}为例，表示为{夜班，机械操作工，开挖底板，违章操作，有痕不安全行为→吊装散物时捆扎不牢}，具体表示：在开挖底板施工阶段，机械操作工在吊装区进行夜间作业时，常发生的违章操作是吊装散物时捆扎不牢，该动作属于有痕不安全行为。需要说明的是，对于不安全行为“泛场景”数据的七维和八维的交互分析，均未能输出有效结果，即同时满足多维度条件，没有可能发生的不安全动作。

表 6.2　五维及五维以下的主要关联规则

交互维度	LHS	RHS	支持度/%	置信度/%	提升度
T，L，BI，PC→UA	T_4，L_3，BI_7，PC_4	UA_{51}	5.34	66.67	12.48
T，L，BI，BA→UA	T_4，L_3，BI_7，BA_1	UA_{51}	5.85	60.87	11.39
T，L，BA，BT→UA	T_2，L_1，BA_1，BT_1	UA_{31}	7.38	34.48	4.37
T，BI，PC，BA→UA	T_4，BI_7，PC_4，BA_1	UA_{51}	6.11	75.00	14.04
T，BI，PC，BT→UA	T_4，BI_7，PC_4，BT_1	UA_{51}	5.60	81.82	15.31
T，BI，BA，BT→UA	T_4，BI_7，BA_1，BT_1	UA_{51}	5.60	81.82	15.31
T，PC，BA，BT→UA	T_2，PC_3，BA_1，BT_1	UA_{31}	7.63	76.67	9.72
	T_4，PC_4，BA_1，BT_1	UA_{51}	6.36	72.00	13.47
L，BI，PC，BA→UA	L_3，BI_7，PC_4，BA_1	UA_{51}	7.63	46.67	8.73
L，BI，BA，BT→UA	L_3，BI_7，BA_1，BT_2	UA_{53}	7.63	30.00	13.10
	L_3，BI_7，BA_1，BT_1	UA_{51}	6.62	65.38	12.24
	L_2，BI_6，BA_1，BT_1	UA_{31}	5.60	50.00	6.34
L，PC，BA，BT→UA	L_1，PC_3，BA_1，BT_1	UA_{31}	6.11	41.67	5.28
	L_3，PC_4，BA_1，BT_1	UA_{51}	5.09	70.00	13.10
BI，PC，BA，BT→UA	BI_7，PC_4，BA_1，BT_1	UA_{51}	6.36	72.00	13.47
T，BI，PC，BA，BT→UA	T_4，BI_7，PC_4，BA_1，BT_1	UA_{51}	5.60	81.82	15.31
	T_4，BI_7，PC_4，BA_1，BT_1	UA_{43}	5.60	9.09	3.57
	T_4，BI_7，PC_4，BA_1，BT_1	UA_{31}	5.60	9.09	1.15

（3）关键风险行为分析

风险等级较高的关键不安全行为是靶向干预节点的重要内容。通过对地铁施工工人不安全行为“泛场景”数据分析，可以得到地铁施工中13个较大风险等级的不安全行为，以及6个重大风险等级的不安全行为，见表6.3。

表6.3　地铁施工较大和重大风险等级的不安全行为

序号	不安全行为	风险等级
1	UA_{7}未正确佩戴安全帽	较大风险
2	UA_{9}操作平台四周未按规定设置防护栏杆或未设置登高扶梯	较大风险
3	UA_{10}平台台面铺板不严或台面层下方未设置安全平网	较大风险
4	UA_{18}电箱内布线混乱或配出线无护套保护	较大风险
5	UA_{19}配电箱内违规接用插座	较大风险
6	UA_{38}架体与建筑结构拉结不规范	较大风险
7	UA_{42}轨道上堆积物料影响安全运行	较大风险
8	UA_{43}特种作业人员未持操作资格证上岗	较大风险
9	UA_{47}作业时起重臂下有人停留或吊运物体从人的正上方通过	较大风险
10	UA_{50}起重机吊运构件（设备）前未进行试吊	较大风险
11	UA_{53}起重机在松软不平的地面同时进行两个起吊动作	较大风险
12	UA_{54}采用专用吊笼时物料装放过满	较大风险
13	UA_{65}轨行区作业人员未穿荧光衣	较大风险
14	UA_{8}安全带系挂不符合要求	重大风险
15	UA_{14}电缆未架空固定	重大风险
16	UA_{31}施工机具的传动部位未设置防护罩	重大风险
17	UA_{44}停层平台两侧未设置防护栏杆、挡脚板	重大风险
18	UA_{46}吊装时无关人员进入警戒区	重大风险
19	UA_{51}吊装散物时捆扎不牢	重大风险

较大风险和重大风险等级的不安全行为管控难度大，一旦发生事故，将造成严重的经济损失或重大人员伤亡。因此，在实际的安全管理工作中，对这些不安全行为的管控是非常重要的环节。通过建立完善的风险管控制度，优化安全操作规程，将风险管控纳入教育培训计划并组织实施，确保地铁施工工人熟悉掌握相关的安全知识和操作技能，同时强化不安全行为的监督管理，可以防止和减少事故的发生。应根据不安全行为的风险等级评估结果，编制风险管控清单，建立预报预警机制，并及时向安全管理部门报送

行为风险评估和管控的结果。管控清单需要细化并列出行为风险描述、可能导致的后果、管控措施、排查频次和责任部门等具体信息。

特别地，需要对不同风险等级的不安全行为实施分级管控，在施工现场的醒目位置设置安全风险公告栏，在重点区域张贴风险告知卡，重点检查较大和重大风险等级的不安全行为，并加大处罚力度。

6.3.1.2 不安全行为靶向干预节点清单

基于地铁施工工人不安全行为“泛场景”数据，可以对特定维度分布规律和不同维度耦合交互效应，以及较大、重大风险行为进行分析。将三者的分析结果进行汇总和提炼，可以全面定位靶向干预节点，形成地铁施工工人不安全行为靶向干预节点清单，见表 6.4。

表 6.4 地铁施工工人不安全行为靶向干预节点清单

干预角度	靶向干预节点	干预范围
单维度统计分析	$T_2 > T_1 > T_4 > T_3$	定期进行各班次安全巡查，重点加强中班、早班和夜班检查的频率和强度
	$L_1 > L_3 > L_2 > L_4 > L_7 > L_5 > L_6$	增加施工作业区和吊装区的安全员数量，加大巡查频次，定期开展专项安全检查
	$BI_7 > BI_4 > BI_2 > BI_6 > BI_5 > BI_1 > BI_3$	加强机械操作工、电工、模板工、架子工的安全培训，检查其持证上岗情况，增强其安全意识，提高其安全技能
	$PC_4 > PC_3 > PC_1 > PC_8 > PC_2 > PC_7 > PC_6 > PC_5$	全面加强地铁施工阶段的安全巡查，重点排查围护结构、架设支撑、开挖底板等基础施工阶段的安全隐患
	$BA_1 > BA_2 > BA_3$	采取教育与惩罚相结合的原则，对违章人员进行制止、纠正、教育、警告、罚款等
	$BT_1 > BT_2$	及时追踪有痕不安全行为的责任部门和责任人，并对其进行相应的处罚；加强无痕不安全行为的现场监督检查力度，完善安全责任清单
	$RL_4 > RL_2 > RL_3 > RL_1$	重新对施工现场进行风险评估，按照“逐级排查、逐级负责、分层管理”的原则及时消除、减少和控制风险行为
多维度交互分析	$T_2 \rightarrow UA_{31}$；$T_4 \rightarrow UA_{51}$	中班时间段的安全检查重点关注施工机具的传动部位是否设置防护罩；夜班时间段的安全检查重点关注散物吊装是否捆扎规范
	$L_3 \rightarrow UA_{44}$	吊装区域检查时，需要重点关注停层平台两侧是否设置防护栏杆、挡脚板
	$BI_7 \rightarrow UA_{51}$；$BI_2 \rightarrow UA_8$	重点排查机械操作工吊装散物的捆扎是否规范，架子工安全带系挂是否符合要求
	$PC_4 \rightarrow UA_{51}$；$PC_3 \rightarrow UA_{31}$	开挖底板阶段应关注吊装散物的规范捆扎；架设支撑阶段应关注施工机具的传动部位是否设置防护罩
	$T_2/L_1/BA_1 \rightarrow UA_{31}$	午班和施工作业区需要重点检查的违章操作是施工机具的传动部位未设置防护罩

续表

干预角度	靶向干预节点	干预范围
多维度交互分析	L_1/L_3，$BA_1 \to UA_{31}/UA_{51}$	施工作业区和吊装域内，需要重点检查的违章操作分别是施工机具的传动部位未设置防护罩和散物吊装捆扎不符合要求
	L_3，$BT_2 \to UA_{46}/UA_{54}$	加强对吊装区内无痕不安全行为的巡查，包括吊装时是否有无关人员进入警戒区、采用专用吊笼时物料是否装放过满
	BA_2，$BT_2 \to UA_8/UA_{46}$	针对违章作业和无痕行为的安全管理，重点考虑安全带系挂是否符合要求和吊装时是否有无关人员进入警戒区
	T_2/L_1，BA_1，$BT_1 \to UA_{31}$	针对施工作业区的违章操作和有痕不安全行为的安全检查，需要重点关注中班期间施工机具的传动部位是否设置防护罩
	L_3，BI_7，BA_1，$BT_2 \to UA_{53}$	在吊装区对机械操作工进行安全管理时，重点关注违章操作和无痕行为，即起重机在松软不平的地面同时进行两个起吊动作
	T_4，BI_7，PC_4，BA_1，$BT_1 \to UA_{51}$	在开挖底板阶段进行夜间巡查时，重点关注机械操作工的违章操作和有痕不安全行为，特别是吊装散物时捆扎是否规范
关键风险行为分析	较大风险等级不安全行为	加强日常安全监督检查，规范工人的操作行为，防止施工现场发生该类不安全行为；安全管理人员通过不断的引导和纠正，帮助工人养成良好的安全行为习惯，力求在工作中消除该类不安全行为
	重大风险等级不安全行为	加强工人安全意识和安全知识培训，注重安全行为的养成；安全管理人员重点监督检查该类不安全行为，并加大处理力度；管理层抓住关键环节，重点盯防，杜绝出现对该类不安全行为的假检、漏检和失职情况

特定维度靶向干预节点是根据各维度的分布特征和百分比，来指导安全管理过程中的干预强度和管理资源的合理分配。以行为时间维度为例，鉴于较多的不安全行为发生在中班、早班和夜班，安全管理应针对这些重点班次加强对不安全行为的观察和干预，可以直接而有效地减少不安全行为发生的数量。

多维度靶向干预节点是基于不安全行为多维度的关联规则分析，根据维度间的深层联系和规律，定位出多维度靶向干预节点，为实际的安全管理提供准确的指导和帮助。例如，{L，BI，BT→UA}的分析结果为{L_3，BI_7，$BT_2 \to UA_{46}$}，意味着在 L_3 吊装区，BI_7 机械操作工常发生的 BT_2 无痕不安全行为是 UA_{46} 吊装时无关人员进入警戒区。针对这种情况，可以在重点区域对特定的岗位工种进行重点监督和检查，甚至针对不同的区域或岗位工种设置更具针对性的安全检查表，以此对重点检查项进行靶向干预，科学高效地提高安全管理效率。

较大、重大风险等级不安全行为干预节点是，按照概率风险评估结果划分地铁施工工人不安全行为风险等级，定位关键风险行为。特别需要对不同风险等级的不安全行为实施分级管控，重点关注较大、重大风险等级不安全行为，增加检查频次，强化日常监督，加大处罚力度。

6.3.2 地铁施工工人不安全行为靶向干预策略的实现

6.3.2.1 靶向干预策略的制定

在地铁施工工人不安全行为靶向干预策略的制定过程中，本书将靶向干预节点延展为干预要点，将不安全行为内在规律和特征分析外化于具体的干预措施中，以实现由点到面、由内到外的策略制定逻辑。

（1）靶向干预要点

依据前文形成的地铁施工工人不安全行为的干预节点，综合考虑地铁施工工人行为的特性，以及不安全行为改变的影响因素，以此为靶向干预要点，进而构建干预策略思路。

1）行为特性。地铁施工工人的显著行为特性，包括冒险、习惯固化和从众。针对以上行为特性，深入思考其形成原因，可多角度设计行为干预措施，以减少地铁施工工人不安全行为的发生。冒险行为出现的原因可分为直接原因和深层原因，其中，直接原因是作业强度和体力消耗，可通过合理设置施工计划、安排改善工作环境以减轻这类行为；深层原因是工人存在不良心理，如安全意识不强，致使其未能养成固定的安全行为，可通过营造良好的组织氛围、组织安全培训、培养工人的行为习惯来有效改善。由于建设项目施工现场工人大多为农民工，他们的平均文化水平不高，思维模式固化，因此，针对习惯固化行为需要通过安全意识、安全知识和安全操作技能的提高来避免违章作业的发生，可以借鉴准军事化管理模式，塑造良好作业习惯，形成统一的标准化安全行为。从众行为主要表现在，施工现场的工人多为亲属关系或老乡，易发生群体安全事故。针对这类问题，可以与工人定期沟通交流，拉近上下级和同事间的关系，遇到困难也可进行心理干预纾解情绪。

2）单维度统计分析节点。特定维度的统计分析可以直观、清晰地揭示不安全行为发生的规律，帮助我们准确定位时间、位置、工种、施工阶段等重点监督检查对象。例如，在个体维度统计分析中，数据清晰地展示了机械操作工、电工、架子工是不安全行为发生最多的岗位工种，也可以看出这些工种均为特种作业人群，对岗位人员的专业技术要求很高，且必须持证上岗。因此，我们推断出需要对特种作业人群进行重点管理，特别是严格的资格准入管理，包括培训、取证、继续教育、换证等全过程的管理。

在不安全动作的维度统计分析中，直接展现出机械起重类的不安全行为发生次数最多，其次为安全防护和施工用电类的不安全行为。对于这些类别的不安全行为，需要进行重点管理，通过加强巡检，制定责任清单以及增加相应的专项检查来管控不安全行为。

行为痕迹维度分析确定了有痕和无痕不安全行为的发生情况。对于有痕不安全行为，管控的重点应是依据痕迹及时进行责任认定和处罚，以警醒他人。而对于无痕不安全行为的管理，首先应该加强现场的监督检查，确保所有安全规定得到严格遵守；其次，应该完善管理制度和责任清单，以便及时发现和控制不安全行为。

3）多维度交互分析节点。多维度交互分析采用关联规则方法对不同维度间进行关联规则挖掘，探究不安全行为深层次的规律性，以获取不安全行为的内部特征，为实际的安全管理提供准确的指导和帮助，提高安全管理效率。

从二维交互中的行为个体与不安全动作的关联分析得出，BI_7 机械操作工易发生的不安全动作为 UA_{51} 吊装散物时捆扎不牢，而 BI_2 架子工易发生的不安全动作为 UA_8 安全带系挂不符合要求。针对此结果，可对机械操作工捆扎吊装散物时进行重点关注，必要时安排安全员现场监督；架子工常常发生安全带系挂不规范，应对其进行上岗前的全员检查和岗中抽查，重点管理架子工的劳动防护用品穿戴问题。

四维交互分析中的{L_4，BI_4，$BA_1 \rightarrow UA_{14}$}表明，在配电区，电工常发生的违章操作是电缆未架空固定。因此，安全管理人员在配电区应加强对电工作业的安全巡查，重点对电缆是否进行架空固定进行检查。

4）不安全行为改变影响因素。对不安全行为改变影响因素的分析发现，无论是不安全行为的初始改变还是持续改变，均有待提高。

在不安全行为初始改变中，参与性对话的影响最大，其次为行为自信和物质环境改变。参与性对话是对不安全行为改变优点与缺点的双向交流，可以通过安全例会、谈心会或其他非正式座谈的方式，推心置腹地与工人进行沟通交流，提高参与性对话对行为改变的影响；行为自信是从自身心理出发，认为自己可以进行不安全行为改变的确定程度和改变信心，良好的组织氛围和安全文化可以有效促进个人安全心理，完善的奖惩激励机制也为不安全行为改变提供可能；物质环境改变是通过提供良好的作业环境、完备的防护设施以及可靠的人机系统，为工人提供一个稳定、良好、和谐的现场工作环境。

不安全行为持续改变受到情感转变、改变实践、社会环境改变、干预方式的影响，其中，改变实践的影响最大，其次是社会环境改变和干预方式，情感转变影响较小。改变实践是不断关注和反思自己的行为变化，通过调整心态持续进行行为改变，安全意识和安全素养的提高会对不安全行为改变产生良好的促进作用，此外有效的心理纾解也对工人有所帮助；社会环境改变的重点是依赖周边的人际关系，同事、家人、安全管理人员的鼓励和支持能有效促使工人进行不安全行为改变；干预方式同样会对持续行为改变产生影响，干预范围需要覆盖到个体层面和组织层面，干预手段可以多样、丰富，如直接指导、文娱节目、技能大赛、心理座谈等，干预的准确性和针对性同样能有效提升行为持续改变。

5）关键风险行为节点。通过对地铁施工工人的不安全行为的概率风险评估，准确划分出较大、重大风险导致的不安全行为，为安全管理和行为管控提供了抓手和方向。实施分级管控，通过完善风险管控制度、制定责任清单以及划定重点管理区域，加大监督检查力度，可有效消除较大、重大风险等级的关键不安全行为。

随着各产业的机械化和信息化的发展，施工现场的机械使用水平不断提高，各种便携式机械设备也被广泛使用，往往操作简单方便，不易引起严重的伤亡事故，但因为操作不当或疏忽大意导致轻伤或未遂事故的现象仍时有发生，如碰撞、扎伤、绞伤等。因此，对于低风险和一般风险等级的不安全行为也不能忽视，要注重分析高频发生的、风险等级较低的不安全行为，加大日常安全监督检查，提高工人的安全意识。

（2）靶向干预策略

地铁施工工人的不安全行为干预缺乏针对性和有效性，这主要是因为未充分考虑工人的特殊性以及施工单位和监管单位等内外部因素之间的复杂交互性[8]。行为的产生是一个复杂的决策过程，而行为安全研究主要基于目标理论和操作条件理论，其重点在于识别关键的不安全行为，并通过干预手段来纠正这些不安全行为[9]。但传统的行为干预只能起到临时影响作用，效果并不理想，不能从根本上改变工人的不安全行为[10]，一旦干预结束，导致不安全行为的根源因素又开始重新发挥作用[11]。

本书通过文献研究、要点分析和交流访谈的方法，确定地铁施工工人不安全行为干预策略。通过文献研究，可获取并整理相关学者关于不安全行为控制和管理的措施和方法，深入剖析并明确靶向干预的要点。然后，结合不安全行为的发生频率、关联度、风险程度，综合考虑地铁施工工人的行为特性，以及不安全行为干预方式，全方位多角度对地铁施工工人不安全行为进行科学、高效、准确的靶向干预。此外，我们立足个体层面和组织层面，进一步深究干预要点的深层内涵，从人、机、环境、管理等多角度出发，系统地剖析、制定不安全行为靶向干预措施。

研究发现，组织层面在不安全行为管理中发挥着重要的作用，尤其是组织整体的安全文化、组织机构和管理体系对个体不安全行为的影响极大[12]。安全文化与行为干预存在相互依赖关系，行为干预与安全文化不匹配，往往会导致干预方案失败。布朗科斯（Bronkhors）等[13]研究指出，良好的组织安全氛围可以更好地让工人时刻保持规范化作业。卡拉（Carla）等[14]人通过研究发现，组织安全氛围可以影响员工安全行为的主动性。安全承诺是影响行为安全观察法实施效果的重要因素。德帕斯奎尔

（Depasquale）等[15]的研究发现，当工人相信管理层会全力支持行为干预时，干预方案通常会取得非常好的效果，建立安全承诺文化有助于改进工人行为绩效的同时，营造互信文化，促进安全文化培育安全承诺。组织机构设置和规章制度完善更是组织安全管理不可或缺的内容，这在许多国家的相关法律法规都有明确的规定。罗伦哈根（Rollenhagen）等[16]认为要保证员工的安全行为，必须基于企业安全管理机构的设置，以及安全管理体系的构建和有效运行。科伊武拉（Koivula）[17]认为，只有保证员工对组织安全文化的认可，并通过执行相关法律法规和规章制度确保安全行为，方可提升企业安全管理水平。当然，传统的行为干预方式，如奖惩激励、目标设定和绩效反馈等依然是组织行为管理常用且有效的安全管理方法。马伦（Mullan）等[18]研究表明，安全绩效好的工人可以产生积极的示范作用。

从个体层面考虑，本书基于单维度统计分析和多维度交互分析结果，以及较大、重大风险等级的不安全行为，致力于工人的安全行为塑造，帮助地铁施工工人形成自主的安全行为，从观念意识到操作行为进行从无到有且潜移默化的影响。目前，我国已陆续出台了一系列政策文件要求建筑施工企业推动作业人员实名制准入，通过对现场工人的个人信息、从业资格、培训考核的管理，可以加强用工管理，保障工程质量和安全生产。彼得森（Peterson）[19]证实，行为反馈对员工行为改进具有促进效果，通过记录和统计员工的行为，按照操作规范进行反馈，可以促使安全行为的形成。用准军事化的管理理念培养工人行为规范，提高工人整体素质已在不少企业进行应用和推广[20,21]，以此聚焦行为管控关键环节，引导、约束工人形成行为习惯和肌肉记忆，打造高标准、高素质员工队伍。安全培训教育是组织安全管理必不可少的手段，可以有效提高工人的安全知识、专业技能和整体素质，也是不安全行为持续改进的有效手段[22,23,24]。除了工人的身体和行为习惯，还需多关注其心理状况，应采用安全心理咨询的干预方式，加强对工人的心理疏导和精神慰藉[25]。

另外，通过与地铁施工项目管理层、安全管理人员、班组长及一线作业工人进行面对面交流，听取意见和建议，也可获取不安全行为干预和控制的方法。

基于以上分析所制定的靶向干预策略，一方面依据本书前文中不安全行为的定性、定量研究结果，从个体层面出发制定行为干预策略，包括行为管理、行为养成和素质提升；另一方面，经过对不安全行为改变影响因素的分析，以组织管理角度为出发点，从制度建设、安全文化、安全管理三个方面制定措施。

一套完整的地铁施工工人不安全行为靶向干预策略，除了有地铁施工工人不安全行为的控制措施外，还需从地铁施工项目的整体出发，完善行为干预的保障机制板块，加入技术支撑和环境改善内容。靶向干预策略干预层面和干预项分布如图 6.4 所示。

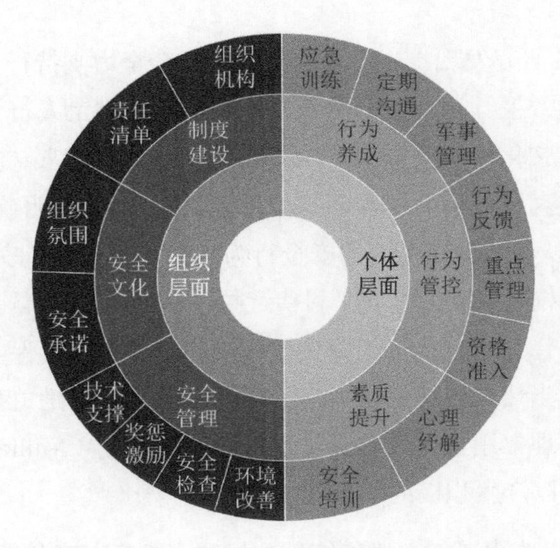

图6.4　靶向干预策略干预层面和干预项分布

通过靶向干预策略的贯彻执行，减少和弱化各种不安全行为，不断纠正违章行为，同时约束工人行为，可最终形成安全行为。靶向干预策略试运行一段时间后，应邀请领域专家对其有效性和可行性进行评估和补充完善，最终形成两个作用层面、6个干预项、16条干预重点及具体干预措施的地铁施工工人不安全行为靶向干预策略清单，见表6.5。

表6.5　地铁施工工人不安全行为靶向干预策略清单

作用层面	干预项	干预重点	具体干预措施
组织层面	制度建设	组织机构	优化和完善安全管理的组织架构和运行机制，按规定配备安全管理人员，保障安全工作经费
		责任清单	建立健全安全管理制度体系，制定各级管理人员的安全任务清单，明确完成方式、期限、预期效果和奖惩措施
	安全文化	组织氛围	营造良好安全氛围，开展内容丰富、形式多样的安全文化宣传教育活动
		安全承诺	强化安全承诺，分级分批签订安全生产职责承诺书，担负起对组织财产、员工生命及社会的安全守护责任
	安全管理	技术支撑	完善施工安全监测监管系统，运用物联网、5G通信等技术，实现危险预警、安全监督、数据分析等功能，为安全决策提供依据
		奖惩激励	实施安全行为的正面激励，依据安全生产标准化要求进行安全评估，根据考评结果对安全管理人员、班组长及一线员工进行奖惩
		安全检查	科学合理地安排施工现场的日常巡查和专项检查，尤其对吊装散物捆扎、施工机具防护罩设置、电缆架空固定和安全带系挂等不安全行为，应加强巡查
		环境改善	改善施工现场工作条件，保持材料和工件的有序堆放，确保施工质量和生产安全

续表

作用层面	干预项	干预重点	具体干预措施
个体层面	行为管控	资格准入	严格管理现场工人（尤其针对需要持证上岗的作业人员）准入资格，进行实名登记和信息更新
		重点管理	进行不安全行为记录与重点人群管理，建立台账保留行为痕迹并归档，重点关注施工作业区和吊装区，机械操作工、电工和架子工，架设支撑和底板开挖阶段，以及较大和重大风险等级的不安全行为
		行为反馈	建立不安全行为监督与反馈管理，进行现场观察并反馈观察结果，对安全绩效良好的工人给予物质和精神奖励
	行为养成	军事管理	通过准军事化管理养成良好作业习惯，严格遵守操作规程和作业规范，形成标准化安全行为
		定期沟通	项目负责人、安全总监和班组长，分别按照月、周、天召开安全例会，总结工作，查找问题，开展安全交流
		应急训练	通过应急训练提升行为可靠性，包括避险、逃生、自救、互救等演练
	素质提升	安全培训	定期进行安全教育培训，提升专业素质，针对不安全行为高发的岗位工种重点开展专项培训，提高其专业能力
		心理纾解	加强安全心理教育，及时纾解工人的生活、工作压力，杜绝冒险心理、侥幸心理、走捷径心理等

6.3.2.2　靶向干预方案实施

开展地铁施工工人不安全行为靶向干预方案的实施需要在B地铁施工项目领导层和安全管理人员的共同协作下完成，并在实施过程中开展定期交流反馈，不断优化调整策略。为完整展示整个不安全行为的干预过程，本书采用纵向研究法对B地铁施工项目实施基准期、干预期、观察期3个阶段的研究。具体不安全行为靶向干预实施方案见表6.6。

表6.6　不安全行为靶向干预实施方案

研究阶段	时间跨度	实施内容
基准期	2021年10月至2022年1月，为期4个月	1. 开展基础研究（项目调查、实地考察、跟踪学习、文件整理、数据收集等） 2. 多次与方案实施负责人召开座谈会 3. 靶向干预策略清单的确定和评估 4. 靶向干预方案实施宣传推广
干预期	2022年2月至2022年7月，为期6个月	1. 靶向干预策略清单内容的实现 2. 方案实施负责人统筹落实方案 3. 每两周与方案实施负责人召开例会 4. 靶向干预策略实现方式的修正调整
观察期	2022年8月至2022年10月，为期3个月	1. 靶向干预策略清单的二次评估 2. 两次评估结果的对比分析 3. 与方案实施负责人召开总结会

整体来看，基于地铁施工工人不安全行为的靶向干预始于 2021 年 10 月，并在 2022 年 10 月结束，整个周期分为基准期、干预期和观察期。基准期具体有 4 项内容，包括为期 3 个月的调查跟踪学习，全面熟悉掌握地铁施工项目全貌；与项目负责人、安全管理人员多次召开靶向干预方案实施座谈会；确定靶向干预策略清单以及策略实现方式；宣传即将实施的干预方案，并完成对干预策略的第一轮评估。

2022 年 2 月不安全行为靶向干预正式实施，为期 6 个月，直至 2022 年 7 月底结束。干预期需要严格执行靶向干预策略清单内容；为保障干预的顺利开展，保持每两周与方案实施负责人沟通探讨，确定干预策略的落实进度与难点问题，根据意见反馈不断调整实施方案。靶向干预方案的实施负责人负责统筹、协调和管理整个方案的实施。

2022 年 8 月至 2022 年 10 月为观察期，重点需要对干预效果进行评估。干预执行结束后，需要对干预策略进行二次评估，并将两轮结果进行对比分析，评估干预效果。整体靶向干预的实施情况和干预效果，要汇总成文字和数据，在不安全行为干预方案总结会上进行展示和分享。

6.3.2.3 靶向干预效果评估

（1）靶向干预效果评估方法

靶向干预效果评估研究常见于医学领域，通常采用随机对照试验来估计因果效用。然而，由于诸多现实原因，随机对照试验有时难以实现。对于地铁施工现场这种特殊环境，由于人员流动较大，不安全行为干预措施执行过程中难以准确区分对照组和干预组。基于以上原因，本书采用前后对照研究（before after study，BAS）。

前后对照研究的设计思路为对所有研究对象均实施干预，无须设置平行对照组，属于单组设计。它比较的是外部自然事件发生前后两个不同时间点的情况，即评估干预前后的评分变化。前后对照研究的优点在于，试验与对照是在同一群体上进行的，这样可以消除不同个体之间的差异，可比性较好。同时，评估结果非常直观，适用于政策实施类的干预措施，可以非常清晰直观地说明干预措施是否有效。

对于前后对照研究评估，具体使用的方法为配对样本t检验，这里依然选择 SPSS 软件进行数据分析。配对样本t检验，也称为关联样本t检验，是用于检验两个配对样本数据的均值是否存在显著性差异。若$p > 0.05$，则变量在 0.05 显著性水平下不呈现差异；若$p < 0.05$，则说明两变量在 0.05 显著性水平下呈现差异。当确定干预前后样本存在显著性差异后，可进一步通过比较均值确定干预前后的变化情况。

（2）靶向干预效果评估过程

按照 B 地铁施工项目的单位、部门和班组设置情况，研究组随机选定施工现场的建设单位、施工单位、监理单位的管理层、安全管理人员、班组长或一线员工作为研究对象，并邀请参与该研究的人员共同进行靶向干预效果评估。靶向干预效果的评估工作分为干预前和干预后两个阶段进行，分别在基准期和观察期实施。第一次评估在确定干预策略和具体干预措施后进行，第二次评估则安排在组织实施干预措施后的 6 个月。

参与干预效果评估的人员，需要对前文确定的靶向干预策略的 16 项干预措施进行逐一判别。他们应依据自身岗位职责和实际感受，针对相关制度制定、管理措施落实、安全资金投入、日常安全巡检、周期考核、行为观察等内容，自主判断各项措施是否落实到位，并对 16 项措施的落实情况进行打分评定。评分标准为 1 分或 0 分，其中，措施落实达标记为 1 分，落实不达标记为 0 分。研究组采用“腾讯问卷”小程序设置问卷题项，可匿名填写，最后统计所有参与测量人员的分数并计算平均分。

由于干预前后的时间间隔为 6 个月，部分参与人员因某些现实原因未能全程参与，导致出现人员失访现象。因此，剔除了失访人员的评估分数，以满足前后样本的对照性和平行重复原则。参与靶向干预效果评估人员情况见表 6.7。

表 6.7　参与靶向干预效果评估人员情况

来源	参与人数	百分比/%	有效人数	百分比/%	流失人数
建设单位	18	18	17	18.48	1
施工单位	60	60	55	59.78	5
监理单位	14	14	12	13.04	2
高校	8	8	8	8.70	0
合计	100	100	92	100	8

（3）靶向干预效果评估结果

在靶向干预效果评估过程中，对干预前后的制度建设、安全文化、安全管理、行为管控、行为养成和素质提升的改善情况均进行效果分析，判断各干预项是否具有统计学上的显著意义。干预前后各干预项的测评数据见表 6.8。

表 6.8　干预前后各干预项的测评数据

干预项	干预前		干预后	
	均值	标准差	均值	标准差
制度建设	0.500	0.367	0.926	0.181
安全文化	0.286	0.286	0.944	0.160
安全管理	0.324	0.167	0.769	0.169

续表

干预项	干预前		干预后	
	均值	标准差	均值	标准差
行为管控	0.284	0.239	0.827	0.267
行为养成	0.296	0.267	0.778	0.207
素质提升	0.259	0.255	0.852	0.233
均分	0.325	—	0.849	—

对各干预项的干预前后均值差值进行配对样本t检验，结果见表 6.9。判别指标t的最小值为 6.683，t值越大说明配对样本均值差异越大；显著性p均小于 0.01，说明各干预项在$p<0.01$ 显著水平下呈现差异。即对于 6 个干预项而言，干预前后均值差异均在95%的置信水平下显著，可以认为靶向干预方案的实施能够对地铁施工工人不安全行为有显著的改善作用。

表 6.9　干预项的干预前后均值差值进行配对样本 t 检验结果

干预项	配对差值					t值	显著性（双尾）
	均值	标准差	标准差均值	差值 95%置信区间			
				下限	上限		
制度建设	0.426	0.331	0.064	0.295	0.557	6.683	0.000
安全文化	0.648	0.304	0.059	0.528	0.769	11.068	0.000
安全管理	0.444	0.233	0.045	0.352	0.537	9.894	0.000
行为管控	0.543	0.280	0.054	0.433	0.654	10.094	0.000
行为养成	0.481	0.297	0.057	0.364	0.599	8.418	0.000
素质提升	0.593	0.279	0.054	0.482	0.703	11.051	0.000

采用配对样本t检验判断靶向行为干预方案实施前后对各干预项的影响，结果显示干预方案实施后与干预方案实施前，制度建设、安全文化、安全管理、行为管控、行为养成、素质提升 6 个干预项均在$p<0.01$ 显著性水平下呈现差异。为了更加清晰了解各干预项的前后均值，将各干预项干预前后的均值分别进行展示，如图 6.5 所示。对比图 6.5 中各干预项均值的前后差异，可以看出经过靶向干预后，安全文化和素质提升两个干预项的均值提升较大，说明改进效果比其他干预项更为明显。可见，干预前评估人员对制度建设较为认可，均值明显高于其他干预项，干预后安全文化和制度建设的评分最高，评分领先于其他干预项。

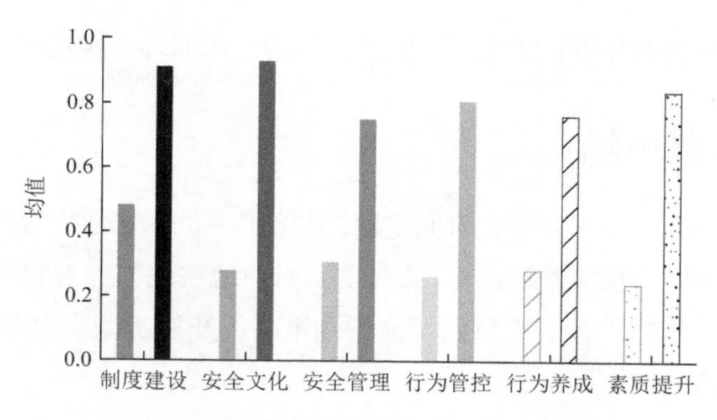

图 6.5　靶向干预前后各干预项的均值展示

为进一步比较各干预项的均值变化情况，将各干预项干预前后的数据进行可视化展示，如图 6.6 所示。

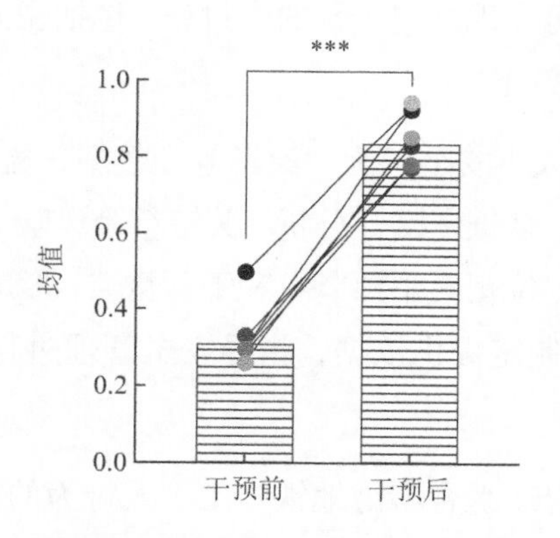

图 6.6　靶向干预前后各干预项均值数据变化

图 6.6 中的每个点代表干预项的平均得分，直方图代表整体干预项的平均得分。可以看出，B 地铁施工项目的各干预项的靶向干预效果明显。从连线的斜率也可以看出，斜率越大，说明前后差异越大，意味着经过靶向干预后，安全文化和素质提升的变化较大，改进效果比其他干预项更为明显。

分析干预效果评价结果发现，安全管理和行为养成两个干预项的干预后均值稍低，可以进一步调整和优化安全管理和行为养成这两个干预项的策略，再次观察不安全行为，分析不安全行为“泛场景”数据，实施循环干预。

至此，本书针对地铁施工工人不安全行为靶向干预过程结束，但 B 地铁施工项目的负责人依然可以通过持续的靶向干预，建立地铁施工工人行为标准规范，培养现场工人习惯性的安全行为，最终实现安全管理水平持续提升。不安全行为靶向干预是一个循环的过程，通过靶向干预数据分析，进行干预节点定位，依据干预节点制定干预策略，进而实施干预观察反馈结果，评估干预效果，结合干预后行为反馈更新“泛场景”数据，再次进行靶向干预数据分析，实现对不安全行为的持续循环干预过程。

6.4 本章小结

本章针对不安全行为靶向干预研究主题，构建了人员不安全行为靶向干预模式，明晰了不安全行为靶向干预的循环流程。基于此，针对地铁施工工人的不安全行为，定位了靶向干预节点；依据干预节点制定靶向干预策略，开展实证应用并评估靶向干预效果，得出如下结论：

（1）不安全行为靶向干预模式重点关注个人不安全行为的内在特征，通过挖掘分析各维度间联系，靶向定位关键干预节点，在实际安全管理工作中制定相应的干预措施来提高干预效果，实现不安全行为的准确识别、干预和管理。以地铁施工工人不安全行为为干预进行实证研究，可实现靶向干预的全过程，包括靶向干预数据分析、靶向干预节点定位、靶向干预策略实现。

（2）基于地铁施工工人不安全行为“泛场景”数据，梳理不安全行为 8 个维度信息，通过单维度统计分析、多维度交互分析、关键行为风险分析，挖掘不安全行为的内在特征和交互规律，从而定位靶向干预节点和干预重点，形成不安全行为靶向干预节点清单，为靶向干预策略的制定提供依据，指导安全管理过程中的干预强度和管理资源分配。

（3）基于靶向干预节点，综合考虑地铁施工工人行为的特性，以及不安全行为改变影响因素，通过文献研究、要点分析和交流访谈的途径确定地铁施工工人不安全行为干预策略。立足个体层面关注行为管理、行为养成及素质提升，从组织管理角度出发涵盖制度建设、安全文化、安全管理，最终形成两个作用层面、6 个干预项、16 条具体干预措施。

（4）通过设计不安全行为靶向干预方案，促进靶向干预策略的实施落地，将整个干预过程划分为基准期、干预期、观察期，确定每个阶段的时间跨度和工作内容。经过评估靶向干预效果，发现不安全行为干预前后的检验样本存在显著性差异，说明干预策略实施对地铁施工工人不安全行为有显著的改善作用，各干预项均值得到不同程度的提高。

本章参考文献

[1] 佟瑞鹏，范冰倩，孙宁昊，等. 地铁施工作业人员不安全行为靶向干预方法[J]. 中国安全科学学报, 2022, 32(6): 10-16.

[2] LUTHANS F, KREITNER R. Organizational behavior modification and beyond: an operant and social learning approach[M]. Scott Foresman, 1985.

[3] 曹家琳，傅贵. 煤与瓦斯突出事故不安全动作分类研究[J]. 煤矿安全，2016, 47(9): 240-242, 246.

[4] 郭聖煜. 基于施工场景数据的地铁工人行为安全研究[D]. 武汉：华中科技大学, 2016.

[5] FREIRE P. Pedagogy of the oppressed: 50th anniversary edition[M]. London: Bloomsbury, 2018: 134-136.

[6] 贺荟中，洪晓敏. 近十年国外自闭症儿童重复行为干预的实证研究进展[J]. 西北师大学报：社会科学版, 2017, 54(5): 8.

[7] TONG R P, ZHANG Y W, YANG Y Y, et al. Evaluating targeted intervention on coal miners' unsafe behavior[J]. International Journal of Environmental Research and Public Health, 2019, 16(3): 422.

[8] YU Q Z, DING L Y, ZHOU C, et al. Analysis of factors influencing safety management for metro construction in China[J]. Accident Analysis & Prevention, 2014, 68: 131-138.

[9] DEJOY D M. Behavior change versus culture change: divergent approaches to managing workplace safety[J]. Safety Science, 2005, 43(2): 105-129.

[10] JOHNSON S E, HALL A. The prediction of safe lifting behavior: an application of the theory of planned behavior[J]. Journal of Safety Research, 2005, 36(1): 63-73.

[11] YONG S L, KIM Y, KIM S H, et al. Analysis of human error and organizational deficiency in events considering risk significance[J]. Nuclear Engineering and Design, 2004, 230(1): 61-67.

[12] 佟瑞鹏，刘亚飞，刘欣. 基于行为安全理论的安全管理评价普适模型与实证分析[J]. 中国安全科学学报, 2014, 24(6): 123-128.

[13] BRONKHORS T B, TUMMERS L, STEIJN B, et al. Organizational climate and employee mental health outcomes: a systematic review of studies in health care organizations[J].

Health Care Management Review, 2015, 40(3): 254-271.

[14] CARLA S F, SILVA S A, MELIA J L. Another look at safety climate and safety behavior: deepening the cognitive and social mediator mechanisms[J]. Accident Analysis & Prevention, 2012, 45: 468-477.

[15] DEPASQUALE J P, GELLER E S. Critical success factors for behavior-based safety: a stady of twenty industry-wide applications[J]. Journal of Safety Research, 1999, 30(4): 237-249.

[16] ROLLENHAGEN C, WAHLSTROM B. Management systems and safety culture; reflections and suggestions for research[C]//IEEE Human Factors & Power Plants & Hprct Meeting. IEEE, 2007: 145-148.

[17] KOIVULA N. New reactor and safety culture considerations in Finland-oversight of organizational factors[C]//Human Factors and Power Plants and HPRCT 13th Annual Meeting, 2007 IEEE 8th. IEEE, 2007: 50-51.

[18] MULLAN B, SMITH L, SAINSBURY K, et al. Active behaviour change safety interventions in the construction industry: A systematic review[J]. Safety Science, 2015, 79: 139-148.

[19] PETERSEN D. Integrating safety into total quality management[J]. Professional Safety, 1994, 39(6): 28-30.

[20] 王炳钦，张志玉．准军事化管理在煤矿安全管理中的实践[J]．煤矿安全，2007 (2): 63-65.

[21] 贺璇，欧阳婷婷．准军事化管理打造安全生产铁军[J]．中国电力企业管理，2022 (17): 36-37.

[22] AL-HEMOUD A M, AL-ASFOOR M M. A behavior based safety approach at a Kuwait research institution[J]. Journal of safety research, 2006, 37(2): 201-206.

[23] 张磊，任刚，王卫杰．基于计划行为理论的自行车不安全行为模型研究[J]．中国安全科学学报，2010, 20(7): 43-48.

[24] ABUDAYYEH O, FREDERICKS T K, BUTT S E, et al. An investigation of management's commitment to construction safety[J]. International Journal of Project Management, 2006, 24(2): 167-174.

[25] 叶雷，王玉超．安全心理干预在煤化工生产中的应用[J]．化工设计通讯，2018, 44(12): 8.